沼 气 工

（初级工、中级工、高级工）

艾　平　　万小春　　王媛媛　　主编

农业农村部农业生态与资源环境保护总站　　组编

中国农业出版社

北　京

内 容 简 介

本书是按照"沼气工"（职业编码 5 - 05 - 03 - 01）国家职业技能标准（2019 年版）编写的职业技能培训与鉴定考核配套教材。本书分为三个系列：《沼气工（基础知识）》主要介绍了职业道德、专业基础知识和安全知识等基本要求；《沼气工（初级工、中级工、高级工）》针对初级工、中级工和高级工的职业技能培训和考核要求，介绍了户用沼气、中小型沼气工程的基础知识、运行管理、维修维护以及"三沼"综合利用的相关知识；《沼气工（技师、高级技师）》针对技师和高级技师的职业技能要求，介绍了大型沼气工程及特大型沼气工程的工程施工、设备、维护运行、技术培训、安全管理等方面的相关知识。

本书可供各级沼气工职业技能鉴定机构组织考核和申请参加技能鉴定人员学习使用，对于各类相关专业学校师生、相关工程技术人员和管理人员也有一定参考价值。

农业农村部农业生态与资源保护总站　组编

沼气工（初级工、中级工、高级工）
编委会

主　　任：严东权

副 主 任：李惠斌　李　想　张衍林

委　　员：孙玉芳　何晓丹　万小春　王　海　李垚奎
　　　　　孙丽英

主　　审：张衍林

主　　编：艾　平　万小春　王媛媛

副 主 编：孙玉芳　李垚奎　王　海　孟　亮

编写人员（按姓氏笔画排序）：

万小春　王　海　王丽辉　王金兴　王绍轩

王媛媛　牛文娟　艾　平　艾孛佳　申瑞延

朱乐乐　朱铭强　刘　伟　刘　念　许佩佩

孙玉芳　孙丽英　孙国涛　杨选民　李　刚

李　强　李垚奎　李柏伦　李盛强　邱　凌

邱洪臣　何海霞　宋世圣　张玉磊　张妍妍

张建军　张顺利　张浩睿　陈　妮　陈望学

陈鹤予　金柯达　孟　亮　赵　龙　姚义清

姚冬杰　贺清尧　袁畅镝　晏水平　郭晓慧

席新明　曹　灿　彭宇志　韩　松　傅国浩

漆　馨　潘思睿

前　　言

发展沼气产业，是实现我国有机废弃物资源化利用、构建清洁低碳新能源体系的重要举措，也是推动绿色循环农业发展、促进农业减排固碳的有效手段。我国政府一直高度重视沼气产业发展，当前我国正处于从沼气大国迈向沼气强国的关键阶段，不但在沼气推广规模上处于世界前列，而且形成了一系列自主创新技术和具有特色的发展模式，为我国加大可再生能源利用和实现农业"双碳"目标做出了重大贡献。随着我国沼气产业的蓬勃发展和沼气工程新技术的不断应用，对沼气从业人员的技术素质提出了更高要求，因此，加强沼气技术人员的职业技能培训，推进沼气行业的职业人员的知识更新和技能提升，是实现我国沼气持续健康发展的重要支撑。

职业培训是提高劳动者技能水平和就业、创业能力的重要途径，党的二十大报告提出"健全终身职业技能培训制度"，促进高质量充分就业需要紧贴社会、产业、企业、个人发展需求，完善职业技能培训制度，培养高素质技术技能人才。为适应职业技能培训的需要，本次《沼气工》职业技能培训教材编写，基于"以职业活动为导向、以职业能力为核心"的指导思想，立足沼气产业高质量发展和农业绿色低碳新兴方向，基于沼气技术人员的岗位核心能力和工作任务编写本套教材内容，以切实推动沼气技术人员适应新时代沼气产业转型升级需求，希望本书能在沼气工种的职业技能培训中发挥积极作用。

本书编写以《沼气工》国家职业技能标准（2019年版）为依据，教材内容全面涵盖 2019 年版的沼气工职业技能标准要求，遵循其"职业等级制划分"的 5 个等级，将教材分为：①《沼气工（基础知识）》（适用于 5 个等级）；②《沼气工（初级工、中级工、高级工）》（适用于五级/初级工、四级/中级工、三级/高级工等 3 个等级）；③《沼气工（技师、高级技师）》（适用于二级/技师、一级/高级技师等 2 个等级）等 3 本具有明显等级梯度区分内容的教材，以循序渐进地覆盖 2019 年版沼气工标准的技能和知识点要求。教材编写中紧随当前沼气行业发展，紧密联系生产实际，以模块化方法介绍具体的操作方法和步骤，旨在通过本教材学习和技能锻炼，使沼气从业人员具备相应职业技能等级要求的专业技术能力。

本书由农业农村部农业生态与资源环境保护总站组织力量编写并进行策划，编委会在编写过程中得到了农业农村部农业生态与资源保护总站信息与培训处和农村能源职业技能鉴定指导站的业务指导与大力支持，也得到了有关省市的沼气主管部门、沼气行业优秀企业以及沼气同行们的鼎力帮助。本书由艾平、万小春、王媛媛、孙玉芳、李垚奎、王海、孟亮负责主要编写工作，华中农业大学张衍林教授审阅了全书，并提出了许多宝贵的修改意见，西北农林科技大学邱凌教授团队为本书编写提供了大量帮助。在此编委会成员对所有给予本书支持和关心的领导们、同仁们和朋友们一并表示衷心的感谢。

本书可作为沼气工职业技能鉴定培训教材，也可作为相关企业的沼气生产管理人员素质培训资料，亦可作为职业院校和大专院校的技能人才培养教材。本书编写过程中，参考了本学科各类文献、标准和规程，力求较好地体现沼气工职业技能培训的知识更新，但由于作者的专业知识水平和掌握的资料有限，加之本书涉及专业面广、综合性强、工作量大，本书的缺点与不足在所难免，敬请读者不吝批评指正，以便进一步修改完善。

编委会

2022 年 10 月

目　　录

前言

初 级 工 部 分

第一章　现浇户用沼气池工程施工 …………………………………… 3

　第一节　典型户用沼气池 ……………………………………………… 3

　　一、户用沼气池结构及典型类型 …………………………………… 3

　　二、商品化沼气池 …………………………………………………… 15

　第二节　施工准备 …………………………………………………… 18

　　一、户用沼气池选址 ………………………………………………… 18

　　二、户用沼气池选型、定容和备料 ………………………………… 22

　　三、户用沼气池设计与计算方法 …………………………………… 26

　　四、户用沼气池定位和放线 ………………………………………… 28

　　五、沼气池池坑开挖 ………………………………………………… 31

　　六、垫层施工 ………………………………………………………… 35

　第三节　池体施工 …………………………………………………… 36

　　一、拌制混凝土和砂浆 ……………………………………………… 36

　　二、组装模具 ………………………………………………………… 38

　　三、浇筑池体 ………………………………………………………… 38

　　四、养护、拆模和回填土 …………………………………………… 44

　　五、密封层施工 ……………………………………………………… 46

　　六、沼气池气密性检验 ……………………………………………… 51

　　七、户用现浇混凝土沼气池施工质量检验 ………………………… 54

第二章　户用沼气输配管路及用具安装 ……………………………… 60

　第一节　管材与用具选择 …………………………………………… 60

　　一、管材、管件和用具选择 ………………………………………… 60

二、相关知识 ……………………………………………………… 64

三、注意事项 ……………………………………………………… 65

第二节 户用沼气输气管路布局与安装 ………………………… 65

一、户用沼气输气管路布局 ……………………………………… 65

二、户用沼气输气管路安装 ……………………………………… 67

三、相关知识 ……………………………………………………… 69

四、注意事项 ……………………………………………………… 72

第三节 沼气用具安装 …………………………………………… 72

一、集水器、净化器的安装 ……………………………………… 72

二、沼气灶具的安装 ……………………………………………… 76

三、沼气饭锅的安装 ……………………………………………… 79

四、沼气灯的安装 ………………………………………………… 81

五、沼气热水器的安装 …………………………………………… 82

第三章 户用沼气池启动 ……………………………………… 86

第一节 发酵原料及接种物的准备 ……………………………… 86

一、发酵原料及接种物的准备 …………………………………… 86

二、相关知识 ……………………………………………………… 90

三、注意事项 ……………………………………………………… 92

第二节 启动调试 ………………………………………………… 92

一、户用沼气池启动和调试 ……………………………………… 92

二、相关知识 ……………………………………………………… 96

三、注意事项 ……………………………………………………… 96

第四章 户用沼气池管理与维护 …………………………… 98

第一节 户用沼气池管理 ………………………………………… 98

一、日常进出料管理 ……………………………………………… 98

二、脱硫剂更换与集水器清理 …………………………………… 104

三、户用沼气池安全运行管理 …………………………………… 105

第二节 户用沼气池大换料 ……………………………………… 111

一、户用沼气池大换料操作 ……………………………………… 111

二、相关知识 ……………………………………………………… 112

三、注意事项 ……………………………………………………… 112

第三节 户用沼气池安全处置技术 ……………………………… 113

一、沼气池安全处置 ………………………………………… 113

二、相关知识 ………………………………………………… 118

三、注意事项 ………………………………………………… 119

中 级 工 部 分

第一章　砖混组合沼气池施工 ……………………………… 123

　第一节　"猪圈-厕所-沼气池"三结合建设的规划和放线 ……… 123

　　一、"猪圈-厕所-沼气池"设施布局 ……………………… 123

　　二、相关知识 ……………………………………………… 124

　　三、注意事项 ……………………………………………… 125

　第二节　池体施工 …………………………………………… 125

　　一、池体施工 ……………………………………………… 125

　　二、相关知识 ……………………………………………… 133

　　三、注意事项 ……………………………………………… 133

第二章　户用沼气池混合原料启动 ………………………… 136

　第一节　混合原料准备 ……………………………………… 136

　　一、混合原料准备方法 …………………………………… 136

　　二、相关知识 ……………………………………………… 143

　　三、注意事项 ……………………………………………… 148

　第二节　混合原料发酵启动及启动常见问题 ……………… 149

　　一、混合原料启动及启动常见问题处理 ………………… 149

　　二、相关知识 ……………………………………………… 154

　　三、注意事项 ……………………………………………… 154

第三章　户用沼气运行维护 ………………………………… 156

　第一节　沼气输配装备运行维护 …………………………… 156

　　一、户用沼气输气管路系统维护 ………………………… 156

　　二、相关知识 ……………………………………………… 159

　　三、注意事项 ……………………………………………… 160

　第二节　户用沼气利用设备运行维护 ……………………… 160

　　一、沼气灶维护 …………………………………………… 160

二、沼气饭锅维护 166

三、沼气热水器维护 168

四、沼气灯维护 173

第三节　户用沼气池故障诊断与处理 175

一、户用沼气池运行故障诊断与排除 175

二、相关知识 179

三、注意事项 181

第四节　户用沼气池维修与维护 181

一、户用沼气池维修与维护方法 181

二、相关知识 186

三、注意事项 187

第四章　沼液沼渣综合利用 189

第一节　沼液利用 189

一、农作物沼液浸种 189

二、沼液追肥利用 194

三、农作物和果树沼液喷施 196

第二节　沼渣利用 202

一、沼渣利用技术 202

二、相关知识 203

三、注意事项 204

高 级 工 部 分

第一章　中小型沼气工程主体工程施工 209

第一节　施工准备 209

一、发酵装置容积计算及发酵工艺选择 209

二、相关知识 216

三、注意事项 220

第二节　土方与基础工程 221

一、中小型沼气工程的定位与放线 221

二、土方开挖与高水位地基处理 223

三、相关知识 225

四、注意事项 ………………………………………………… 226

第三节　发酵池体施工 …………………………………… 227

一、模板工程 ……………………………………………… 227

二、钢筋工程 ……………………………………………… 229

三、混凝土工程 …………………………………………… 233

四、预埋件工程 …………………………………………… 235

五、砌体工程 ……………………………………………… 238

第四节　密封施工 ………………………………………… 239

一、密封施工 ……………………………………………… 239

二、结构层缺陷处理 ……………………………………… 241

第五节　质量检验 ………………………………………… 244

一、工程检验 ……………………………………………… 244

二、相关知识 ……………………………………………… 247

三、注意事项 ……………………………………………… 248

第二章　附属设备安装 ………………………………………… 250

第一节　增温和保温设备安装 …………………………… 250

一、中小型沼气工程增温管网安装 …………………… 250

二、中小型沼气工程保温设施安装 …………………… 258

第二节　搅拌装置安装 …………………………………… 263

一、进料搅拌装置安装 ………………………………… 263

二、发酵罐水力搅拌装置安装 ………………………… 263

三、发酵罐机械搅拌装置安装 ………………………… 264

第三节　进料设备安装 …………………………………… 268

一、中小型沼气工程进料泵安装 ……………………… 268

二、物料粉碎机安装 …………………………………… 271

第三章　管路及沼气利用设备安装 ………………………… 274

第一节　工艺管道安装 …………………………………… 274

一、工艺管道安装 ……………………………………… 274

二、相关知识 ……………………………………………… 283

三、注意事项 ……………………………………………… 284

第二节　沼气净化设备安装 ……………………………… 285

一、脱水器和凝水器安装 ……………………………… 285

二、干式脱硫装置安装与调试 …………………………………………… 287

第三节　储气装置施工与检验 ………………………………………… 290

　　一、湿式储气装置施工与气密性检验 ………………………………… 290

　　二、柔性储气装置施工与气密性检验 ………………………………… 294

第四节　沼气利用设备安装 …………………………………………… 296

　　一、沼气采暖设备与系统安装 ………………………………………… 297

　　二、常压沼气锅炉安装 ………………………………………………… 298

第五节　电气系统安装 ………………………………………………… 300

　　一、管路敷设与连接 …………………………………………………… 300

　　二、管内穿线 …………………………………………………………… 301

　　三、配电箱（盘）安装 ………………………………………………… 301

　　四、器具安装 …………………………………………………………… 302

第六节　监测仪表安装 ………………………………………………… 302

　　一、温度监测仪表安装 ………………………………………………… 302

　　二、沼气流量监测仪表安装 …………………………………………… 303

　　三、压力监测仪表安装 ………………………………………………… 304

第四章　中小型沼气工程启动 ………………………………………… 307

第一节　启动准备 ……………………………………………………… 307

　　一、启动准备 …………………………………………………………… 307

　　二、相关知识 …………………………………………………………… 312

　　三、注意事项 …………………………………………………………… 316

第二节　启动调试 ……………………………………………………… 317

　　一、启动调试 …………………………………………………………… 317

　　二、相关知识 …………………………………………………………… 320

　　三、注意事项 …………………………………………………………… 321

第五章　中小型沼气工程运行维护 …………………………………… 322

第一节　沼气输配装备运行维护 ……………………………………… 322

　　一、输气管道维护 ……………………………………………………… 322

　　二、储气装置维护 ……………………………………………………… 324

　　三、净化装置维护与脱硫剂更换 ……………………………………… 326

　　四、监控设备维护 ……………………………………………………… 330

第二节　沼气利用设备运行维护 ……………………………………… 332

一、常压沼气锅炉维护 …………………………………………………… 332

二、沼气采暖装备维护 …………………………………………………… 334

第三节　附属设施运行维护 ………………………………………………… 336

一、保温加热装置维护 …………………………………………………… 336

二、搅拌装置维护 ………………………………………………………… 338

三、进出料设备维护 ……………………………………………………… 341

第六章　沼液沼渣利用 ……………………………………………………… 351

第一节　沼液利用 …………………………………………………………… 351

一、沼液利用 ……………………………………………………………… 351

二、相关知识 ……………………………………………………………… 355

三、注意事项 ……………………………………………………………… 356

第二节　沼渣利用 …………………………………………………………… 357

一、沼渣利用 ……………………………………………………………… 357

二、相关知识 ……………………………………………………………… 362

三、注意事项 ……………………………………………………………… 363

第七章　技术培训指导 ……………………………………………………… 364

第一节　技术培训 …………………………………………………………… 364

一、沼气施工技术培训 …………………………………………………… 364

二、沼气站维护管理培训 ………………………………………………… 368

第二节　技术指导 …………………………………………………………… 374

一、指导本级以下人员进行服务网点经营管理 ………………………… 375

二、指导本级以下人员处理户用沼气池常见故障 ……………………… 377

参考文献 ……………………………………………………………………… 391

初级工部分

教学指南：沼气工初级工部分主要学习现浇户用沼气池工程施工、户用沼气运配管路及用具安装、户用沼气池启动和户用沼气池管理与维护等知识和技能。通过本部分的知识学习和技能培养，掌握现浇户用沼气池施工工艺，发酵原料及接种物采集，户用沼气池日常运行管理，户用沼气输气管路及用具的安装等技术。

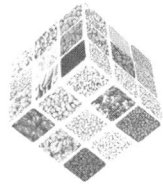

第一章　现浇户用沼气池
工程施工

本章的知识点是户用沼气池典型类型，施工过程的土方工程、基础工程和现浇混凝土户用沼气池建池技术，重点和难点是户用沼气池的定位、放线、不同土质处理、组装和组砌模具及混凝土现浇技能。

第一节　典型户用沼气池

一、户用沼气池结构及典型类型

学习目标：掌握典型户用沼气池的结构、功能、特性和关键技术。

1. 水压式沼气池结构

水压式沼气池由进料管、发酵间、气室、出料间（水压间）和提料器等组成，是建于地下的沼气发酵装置，其发酵间和进料管、出料间相连通。当给沼气池加料进水至进料管、出料间某一适当位置时，池内气室的液面与进料管、出料间的液面三者水位平齐，此时的液面线称作零压线，如图1-1所示。

2. 水压式沼气池工作原理

水压式沼气池的工作过程如图1-2所示，全过程分为三个步骤。

第一步，没有产气时或沼气被用完时，沼气池发酵间液面与进料间、出料间液面相平，这时液面所在的位置称为零压线，如图1-2（a）所示。

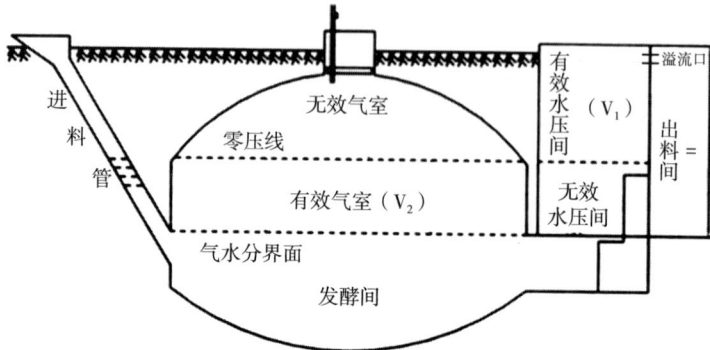

图 1-1　水压式沼气池原理图

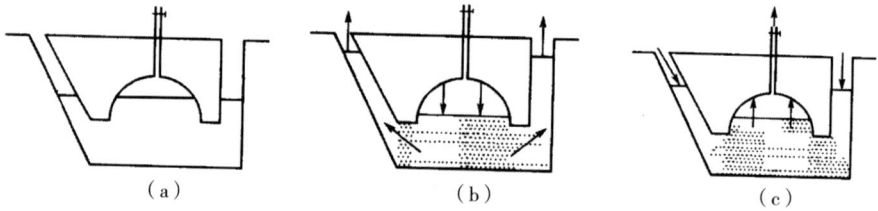

图 1-2　水压式沼气池的工作过程

　　第二步，沼气发酵产气后，沼气集中到贮气间。随着沼气的产生，沼气的压力不断增大，把发酵间中料液逐渐压到进料管和出料间，发酵间内液面逐渐下降，进料管和出料间液面不断升高，使进料管和出料间的液面高于发酵间液面，产生一个水位差，这个水位差也就是沼气压力表上显示的数值，如图 1-2（b）所示。沼气压力到一定程度时，就可以从导气管输送出供使用。

　　第三步，当打开开关使用沼气时，沼气在水压作用下排出，随着沼气逐渐减少，贮气间的沼气压力下降，进料管和出料间的液体因贮气间的压力下降流回贮气间，使水位差不断下降，导致沼气压力也随之相应降低，如图 1-2（c）所示。

　　当沼气池状态处于零压线时，压力表的指针在零位处。当沼气池产气时（在没有使用沼气前提下），这时沼气池内处于密闭状态，产生的沼气会对沼气池内的气室壁和发酵液面产生压力，把一定体积的发酵液压入进料管和出料间，沼气池内的液面下降，进料管和出料间的液面上升，同时压力表的指针开始上升。随着产气量的增加，沼气池内气室的液面与进料管、出料间的液面高度差不断加大，压力表的指针也随之加大，该压力为沼气的压力，沼气池中沼气最大压力位置如图 1-3 所示。

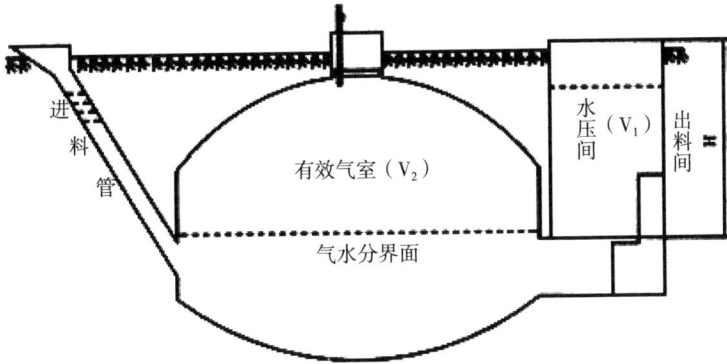

图 1-3　沼气最大压力位置图

当使用沼气时，进料管、出料间的发酵液回流入沼气池内，其液面下降；而沼气池内的液面上升。进料管、出料间和沼气池内三者之间的液面差越来越小，这时压力表的指针逐步下降。当沼气用尽时，沼气池内的液面和进料管、出料间的液面恢复到同一水平，即零压线位置，这时压力表的指针又回落到零位处。

如果长时间没有使用沼气或产沼气量太大，产生的沼气会超过沼气池的最大贮气量，这时沼气会从进料管或出料间溢出。

（一）农村户用沼气池类型

在我国，沼气产业经过 100 多年的发展历程，产生了众多类型的沼气池。按贮气方式，有水压式、浮罩式和气袋式三大类；按几何形状，有圆筒形、球形、椭球形等多种形状；按发酵机制，有常规型、污泥滞留型和附着膜型三大类；按埋设位置，有地下式、半埋式和地上式三大类；按建池材料，有砖结构、石结构、混凝土结构、钢筋混凝土结构、玻璃钢、塑料和钢丝网水泥等；按发酵温度，有常温发酵、中温发酵和高温发酵等。

下面介绍几种常用的户用沼气池类型。

1. 曲流布料沼气池

曲流布料沼气池是在"圆、小、浅"圆筒形沼气池的基础上，经过优化而设计出的较为先进的沼气池型。池子的发酵间内设置布料板，原料进入池内由布料板进行布料，形成多路曲流，增加原料的扩散面，充分发挥池容负载能力，提高池容产气率。曲流布料沼气池分为 A 型、B 型、C 型等系列。

A 型池结构如图 1-4 所示，池底由进料口向出料口倾斜，池底部最低点设在出料间底部。在倾斜扇形池底的作用下，形成一定的流动推力，利用流动推力形成扇形布料，实现发酵池进料和出料自流，可以不必打开活动盖从出料间全部取出料液，方便出料，适用于一般农户。

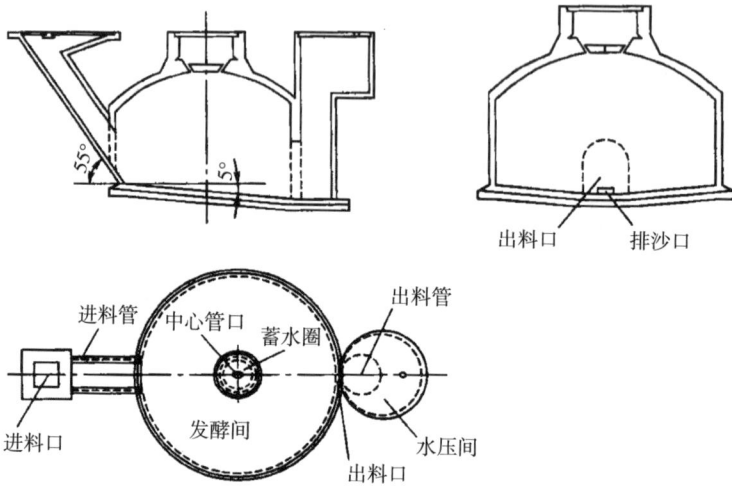

图1-4　曲流布料 A 型池结构示意图

B 型池如图 1-5 所示，设有中心管，进、出料口和塞流板。中心管有利于从主池中心部位抽出或加入原料；塞流板有利于控制原料在池底的流速和滞留时间，同时起固菌的作用。

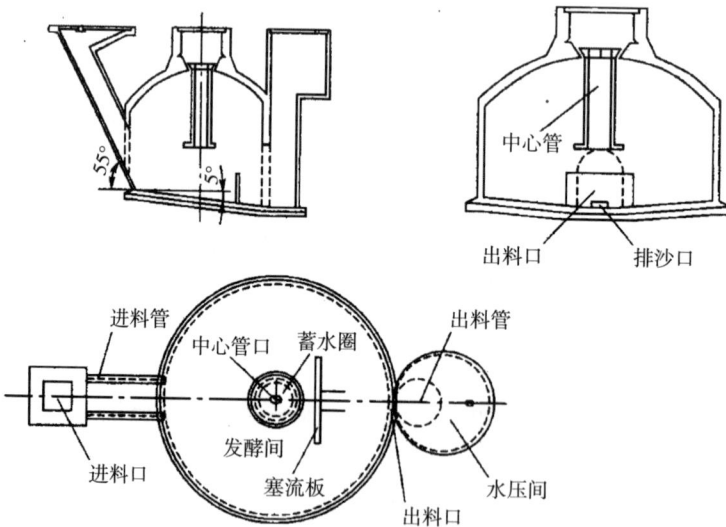

图1-5　曲流布料 B 型池结构示意图

C 型池结构如图 1-6 所示，设置中心破壳输气吊笼和原料预处理池，能提高池子的负荷能力。

B 型和 C 型池适用于条件较好的养殖专业户或有环保要求的用户。

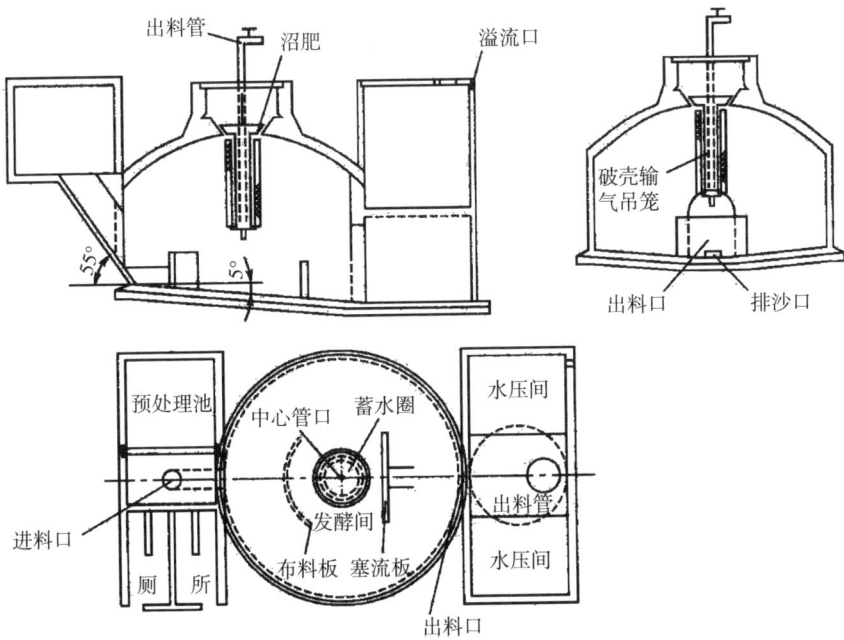

图 1-6 曲流布料 C 型池结构示意图

2. 旋流布料沼气池

旋流布料自动循环沼气池由进料间、进料管、发酵间、贮气室、活动盖、水压间、旋流布料墙、单向阀、抽渣管、活塞、导气管、出料通道等部分组成。根据料液循环方式的不同，分为旋流布料自动循环沼气池（图 1-7）和旋流布料强制循环沼气池。该池型将菌种自动回流、自动破壳与清渣、微生物富集增殖、纤维性原料两步发酵、消除发酵盲区和料液"短路"等新技术优化组装配套，利用沼气产气动力和动态连续发酵工艺，实现了自动循环、自动搅拌等高效运行状态，解决了静态不连续发酵沼气发酵装置存在的技术问题。

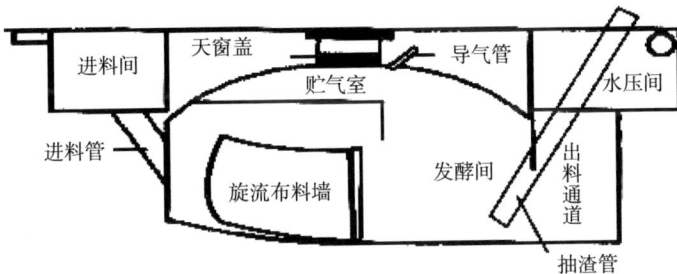

图 1-7 旋流布料沼气池结构图

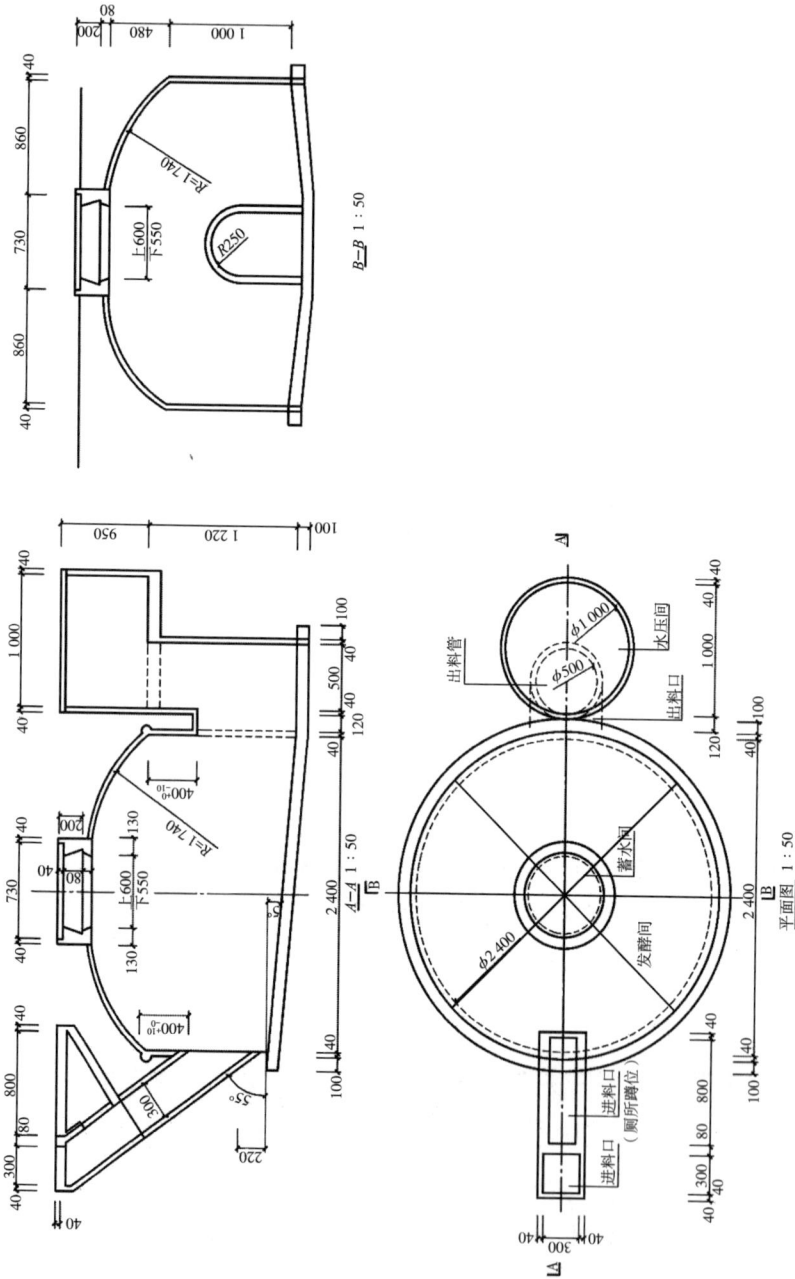

$B-B$ 1：50

$A-A$ 1：50

平面图 1：50

图1—8 预制钢筋混凝土板装配沼气池示意图（单位：毫米）

注：①预制件混凝土材料C20；②钢筋为级钢；③钢筋保护层厚50毫米。

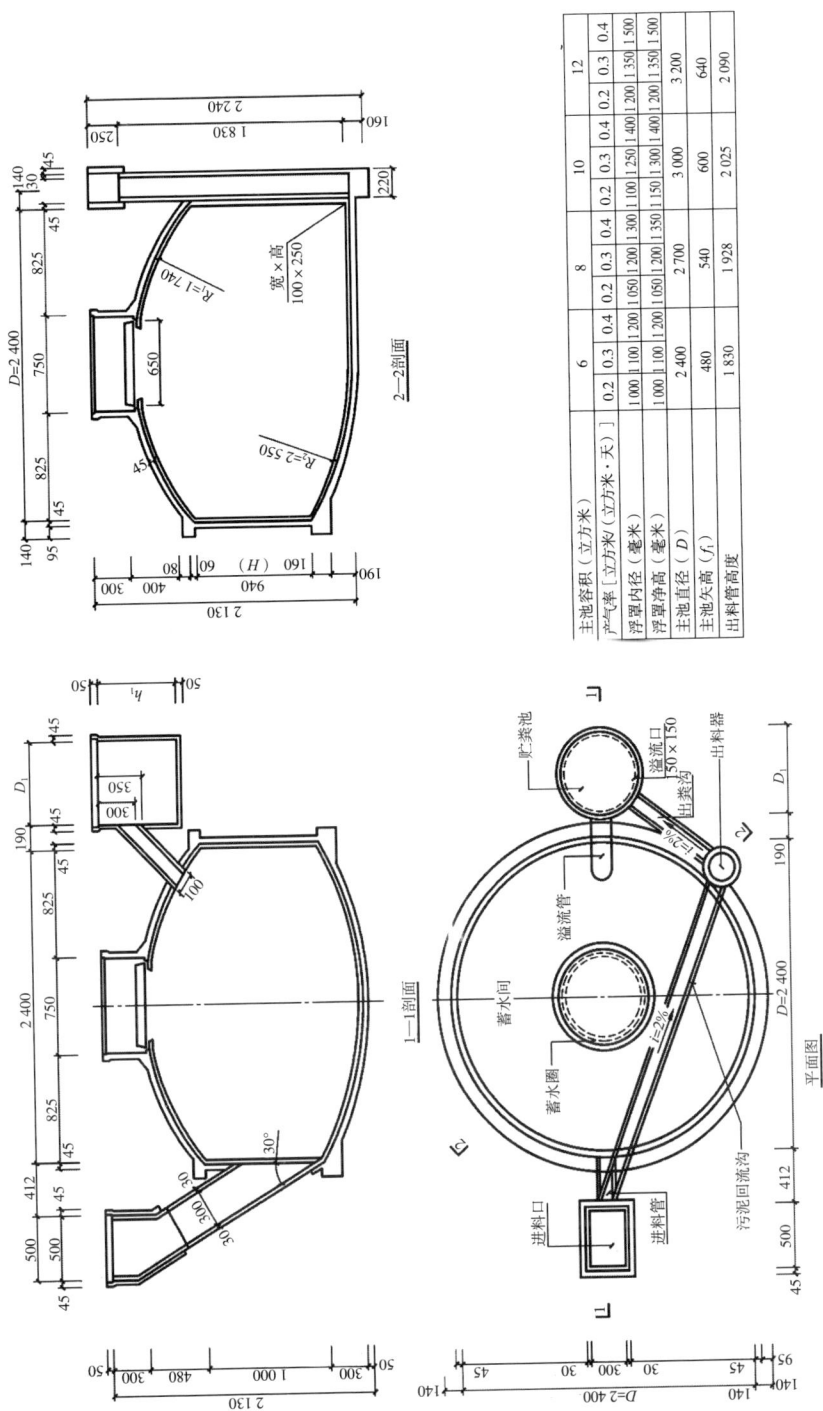

图1-9　分离贮气浮罩罩沼气池结构示意图（单位：毫米）

主池容积（立方米）		6		8		10		12	
产气率 [立方米/（立方米·天）]	0.2	0.3	0.4	0.3	0.4	0.3	0.4	0.3	0.4
浮罩内径（毫米）	1 000	1 100	1 200	1 200	1 300	1 250	1 400	1 350	1 500
浮罩净高（毫米）	1 000	1 100	1 200	1 050	1 200	1 300	1 400	1 350	1 500
主池直径（D）		2 400		2 700		3 000		3 200	
主池矢高（f）		480		540		600		640	
出料管高度		1 830		1 928		2 025		2 090	

· 9 ·

3. 预制钢筋混凝土板装配沼气池

预制钢筋混凝土板装配沼气池是在现浇沼气池和砖砌沼气池基础上发展起来的一种建池技术，即把池墙、池盖、进料管、出料管、水压间墙、各个管口和活动盖板等构件先做成钢筋混凝土预制件，运输到建池地点后，在大开挖的池坑内进行组装，结构如图1-8所示。

与现浇沼气池相比，其工厂化、标准化、商品化程度较高，生产成本较低，建池工期较短，建池速度较快。

4. 分离贮气浮罩沼气池

与前面3种水压式沼气池相比，分离贮气浮罩沼气池没有水压间，其发酵池与贮气间分离，采用浮罩与配套水封贮气，扩大了发酵间的装料容积，池型结构见图1-9，浮罩结构见图1-10。

分离贮气浮罩沼气池的发酵原料从池底部进入，经过发酵产气后，料液从上部通过溢流管进入溢流池，发酵间内的沉渣可以通过提搅器或门阀排入溢流池中，部分可以回流到进料管，起搅拌和回流菌种（污泥）的作用，以在沼气池内保留较多的高活性微生物，并且能够使微生物分布均匀，与原料充分接触，提高发酵效率。其主要特点为：采用接触发酵工艺，产气率高；采用溢流管出上清液、出料搅拌器抽渣的方法，出料方便，不需每年大换料；采用菌种（污泥）回流技术，保持发酵间内较高的微生物量；采用浮罩贮气，气压较低且变化小。

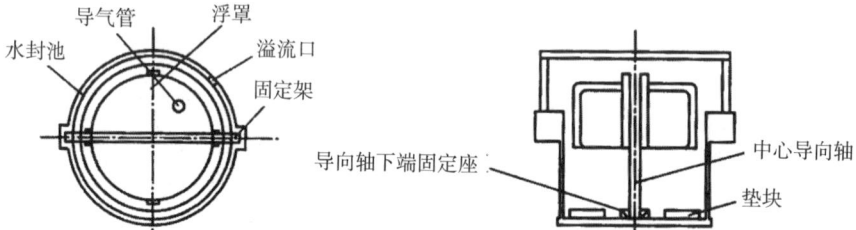

图1-10 浮罩和水封池结构示意图

5. 圆筒形沼气池

圆筒形沼气池在我国出现较早，其结构简单，便于施工，性能好，适应性强，容易操作和管理，应用也比较普遍，结构见图1-11。

6. 椭球形沼气池

椭球形沼气池，也称扁球形沼气池，是在圆筒形沼气池的基础上发展而来的，结构见图1-12。这种沼气池埋置较浅，管理使用方便。但施工较难，椭圆度不易掌握。

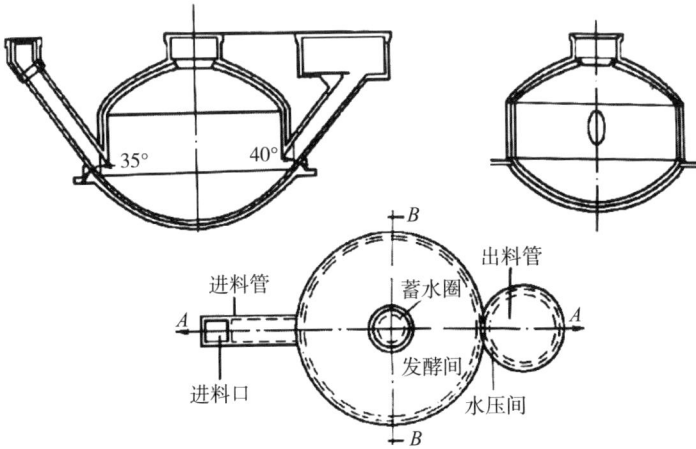

进料管 蓄水圈 出料管

进料口 发酵间 水压间

图 1-11 圆筒形沼气池结构示意图

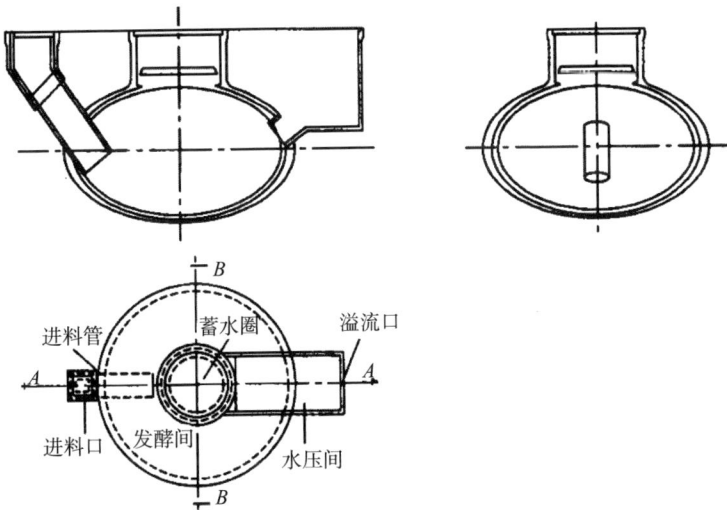

进料管 蓄水圈 溢流口

进料口 发酵间 水压间

图 1-12 椭球形沼气池结构示意图

7. 强回流沼气池

强回流沼气池是在国家标准的基础上改进设计的一种小型高效沼气池，指人为强制性地将发酵料液从出料间抽出，然后又从进料管或酸化池注入沼气池内，产生强料液回流，以达到搅拌和菌种回流的目的。

其主要结构与水压式沼气池相同，强回流沼气池将水压间改为顶置式半环形或长方形水压酸化池，实行粪草两相分离和连续式发酵，增设出料管，并与畜禽舍有机结合，使沼气的发酵原料分解率、利用率得到提高。并在水压式沼气池中增加了回流搅拌器和回流冲刷管（图 1-13）。

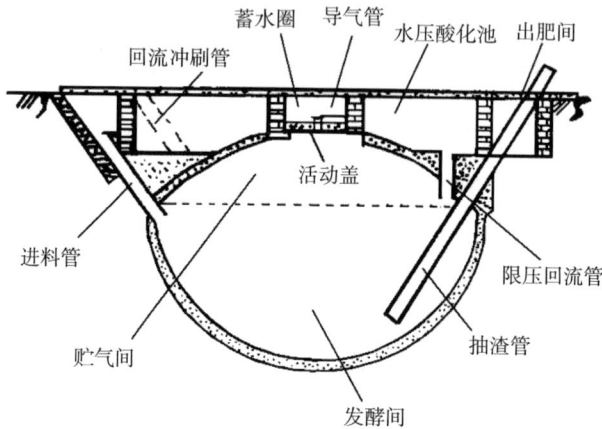

图 1-13　强回流沼气池结构图

（1）强回流沼气池的特点

老的直筒式沼气池，在使用过程中存在出料难、上层容易结壳等问题，采用强回流沼气池建池技术有效地解决了这些问题。

①解决了出料难的问题。出料难是阻碍沼气技术推广的一大问题。在强回流沼气池建池时，安装了抽料器。在使用过程中，使沼液、沼渣可以分层使用，解决了沼气池底部沉淀、出料难的问题。

②防止上层结壳。沼气上层结壳是老式沼气池存在的问题，结壳影响了沼气池的正常产气和使用，是沼气池多年尚未解决的问题。安装回流管，进行强回流是强回流沼气池建池技术的关键，通过回流，使池内沼液、沼渣上下混搅，有利于发酵料的均匀，能防止上层结壳。

③能起到搅拌器的作用。利用回流管，从出料口抽出的发酵液再回流到进料口，让新入池的新料与原沼气池内的发酵料混搅，新旧料混合均匀。

④能提高单位时间内的产气量，提高产气率，缩短滞留期。

⑤全封闭运行。通过强回流，新旧料混合均匀，将沼气池原有的活性污泥注入新料中，有利于新料液尽快发酵，产生沼气。强回流沼气池在全封闭状态下运行，阻止了沼气、氨气对农作物（特别是瓜果类蔬菜）因漏气造成的危害。

（2）强回流沼气池的结构

水压酸化池为顶置式半环形或方形设置，体积是水压间的 3～4 倍。水压酸化池的酸化液和发酵液通过限压回流管循环回流，使池体兼好氧、厌氧发酵工艺于一体，扩大了农村发酵原料范围，有利于解决农村发酵原料不足问题。同时，也用于贮水压气，维持沼气气压，与回流冲刷管连通，抽出其中的清沼液冲洗厕所。

回流冲刷管在靠近厕所的水压酸化池处安装。一端安装单向阀门，紧靠水压酸化池底部，另一端与厕所的粪槽或大便器连通，以抽取水压酸化池清液冲洗厕所，改传统旱厕为水冲厕所。

回流搅拌器是用 $\phi 10 \sim \phi 12$ 钢筋和胶皮制成的抽拉式活塞，其作用是在出料管和回流冲刷管内抽取沼液或沼渣，达到搅拌出料、回流冲刷的目的。

强回流沼气池顶置式半环形或长方形水压酸化池将粪草两相分离和连续式发酵，增设出料管，并与厕所和畜舍有机结合，使沼气的发酵原料分解率、利用率得到提高，强回流沼气池适用于农村卫生学校沼气工程和秸秆发酵沼气工程。

（3）强回流沼气池使用中应注意的问题

①强回流是间断性强回流，要求间隔一段时间再进行回流，并不能时常地进行回流。因为产甲烷菌习惯于稳定、厌氧的环境。活动性较强的环境，不利于产甲烷菌的活动。

②回流管最好采用直管，这样发酵液不易堵塞。

③回流管最好采用 PVC 管，其管质严密、不漏水，新建的水泥槽如果密封不好，容易漏水。

④回流管要有一定的倾斜度，便于料液的回流。

⑤回流管与进料管的接口应高于平时的液面，这样回流管不易堵塞，因为平时液面上漂浮着很多固体残渣。

⑥回流管与进料管的接口处应绝对密封好，如密封不好，容易漏气。

（二）相关知识

1. 户用沼气池的池型结构要求

（1）结构形状

宜选用相同体积下用材较少、内外受力合理，有利料液流动，不易产生死角，方便加工、运输、施工和使用管理的结构形状。参照《GB 4750—2016 户用沼气池设计规范》。

（2）进、出料管

进、出料管内径在 $200 \sim 300$ 毫米范围；采用混凝土预制管时，内径不应小于 250 毫米，采用 PVC 管时，内径不应小于 200 毫米。

进、出料流向原则上要求对直流出，特殊地形情况，若发酵间内部无有效导流装置，其进、出料管（口）水平投影夹角不小于 $120°$。

（3）天窗口、活动盖

户用沼气池设置天窗口、活动盖。其形状可以根据池型和建造工艺的需要选择为：圆形、椭圆形、正方形、长方形等形状；密封方式可为瓶塞式、平板式正盖（即由上往下盖）、反盖（即由下往上盖），如图 1-14 所示。

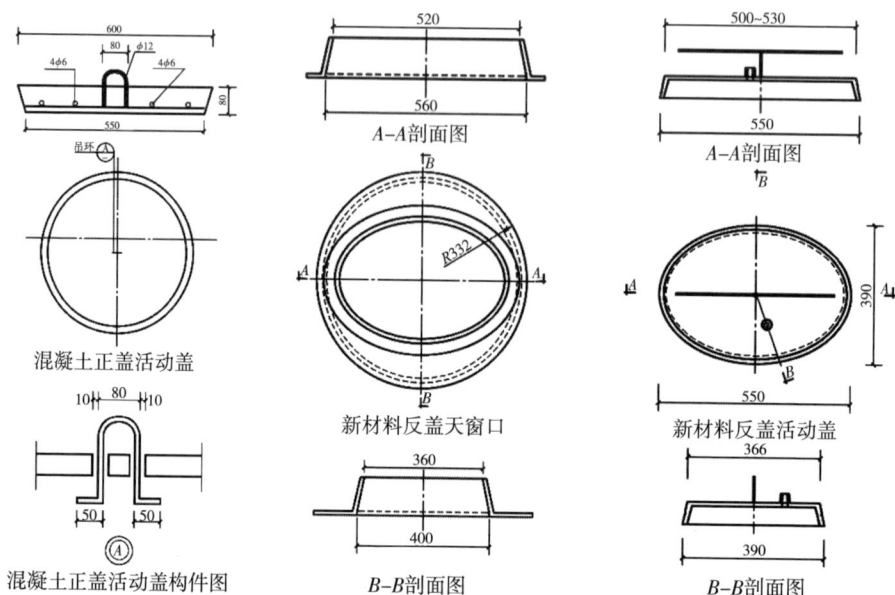

图1-14 天窗口、活动盖构件图（单位：毫米）

（4）水压间

水压式沼气池的水压间有效容积不小于日产气量的50%。按平面形状可分为：圆形、椭圆形、正方形、长方形，可根据池型、建池地形因地制宜设计。在料液可排泄方向应设有溢流口。

（5）贮气浮罩

分离贮气浮罩沼气池的贮气浮罩有效容积不小于日产气量的50%。

2. 户用沼气池的相关参数指标

（1）单位有效池容日产气量

当满足发酵工艺要求和正常使用管理的条件下，每立方米池容日产气量在南方地区不小于0.2立方米，北方及高寒地区不小于0.15立方米。

（2）气密性

水压式沼气池池内设计最大贮气气压为12千帕；分离贮气浮罩沼气池池内设计最大贮气气压为6千帕。沼气池建池完工，应进行气密性检验，检测压力为：水压池8千帕；浮罩贮气池4千帕，要求24小时漏损率小于3%。

（3）池内正常工作气压及最大气压限值

水压池正常工作气压≤8千帕；池内最大气压限值≤12千帕，浮罩贮气正常工作气压≤4千帕，贮气压力最大限值≤6千帕。

（4）强度安全系数

混凝土水压式沼气池强度安全系数≥2.65；工厂化生产的新材料沼气池按

经省级以上技术质量监督部门备案的企业生产标准设计，安全系数≥1.3（空池上拱静荷载≥20千牛/平方米）。

（5）正常使用年限

户用沼气池主要构筑物设计使用年限应在25年以上。

（6）活荷载

混凝土现浇沼气池活荷载2千牛/平方米，工厂化生产的新材料沼气池按经省级以上质量技术监督部门备案的企业生产标准设计。

（7）地基承载力及适用土质要求

地基承载力设计值应≥50千帕，该要求适用于土质均匀，承载力达到要求的地质条件下建设户用沼气池的设计。

淤泥地基、流沙地基、膨胀土地基等特殊地基建池的设计按《GB/T 4752—2016户用沼气池施工操作规程》的要求进行，详见本章第二节（五、沼气池池坑开挖）。

（8）池拱顶覆土厚度

池拱顶覆土最薄处厚度≥200毫米。

（9）最大投料量

最大投料量不大于水压式沼气池发酵间池容的85%。浮罩式沼气池最大投料量不大于发酵间池容的90%。

（10）发酵间

发酵间容积小于50立方米，宜选为6～12立方米。

（三）注意事项

1. 农户建池时应综合考虑家庭人口、使用要求、发酵原料、产气率、地形、地质、地下水位、气候特点、建池条件和材料、施工技术等，合理地选定池形、池容和类型。

2. 户用沼气池应设有保障施工、检修及大换料的安全装置。

3. 设计主体（发酵间）应尽可能采用浅池体，并满足池内最大气压限值要求。

二、商品化沼气池

学习目标：了解商品化户用沼气池的种类和掌握商品化户用玻璃钢沼气池的结构特点及其安装。

（一）商品化沼气池分类

1. 商品化沼气池分类

根据商品化沼气池材料特性将其分为玻璃钢、塑料硬体、塑料软体

（FBR）、增强水泥（GRC）和钢制 5 大类沼气池。其中，玻璃钢沼气池按不同工艺可分为：手糊接触成型（J）、片状模塑料模压（OSMC）、树脂传递模塑成型（S）和缠绕成型（C）4 种类型；塑料硬体沼气池按不同塑料或塑料组合分为 PP（聚丙烯）、PE（聚乙烯）、PP＋PE、ABS（丙烯腈-丁二烯-苯乙烯三元聚合物）和 PVC（聚氯乙烯）5 种；塑料软体沼气池分为：软 PVC＋红泥、软 PVC 和 PE＋红泥 3 种。

目前商品化沼气池市场以玻璃钢、塑料硬体和塑料软体沼气池为主，增强水泥和钢制沼气池较为少见。

（1）玻璃钢沼气池

玻璃纤维增强塑料（玻璃钢）沼气池使用的主要材料为 UP（不饱和聚酯树脂）、玻璃纤维布及填料，主要生产工艺有手糊成型和模压成型两种。优势为已经颁布了农业行业标准，生产技术较成熟，生产工艺和质量较统一；升温快，气密性好，产气率高。劣势为原材料成本较高，树脂市场价格受原油价格影响波动较大，生产成本易波动；如地下水位较高，沼气池易上浮；受生产工艺影响，设计局限性大，大多无活动盖，水压间设计普遍偏小，大多按池容产气率下限 0.2 立方米/天设计，池型设计水平有待提高；生产原料难以降解，沼气池废弃后不易回收，对环境造成二次污染。

（2）塑料硬体沼气池

塑料硬体沼气池采用的主要材料为 PVC（聚氯乙烯）或 ABS（丙烯腈-丁二烯-苯乙烯三元聚合物）工程塑料，生产工艺为热合焊接、压制成型。优势为生产成本较低、升温快、气密性好。劣势为该沼气池材料硬度大，易被钝器损伤，受力强度有待提高；埋于地下，如地下水位高易上浮；沼气池暴露在空气或埋于泥土中，材料易被氧化、腐蚀而影响使用寿命。

（3）塑料软体（袋式）沼气池

塑料软体（袋式）沼气池（FBR）采用的主要材料为 PVC（聚氯乙烯）塑料，生产工艺基本采用热合成型。优势为生产成本较低、升温快、气密性好，便于安装和运输，适宜于山区、不易挖坑的农户。劣势为该沼气池易被锐器刺破，材料易老化而影响使用寿命；池体本身不产生压力，需另加抽吸泵进行沼气输送，灶前压力不稳定又二次耗能；进、出料不方便，沼气池池型设计有待提高。

（4）增强水泥

以玻璃纤维和砂石或其他材料作为骨料，浇筑硫铝酸盐水泥（早强水泥）制作成为沼气池。增强水泥（复合材料或无机玻璃钢）沼气池使用的主要材料为氯氧镁水泥（轻烧氧化镁粉和氧化镁）、玻璃纤维等，生产工艺基本为手工成型。优势为用材少、周期短、质量轻、水泥用量只有传统沼气池的 15％～

20％。劣势为该沼气池为手工成型，沼气池厚度、材料不均匀，产品质量难以统一、保证，由于自身材料决定，吸水性强，吸潮返卤、易变形，长期浸水易产生脱层、粉化、垮塌现象。目前此类沼气池绝大部分已报废停止使用。

（5）钢制沼气池

小型钢板焊接户用沼气池，有卧式和立式圆筒形，靠太阳能增温，可加装轮子便于移动，接受太阳辐射后升温快，气密性好，夏季产气率高，冬季无法使用，可用作储粮。此类沼气池池型设计不合理，目前已停止推广。

2. 商品化户用玻璃钢沼气池的特点

玻璃钢沼气池是由不饱和聚酯树脂、胶衣树脂、短切毡、优质玻璃纤维布等材料配合成型模具经多道工序复合制作而成。池体内表面采用胶衣树脂，保证了优良可靠的密封性，具有强度高、重量轻、耐腐蚀、耐老化、防渗漏的特点。产品池体由上、下两半部组装成型，并分别设有出气孔，进、出料口和水压间。其池壁厚度为6～8毫米。拉伸强度为93.5兆帕，弯曲强度109兆帕，具有很高的机械强度和延伸率，满足了水压式沼气池所需的强度要求。

目前，玻璃钢沼气池规格一般在5～10立方米不等，在使用过程中，占地面积小，埋设方便，施工快捷，可满足不同地区、不同地理环境的需要。在使用过程中无须对池体进行维护，密封性能好，热导系数低，受外界环境温度影响小。

商品化玻璃钢沼气池主要性能特点如下：

（1）玻璃钢材料性能稳定、可靠，使用寿命不低于15年。

（2）玻璃钢户用沼气池质量轻，运输非常方便，可节省大量劳力。

（3）商品化程度高。为了方便运输，工厂进行标准化生产，沼气池共由4件组成，现场安装非常方便快捷，2小时即可完成建池工作并进行投料，大大缩短了建池周期。

（二）相关知识

商品化户用玻璃钢沼气池的安装要点如下：

1. 建池地点的选择：沼气池建设地点应选择向阳背风处，沼气池建设要尽可能与畜圈、厕所连接，便于进料，且离厨房不宜太远。

2. 将安装接触面用磨光机将上半球、下半球、水压间进行打磨后，用腻子进行黏合；并在上半球顶部用电钻打一个孔，将玻璃钢导气管用腻子进行黏接。

3. 沼气池入坑，注意坑底不能有石头，若有，事先应放一层土或沙再下池。

4. 沼气池入坑后，适当回填土固定沼气池，按常规水泥沼气池的方法试水和试压。

5. 试水和试压后，沼气池已完全密封不漏水且不漏气，即可投料；投料与回填土同时进行。回填土避免掺有石头。

（三）注意事项

1. 进料间体积应小于出料间体积，进料间与发酵池相连的进料口直径约为 30 厘米，进料间整体高于出料间 5～10 厘米，使料液不会倒流，进料口伸入发酵池底部，距池底 20～30 厘米，形成底层进料、中层出料的发酵工艺。

2. 池型的设计应合理，完全符合厌氧消化的特点，要求挖方量小，易于施工安装，若有地下水并不影响沼气池的安装。

第二节　施工准备

现浇混凝土沼气池施工准备包括规划、选型、选址、定容、放线、挖坑、校正等工序。

一、户用沼气池选址

学习目标： 掌握户用沼气系统规划和选型的方法及技能。

（一）规划与选址

1. 系统规划

户用沼气系统规划遵循以下原则：

（1）对户用沼气设施进行合理规划

发展农村户用沼气，要有整体观，要重视和解决好以沼气池为中心的发酵料液的前、后处理环节。前处理包括厕所、猪舍、沼气池三结合方式和猪圈或北方太阳能猪圈的设计及建造，后处理包括沼气池出料和沼肥的使用。通过对农户庭院设施的优化设计，合理布局，使建池农户拥有清洁的厨房、干净的浴室、卫生的厕所、无蚊蝇的猪圈、高效率的沼气池和排污系统，使庭院干净卫生、优美高雅。

（2）将沼气与主导产业组装配套

以系统观构建生态农业系统内部物质和能量的良性循环，其中肥料、饲料和燃料的"三料"转化是实现整个生态系统功能的关键环节，而沼气发酵系统是实现"三料"转化的最佳途径，在农业生态系统中起着回收能量和物质的特殊作用。通过规划和建设，将沼气池变成连接农、林、牧、副、渔各业的纽带，使粮田、林果地、禽畜圈、水产池连成一片，实现无污染、无废料及"能量流、物质流、经济流"良性循环的生态农业系统。

（3）采用高效沼气发酵装置

适宜于农户应用的沼气池为《GB/T 4750—2016 户用沼气池标准图集》中的池型，如曲流布料沼气池、旋流布料沼气池、预制钢筋混凝土板装配沼气池、分离贮气浮罩沼气池、圆筒形沼气池等，实现不漏水、不漏气、易管理、工程寿命期长等目的。其中，旋流布料沼气池、强回流沼气池和曲流布料 C 型沼气池等池型克服了静态发酵沼气池所产生的料液"短路"、不能保留高浓度活性微生物、新鲜原料和菌种不能充分接触、池内沉渣和结壳大量积累，造成池容产气率低，原料利用率低，出料困难等缺点，实现了自动循环、自动搅拌、自动破壳、自动增温、微生物成膜、消短除盲和两步发酵等动态发酵状态，产气量高，管理轻便，在发展农村庭院沼气时，应优先引进和采用。

2. 户用沼气池选址和布局

户用沼气池建设地址的选择要做到猪圈、厕所、沼气池三者连通建造，达到人、畜粪便能自流入池的目的。按照"方便生活、有利生产、美化环境"和沼气池、厕所、畜禽舍"三结合"的原则，尽可能避开岩石、树（竹）林、车道，选择在背风向阳、土质坚实、地下水位低、出料方便和不易受到冲击性活荷载的地方。新建农房时，可根据自身实际，将沼气池与农房建设同时设计，同时施工。

改建农房时，厨房、厕所、浴室、畜禽舍要用墙体进行隔离，使其功能相对独立，位置相对分开。其中，厕所、畜禽圈舍的粪便污水应通过地下管道联通进入沼气池；浴室的污水不能进入沼气池，专设管道应排放于室外。不能将沼气池建在道路上、厨房内、低洼地带以及远离厕所、畜禽舍的地方。沼渣、沼液要得到充分利用，禁止随意乱泼、乱倒，以免形成二次污染。

庭院建池时应在原有的基础上，通过建沼气池彻底解决农村脏、乱、差问题。院内地面硬化，厕所、猪圈、住房之间至少铺 1 米宽的水泥通道。图 1－15 为"三结合"示意图。

如图 1－16 所示为北方某一庭院的位置选择。选好位置后，一般先建地下的沼气池，后建猪圈和厕所，使人畜粪便随时流入沼气池，以达到连续进料、冬季保温和美化庭院的目的。

（二）相关知识

在系统规划和选型时，重视和搞好以沼气池为核心的庭院设施系统规划和配套设计，尽量构建和形成以下典型能源生态模式：

1. 南方"畜-沼-果"能源生态模式

南方"畜-沼-果"能源生态模式是以农户为基本单元，利用房前屋后的山地、水面、庭院等场地，主要建设畜禽舍、沼气池、果园等部分，同时使沼气

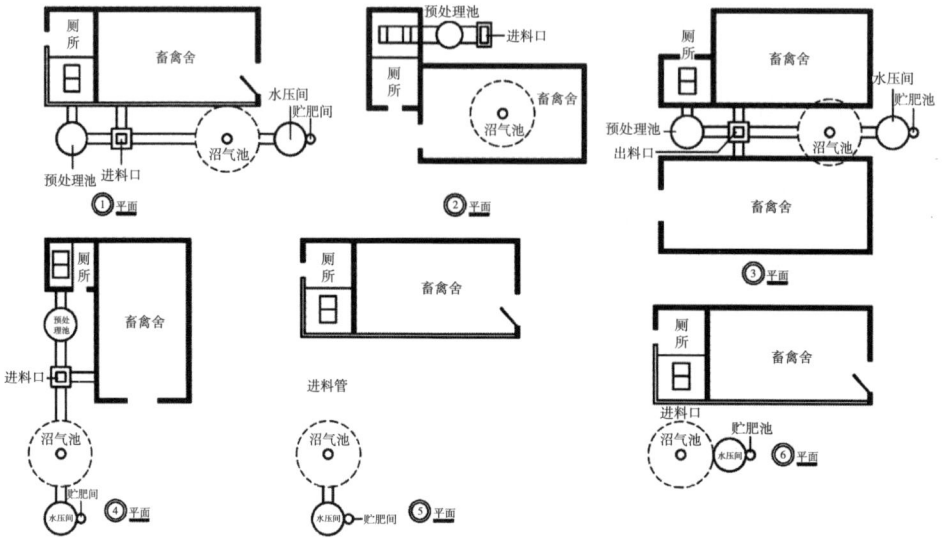

图1-15 沼气池、畜禽舍、厕所"三结合"布置示意图

注：本图①②③④为设有人粪或秸秆浸泡处理的沼气池"三结合"布置示意图。⑤⑥为一般沼气池"三结合"布置示意图。各地可以根据当地的具体情况选用或另行布置。

图1-16 庭院"三结合"沼气系统布局

池建设与畜禽舍和厕所三结合，形成"养殖-沼气-种植"三位一体的庭院经济格局，形成生态良性循环，增加农民收入。

该模式的基本要素是"户建1口沼气池，人均年出栏4头猪，人均种好1亩果"。其基本运作方式是：沼气用于农户日常做饭点灯，沼肥用于果树或其他农作物，发展优质、高效果蔬产品。其具体内容是广泛的，除养猪外，还包括养牛、养鸡等养殖业，除与果业结合外，还与粮食、蔬菜、经济作物等相结合，相继出现了"畜-沼-菜"、"畜-沼-鱼"、"畜-沼-稻"等衍生模式。

2. 北方"四位一体"能源生态模式

北方"四位一体"模式是在农户庭院内或房屋前后建日光温室，在温室的一端地下建沼气池，沼气池上建猪圈和厕所，温室内种植蔬菜或水果（图1-17）。该模式是以太阳能为能源，以沼气为纽带，种植业和养殖业相结合，形成生态良性循环，增加农民收入的模式。

该模式以200～600平方米的日光温室为基本生产单元，在温室内部西侧、东侧或北侧建一座20平方米的太阳能畜禽舍和一个2平方米的厕所，畜禽舍下部建一个6～10立方米的沼气池，利用塑料薄膜的透光和阻散性能及复合保温墙体结构，将日光能转化为热能，阻止热量及水分的散发，达到增温、保温的目的，使冬季日光温室内温度保持10℃以上，从而解决了反季节果蔬生产、畜禽和沼气池安全越冬问题。温室内饲养的畜禽可以为日光温室增温并为农作物提供二氧化碳气肥，农作物光合作用又能增加畜禽舍内的氧气含量；沼气池发酵产生的沼气可用于农民生活，沼液和沼渣可用于农业生产，从而达到改善环境及充分利用太阳能和沼气促进生产、提高生活水平的目的。

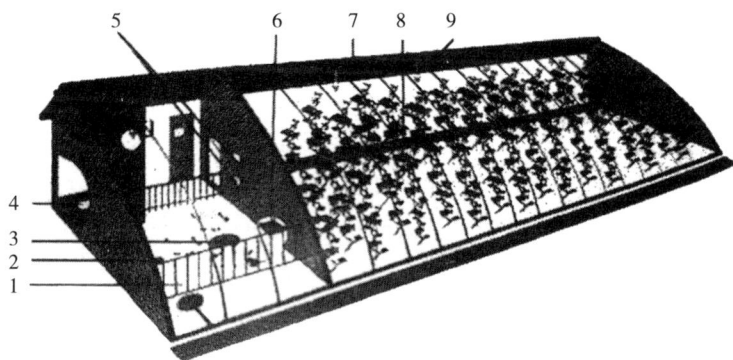

图1-17 北方"四位一体"能源生态模式结构示意图
1. 猪圈；2. 进料口；3. 沼气池；4. 厕所；5. 进气孔；
6. 出料口；7. 日光温室；8. 菜地；9. 沼气灯

3. 西北"五配套"能源生态模式

西北"五配套"能源生态模式是由沼气池、厕所、太阳能暖圈、水窖、果园灌溉设施等5个部分配套建设而成。沼气池是西北"五配套"能源生态模式的核心部分，通过高效沼气池的纽带作用，把农村生产用肥和生活用能有机结合起来，形成以牧促沼，以沼促果，果牧结合的良性生态循环系统。

（三）注意事项

1. 建池地点尽量选择在背风向阳、土质坚实、地下水位低、出料方便和周围没有遮阳建筑物的地方，并且能使运输车辆通行。

2. 沼气池建设地址与灶具的距离一般控制在 25 米以内；尽量选择在土质坚实、地下水位低、地势较高的地方建池，注意不要在低洼、不易排水的地方建池。

3. 沼气池的池址高度应达到厕所污水和养殖舍畜禽粪便能自流入池。

二、户用沼气池选型、定容和备料

学习目标：掌握户用沼气池选型、定容和备料的方法和技能。

（一）户用沼气池池型选择、定容和备料方法

1. 池型选择

户用沼气池的选择主要贯彻因地制宜的原则，综合考虑当地的地理条件、自然条件、发酵原料品种、建筑材料和用肥习惯等因素，从而选择适合自身特点的池型。具体来讲应遵循以下规律。

（1）"三结合"建池即将沼气池与猪圈、厕所建在一起，并相互连通，使人畜粪便随时流入沼气池，以达到经常进料的目的。这种池型，不但能保证沼气池内有充足的原料，保证均衡产气，而且有利于改善农村的环境卫生，杀灭蚊蝇，减少疾病的发生。

（2）优先采用"圆、浅、小"池型，"圆"指圆筒形和球形沼气池。因为球体的表面积最小，能省工、省料，圆筒形尽管在相同体积下表面积较球体大，但施工方便；同时，池壁厚度可比长方形结构小 30％～40％，池体受力均匀，不易损坏。另外，圆筒形和球形沼气池的内壁没有直角，容易密封。"浅"是指整个沼气池的埋置深度要浅。埋置深度浅有利于充分利用太阳能，提高池温，提高产气率。"浅"的另外一个意思是指池底深度要浅，以扩大发酵液的表面积，有利于产气率的提高。"小"是指在满足用气的前提下，尽量缩小沼气池的容积。容积小，不仅能充分利用发酵原料，解决原料不足的问题，而且节省建筑材料，降低造价，同时易于控制和调节，提高产气率。

（3）以畜禽粪便为发酵原料可选用曲流布料沼气池、圆筒形自循环沼气池，也可选用水压式沼气池。

（4）以秸秆为主要发酵原料可选用水压式沼气池、两步发酵沼气池。

（5）以秸秆和粪便为发酵原料可选用粪草分离式自循环沼气池或水压沼气池。

此外，户用沼气池池型选择还应遵循以下原则：

（1）工艺与池型要配套

户用沼气池的选型与工艺选型密不可分，发酵工艺与池型往往是同时考虑、配套应用。池型的选择必须满足工艺的要求，以发酵工艺参数为依据。如因特殊原因，选择了某池型，选用的发酵工艺也必须与池型相适应。

（2）根据用户情况选型

①普通用户。普通用户建池一般为解决生活用能、积肥和开展沼肥综合利用，原料大部分为人畜粪便和秸秆。这种情况下，选用"三结合"式水压池即可。若原料多，或以秸秆为主料发酵，也可选用分离浮罩式池型，配高浓度发酵工艺或选用两步发酵池型，增设酸化池。

②养殖专业户。常年养殖户以畜禽粪便为发酵主料，可选择曲流布料、旋流布料、圆筒形、分离贮气浮罩等沼气池型，结合种植、养殖、农产品加工等，建造厕所、太阳能畜禽舍和地下沼气池组合为一体的三位一体综合设施。养殖量不多时，还可以选用其他材质的小型高效沼气池。

（3）根据地域选型

寒冷地区宜选用地下池，并配套地面保温设施；水位高的地区可选建地上池、半地下池；南方地区气温高，可建地下池、半地下池、地上池等。

①根据技术水平选型。若管理水平较高，则尽量选建较先进的池型，以实现现代化管理；若技术力量薄弱，应选用易操作管理的池型。

②根据综合因素选型。沼气池选型和工艺选型一样，不但要考虑单一因素，也要考虑多方面因素，要根据建池成本、回收期、经济效益和社会效益等，因地制宜、因户制宜决定。遵循选型依据，紧密结合自己的实际情况，如原料的多少、场地的大小、建池的目的等来选建符合自己条件和要求的池型。充分比较各种池型的利弊，远近结合，不要只顾眼前利益，忽视未来的发展。建多大池容，使用何种池型，建在何处都应反复比较，在条件允许的情况下，应尽量选择便于进行沼肥综合利用的池型。

2. 确定池容积

沼气池容积是沼气池设计中的一个重要参数，应根据用户所拥有的发酵原料、所采用的发酵工艺和用气要求等因素确定。户用沼气池可根据用气要求确定池容积，即满足一个农户全家人口生活用能的沼气池池容。

水压式户用沼气池池容可用下列公式计算：

$$V = V_1 + V_2 = V_1 + 0.15V_1 = 1.15V_1 = 1.15n \times k \times r \text{（立方米）} \quad (1-1)$$

式中：V——沼气池净空总容积（立方米）；

$\qquad V_1$——发酵间容积（立方米）；

$\qquad V_2$——贮气间容积（立方米），$V_2 = 0.15V_1$；

n——温度影响系数；南方取 0.8～1.0，华中取 1.0～1.2，北方取 1.2～1.5；

k——人口影响系数；2～3 口之家取 1.8～1.4，4～7 口之家取 1.4～1.1；

r——每户人口数。

沼气池容积与人口的关系见表 1-1。

表 1-1 沼气池容积与人口的关系

沼气池容积（立方米）	每天可产沼气量（立方米）	可满足全家人口数
6	1.2	3
8	1.6	3～5
10	2.0	4～6
12	2.4	5～7

小型养殖户可按养殖量进行选取，如常年生猪存栏量为 2～3 头的设计为 6 立方米，4～5 头的设计为 8 立方米，7～8 头的设计为 10 立方米，超过 10 头的设计为双沼气池或进行专门设计。

3. 准备材料

如建一个 8 立方米曲流布料沼气池，用混凝土法建池，实际用料量为：425 号普通硅酸盐水泥 1 000 千克左右，中砂 1.5 立方米左右，5～20 毫米卵石 2.2 立方米左右，直径 6 毫米钢筋 5 千克左右（表 1-2）。如遇到池坑浸水量大或土质松软的地方，建材用量应增加 10%～20%。

表 1-2 现浇混凝土曲流布料沼气池材料参考用量

容积（立方米）	混凝土			池体抹灰			水泥素浆	合计材料用量		
	体积（立方米）	水泥（千克）	中砂（立方米）	碎石（立方米）	体积（立方米）	水泥（千克）	中砂（立方米）	水泥（千克）	水泥（千克）	中砂（立方米）	碎石（立方米）
6	2.148	614	0.852	1.856	0.489	197	0.461	93	904	1.313	1.856
8	2.508	717	0.995	2.167	0.551	222	0.519	103	1 042	1.514	2.168
10	2.956	845	1.172	2.553	0.658	265	0.620	120	1 230	1.792	2.553

材料选用需要注意：

（1）水泥优先选用硅酸盐水泥，也可以用矿渣硅酸盐水泥、火山灰质硅酸盐水泥或粉煤灰硅酸盐水泥。水泥的性能指标应符合 GB 175—2020 规定，宜选水泥强度标号为 32.5 号或 42.5R 号的水泥。水泥进场应有出厂合格证或试验报告，并应对其品种、标号出厂日期等检查验收。对水泥质量不明或出厂超过三个月的产品，应复查试验并按试验结果使用。

（2）石子选用，小型沼气池采用细石子，最大粒径不得超过 20 毫米。石子最大颗粒粒径不得超过结构截面最小尺寸的 1/4，且不得超过钢筋间距最小距离的 3/4。对混凝土实心板，石子的最大粒径不宜超过板厚的 1/2 且不得超过 40 毫米。

（3）砖应选择实心砖，应符合 GB/T 5101—2017 规定，砖的强度应选择在 MU10 以上。

（4）沼气池混凝土宜采用中砂，并应符合 JGJ 52—2019 规定。砂浆用砂应过筛，不得含有草根等杂物。砂浆的配合比应经试验确定，砂浆的施工配合比应采用质量比，强度等级应采用 MU7.5，材料称量允许偏差为 ±2％。砂浆的拌和如用机械搅拌，自投料时算起，不得少于 90 秒。人工拌和，不得有可见原状砂粒，色泽应均匀一致。砂浆应随拌随用，应在拌成后 3 小时内使用，如施工期间气温超过 30℃应在拌成后 2 小时内使用。

（5）不能用酸性或碱性水拌制混凝土、砂浆以及养护。混凝土中使用的钢筋应清除油污、铁锈并矫直后使用。

（二）相关知识

1. 户用沼气池的修建步骤

①查看地形，确定沼气池修建的位置；②拟定施工方案，绘制施工图纸；③准备建池材料；④放线；⑤挖土方；⑥支模（外模和内模）；⑦混凝土浇捣，或砖砌筑，或预制砼大板组装；⑧养护；⑨拆模；⑩回填土；⑪密封层施工；⑫输配气管件、灯、灶具安装；⑬试压，验收。

2. 在相同容积和发酵条件下，浅池比深池的产气率高

首先，因为沼气池底部发酵原料多，菌种多，是产生沼气的主要部位。浅的圆池底增大了厌氧微生物与发酵原料的接触面积，所以产气比较高。其次，同一容积的池子，深度浅的池子，池底压力比深池相对小一些，有利于厌氧微生物的活动和气体的扩散。因此，在修建沼气池时，要适当增大池底部的直径，降低池子的深度（一般家庭用的沼气池，深度宜在 2 米左右），便于管理维修，提高产气量，又能减轻出料的劳动强度。当然，池子也不能过浅，过浅不利于冬季保温和沉淀粪便中的寄生虫卵。同时，由于池子过浅，池子的跨度越大，也会增加建池材料的用量和施工的难度。至于寒冷地区修建沼气池的深度，需修建在冻土层以下，或与太阳能温棚相结合（满足种植土层厚度即可）。

（三）注意事项

1. 户用沼气池应设有保障施工、检修及大换料的安全装置。新材料沼气池按经省级以上技术质量监督部门备案的企业标准设计、制造。

2. 设计主体（发酵间）应尽可能采用浅池体，并满足池内最大气压限值要求。

3. 沼气池进出料等敞开口应加盖，盖子的提手应牢固、隐蔽（使用时拉出，不用时按下）。

三、户用沼气池设计与计算方法

学习目标： 掌握户用沼气池的设计与计算方法。

（一）发酵工艺参数设计

1. 气压

沼气发酵工艺和沼气灯炉具，都要求沼气气压相对稳定。对水压式沼气池，考虑到它的工作特点（即工作原理），沼气气压不能过小，因气压过小，使出料间（即水压箱）容积过大，会使沼气池占地过多，因此，水压式沼气池的设计气压一般为 3.9～7.8 千帕（40～80 厘米水柱）为宜。

2. 产气率

产气率是指每平方米沼气池 24 小时产沼气的体积，常用立方米/（立方米·天）表示。影响沼气池产气率的因素很多，如温度、发酵原料的浓度、搅拌、接种物多少、管理水平等，由于条件不同，产气率也不同，农村家用沼气池，在常温条件下，产气率设计参数一般采用 0.15 立方米/（立方米·天）、0.2 立方米/（立方米·天）、0.25 立方米/（立方米·天）、0.30 立方米/（立方米·天）。

3. 容积

沼气池容积的确定，是沼气池设计中的一个重要问题。沼气池设计过小，不能充分利用原料和满足用户的要求。如果设计过大，若没有足够的发酵原料，使发酵原料浓度过低，将降低产气率。因此，沼气池容积的确定主要是根据发酵原料的多少和用户的多少而定。

我国农村户用沼气池，根据目前一般生活水平，每人每天用气量为0.23～0.3 立方米，沼气池的容积为 4 立方米、6 立方米、8 立方米、10 立方米为宜。

4. 投料量

沼气池设计投料量，一般为沼气池容积的 80%～90%。料液的上部要留有贮气间，是贮存沼气的地方。投料量的多少，以沼气不会从进出料间排出为原则。

（二）相关知识

1. 设计尺寸

目前，我国农村推广的水压式沼气池，其结构是圆柱削球型，设计尺寸见表 1-3。

表1-3　沼气池的几何尺寸

容积（立方米）	占地范围（米）		埋置深度（米）	池内直径（米）	池墙高度（米）	削球型池盖（米）		削球型池底（米）		出料间（米）	
	长	宽				曲率半径	矢高	曲率半径	矢高	长	宽
6	4.58	2.88	2.44	2.4	1.0	1.74	0.48	2.55	0.30	1.0	0.8
8	4.88	3.18	2.54	2.7	1.0	1.96	0.54	2.86	0.34	1.2	1.0
10	5.18	3.48	2.64	3.0	1.0	2.18	0.60	3.18	0.38	1.3	1.0
12	5.38	3.78	2.70	3.2	1.0	2.32	0.64	3.4	0.40	1.4	1.0

2. 计算方法

沼气池总容积，包括池体容积、池盖容积和池底容积。如图1-18所示。

圆柱体：

$$\overline{V} = \pi R^2 H \qquad (1-2)$$

计算池盖和池底削球壳体公式：

削球壳体：

$$\overline{V} = \frac{\pi}{3} f^2 (3p - f) \qquad (1-3)$$

计算池盖和池底用曲率半径公式：

曲率半径：

$$\rho = \frac{4f^2 + D^2}{8f} \qquad (1-4)$$

式中：$\overline{V}$——容积（立方米）；

　　　ρ——曲率半径（米）；

　　　f——矢高（米）；

　　　H——池墙高（米）；

　　　D——池内直径（米）；

　　　R——池内半径（米）。

3. 8立方米沼气池的计算实例

根据沼气池几何尺寸表得知，8立方米水压式沼气池各设计尺寸如下。

主池直径：$D=2.7$米，则半径$R=1.35$米；

池墙高：$H=1.0$米；

池盖部分：矢高$f_1=0.54$米；曲率半径$\rho_1=1.94$米；

池底部分：矢高$f_2=0.34$米；曲率半径$\rho_2=2.86$米；

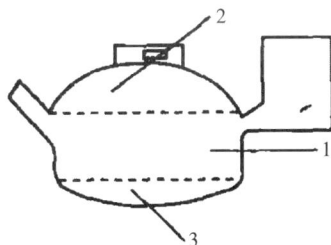

图1-18　沼气池容积示意图
1. 池体容积；2. 池盖容积；3. 池底容积

计算沼气池总有效面积，可分别求出圆柱体的体积（$\overline{V}_1$）、削球体拱盖（即池盖部分）（$\overline{V}_2$）和池底部分（$\overline{V}_3$）。三部分相加就可得出沼气池的总容积。

用以上各种数字，代入公式，即可得出：

圆柱体池身容积（$\bar{V}_1$）：

$$\bar{V}_1 = \pi R^2 H = 3.14 \times 1.35^2 \times 1 \approx 5.7 \text{ 立方米}$$

削球体池盖部分（$\bar{V}_2$）：

$$\bar{V}_2 = \frac{\pi}{3} f_1^2 (3\rho_1 - f_1) = \frac{3.14}{3} \times (0.54)^2 \times (3 \times 1.94 - 0.54) \approx 1.62 \text{ 立方米}$$

削球形池底部分（$\bar{V}_3$）：

$$\bar{V}_3 = \frac{\pi}{3} f_2^2 (3\rho_2 - f_2) = \frac{3.14}{3} \times (0.34)^2 \times (3 \times 2.86 - 0.34) \approx 1.0 \text{ 立方米}$$

由此可算出沼气池总容积（$\bar{V}$）：

$$\bar{V} = \bar{V}_1 + \bar{V}_2 + \bar{V}_3 = 8.32 \text{ 立方米}$$

计算水压箱的容积公式：$\bar{V}_{水压箱} = \frac{\pi}{4} d_1 d_2 h$

式中：$\bar{V}_{水压箱}$——水压箱容积（立方米）；

　　　d_1——长轴径（米）；

　　　d_2——短轴径（米）。

查沼气池的几何尺寸表，可知8立方米沼气池的水压箱长 $d_1 = 1.2$ 米，水压箱宽 $d_2 = 1.0$ 米，设计水压箱高 $h = 1.3$ 米。

代入公式：

$$\bar{V}_{水压箱} = \frac{\pi}{4} \times 1.2 \times 1.0 \times 1.3 \approx 1.22 \text{ 立方米}$$

四、户用沼气池定位和放线

学习目标：掌握户用沼气池定位和放线的方法及技能。

（一）放线方法

1. 放线方法

在区域地面上，画出畜禽圈和厕所的位置外框灰线如图 1-19。在畜禽圈外框灰线内，确定沼气池中心位置，画出进料口平面、发酵池平面、水压间平面三者的外框灰线。根据南北方的气候特征和生活习惯，北方户用沼气系统放线时，应将水压间布局在畜禽圈内，将出料管和贮肥间布局在畜禽圈外；南方户用沼气系统放线时，可将水压间、出料管和贮肥间布局在畜禽圈外，但要布局整齐、美观，和农户庭院的方位和走向一致。

2. 确定沼气池中心点和标高基准点

（1）平整场地

在规划和选定的庭院沼气设施建设区域内，清理杂物，平整好场地。

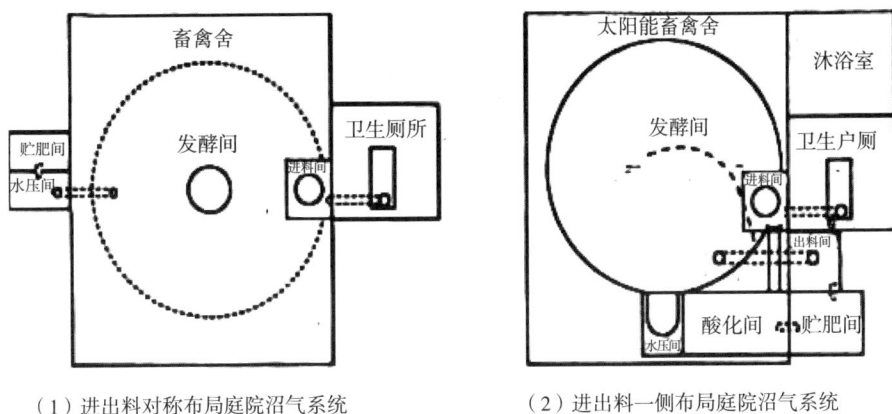

（1）进出料对称布局庭院沼气系统　　（2）进出料一侧布局庭院沼气系统

图 1-19　户用沼气系统放线图

（2）确定中心

根据设计图纸要求，在地面上确定沼气池中心位置，画进料间平面、发酵池平面、水压间平面三者的外框灰线（图 1-20）。

（3）木桩定位

在尺寸线外 0.8 米左右 4 等分圆周处，钉下 4 根定位木桩，分别钉上钉子以便牵线，两线的交点是圆筒形发酵池的中心点，该点可以在施工中随时校正池体的圆整性。

（4）桩点要求

最后在灰线外适当的位置牢固地打入标高基准桩，并在桩上确定基准点。定位桩须钉牢不动，并采取保护措施。定位桩为标高基准桩，在其上标定 ±0.000 点，作为校正沼气池各部分垂直高度的基准点。

（二）相关知识

1. 测量放线

施工测量放线是利用各种测量仪器和工具，对沼气池相对参考建筑物之间两点的位置进行度量和标高的测定工作。

（1）建筑物的平面定位

施工现场建筑物定位的基本方法一般有 4 种：

①依据总平面图建筑方格网定位；

②依据建筑红线定位；

③依据建筑的互相关系定位；

④依据现有道路中心线定位。

（2）新建建筑物标高的测定

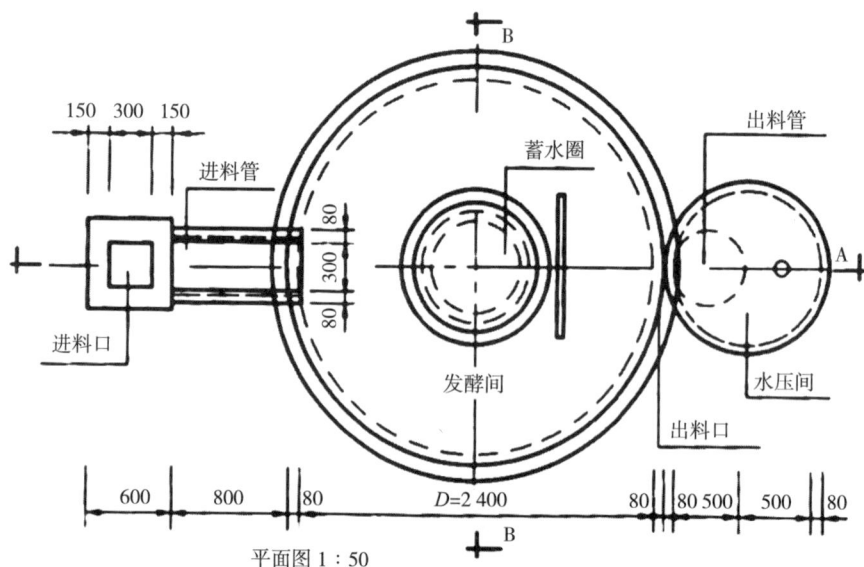

图 1-20　户用沼气池选址和平面放线（单位：毫米）

施工新建建筑物群，按照上面的办法进行定位，这只是解决平面位置的问题，在竖向则要进行空间定位，也就是要进行标高测定。标高的测定一般有两种方法：一种是利用周围地段现有的标高来测定建筑物的标高；另一种是引进水准基点来测定建筑物的标高。这两种方法都是依据新建筑附近的已知标高的建筑或水准基点来测定建筑物的标高。如果距离较远，就要周折几次，将标高引至附近后，设置木桩或木尺为标志，并明确标示出新建筑±0.000 的标高线，以后找平时就以此为基准。

2. 放线施工

放线施工的目的，归纳起来就是按照施工图纸上的数据，定出浇筑各部位的施工尺寸。从总体上讲，就是定出沼气池的位置尺寸，这些尺寸就是平面位置与竖向标高。在放线施工中，基础放线是关键。基础放线施工有三项工作，即轴线控制、基槽标高测定、把轴线和标高引入基础。

（三）注意事项

1. 地表清理和放线，在开挖前放出基槽的灰线和水准标志。不加支撑的基槽，在放线时应按规定要求放出边坡宽度。当基础埋置较深、场地狭窄及不能放坡时，必须设挡土墙，以防土壁坍塌事故发生。在放线时，除在基础底板外边留出工作面尺寸外，一般每边加 200～300 毫米。

2. 在规划户用沼气系统时，沼气池应建在畜禽舍下面，南方水压间可放在畜禽舍外，北方宜放在畜禽舍内，但出料间和贮肥间必须放在畜禽舍外，以便日常管理。地上部分的畜禽舍和厕所方位应和住房及院墙的走向一致，以保证整体协调。

3. 在平整好的地面上根据选定的池型图进行放线，放线时一定要与建池户协商，选择便于进出料方位，根据建池户或单位现有建筑和将来发展的计划进行测量，确定中心位置并钉好中心桩。先划主池圆周灰线，再按确定好的进、出料口方位四等分钉好标高基准桩，标高基准桩应牢固，不应在施工中变位。拉好中心线依次画出水压间和进、出料口灰线。

4. 在沼气池放线时，要结合用户庭院设施的整体布局和地面设施情况，确定好沼气池的中心和 ±0.000 标高基准位置。

五、沼气池池坑开挖

学习目标：掌握池坑开挖和土方校正的方法及技能。

（一）池坑开挖方法

根据沼气设施建造现场的地质、水文情况，决定是直壁开挖还是放坡开挖池坑。对于亚黏土、黏土、干黄土等可以进行直壁开挖的池坑，应尽量利用土壁作外模。圆筒形沼气池上圈梁以上部位，可按放坡开挖池坑，上圈梁以下部位应按土壁作外模成型的要求。不同容积的曲流布料户用沼气池结构尺寸如表 1-4；主池的放样、取土尺寸，按下列公式计算：

$$主池取土直径＝池身净空直径＋池墙厚度×2 \qquad (1-5)$$

$$主池取土深度＝蓄水圈高＋拱顶厚度＋拱顶矢高＋$$
$$池墙高度＋池底矢高＋池底厚度 \qquad (1-6)$$

沼气池池坑开挖时，首先要按设计图纸尺寸（图 1-21、表 1-4）定位放线，当定位灰线画好后，在灰线外四角离灰线约 0.8 米处钉 4 根定位木桩，作为沼气池施工时的控制桩。在对角木桩之间拉上连线，其交点作为沼气池的中心。沼气池尺寸以中线挂线为基准，施工时随时校验。

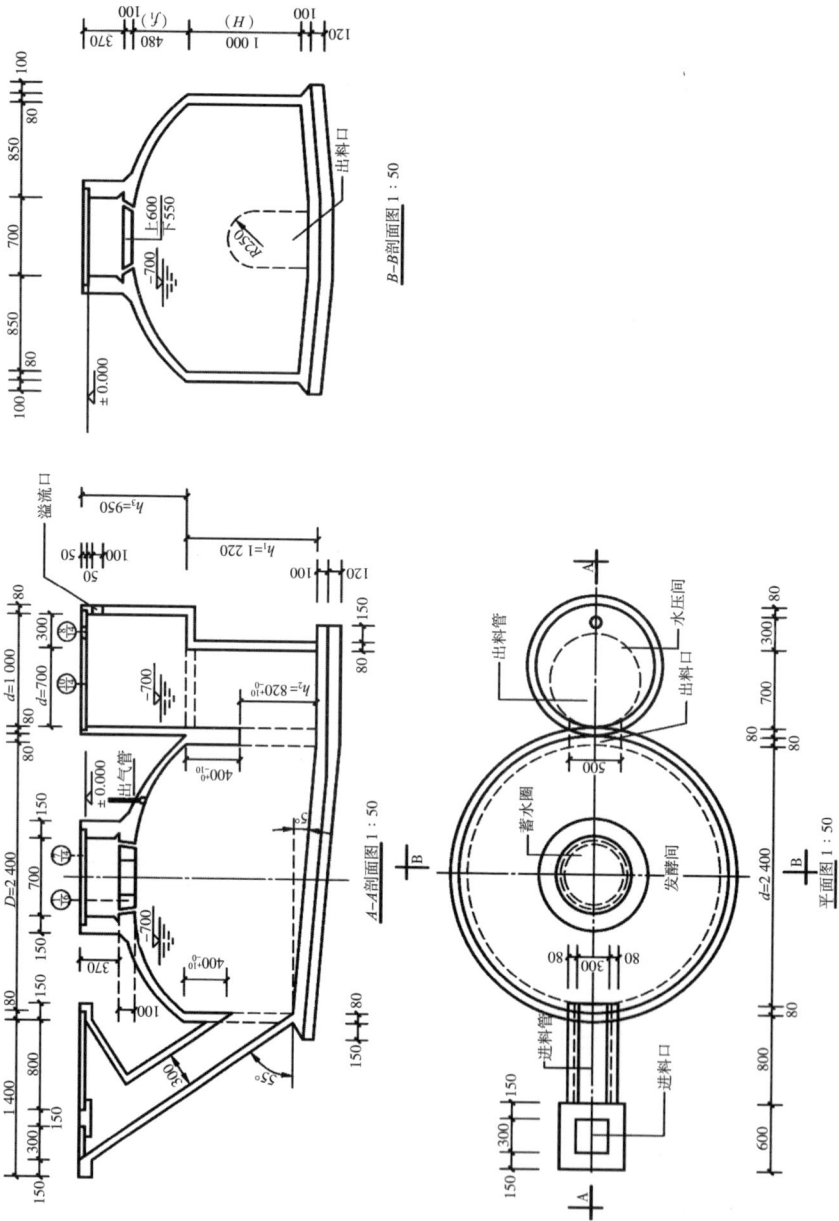

图1-21 曲流布料A型户用沼气池结构及尺寸（单位：毫米）

表1-4 曲流布料沼气池结构尺寸

主池容积（立方米）	产气率（立方米/天）			水压间有效容积（立方米）			水压间直径 d（毫米）			主池矢高 f_1（毫米）	主池直径（毫米）	出料管高度 h_1（毫米）	池墙出口高度 h_2（毫米）
4	0.2	0.3	0.4	0.4	0.6	0.8	800	1 000	1 160	420	2 100	1 190	790
6	0.2	0.3	0.4	0.6	0.9	1.2	1 000	1 200	1 400	480	2 400	1 220	820
8	0.2	0.3	0.4	0.8	1.2	1.6	1 160	1 400	1 600	540	2 700	1 250	850
10	0.2	0.3	0.4	1.0	1.5	2.0	1 300	1 600	1 800	600	3 000	1 280	880

对于上圈梁以上放坡尺寸，可根据不同土质确定挖方最大坡度。当土层具有天然湿度、构造均匀，水文地质条件良好时，可分别确定边坡坡度（高：宽）为，亚黏土1：0.5，黏土1：0.33，干黄土1：0.25。

对于砂土、含砾石或卵石的土、亚砂土，上圈梁以下部位就不能用土壁成型作外模了，这时只能加大开挖尺寸，并需要留有边坡坡度。在无地下水时，深度在5米以内，不加支撑的基坑，可分别确定边坡坡度（高：宽）为，砂土1：1，含砾石或卵石的土1：0.67，亚砂土1：0.67。在实际应用中，砂质较多的应加大边坡坡度，当所要求的坡度较大而又限于场地位置时，要注意土方的开挖对邻近房屋基础的影响，必要时应使用临时支撑。这种情况下沼气池池墙就既需要内模，又需要外模。

基坑开挖过程和敞露期间应防止塌方，必要时应加以保护。堆土或移动施工机械时，应与挖方边缘保持一定的距离，以保持边坡和直立壁的稳定。当土质良好时，堆土距挖方边缘0.8米以外，高度不超过1.5米。

8立方米曲流布料户用沼气池池壁开挖按如图1-22所示进行，拱顶厚度、池墙厚度、池底厚度均为800毫米。

开挖池坑时，不要松动原土，池壁要挖得圆整，边挖边修，可利用主池半径尺随时检查，进料管、水压间、出料口、出料器或闸阀式出料装置的闸

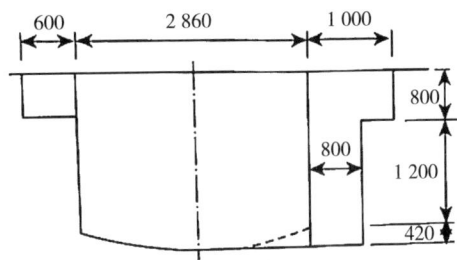

图1-22 8立方米沼气池开挖尺寸（单位：毫米）

门口、排料管，应根据设计图纸几何尺寸放样开挖，应特别注意水压间的深度应与主池的零压水位线持平。

（二）相关知识

1. 淤泥土质土方工程

淤泥土质的特点是含水量大而易淤，在挖掘土时，会有不同程度的回

淤，使池坑不易按设计尺寸成形，甚至会由于坑底土掏松或破坏而使沼气池建成后下沉，造成进、出料管与池身连接处发生拉裂事故。如果坑壁侧淤，宜用适当支撑或改用沉井做池身。如坑底升淤，发生回淤量过大时，挖到设计标高后，以大卵石进行地基加固处理。

2. 流砂土质土方工程

流砂地区的沼气池土方工程施工，事先须认真分析，制定可靠的施工方案，以避免流砂现象的产生。流砂地区沼气池土方工程施工有以下几种方案：

（1）避：流砂现象的产生和地下水紧密相关，所以可采取"避"的做法：在时间上，避开高水位季节施工；在池址选择上，避开高水位地区；改变原设计的池坑底部标高，将沼气池升高，采用半埋式或地上式沼气池。

（2）降：将集水坑设置于沼气池池坑外，并且先降水，后开挖池坑中土方，由于地下水的临时性下降，使砂层失水而稳固下来，避免砂子的流动。

（3）隔：采用沉井法施工，将池坑外的砂用沉井隔开。随着池坑土方的开挖，沉井也随之下沉，这样始终将砂隔于沉井之外，避免土体的垮塌。

在具体情况下，降低地下水位，而流砂土已造成时，则会增加土方工程量而且会把池底下及池坑四周的土掏松，影响建池和池旁建筑物的质量问题，故不宜再挖；应改变池身的设计标高，将沼气池升高。如果能抽水降低地下水位来开挖土方，也要注意因降低水位而对紧紧相邻的建筑物发生不均匀沉降的影响。

3. 膨胀土质土方工程

膨胀土是指黏粒成分主要由强亲水性矿物组成，具有较大胀缩性的土质，它吸水膨胀，失水收缩。膨胀土地基沼气池坑开挖中，如果不采取相应的技术措施，会导致沼气池池体开裂漏水，甚至池体结构破坏。膨胀土地区进行沼气池土方工程施工，要掌握以下技术要点：

（1）坚持"快挖快建"、"连续施工"的原则，以减少胀缩变形的可能和速度。

（2）避免雨天施工，并在开挖前做好排水工作，防止地表水、施工用水等浸入施工场地或冲刷坑壁和边坡。

（3）池坑土方开挖结束后，其坑底基土不得受烈日暴晒或雨水浸泡，必要时可预留一层不挖，待做池底底板垫层和底板结构层时挖除。

（4）对于设计中在膨胀土地基上采取砂垫层或砂块卵石、碎石垫层，应先将上述垫层材料浇水至饱和再铺填于坑底夯实，不得采用向坑底浇水使垫层沉落密实的施工方法。

（5）回填土应采用非膨胀性土、弱膨胀土或掺有改性材料（如石灰、砂或其他散类材料）的膨胀土。

（三）注意事项

1. 基槽土方开挖：在地面上放出灰线以后，即可进行基槽的开挖工作。根据设计图纸，校核灰线的位置、尺寸等是否符合要求，准备好土方开挖工具，开挖中要做到：

（1）分层分段均匀下挖：基槽挖土一般按分层、分段、平均往下开挖的方法进行，较深的槽（坑）每挖 1 米左右，即应检查通直修边，随时纠正偏差。基槽开挖应连续进行，尽快完成。施工时应防止地面水流入槽内，以免引起塌方或基土遭到破坏。

（2）检查有无埋设物：挖土时注意检查是否有古墓、洞穴及埋设物等迹象，及时汇报，以便进行检查处理。

（3）平底、修整基槽：挖好后，应将槽底铲平，并预留出夯实高度，一般为 10～30 毫米，若土松软可预留 40～50 毫米。

（4）开挖土方运离：开挖基槽时，若土方量不大，一般堆置在现场即可（应有计划地堆放），堆放地点应离槽边 0.8 米以外，堆置高度不宜超过 1.5 米。若有余土，应及时运走。

（5）基槽检验：基槽开挖完毕并清理好以后，在基础施工前，施工单位应会同勘查、设计、建设单位共同进行验槽工作。

2. 开挖池坑时，严禁挖成上凸下凹的"洼岩洞"，挖出的土应堆放在离池坑远一点的地方，禁止在池坑附近堆放重物。对土质不好的松软土、砂土应采取加固措施，以防塌方。如遇地下水，则需采取排水措施，并尽量快挖快建。

3. 用灰土加固地基后应覆盖塑料布，以防雨淋影响质量。

4. 池坑开挖后，在池底作业时防止石块、砖头和工具等掉落伤人。

5. 淤泥地基开挖后，应先用大块石压实，再用炉渣或碎石填平，然后浇筑 1：5.5 水泥砂浆一层。

6. 流砂地基开挖后，池坑底标高不得低于地下水位 0.5 米。若深度大于地下水位 0.5 米，应采取池坑外降低地下水位的技术措施，或迁址避开。

7. 膨胀土或湿陷性黄土应采用更换好土或设置排水、防水设施。

8. 商品化、新材料沼气池安装地点尽量避开地下水位高的地方，其底部应为原状老土或回填夯实基础；池底垫层有 100～150 毫米厚碎石、砖块的细黏土保护池体，回填应用细黏土或砂土。

六、垫层施工

土方开挖完成后，经人工清基、基土夯实找平、削整成形（反削球型池底）、复核标高，并报经建设方或施工监理现场审定后，即可进入垫层施工。

（一）垫层施工材料要求

垫层材料分为碎石垫层、炉渣垫层、大卵石垫层和混凝土垫层。生活污水净化沼气池宜采用混凝土垫层。混凝土垫层材料应符合以下要求：

1. 宜采用强度等级为 425 号以上的普通硅酸盐水泥、矿渣硅酸盐水泥。

2. 应选用中砂或粗砂，其含泥量不大于 5%。

3. 选用碎石或卵石，其粒径不大于垫层厚度的 1/2。

（二）注意事项

1. 基层清理干净，并洒水润湿。

2. 用水准仪测出垫层上标高，打入标高木桩，作为垫层厚度控制依据。标高木桩间距不得大于 3 米。

3. 混凝土搅拌时，按照设计配合比投料。每盘投料顺序为石子→水泥→砂→水，搅拌时应严格控制水量，搅拌时间不少于 90 秒。

4. 混凝土应连续铺设，一般间隔时间不得超过 2 小时，如停工时间过长，应设施工缝或分块铺设。

5. 混凝土铺设后，用平板振捣器捣至出浮浆为止。当垫层厚度超过 200 毫米时，应采用插入式振捣器，移动距离不大于其作用半径的 1.5 倍。

6. 混凝土捣实后，用灰板刮平、搓平表面，然后检查平整度。

7. 混凝土铺筑完毕，应在 12 小时内用草帘覆盖浇水养护，养护时间不得少于 7 天。

8. 冬季施工时，环境温度不得低于 5℃，超出此范围，应采用专门的施工措施。垫层施工完成后，应制作施工资料送建设方或工程监理审签。

第三节　池体施工

池体现浇施工主要包括拌制混凝土和砂浆、支模和脱模、养护和回填土、密封层施工和气密性检验等。

一、拌制混凝土和砂浆

学习目标：掌握现浇户用沼气池用的混凝土和砂浆拌制方法及技能。

（一）操作方法

1. 拌制混凝土

农村建造沼气池，混凝土一般采用人工拌和。首先，在沼气池基坑旁找一块面积 2 平方米左右的平地，平铺上不掺水的拌制板（一般多用钢板，也可用油毛毡）。然后，先将称量好的砂倒在拌制板上，将水泥倒在砂上，用铁锹反复干拌至少三遍，直到颜色均匀为止；再将石子倒入，干拌一遍；而后渐渐加入定量的水湿拌3遍，拌到全部颜色一致、石子与水泥砂浆没有分离与不均匀的现象为止。

2. 拌制砂浆

户用沼气池施工，一般采用人工拌制。人工拌制砂浆的要点是"三干三湿"。即水泥和砂按砂浆标号配制后，干拌3次，再加水湿拌3次。

（二）相关知识

坍落度测试。用一个上口100毫米、下口200毫米、高300毫米喇叭状的坍落度桶，灌入混凝土后捣实，然后拔起桶，混凝土因自重产生坍落现象，用桶高（300毫米）减去坍落后混凝土最高点的高度，称为坍落度（图1-23）。如果差值为10毫米，则坍落度为10。坍落度主要是指混凝土的塑化性能和可泵性能，影响混凝土坍落度的主要有级配变化、含水量、衡器的称量偏差、外加剂的用量、水泥的温度等几个方面。坍落度是指混凝土的和易性，具体来说就是保证施工的正常进行，其中包括混凝土的保水性、流动性和黏聚性。和易性是指混凝土是否易于施工操作和均匀密实的性能，是一个很综合的性能，其中包含流动性、黏聚性和保水性。影响和易性的主要有用水量、水灰比、砂率以及包括水泥品种、骨料条件、时间和温度、外加剂等几个方面。

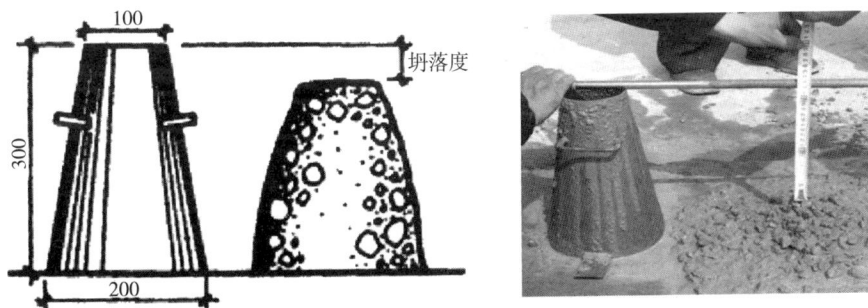

图1-23 混凝土拌合坍落度测试（单位：毫米）

（三）注意事项

1. 砂浆拌制好以后，应及时送到作业地点，做到随拌随用。一般应在2小时之内用完，气温低于10℃时可延长至3小时。当气温达到冬季施工条件时，应按冬季施工的有关规定执行，但0℃以下不能施工。

2. 严禁直接在泥土地上拌和混凝土，混凝土从拌和好至浇筑完毕的延续时间，不宜超过2小时。

3. 人工配制混凝土时，要尽量多搅拌几次，使水泥、砂、石混合均匀。同时，要控制好混凝土的配合比和水灰比，避免蜂窝、麻面出现，达到设计的强度。

4. 混凝土的浇水养护时间：对采用硅酸盐水泥、普通硅酸盐水泥或矿渣硅酸盐水泥拌制的混凝土不得小于 7 天，对于火山灰质及粉煤灰硅酸盐水泥及掺用外加剂的混凝土不得少于 14 天。

5. 在已浇筑的混凝土强度未达到 1.5 兆帕时，不得在其上踩踏或安装模板及支架或进行其他施工。

二、组装模具

学习目标： 掌握沼气池模板安装方法。

户用沼气池采用现浇混凝土作为池体结构材料时，提倡用钢模、玻璃钢模（图 1-24）。钢模和玻璃钢模强度高，刚度好，可以多次重复使用，是最理想的模具。但不论采用什么模具，都要求表面光洁，接缝严密，不漏浆；模板及支撑均有足够的强度、刚度和稳定性，以保证在浇捣混凝土时不变形，不下沉，拆模方便。

池底混凝土初凝后，即可组装钢模或玻璃钢模板，农村家用沼气池钢模板或玻璃钢模板规格通常有 6 立方米、8 立方米、10 立方米三种，分为池墙模、池拱模、进料管模、出料管模、水压间模和活动盖口模等，池墙模、池顶模在 6 立方米池是 15 块、8 立方米池是 17 块、10 立方米池是 19 块，组装在一起成为现浇混凝土沼气池的内模，外模一般用原状土壁。

在组装沼气池模板时，要按各模板的编号顺序进行组装，并将异型模配对组装在最底部位，以便拆模。一般池底浇筑后 6 小时以上才可以支架沼气池模具。支模时，先支墙模，后支顶模，主池、进出料管等钢模要同步进行。支架完成后，即可浇灌。水压间、天窗口模板待施工到相应部位后再支架。

| （a）钢模 | （b）玻璃钢模 |

图 1-24 户用沼气池钢模和玻璃钢模

三、浇筑池体

学习目标： 掌握现浇混凝土户用沼气池施工工艺中的现浇池体的方法及

技能。

（一）施工程序和操作方法

1. 浇筑池底

户用沼气池池底应根据不同的池坑土质，进行不同的处理。对于黏土和黄土土质，挖至老土，整形铲平夯实后，用 C15 混凝土直接浇灌池底 80 毫米以上，原浆抹光即可。如遇砂土土质或松软土质，应先做垫层处理：首先将池坑土质铲平、夯实，然后铺一层直径 80～100 毫米的大卵石，再用砂浆浇缝、抹平，厚 100～120 毫米。垫层处理完后，即可在其上用 C15 混凝土浇灌池底混凝土层 60～80 毫米，然后原浆抹光，如图 1-25 所示。

为避免操作时对池底混凝土的质量带来影响，施工人员应站在架空铺设于池底的木板上进行操作。浇筑沼气池池底时，应从池底中心向周边轴对称地进行浇筑。要用水平仪（尺）测量找平下圈梁，用抹灰板以中心点为圆心，抹出一个半径 127 厘米的圆形平台面，作为钢模池墙的架设平台。

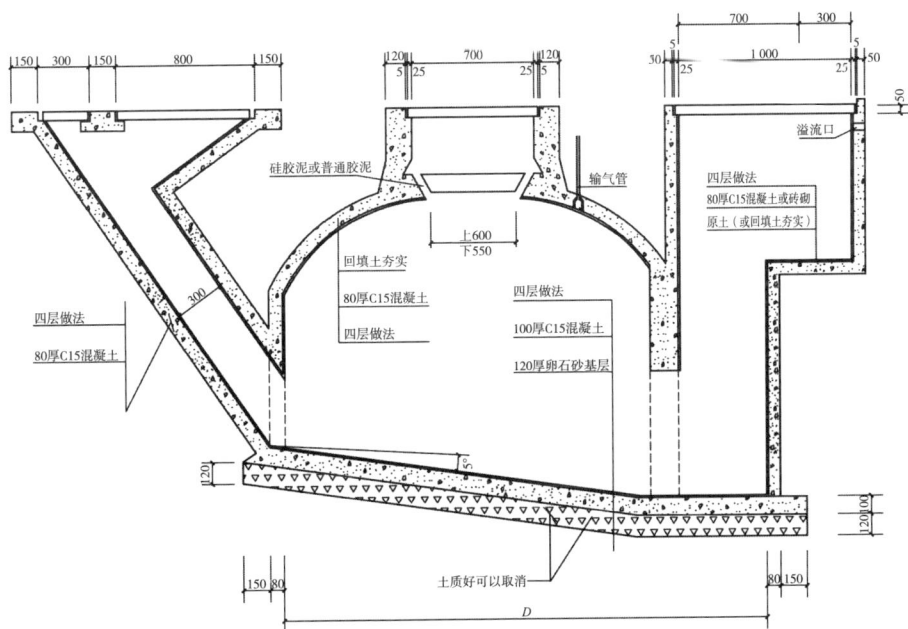

图 1-25　户用沼气池的施工做法（单位：毫米）

2. 浇筑池墙和池拱

（1）沼气池池底混凝土浇筑好后，一般相隔 24 小时浇筑池墙。浇筑沼气池池墙、池拱，无论采取钢模、玻璃钢模，还是木模，浇筑前必须检查校正，保证模板尺寸准确、安全、稳固，主池池墙模板与土坑壁的间隙均匀一致。浇筑前，在模板表面涂上石灰水、肥皂水等隔离剂，以便于脱模，减少或避免脱模时敲击模具，保证混凝土在发展强度时不受冲击。

（2）池墙一般用 C15 混凝土浇筑，一次浇筑成型，不留施工缝。池墙应分层浇筑，每层混凝土高度不应大于 250 毫米。浇灌时，先在主池模板周围浇捣 6 个混凝土点固定模板，然后沿池墙模板周围分层铲入混凝土，均匀铺满一层后，振捣密实，并且注意不能用铲直接倾倒，应使用砂浆桶倾倒，这样可以保证砂浆中的骨料不会在钢模上滚动而分离，保证建池质量。浇筑要连续、均匀、对称，用钢钎有次序地反复捣插，直到泛浆为止，保证池体混凝土密实，不发生蜂窝麻面。

（3）池拱一般用 C20 混凝土一次浇筑成型，厚度为 80 毫米以上，经过充分拍打、提浆，原浆抹平、收光。浇筑池拱球壳时，应自球壳的周边向壳顶按轴对称方式进行。

（4）进出料管模下部先用混凝土填实，与模具接触的表面用砂浆成型，减少漏水、漏气现象的发生。在混凝土未凝固前，要转动进出料管模，防止卡死。尽量采用有脱模块的钢模，这样不需转模，也方便脱模。

（5）在已硬化的混凝土表面继续浇筑混凝土前，应除掉水泥薄膜和表面的松动石子、软弱混凝土层，并进行充分湿润、冲洗干净和清除积水。水平施工缝（如池底与池墙交接处、上圈梁与池盖交接处）继续浇筑前，应先铺上一层 20～30 毫米厚与混凝土内砂浆成分相同的砂浆。

（6）农村沼气池一般采用人工捣实混凝土。捣实方法是：池底和池盖的混凝土可拍打夯实，池墙则宜采用钢钎插入振捣。务必使混凝土拌和物通过振动、排挤出内部的空气和部分游离水，同时使砂浆充满石子间的空隙，混凝土填满模板四周，以达到内部密实、表面平整的目的。

3. 预制活动盖和进出料间盖板

现浇混凝土沼气池的活动盖、进料间、活动盖口、出料间盖板均为钢模具，在另外位置现浇成型，如图 1-26、图 1-27 所示。所有盖板均用 C20 混凝土预制，内配标准强度为 235 牛顿/平方毫米的低碳建筑钢筋，一般采用 $\phi6$ 或 $\phi8$ 的钢筋。预制盖板时，板底均应铺一层隔离用塑料薄膜。

（1）盖板的几何尺寸要符合设计要求。一般圆形、半圆形盖板的支承长度应不小于 50 毫米；盖板混凝土的最小厚度应不小于 60 毫米。

（2）钢筋制作盖板钢筋的制作技术要求：①钢筋表面洁净，使用前必须除干净油渍、铁锈；②钢筋平直、无局部弯折，弯曲的钢筋要调直；③钢筋的末端应设弯钩，弯钩应按净空直径不小于钢筋直径 2.5 倍，并作 180°的圆弧弯曲；④加工受力钢筋长度的允许偏差是±10 毫米；⑤板内钢筋网的全部钢筋相交点，用铁丝扎结；⑥盖板中钢筋的混凝土保护层不小于 10 毫米。

图1-26　活动盖口施工

图1-27　进料口盖钢模

（3）混凝土盖板的混凝土强度达到70％时，盖板面要进行表面处理。活动盖板上下底面及周边侧面应按沼气池内密封做法进行粉刷，进出料间盖板表面用1∶2水泥砂浆粉5毫米厚面层，要求表面平整、光洁。

4. 布料板和塞流板施工

曲流布料沼气池B型设有塞流板，C型设有布料板和塞流板。布料板的作用是使原料进入池内时，由布料板进行布料，形成多路曲流，增加新料扩散面，充分发挥池容负载能力，提高池容产气率。塞流板的作用增加微生物和原料的滞留时间，防止微生物随出料流失。施工方法是：采用C20混凝土配φ6钢筋，按GB/T 4750—2016中的几何尺寸，提前预制好布料板和塞流板，在池墙、池拱封刷完工后，按照曲流布料沼气池B型和C型结构图安装布料板和塞流板，并用砂浆加固。

5. 破壳输气吊笼施工

曲流布料沼气池C型设有破壳输气吊笼（图1-28），它是安装在多功能活动盖中心管上的双层吊笼，可以用竹条制成蓖笼，也可以用φ6钢筋做骨架，或用塑料线编制滤网制成如图1-28所示，几何尺寸按GB/T 4750—2016中的曲流布料沼气池构配件图施工。

破壳输气吊笼的安装施工，要在沼气池内部完成所有工序，密封性能检验合格，可以在投料启动前进行。

安装时，要先将吊笼从天窗口装入发酵池如图1-29所示，然后把多功能活动盖安装上，最后从池内把破壳输气吊笼安装到中心管上，破壳输气吊笼在中心管上可以转动，如图1-30所示。

破壳输气吊笼在池内气压变化时，液面上升、下降，进、出料时，料液流动等过程中会产生搅拌、破壳作用。另外，破壳输气吊笼是双层滤渣结构，两

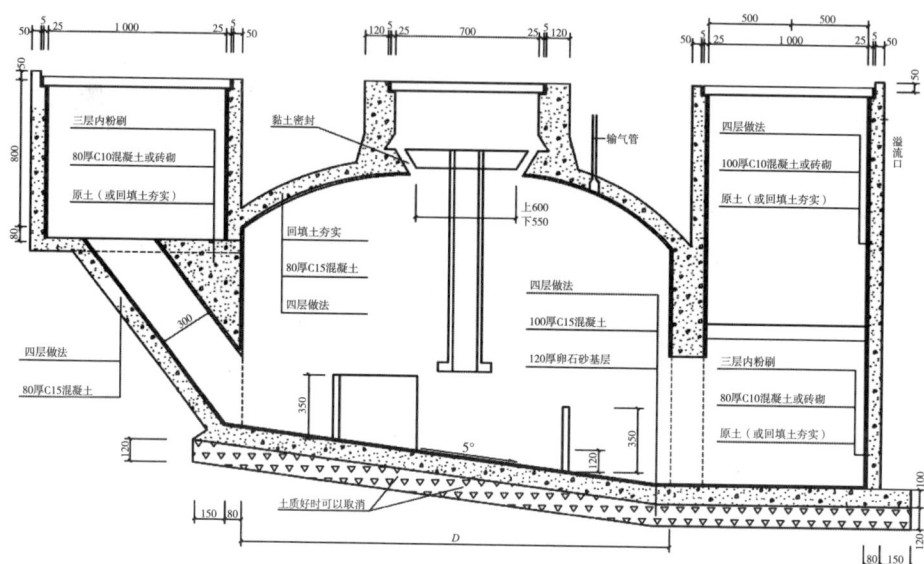

图 1-28　曲流布料沼气池构造详图（C 型）（单位：毫米）

层中间保持稀液不结壳，用气时稀液上升很快，达到破坏上部结壳层的作用，保持下部、中部产生的沼气容易从破壳输气吊笼中进入气箱。

图 1-29　双层吊笼图　　　　　图 1-30　吊笼与中心管上、下

6. 强回流装置施工

曲流布料沼气池 C 型设有强回流装置。抽料器上口位于预处理池上部，下口连接水压间底部，通过活塞在抽料器中来回抽动，可以把水压间底部料液、菌种回流到预处理池，混合新原料由进料口入池发酵，提高原料利用率和产气率。

施工安装工序是在主池浇灌完成、进行预处理池和水压间施工时，再安装抽料器，回填土时注意不能损坏抽渣管。建池完工投入使用时，把抽料器活塞装入圆筒管内即可使用。

7. 中心吊管施工

曲流布料沼气池 B、C 型都设有中心吊管，它是与活动盖连为一体的多功能装置。活动盖施工的外圆、厚度、配筋等都与水压式沼气池相同，不同的是中心要预留 280 毫米的通孔与中心管外圆连接，其几何尺寸、配筋、混凝土标号等按 GB/T 4750—2016 和曲流布料沼气池构件图施工。在活动盖上设置中心吊管可以直接进、出料，优质料液、菌种可以直接加到发酵池中心部位，液肥车可把抽料管直接插入池中心抽取沼气池的料液，沼气池产气时，料液从中心管孔中上升到活动盖上面，用气时自动落下，循环搅拌中心部位，同时保养天窗口与活动盖的密封胶泥，使其不会干裂、漏气。另外，中心管外圆也起到一定的破壳搅拌作用。用带圆盘的木棒从中心管孔中进行人工搅拌，比从进料管搅拌效果好。

（二）相关知识

1. 模板组装要求

模板是灌注混凝土结构的模型，它决定混凝土的结构形状和尺寸。在混凝土施工中，模板组装的基本要求是：

（1）安装正确：要保证结构和构件各部分尺寸、形状和位置的正确。

（2）支撑牢固：承受施工载荷后，模板不致发生变形和移位，具有足够的强度、刚度和稳定性。

（3）装拆方便：模板支撑系统构造简单，易于拆装，通用性强。

（4）用料合理：在保证支撑牢固的前提下，尽量节约用料，降低损耗，提高周转次数。

（5）接缝严密：模板表面拼缝平整，严密，不漏浆。

2. 混凝土浇筑

把搅拌好的混凝土倒入模板中，这一过程叫混凝土浇筑，入模前的拌和物不应发生初凝和离析现象，如已发生，可重新搅拌，使混凝土恢复流动性和黏聚性后再进行浇筑。在入模时，为了保证混凝土在浇筑时不产生离析现象，混凝土自高处倾落时的自由倾落高度不宜超过 2 米。若混凝土自由下落超过 2 米，要沿溜槽或串筒下落。在浇筑过程中，为了使混凝土浇捣密实，必须分层浇筑。

3. 混凝土振捣

混凝土浇入模板后，由于内部骨料之间的摩擦力、水泥净浆的黏结力、拌和物与模板之间的摩擦力，混凝土处于不稳定状态，其内部是疏松的，空洞与气泡占混凝土体积的 5%～20%。而混凝土的强度、抗冻性、抗渗性等，都与混凝土的密实度有关。因此，必须采取适当的方法，在混凝土初凝前对其进行捣实，以保证其密实度。混凝土的振捣分为机械振捣和人工振捣两种。

4. 混凝土质量缺陷产生的原因

混凝土施工中，如果施工方法不正确，会出现麻面、蜂窝、孔洞、缺棱掉角等质量缺陷。发生这些质量缺陷的原因大都是因模板润湿不够、不严密，捣固时，发生漏浆或振捣不足，气泡未排出；捣固后没有很好养护；浇注时垫块位移；材料配合比不准确或搅拌不均匀，造成砂浆与石子分离；或在浇注混凝土时投料距离过高或过远，又没有采取有效的防止离析措施或捣固不足等。

5. 混凝土支模

支模是指在浇筑混凝土前，用模板把要浇筑的混凝土做个模型，就是混凝土的模子，支什么样的模板，就可以浇筑什么形状的混凝土。

6. 脱模

混凝土脱模油是涂刷在模板上，使模板容易和混凝土分离开的一种化学物质。其主要成分一般是废液压油、基础油或废机油。用废机油乳化剂 OE - 100，把这些油类乳化之后，加入 1～10 倍油重的水，常温搅拌均匀而成，这样做出来的脱模油成本低廉，比用纯废机油成本低、污染小。

（三）注意事项

1. 人工配制混凝土时，要尽量多搅拌几次，使水泥、砂、石混合均匀。同时，要控制好混凝土配合比和水灰比，避免蜂窝、麻面出现，达到设计的强度。

2. 浇注混凝土时，要分层、均匀浇注，避免因集中浇注而出现的模具偏移和池体混凝土薄厚不匀现象。

3. 当利用基坑土壁作外模时，浇筑池墙混凝土和振捣时一定要小心，不允许泥土、杂草、木屑等掉在混凝土内。注意振捣混凝土时，每一部位都必须捣实，不得漏振。一般应以混凝土表面呈现水泥浆和不再沉落为合格。

4. 进料管、抽渣管、导气管与池墙接合部用砂浆包裹后，再用细石混凝土加强。

四、养护、拆模和回填土

学习目标：掌握现浇混凝土沼气池施工工艺中养护、拆模和回填土的方法和技能。

（一）施工方法

1. 养护

为保证沼气池混凝土有适宜的硬化条件，并防止其发生不正常的收缩裂缝，农村家用沼气池在混凝土浇筑完毕后 12 小时以内即应加以覆盖和浇水养护。在炎热的高温季节，灌筑完毕 2 小时后，对外露的现浇混凝土，如池盖、蓄水圈、水压间、进料口以及盖板等应覆盖草帘，并加水养护，以免混凝土中水分蒸发过快。养护混凝土所用的水，其要求与拌制混凝土用的水相同。养护浇水次数，以能保持混凝土具有足够的湿润状态为准。

养护期龄与混凝土强度的关系是普通混凝土在无外加剂和标准养护条件下，其强度的增长是初期快、后期缓慢，混凝土按强度可以分成下列几种标号：C30、C20、C15、C10 等，混凝土的标号是根据其 28 天的耐压强度划分的。农村户用沼气池混凝土标号为 C10～C15 号，如为预应力沼气池，应采用 C30～C40 号混凝土（表 1-5）。

表 1-5　各龄期混凝土强度增长情况

混凝土龄期	7 天	28 天	3 月	6 月	1 年	2 年	4 年
混凝土强度	0.6～0.7	1	1.25	1.5	1.75	2	2.25

养护温度、湿度和混凝土强度的关系是，水泥硬化时，在水分充足的情况下，温度愈高，混凝土强度发展愈快，当水分不足且温度高时，混凝土强度发展缓慢，甚至停止。当混凝土养护温度降低时，强度发展亦慢，到 0℃时，混凝土硬化不但停止，还可能因结冰膨胀导致混凝土强度降低或破坏。

2. 拆模

池体混凝土连续潮湿养护 3～7 昼夜以上方可拆模。拆墙模时，混凝土强度应不低于混凝土设计标号的 40%；拆池顶承重模时，混凝土的强度应不低于设计标号的 70%。拆模先拆池顶脱模块，再拆池顶模，之后，再拆池墙脱模块和池墙模。

3. 回填土

回填土应在池体混凝土达到 70% 的设计强度后进行，并应避免局部冲击载荷。回填土的湿度以"手捏成团，落地开花"为最佳。回填土质量要好，并可掺入石块、碎砖以及石灰窑脚灰等。回填时要对称、均匀、分层夯实。

回填土的夯实应在砌池盖时的砂浆初凝前进行，砌筑池盖与回填夯实的间隙时间，夏季不超过 3 小时，冬季不超过 6 小时，更不得过夜。进出料口的施工和回填应与发酵间在同一标高处同时进行，回填土含水量控制在 20%～25%，过干过湿，均难以夯实，影响回填质量。池盖和老土间的回填土必须紧实，分层、对称、均匀夯实，每层以虚铺 15 厘米为宜。

（二）相关知识

1. 养护

养护是混凝土工艺中的一个重要环节。混凝土浇筑后，逐渐凝固、硬化以致产生强度，这个过程主要由水泥的水化作用来实现。水化作用必须有适宜的温度和湿度。混凝土养护的目的，就是要创造各种条件，使水泥充分水化，加速混凝土硬化。混凝土养护的方法很多，户用沼气池常用自然养护法进行养护。

自然养护：在自然气温高于 5℃ 的条件下，用草袋、麻袋、锯末等覆盖混凝土，并在上面经常浇水。普通混凝土浇筑完毕后，应在 12 小时内加以覆盖和浇水，浇水次数以能够保持足够的湿润状态为宜。在一般气候条件下（气温为 15℃ 以上），在浇筑后最初 3 天，白天每隔 2 小时浇水一次，夜间至少浇水 2 次。在以后的养护期中，每昼夜至少浇水 4 次。在干燥的气候条件下，浇水次数应适当增加，浇水养护时间一般以达到标准强度的 60% 左右为宜。

2. 拆模

混凝土结构浇筑后，达到一定的强度，方可拆模。拆模时间应按结构特点和混凝土所达到的强度来确定。对于整体结构的拆模期限，应遵守以下规定：

（1）非承重的侧面模板，应在混凝土强度能保证其表面及棱角不因拆模而损坏时，方可拆除。

（2）承重的模板应在混凝土达到下列强度以后，开始拆除（按设计强度等级的百分率计）：

板及拱：跨度为 2 米及小于 2 米	50%
跨度大于 2~8 米	70%
梁（跨度为 8 米及小于 8 米）	70%
承重结构（跨度大于 8 米）	100%
悬臂梁和悬臂板：跨度为 2 米及小于 2 米	70%
跨度在 2 米以上	100%

（三）注意事项

1. 池体混凝土在 20℃ 以下，潮湿养护 7 天，强度达到设计标号的 70% 时，方可拆池顶承重模。过早拆模，会因强度不够，使结构破坏，出现池体裂缝等问题。

2. 在外界气温低于 5℃ 时，不允许浇水养护。

3. 回填土时，要避免局部冲击荷载对沼气池结构体的破坏。

4. 回填土应用黏土或老黏土，不可用膨胀土或其他含有机杂质的土。

5. 回填土要有一定的湿度，含水量控制在 20%~25%。

6. 分层、对称、均匀、薄层夯土，每层以虚铺 15 厘米为宜，夯至 10 厘米。

五、密封层施工

学习目标：能按照《GB/T 4752—2016 户用沼气池施工操作规程》的技术要求，完成密封层施工。

沼气发酵是厌氧发酵，发酵工艺要求沼气池必须严格密封。水压式沼气池池内压强大于池外大气压强，密封性能差的沼气池不但会漏气，而且会使水压式沼气池的水压功能丧失殆尽。因此，沼气池密封性能的好坏是关系到人工制取沼气成败的关键。

户用沼气池一般采用"二灰二浆"，在用素灰和水泥砂浆进行基层密封处理的基础上，再用密封涂料仔细涂刷全池，确保不漏水、不漏气。

（一）施工

1. 基层处理

（1）在模板拆除后，立即用钢丝刷将混凝土基层表面打毛，并在抹灰面前浇水冲洗干净。

（2）当遇有混凝土基层表面有凹凸不平、蜂窝孔洞等现象时，应根据不同情况分别进行处理。

当凹凸不平处的深度大于 10 毫米时，先用钻子剔成斜坡，并用钢丝刷将表面刷后用水冲洗干净，抹素灰 2 毫米，再抹砂浆找平层（图 1-31），抹后将砂浆表面横向扫成毛面。如深度较大时，待砂浆凝固后（一般间隔 12h）再抹素灰 2 毫米，然后用砂浆抹至与混凝土平面平齐为止。

当基层表面有蜂窝孔洞时，应先用钻子将松散石除掉，将孔洞四周边缘剔成斜坡，用水冲洗干净，然后用 2 毫米素灰、10 毫米水泥砂浆交替抹压，直至与基层平齐为止，并将最后一层砂浆表面横向扫成毛面。待砂浆凝固后，再与混凝土表面一起做好防水层（图 1-32）。当蜂窝麻面不深，且石子黏结较牢固，则需用水冲洗干净，再用 1:1 水泥砂浆用力压实抹平后，将砂浆表面扫毛即可（图 1-33）。

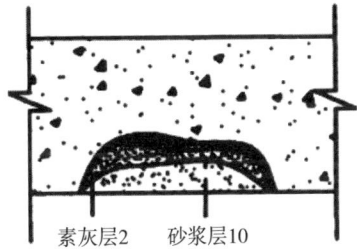

图 1-31　混凝土基层凹凸不平的处理（单位：毫米）

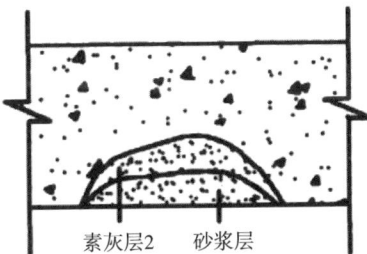

图 1-32　混凝土基层孔洞的处理（单位：毫米）

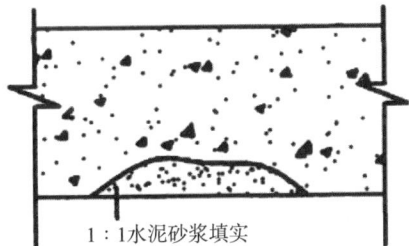

图 1-33　混凝土基层蜂窝的处理

（3）砌块基层处理需将表面残留的灰浆等污物清除干净，并用水冲洗。

（4）在基层处理完后，应浇水充分浸润。

2. 五层做法

户用沼气池密封层一般采用五层做法施工，操作要求见表1-6。

表1-6　沼气池五层抹面法施工要求及做法

层次	水灰比	操作要求	作用
第一层素灰	0.4～0.5	用稠素水泥浆刷一遍	结合层
第二层水泥砂浆层厚10毫米	0.4～0.5 水泥∶砂＝1∶3	1. 在素灰初凝时进行，即当素灰干燥到使第一、二层结合牢固时 2. 水泥砂浆初凝前，用木抹子将表面抹平、压实	起骨架和保护素灰作用
第三层水泥砂浆层厚4～5毫米	0.4～0.45 水泥∶砂＝1∶2	1. 操作方法同第二层。水分蒸发过程中，分次用木抹子抹压1～2遍，以增加密实性，最后再压光 2. 每次抹压间隔时间应视施工现场湿度大小，气温高低及通风条件而定	起骨架和防水作用
第四层素灰层厚度2毫米	0.37～0.4	1. 分两次用铁抹子往返用力刮抹，先刮抹1毫米厚素灰作为结合层，使素灰填实基层孔隙，以增加防水层的黏结力，随后再刮抹1毫米厚的素灰，厚度要均匀，每次刮抹素灰后，都应用橡胶皮或塑料布适时收水（认真搓磨） 2. 用湿毛刷或排笔蘸水泥浆在素灰层表面依次均匀水平涂刷一遍，以堵塞和填平毛细孔道，增加不透水性，最后刷素浆1～2遍，形成密封层	防水、密封作用
第五层密封涂料层厚1～2毫米	密封涂料	1. 用90℃热水浸泡涂料包至其融化 2. 纵、横刷表面	密封作用

密封层施工操作要求：

（1）施工时，应做到分层交替抹压密实，以使每层的毛细孔道大部分切断，使残留的少量毛细孔无法形成连通的渗水孔网，保证防水层具有较高的抗渗防水功能。

（2）施工时应注意素灰层与砂浆层应在同一天内完成。即基本上防水层的前两层连续操作，后两层连续操作，切勿抹完素灰后放置时间过长或次日再抹水泥砂浆。

（3）素灰抹面，素灰层要薄而均匀，不宜过厚，否则造成堆积，反而降低黏结强度且容易起壳。抹面后不宜干撒水泥粉，以免素灰层厚薄不均影响黏结。

（4）水泥砂浆揉浆，用木抹子来回用力压实，使其渗入素灰层。如果揉压不透，则影响两层之间的黏结。在揉压和抹平砂浆的过程中，严禁加水，否则砂浆干湿不一，容易开裂。

（5）水泥砂浆收压，在水泥砂浆初凝前，待收水 70%（即用手指按压上去，有少许水润出现而不易压成手迹）时，就可以进行收压工作。收压是用木抹子抹光压实，收压时需掌握：

①砂浆不宜过湿；

②收压不宜过早，但也不宜迟于初凝；

③用铁板抹压面，而不能用边口刮压，收压工作一般作两道：第一道收压表面要粗毛，第二道收压表面要细毛，使砂浆密实，强度高且不易起砂。

（6）按层次顺序搭接，搭接长度应大于 40 毫米，接合部位距阴阳角的距离应大于 200 毫米。

（7）涂料施工

基础密封层完成后，用密封涂料涂刷池体内表面，使之形成一层连续性均匀的薄膜，从而堵塞和封闭混凝土和砂浆表层的孔隙和细小裂缝，防止漏气发生。其技术要点是：

①涂料选用经过省部级鉴定的密封涂料，材料性能要求具有弹塑性好、无毒性、耐酸碱、与潮湿基层黏结力强、延伸性好、耐久性好且可涂刷。目前常用的沼气池密封涂料为 JX-Ⅱ型沼气池密封剂。该产品具有密封性高、耐腐性好、黏结性强、池壁光亮、节约水泥、减少用工、寿命延长等特点，适用于沼气池、蓄水池、水塔、卫生间、屋面裂缝修补等混凝土建筑物的防渗漏。

②涂料施工要求和施工注意事项，应按产品使用说明书要求进行。JX-Ⅱ型沼气池密封剂的使用方法为：将半固体的密封剂整袋放入开水中加热 10~20 分钟，完全溶化后，剪开袋口，倒进一适当的容器中加 5~6 倍水稀释；按溶液∶水泥＝5∶1 的比例将水泥与溶液混合，再加适量水，配成溶剂浆（灰水比例 1∶0.6 左右），按要求进行全池涂刷；第一遍涂刷层初凝后，用相同方法池底和池墙部分再涂刷 1~2 遍，池顶部分再涂刷 2~3 遍；涂刷时，要水平垂直交替涂刷，不能漏刷。

（二）相关知识

1. 密封涂料知识

沼气池质量是沼气池正常使用健康发展的重要保证，而沼气池密封涂料是保证沼气池质量的一项必不可少的重要材料。从沼气池密封涂料的组成来看，目前我国用于农村沼气池建设的密封涂料实际为双组分材料。因涂料在实际施工前需将聚合物与硅酸盐水泥按一定的比例混合后方可使用，所以沼气池密封涂料的主要成分为聚合物和硅酸盐水泥，其中聚合物是成膜物质，硅酸盐水泥是起固化剂和增强剂的作用，同时要求密封涂料具有亲水性。

沼气池密封涂料中的聚合物主要分为两类：

第一类：乙酸乙烯、聚酯乙烯树脂、聚乙烯等；

第二类：丙烯酸、丙烯酸酯等。

涂料应选定达到工程要求、工艺要求的密封涂料，其性能要求定性指标见表1-7，定量指标见表1-8。

表1-7 涂料性能定性指标

种类	外观	亲和性	耐热度			耐酸度	耐碱度
			0℃ 24小时	50℃ 24小时	60℃水浴 放置5小时	pH为5 48小时	饱和NaOH 48小时
水泥掺和型涂料	呈膏状或为透明液体，应无杂质，无硬块	与水泥无散状分离现象	呈膏状，无硬块	呈膏状，无硬块	表面应无鼓泡、流淌和滑动现象	表面光滑应无起泡、裂痕、剥落、粉化、溶出、软化等现象	表面光滑应无起泡、裂痕、剥落、粉化、溶出、软化等现象
直接使用型涂料	透明液体	直接涂刷	透明膏体	透明膏体	表面应无鼓泡、流淌和滑动现象	表面光滑应无起泡、裂痕、剥落、粉化、溶出、软化等现象	表面光滑应无起泡、裂痕、剥落、粉化、溶出、软化等现象

表1-8 涂料性能定量指标

种类	固体含量 （%）	抗水渗性 （%）	空气渗水率 （%）	干燥时间	
				表干（小时）	实干（小时）
水泥掺和型涂料	≤16	≤2.4	≤30	≤4	≤40
直接使用型涂料	≤7.5	≤1.8	≤20	≤3	≤10

2. 密封涂层施工工艺

密封涂层施工工艺操作简单，但如果使用不当，也不能达预期的密封效果。因此掌握正确的施工工艺是应用中十分重要的环节，密封涂层施工工艺流程如图1-34所示。

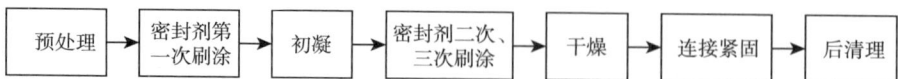

预处理 → 密封剂第一次刷涂 → 初凝 → 密封剂二次、三次刷涂 → 干燥 → 连接紧固 → 后清理

图1-34 密封涂层施工工艺流程图

（三）注意事项

1. 基础密封层施工时，各层抹灰要分层交替抹压密实，避免第一层抹灰

层与结构层、第二层抹灰层与第一层抹灰层之间出现离层现象。

2. 抹灰必须一次抹完，不留施工缝。施工完毕后要洒水养护，夏天更应注意勤洒水养护。池内所有阴角用圆角过渡。

3. 表面密封层施工时，密封涂料的浓度要调配合适，不能太稀，也不能太稠。太稀，刷了不起作用；太稠，刷不开，容易漏刷。

4. 涂刷密封涂料的间隔时间为 1～3 小时，涂刷时用力要轻，按顺序水平、垂直交替涂刷，不能乱刷，以免形成漏刷。

六、沼气池气密性检验

（一）检查沼气池漏水、漏气的方法

1. 直观检查法

应对施工记录和沼气池各部位的几何尺寸进行复查。混凝土浇筑的沼气池，灰层和混凝土的强度养护到 85%，方能进行检查。

检查的方法是仔细观察沼气池内外有无裂纹、孔隙，输送沼气的管件是否松动，并用手指或小木棒敲击池内各个部位，如有空响则说明抹灰层或粉刷水泥浆有翘壳。池体内表面应无蜂窝、麻面、裂纹、砂眼和气孔，粉刷层不得有空鼓或脱落现象。

另外，还可观察池壁有无外水渗入的痕迹，对于不明显的渗漏部位，可在其表面均匀地撒上一层干水泥粉，出现湿点或湿线的地方，便是漏水孔或漏水缝，检查池壁，应无渗水痕迹等目视可见的明显缺陷，合格后方可进行试压验收。

2. 气密性检测

在直接检查的基础上，再用气压法为主，水压法为辅，或两种方法混合使用，进行气密性检测，如图 1-35 所示。

（1）水试压法

打开活动盖，向池内注水，水面升至零压线位时停止加水，待池体吸足水湿透后，池内水位有一定下降，再灌水至进出料口上端 20 厘米，池内标记水位线，观察 24 小时，若水位下降在 2 厘米以内，视为发酵间及进、出料管在水位以下不漏水。

如果漏至一定部位，不再继续下降，由活动盖口向下量得水位下降距离，根据这一位置，就可检查其上方可能有裂缝或孔隙，然后将水排掉，进行修补，确定不漏水后再试压。

试压时先安装好活动盖，并做好密封处理，接上 U 形水柱气压表后，继续向池内加水。待 U 形水柱气压表数值升至最大设计工作气压时（户用沼气池的设计压力为 80 厘米水柱），停止加水，记录 U 形水柱气压表数值，稳压观察 24 小时。若气压表下降数值小于设计工作气压的 3% 时，可确认为该沼

气池的气密性能符合要求。

（2）气试压法

池体加水后测试不漏水同上面水压法。

确定发酵间及进、出料管水位以下不漏水之后，将活动盖严格密封，装上气压表，向池内充气，当气压表数值升至设计工作气压，如 8 千帕时，停止充气，关好开关，稳压观察 24 小时。若气压表下降数值小于设计工作气压的3％时，可确认该沼气池的气密性能符合要求。

（a）沼气池中注水　　　　　　　　（b）气试压法检测

（c）打气检查
图 1-35　沼气池的气密性检验

（3）导气管、输气管路的检漏法

使用前，要先对输气管进行充气检查。其方法是，将输气管一端用绳子捆扎好，放入盛有肥皂水的盆中，一端用打气筒压入空气，观察浸在水中的管子和套好的开关、接头处等有无气泡出现，以便修补。

（二）相关知识

1. 沼气池常见漏水、漏气的部位

（1）沼气池各部分的衔接处：如拱顶与池墙的交界处，池底与池墙交界处，发酵间与进料管、出料间的衔接处，导气管和池拱顶或活动盖板衔接处，活动盖和拱顶交界面等处都容易发生漏水、漏气。

（2）墙或池拱顶的密封层龟裂处。

（3）池体各部位的小孔。

2. 造成沼气池漏水漏气的常见原因

造成漏水、漏气的原因很多，概括起来有以下几个方面：

①池底墙施工时：ⓐ树根等入池墙形成孔道；ⓑ地基没有夯实筑牢；ⓒ墙与底交界处未作局部加厚处理。由于上述质量问题而使池体产生不均匀下沉，引起池墙开裂或池墙和池底交界处局部拉裂。

②池体周围土壤疏松，施工时未夯实，试压和产气后，内、外压力不平衡，使池墙被拉裂。

③池体结构层强度未达到要求，急于装料而引起裂缝。进、出料管与池身结合不牢，致使两者断开，造成漏水漏气。

④施工中池体几何尺寸没有得到保证，起不到薄壳作用而引起受拉裂缝。

⑤沼气池在出料后未及时装料入池，由于风吹日晒而使内表面密封后收缩裂缝，或者在地下水位高的地方，夏秋季出料后没有及时装料，池底强度不够，地下水上浮力将池底冲破，形成局部结构破坏而造成漏水。

⑥沼气池施工时，没注意很好养护，经暴晒、雨淋、霜冻等使池体结构层或密封层产生收缩裂缝，或因池身受到较大震动，使接缝处水泥砂浆裂口或脱落。

⑦密封层未按操作要求及配合比要求施工，以致与结构层黏结不牢产生翘壳现象。用过期水泥或因砂浆拌和不匀和时间太长，也会造成材料黏接性降低，产生脱落现象。

⑧混凝土分层浇筑时，交界衔接不好，浇灌混凝土时，没有很好振捣，用水量太多或模板缝隙未塞紧产生严重漏浆现象，使混凝土产生蜂窝孔隙。

⑨建池备料未按要求办理，如水泥砂浆的砂子中含有泥土、杂草，砖块上面的泥土污垢未刷洗干净，导气管上的铁锈未除掉等。另外，安装导气管时，砂浆或混凝土未达到强度就碰动导气管，以致导气管和池盖接触处有缝隙，引起漏气。

⑩新建沼气池试水、试压或在使用过程中大量进出料时，由于速度太快，造成正压或负压过大，使拱顶局部拉裂漏气或池墙裂缝造成漏水。

（三）注意事项

1. 混凝土强度达到设计强度等级的 85％ 以上时，方能进行试压查漏验收。

2. 试压查漏应在 U 形水柱气压表数值升至设计工作气压时，稳压观察 24 小时。

3. 新建沼气池试水、试压时不宜进出料速度过快，否则易导致正压或负压过大，使拱顶局部拉裂漏气或池墙裂缝造成漏水。

4. 在试漏过程中，如发现有泄漏时，不得带压进行修补，可用粉笔在泄漏处作一个记号，待全系统检漏完毕，气密性试漏机卸压后一并修补。

七、户用现浇混凝土沼气池施工质量检验

户用现浇混凝土沼气池施工质量检验内容主要是：建池材料、土方工程、模板工程、混凝土工程、密封工程等。

（一）户用现浇混凝土沼气池施工质量检验方法

1. 土方工程检验

首先，沼气池池坑地基承载力设计值≥50千帕。检验方法：观察检查土质情况，复查施工记录。其次，池坑开挖标高、内径、池壁垂直度和表面平整度允许偏差值及检查方法见表1-9。

表1-9　池坑开挖允许偏差

项目	允许偏差值（毫米）	检验方法	检查点数
池坑直径	±20	用精度为1毫米的钢卷尺量	4
池坑标高	+15～-5	用水准仪按施工记录拉线，用精度为1毫米的钢卷尺量	4
池壁垂直度	±10	用重垂线和精度为1毫米的钢卷尺量	4
表面平整度	±5	用1米靠尺和楔形塞尺量	4

2. 模板工程检验

第一，砖模、钢模、木模和支撑件应有足够的强度、刚度和稳定性，并拆装方便。检验方法：用手摇动和观察检查。

第二，模板的缝隙以不漏浆为原则。检验方法：观察和检查。

第三，现浇混凝土沼气池模板安装允许偏差值及检查方法见表1-10。

表1-10　现浇混凝土模板安装允许偏差

项　目	允许偏差值（毫米）	检验方法	检查点数
池与水压间标高	木模-4～10，钢±5	用精度为1毫米的钢卷尺量或用水准仪检查	4
断面尺寸	+5～-3	用精度为1毫米的钢卷尺量	4
池拱模板曲率半径	±10	用曲率半径准绳测量	4

第四，现浇模板安装允许偏差值及检查方法见表1-11。

表1-11 现浇模板安装允许偏差

项目	分项	允许偏差值（毫米）	检验方法	检查点数
池与水压间标高	木模	±10	用精度为1毫米的钢卷尺测量或用水准仪检查	4
	钢模	±5		4
断面尺寸		+5~-3	用精度为1毫米的钢卷尺测量	4
池盖模板	曲率半径	±10	用曲率半径准绳测量	4

3. 混凝土工程检验

（1）混凝土拌制和浇筑过程中检验

①检查拌制混凝土所用原材料的品种、规格和用量，每一工作班至少一次。

②检查混凝土在浇筑地点的坍落度，每工作班至少一次。

③混凝土搅拌时随时检查。

（2）混凝土质量检验

①采用试块检测混凝土抗压强度，检查混凝土质量，当有条件时宜采用试块进行抗压强度检验，混凝土沼气池采用C15、C20标号强度。用于检查混凝土质量的试件应采用钢模制作，应在混凝土的浇筑地点随机取样制作，试件的放置应符合下列规定：

a. 同一配合比混凝土取样不得少于一次；

b. 每班拌制的同一配合比混凝土取样不得少于一次。

试件强度试验的方法应符合GB/T 50081—2019的规定，每组三个试件应在同盘混凝土中取样制作，并按下列规定确定该组试件混凝土强度代表值：

a. 取三个试件强度的平均值；

b. 当三个试件强度中的最大值或最小值之一与中间值之差不超过15%时取中间值；

c. 当三个试件强度中的最大值和最小值与中间值之差均超过中间值15%时，该组件不得作强度评定的依据。

②回弹仪法检测混凝土抗压强度，检查混凝土质量不具备采用试块进行抗压强度试验验收条件时，可采用回弹仪法检测混凝土抗压强度与验收，混凝土抗压强度值应不低于GB/T 4750—2016设计值的95%。

（3）浇筑混凝土的要求

现浇混凝土沼气池允许偏差值及检查方法见表1-12。

表 1-12　现浇混凝土沼气池允许偏差

项目	允许偏差值（毫米）	检验方法	检查点数
内径	+3～-5	拉线用尺量	4
外径	+5～-3	拉线用尺量	4
池墙标高	+5～-10	用水准仪测或拉线用尺量	4
池墙垂直度	±5	吊线用尺量	4
弧面平整度	±4	用弧形尺和楔形塞尺检查	4
圈梁断面尺寸	+5～-3	拉线用尺量	4
池壁厚度	+5～-3	用尺量取平均值	4

4. 砖砌体与预制板工程检验

（1）砌体中砂浆应饱满密实。垂直及水平灰缝的砂浆饱满度不得低于95%；不允许出现内外相通的空隙。

检验方法：在池墙、池盖不同位置各掀三块砖，用百分格网查砖底面、侧面砂浆的接触面积大小，一般取三处的平均值。

（2）组砌方法应正确，竖缝错开不准有通缝；水平灰缝要平直，平直度偏差不超过 10 毫米。厚度偏差不大于 5 毫米。

检验方法：观察检查或用精度为 1 毫米的钢卷尺测量；查施工记录。

（3）砂浆在拌和和施工过程中应按下列规定进行检查验收：

a. 检查拌制砂浆所用原材料的品种、规格和用量，每一工作班至少一次；

b. 砂浆的拌和时间应随时检查。

（4）砂浆的质量检验，一般用试块方法检验，试块的制作方法应符合 GB 50203 的规定，试块的强度检验方法应符合 JGJ/T 70 的规定。试块强度平均值应不低于设计强度等级的 95%。

（5）砖砌体允许偏差及检查方法见表 1-13。

表 1-13　砖砌体允许误差

项目	允许误差（毫米）	检验方法	检查点数
直径	±5	用精度为 1 毫米的钢卷尺测量	2
标高	+5～-15	用水准仪或拉线用的精度为 1 毫米的钢卷尺测量	4
水平灰缝平直度	±10	拉水平线用精度为 1 毫米的钢卷尺测量	2
水平灰缝厚度	±3	用精度为 1 毫米的钢卷尺测量	3
池墙垂直度	1 米范围内±5	用垂线和精度为 1 毫米的钢卷尺测量	3

（6）混凝土预制板工程，预制板安装前水平位应找平，安装地墙和池盖时，两块之间的缝隙不小于 20 毫米，并保证预制板砂浆密实均匀。砂浆要饱满密实，板间接头牢固，组砌方法正确，不允许出现通缝或连通缝隙。预制板安装的竖缝连接筋应绑扎牢固，并采用 C20 细石混凝土灌浆；预制板内缝用

1∶2 水泥砂浆，分两层勾缝与池内壁相平。

5. 水泥密封检验

（1）水泥密封层应灰浆饱满，抹压密实，无翻砂、无裂纹、无空鼓、无脱落，表面光滑，接缝严密，各层间黏结牢固。

检验方法：边施工边观察或用木槌敲击检查；查施工记录。

（2）水泥密封层厚度应符合《GB/T 4752—2016 户用沼气池施工操作规程》的设计要求；总厚度允许偏差＋5 毫米。

检验方法：边施工边检查。

6. 涂料密封层检验

（1）涂料层应薄而均匀，并且具有对潮湿基面良好的附着力，抗老化性及耐酸碱性，不得出现任何裂纹。

（2）涂料密封层施工中涂刷不得有漏刷、脱落、空鼓、起壳、接缝不严密、裂缝等现象，涂刷厚度要均匀，表面光滑。

检验方法：边施工边检查；查施工记录。

7. 整体施工质量和密封性检验

沼气池的密封性能验收方法详见本章本小节（六、沼气池气密性检验）。

沼气池交付使用前应符合《GB/T 4750—2016 户用沼气池设计规范》的设计要求，沼气池施工验收时，应查施工记录表，并填写沼气池验收记录表，见表 1-14 和表 1-15。

表 1-14　户用沼气池施工记录表

检验内容	工程名称						备注
	土方工程	模板工程	混凝土工程	砖砌体工程	密封性能检验	检验时间	
	检验结果						
土方土质							
砖模、钢模稳定性							
混凝土抗压强度							
砖砌体方法是否正确							
密封性能24小时气压下降值							
填表说明：1. 土方工程的土质栏：填写是砂土或黏土等。 　　　　　2. 模板工程栏：填写砖模、钢模稳定性是否可靠。 　　　　　3. 混凝土工程栏：主要填写混凝土质量检验是否符合标准。 　　　　　4. 砖砌体工程栏：主要填写砖砌方法是否正确。 　　　　　5. 密封性能栏：主要填写水压法或气压法检验的结果。 　　　　　6. 隐藏工程如土方、模板、砖砌体等有条件的附照片、图片附件备查。							
建池户（签字）：　　　年　月　日　　施工技术员（签字）：　　　年　月　日							

表 1-15　沼气池验收登记表

省　　　　地（市）　　　县　　　乡

沼气建池户姓名		施工技术员姓名	
建池户地址		沼气池池型	
开工日期		沼气池容积	
竣工日期		验收日期	
建池材料			
建沼气池用户意见（签字）			
主持验收单位意见（应说明建设技术、质量、材料等是否符合设计要求，试压检验结果等）： 　　　　　　　　　　　　　　　　　　　　负责人（签章） 　　　　　　　　　　　　　　　　　　　　　　年　　月　　日			

（二）相关知识

1. 甲烷的分子直径

沼气中甲烷的分子直径为 3.76×10^{-10} 米（即 3.76 埃），约为水泥砂浆孔隙的 1/4。

因此，只有通过密封处理使沼气池内表面的毛细孔直径小于 3.76×10^{-10} 米，才能收集和贮存沼气，达到使用的目的。

2. 抗渗性

混凝土的抗渗能力一般采用抗渗标号来表示，符号为 Si，分为 S2、S4、S6、S8、S10、S12 等 6 个等级。

户用沼气池混凝土材料应符合以下要求：水灰比不大于 0.55；水泥宜采用普通硅酸盐水泥；骨料应选择良好级配；严格控制水泥用量，当采用 325 号水泥时，水泥用量不宜超过 360 千克/立方米。沼气池的混凝土抗渗标号应不低于 S4。

（三）注意事项

1. 为了确保建池质量和使用后正常产气，沼气池建成后、投料前，必须严格按国家标准《GB/T 4751—2016 户用沼气池质量检查规范》进行质量检验。

2. 除了在施工过程中对每道工序和施工的部位按相关标准规定的技术要求检查外，池体完工后，立即对沼气池各部分的几何尺寸进行复查，池体内表面应无蜂窝、麻面、裂纹、砂眼和孔隙，无渗水痕迹等明显缺陷，粉刷层不得有空壳和脱落。接下来最基本和最主要的检查是看沼气池有没有漏水、漏气。

思考与练习题

1. 户用沼气池的池型选择应遵循哪些原则?

2. 户用沼气池中常用的类型? 它们的特点和区别是什么?

3. 商品化沼气池的种类有哪些? 商品化户用玻璃钢沼气池的安装有哪些注意事项?

4. 农村庭院沼气设施如何定位和放线? 应掌握哪些关键技术要领?

5. 户用沼气池基础土方工程开挖有什么规定? 应如何掌握?

6. 户用沼气池开挖后, 垫层施工的要点有哪些?

7. 混凝土和砂浆是如何组成的? 混凝土和砂浆拌制的办法有哪些?

8. 如何安装模板? 如何拆卸模板?

9. 如何用混凝土浇筑户用沼气池的池底? 应掌握哪些关键技术?

10. 如何养护混凝土浇筑的户用沼气池? 应掌握哪些关键技术?

11. 户用沼气池回填土时应注意什么事项?

12. 密封层的施工一般分为哪几个步骤?

13. 沼气池的气密性检验应注意哪些事项?

第二章 户用沼气输配管路及用具安装

本章主要包括户用沼气输配系统和沼气用具的安装要求和方法，重点是安装方法，难点是用具选择要求与安装质量检验。

第一节 管材与用具选择

学习目标：学会正确选择输气管径、管件和用具。

一、管材、管件和用具选择

沼气输配系统的管道、配件、压力表、脱硫器、集水器的类型和特性在《沼气工（基础知识）》第五章第二节内容中进行了介绍，本节仅就输配系统的管材、管道配件的选择和技术要求进行简述。

（一）管径选择

沼气输气管内径的选择：主要依据沼气池到用气点的距离和管路拐弯多少来确定，具体步骤如下：

1. 丈量沼气池到用气点的折线距离。
2. 按表 2 - 1 中参数来选择输气管内径。
3. 选择与路径相配套的开关、弯头、直接头和三通等管件。

表 2 - 1 输气管内径的选择

池型	灶具类型	距离（米）	管内径（毫米）	
			软管	硬管
水压式	单灶	<20	8	10
		20～30	10	15
	双灶	<20	12	18
		20～30	14	18
浮罩式	单灶	<20	14	15
		20～30	16	18
	双灶	<20	16	18
		20～30	16	18

（二）沼气输配系统的材料要求

1. 管材

农村户用沼气池输配气系统使用的管材质量应符合 GB/T 4217—2008、GB/T 10798—2001、GB/T 18997.1—2020 国家标准和 CJ/T 110—2018、CJ/T 111—2018 行业标准的要求。

在管路系统中用于管间和管路与产品连接使用的软管质量应符合 NY/T 1496.1—2015 的要求，管内径应与硬管管径和产品连接端口管径匹配，管材规格见表 2-2。

表 2-2　管材规格

单位：毫米

硬聚氯乙烯管（PVC-U）		
外径×壁厚	14×2.0	16×2.0	16×2.0
平均外径极限偏差	+0.3		
壁厚偏差	+0.4		

（1）技术要求：能承受沼气工作压力；管壁要均匀一致；管材内壁光滑、耐腐蚀、耐老化；管材与管材、管材与管件连接方便。

（2）选择方法：综合考虑经济因素进行管材选择，在经济条件较好的地区，可选择硬塑料（PVC）、PP-R、聚乙烯（PE）管材。选择时应考虑下列因素：管材管件价格；安装是否方便、美观；使用年限；维修更换方便。

2. 管件的材料要求

硬管管件：硬聚氯乙烯管、聚乙烯管的管件均采用端部为承口的注塑管件。承口尺寸：承口内径为管材外径加 0.05～0.2 毫米；承口长度（L）为管材外径（D）的一半加 6 毫米，即 $L=0.5D+6$ 毫米。硬聚氯乙烯管、聚乙烯管管件是管路中经常需要拆装或定期更换的部件，该拆装端应是注塑内螺纹承口或装有弹性密封环的承口。

软管管件：软管管件均采用带有密封节的管件，各端密闭节的个数不得少于 3 个，密封节的间距为 5 毫米，管件内径（d'）应是管材内径（d）减去 2 毫米，即 $d'=d-2$ 毫米。

管塞：硬管和软管的管塞均采用一般使用的橡皮塞。聚氯乙烯硬管管路的连接采用承插式胶黏连接。聚乙烯管路的连接采用承插式热熔连接。

聚氯乙烯硬管或聚乙烯管与胶皮管的连接采用套接，并应紧固牢靠。

聚乙烯管与聚氯乙烯管的连接以及需要拆装检修的部件，应采用螺纹连接或弹性连接（承口内装有密封环）。

3. 阀（开关）

沼气管路上的开关应采用易识别开关状况的快开阀，系统中设有中间阀和终端阀。开关应选用耐腐蚀材料制造，阀孔孔径不小于 6 毫米。开关在系统中是控制沼气输送的重要部件，这里指的中间阀和终端阀是开关在系统中的位置，最重要的开关是沼气池到室内的那个开关（即中间阀）。在处理沼气池内料液和维护沼气池，或者是维修管路系统、更换脱硫剂等产品时，都需要用开关来切断气源，保证安全操作。

4. 导气管

沼气池的导气管内径应与输气管路内径相同，并应选用耐腐蚀材料制造，常用规格尺寸为 φ12 毫米×2.0 毫米，长度不小于 200 毫米。

（三）沼气用具选择

沼气燃烧器具的结构、原理和特性在《沼气工（基础知识）》的第五章内容中进行了介绍，本小节仅就用具选择进行简述。

1. 沼气灶具选择

我国目前常用的沼气灶具种类有：高档不锈钢脉冲及压电点火的单眼灶、双眼灶，沼气灶具由燃烧系统、供气系统、辅助系统和点火系统四部分组成。沼气灶具目前较多采用两种工作压力：800 帕和1 600 帕，称灶前压力，沼气的供气压力要满足这个要求。可按图 2-1

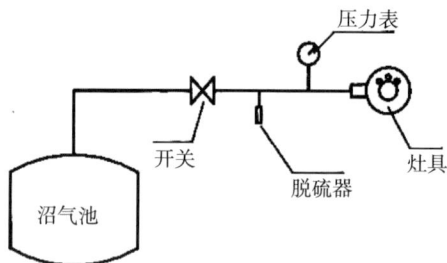

图 2-1 用开关调节灶前压力

所示管路将压力表安装在开关与沼气燃具之间的管路上，通过开关的开启大小来调节灶前压力，便于掌握灶具的工作情况。

使用沼气灶具时，必须考虑以下几点：

（1）使用时，要尽可能地控制灶具的使用压力，使其在设计压力左右（小于设计压力不限），特别不宜过分超压运行，以免火太大跑出锅外，浪费沼气。

（2）正常工作时，风门（一次空气）要开足。除脱火、回火及个别情况需要暂关小风门之外，其余时间均应开足风门，否则会形成扩散燃烧。

（3）将铸铁沼气具放在灶膛内使用时，锅底至火孔的距离，应与原锅底架平面至火孔的距离一致，过高或过低，都将影响热能的利用。

2. 沼气灯具选择

沼气灯具点火分为人工点火和脉冲点火两种，有高压灯和低压灯，分别与沼气池配套使用，可参照表 2-3 的技术性能参数进行选择。

表 2-3　沼气灯具的主要技术性能参数

灯具名称	额定压力（帕）	热流量		光照度（勒克斯）	发光效率（勒克斯/瓦）	一氧化碳（%）
		（瓦）	（千焦/时）			
家用沼气灯	800	410	1 476	60	0.13	
	1 600	—	—	45	0.10	0.05
	2 400	525	1 890	35	0.08	

要选购符合"技术标准"的、通过技术鉴定的、质量优良的沼气灯具，有了优良灯具后，还应考虑以下几点才能达到良好的效果。

（1）新灯使用前，应在不安纱罩的情况下进行试烧。如果火苗呈蓝色，短而有力，均匀地从泥头小孔中喷出，且伴有刷刷的气流声，燃烧稳定，无脱火、回火等现象，说明该灯性能良好，可安装纱罩使用。

（2）新纱罩初次点燃时，压力应稍高（即大于正常使用压力），以便有足够的气量将纱泡吹圆成型。已燃烧纱罩的旧灯，则启动时压力应徐徐上升，以免冲破纱罩。

（3）点灯应先点火后开气。待压力升至一定高度、燃烧稳定亮度正常后，为节省沼气，可稍降低压力，但亮度仍可不变。

（4）点灯时，若久不发亮，可调整一次空气，用嘴轻吹纱罩，可使燃烧正常，灯发亮。

3. 沼气饭锅选择

沼气饭锅分家用型和公用型，家用饭锅灶前沼气额定压力为 800 帕或1 600 帕，家用沼气饭锅额定热流量应不小于 0.9 千瓦；公用沼气饭锅的灶前沼气额定压力为 1 600 帕，公用沼气饭锅的额定热流量应不小于 4.0 千瓦。

沼气饭锅的技术要求见行业标准《NY/T 1638—2021 沼气饭锅》，其中家用饭锅的一次焖饭稻米量在 2.5 千克及以下，公用饭锅的一次焖饭稻米量在2.5 千克以上且 10 千克以下。

沼气饭锅每次能加热的最大稻米量用升表示，沼气饭锅质量和容量的换算如表 2-4 所示。

表 2-4　沼气饭锅质量和容量换算表

饭锅容积（升）	内锅止口处内径（毫米）	额定焖饭量	
		（千克）	（升）
2.0	180	0.6	0.75
3.0	200	1.0	1.25

（续）

饭锅容积 （升）	内锅止口处内径 （毫米）	额定焖饭量	
		（千克）	（升）
4.0	220	1.4	1.75
5.5	240	1.9	2.38
7.0	260	2.5	3.13
8.5	280	3.1	3.88
10.5	300	3.8	4.75
15.0	340	4.5	5.62
19.0	370	5.0	6.25
23.0	400	6.0	7.50
33.0	480	8.0	10.00
38.0	520	9.0	11.25
43.0	540	10.0	12.50

4. 沼气热水器选择

目前我国生产的沼气热水器品牌较多。要选购符合技术标准的、通过技术鉴定的、质量优良的沼气热水器，大多数沼气热水器工作压力是 800 帕。

二、相关知识

燃气管道的管材主要有钢管、铸铁管和聚乙烯管等，如何合理地选择管材，是确保工程质量、安全供气和降低工程造价的重点。

可以作为燃气管道的塑料管有两类：一类是热塑性塑料管，如聚乙烯（PE）管，聚氯乙烯（PVC）管、聚丁烯（PB）管等，一类是热固性环氧树脂管（即玻璃钢管），目前使用最多的是 PE 管，聚乙烯有高、中、低密度之分，通常采用中密度聚乙烯作为管道材料。PE 管具有以下优点：

1. 耐腐蚀，寿命可达 50 年，没有电化学腐蚀现象，不像钢管要做外腐蚀层。

2. 重量轻，可以盘成卷，运输、安装费用低。

3. 接口采用电热熔或热熔连接，施工安全、快捷、劳动强度低、处理事故较方便。

4. 内壁光滑，其当量绝对粗糙度 K 只是钢管的 1/20，摩擦阻力小，输气能力比钢管提高 30%。

5. 具有良好的柔韧、顺应性，使得 PE 管道系统能有效地抵御地面沉降、地震等造成的危害，便于非开挖施工。

目前用于燃气管道上的 PE 管的最大工作压力为 0.3 兆帕，在少数国家中达 0.4～0.6 兆帕，工作温度为 -20～40℃，由于它的刚性不如金属管，所以埋设施工时必须夯实沟槽底，才能保证管道坡度的要求。虽然 PE 管经剧烈碰撞易断裂，但易于及时发现并修复，PE 管的安装费要比钢管低，如施工 DN100 的管子，每米可节省施工费 7%，施工 DN50 的管子每米可以节省施工费约 17%。

三、注意事项

1. 燃气管材的选择必须考虑管道所处的地理位置、地形特点、土壤性质。比如对于地下水位高、易沉降的地带，尽量不用铸铁管，对于与供暖管道距离较近的地带，尽量不用塑料管等。

2. 燃气管材的选择决定着燃气管道的输气质量，要本着安全、经济、实用、可靠的原则，从技术经济性上合理选择管材。

3. 燃气管材的合理选择不仅可以节约建设投资，而且可以提高管网系统整体质量水平，降低运行管理费用。

第二节　户用沼气输气管路布局与安装

学习目标： 能按要求安装户用沼气输配管路，并能检测管路的气密性。

一、户用沼气输气管路布局

（一）管路敷设原则

1. 室外管路按地下埋管方式或沿墙高架进行施工，室内管路按明管方式沿墙、梁进行安装。

2. 管路敷设应选择沼气池到沼气燃具最短的距离，管路敷设转角一般不小于 90°。

3. 选择沼气池到沼气燃具最短的距离是指在设计管路走向时，既要考虑安全，又要考虑安装和维修方便，尽量选择使沼气输送通畅的路线，可以穿墙的不要绕墙走。减少输送距离，既可减少压力损失，又可降低安装成本。

4. 施工安装前，对所有管道及附件进行质量和气密性检验。气密试验的方法是：将要检验的管道或附件充气至 8 千帕，然后放入水中，不冒气泡为合格。

5. 管路布置要求尽量做到：沼气池与灶具距离不超过 25 米，室内管路设计要合理，安装要横平竖直，如图 2-2 所示；尽量缩短输气距离，保证灶前压力，提高供气质量；所有管道的接头要连接牢固和严密，防止松动和漏气。

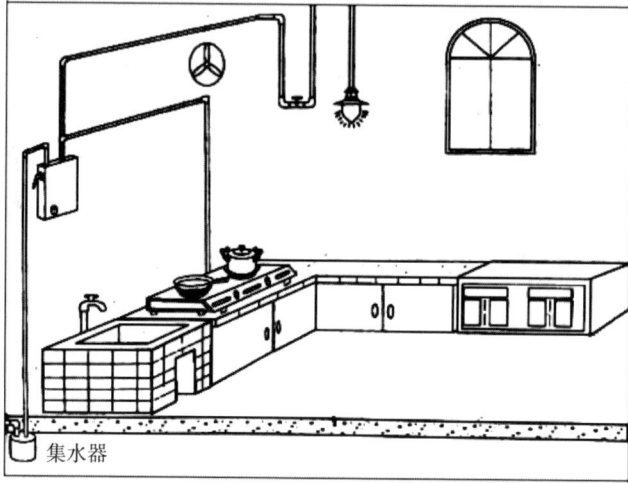

图 2-2　户用沼气输配系统布置图

（二）室外安装

1. 室外管路安装应于晴天进行，雨天或室外温度在5℃以下时不宜进行接口操作。

2. 地下沼气管路与其他地下管路平行或相交时，至少应有10厘米的净距离，不得直接接触、交叉。

3. 管沟开挖不得破坏沟底原状土。管沟宽度以小为宜，沟底平整，并应设有1‰以上的坡度，且不得露有尖锐石块。如挖掘过深或沟底土质松软，应用细土或黄沙回填或更换土后夯实。

4. 在地下水位较高地带，可预先将管道在沟旁地面进行连接，并经气密试验合格，待管沟挖成后即下入沟内，避免沟底受地下水浸泡变软，影响管路坡度。管段入沟后应随即覆土，以防重物或坚硬石块落入沟内损伤管道。回土时沟内如有积水，应先抽干，然后用细土覆于管子周围。分层回填结实，但不应使管道受到冲击。

5. 室外管道埋地铺设，南方地区埋置深度应在30厘米以下，北方地区室外管应采取防冻措施。埋地管道承载地段应外加硬质套铁管保护，以免压扁，影响输气。

（三）室内安装

1. 室内管路应沿墙、梁或屋架敷设，牢固地用钩钉或管夹固定在房屋的构件上。管路从室外地下引入室内的外墙穿孔，在管顶上方或下方应保留5厘米以上的空隙。管路水平管段的坡度应不小于0.5‰～1‰，并向立管方向落水。

2. 立管与明火的距离应大于等于50厘米。

3. 要求调控器位置偏离灶具左或右 50 厘米，不能安装在双眼灶具的中间。

4. 连接灶具的水平管段应低于灶面 5 厘米以保护管路，安装时应加以注意。

5. 管路距离烟囱应大于等于 50 厘米，距离电线不得小于 10 厘米。

6. 管道以 1‰左右的坡度坡向最低点，并在管道低洼处安装集水器，管道拐弯处，应接上 90°弯管。

7. 集水器安装在入户前的墙脚下。

8. 一个沼气用具只需安装 1 个开关，总管可再设 1 个开关，其余不必要的附件不应安装，以便减少压力损失。

9. 灶台长度大于 1 米，宽度大于 50 厘米，高度 65 厘米左右，沼气调控净化器横向偏离灶台 50 厘米，距离地面 150～170 厘米，沼气灯距离顶棚高度以 75 厘米为宜，距室内地面为 2 米以上，距电线、烟囱要超过 1 米（图 2-3）。

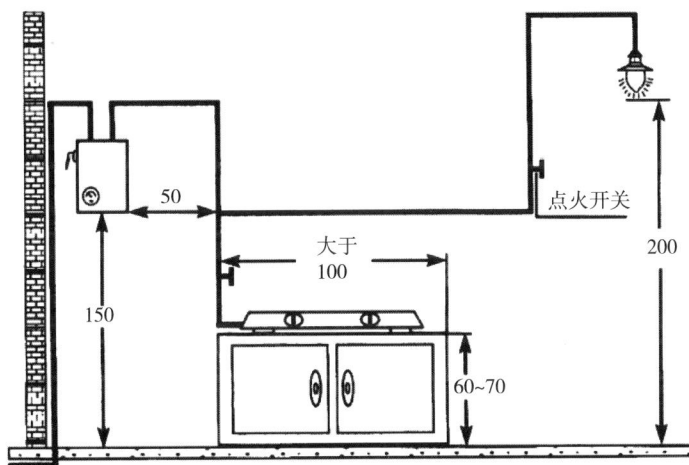

图 2-3　室内沼气管路高度和间距（单位：厘米）

二、户用沼气输气管路安装

目前，塑料管道有两种安装方式：一种是架空或沿墙敷设，长江流域以南地区常用；另一种是把管子埋在地下，北方地区常用。架空或沿墙敷设比较简单，把管子埋在地下的敷设方式，可以延长塑料管的使用寿命。

（一）软塑料管道安装方法

1. 从池子中出来的沼气，带有一定的水分和温度。沿墙敷设或埋地敷设都要保证管道有 1‰的坡度，且坡向集水器或沼气池，这样管子中有了积水就会自动地流入集水器或沼气池中。埋地铺设时，应加硬质套管（钢管、硬塑料管、竹管等）或用砖砌成沟槽，防止压扁。

2. 软塑料管采用架空敷设穿过庭院时，其高度应大于 2.5 米，最好拉紧一根粗铁丝，两头固定在墙壁或其他支撑物上，每隔 0.5 米将塑料管用钩钉或塑料绳与粗铁丝箍紧，以免塑料管下垂成凹形而积水。

3. 管道转角处，应呈大于 90°圆弧形的拐弯或接弯头拐弯不能太急，不能打死弯而折瘪管道（图 2-4）。

大于90°　　　　小于90°

图 2-4　圆弧形拐弯及折瘪

4. 管子走向要合理，长度越短越好，多余的管子要剪下来，不要盘成几圈挂在钉子上，这会增加压力的损失，存在安全隐患。

（二）硬塑料管道安装方法

聚氯乙烯（PVC）、聚乙烯（PE）硬塑料管道的安装方法如下：

1. 一般采用室外地下挖沟敷设，室内沿墙敷设。室外管道埋深应大于 40 厘米，寒冷地区应在冻土层以下，或覆盖秸草保温防冻，最好用砖砌成沟槽保护；室内输气管道沿墙敷设，用管卡固定在墙壁上，管卡间距为 50 厘米，与电线相距 20 厘米左右，不得与电线交叉，室内管道安装固定方式如图 2-5 所示。

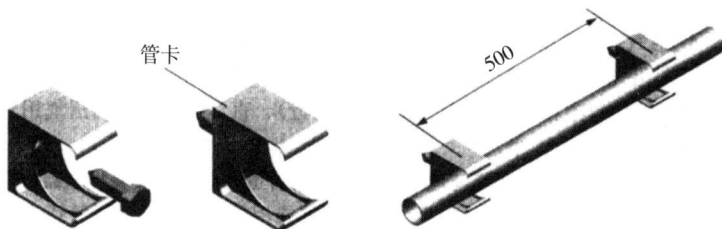

管卡　　　　　　　　500

图 2-5　室内管道安装固定方式（单位：毫米）

2. 管道转角处，应采用与管径相匹配的弯头、直接和三通等管路附件连接。

3. 管道布线要尽可能短（近）、直。布线时最好使管道的坡度和地形相适应。在管道的最低点安装凝水器或自动排水器。如果地形平坦，应使室外管道坡向沼气池，坡度为 1‰左右。

4. 硬塑料管道一般采用承插式胶黏连接。在用涂料胶黏剂前，检查管子和管件的质量及承插配合。如插入困难，可先在开水中使承口胀大，不得使用锉刀或砂纸加工承接表面或用明火烘烤。涂敷黏剂的表面必须清洁、干燥，否则影响黏接质量。

5.涂胶黏剂，一般用漆刷或毛笔顺次均匀涂抹，先涂管件承口内壁，后涂插口外表。涂层应薄而均匀，勿留空隙，一经涂胶，即应承插连接。注意插口必须对正插入承口，防止歪斜引起局部胶黏剂被刮掉产生漏气通道。插入时须按要求勿松动，切忌转动插入。插入后以承口端面四周有少量胶黏剂溢出为佳。管子接好后不得转动，在通常操作温度（5℃以上），保持10分钟后，才可移动。雨天不得进行室外管道连接。

（三）沼气输配系统调试

沼气输配装置安装完毕，应进行气密性试验。当输气管路气密性试验合格后，才能投入使用。沼气输配系统的气密性试验一般在沼气池试压合格后再进行输气管道试压（试验系统如图2-6）。

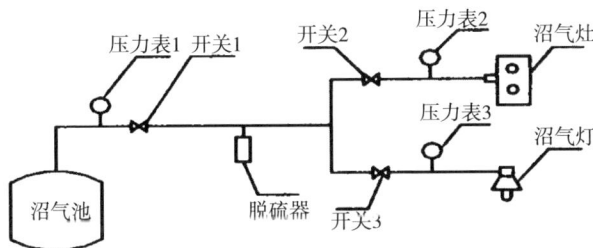

图2-6　沼气输气系统气密性试验示意图

1.输气管道气密性试验，在沼气输气系统中，打开开关，往输气系统内送气，待压力升至8千帕后关闭开关，停止送气并密封试压，当4小时后，压力降不低于200帕为输气管路气密性试验合格。否则，不合格。

2.输气管道试压不合格，用洗衣粉水或肥皂水涂抹在接头和管件处检漏，发现漏点补漏之后，再进行管道试压，直至气密性试验合格。

三、相关知识

（一）户用三结合的沼气池及输配系统组成

农村户用沼气输配系统由导气管、输气管、管道连接件、开关、压力表、沼气灶、沼气灯等组成如图2-7所示，其作用是将沼气池内产生的沼气畅通、安全、经济、合理地输送到每一个用具处，保证压力充足，火力旺盛，满足不同的使用要求。

（二）沼气输配系统计算

农村户用沼气池输配系统设计，是在沼气池位置、气压、产气量和燃具数量、位置已经确定的条件下进行的，它的主要任务是通过计算确定输气管道的内径，进而确定管道需要量和投资。因此，正确进行输配系统设计，是经济合理地建设沼气工程的一个重要内容。

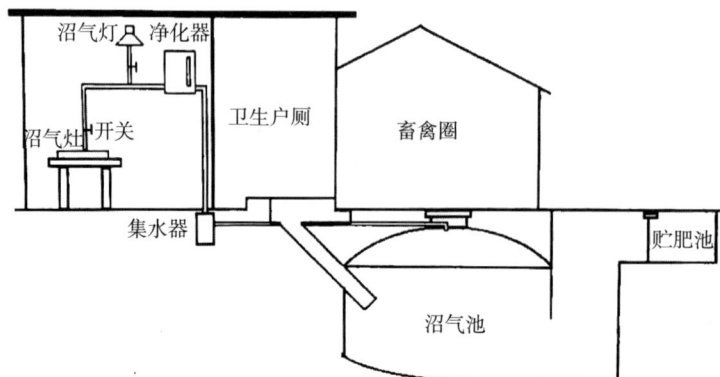

图 2-7　户用三结合的沼气池及输配系统组成

1. 确定允许压力降

沼气在输送过程中，由于管道等的阻力影响造成的压力下降，称为压力降。从沼气池导气管至燃具之间所允许下降的压力，称为允许压力降。允许压力降可根据两个条件确定：①输送到燃具的沼气压力等于燃具的额定压力；②沼气池的贮气量能满足燃具要求。这时沼气池的压力与燃具的额定压力之差，即为允许压力降。

2. 确定压力降的分布

输气系统的压力降由沿程压力降和局部压力降组成。所谓沿程压力降，是指管道沿程的压力损失，不包括任何管道附件造成的压力损失。所谓局部压力降，是指沼气流过三通、四通、阀门等管道附件造成的压力损失。在知道输气系统的允许压力降后，还需确定压力降在沿程和局部的分布情况，以便于计算输气管的管径及其用量。

（1）局部压力降的确定

局部压力降可通过计算确定，也可进行测定。其计算公式为：

$$\Delta P_{局} = K \frac{V^2 \cdot r}{2g} \qquad (2-1)$$

式中：$\Delta P_{局}$——局部压力降（帕）；

$\qquad$ K——局部阻力系数；

$\qquad$ V——附件中沼气流速（米/秒）；

$\qquad$ r——沼气容重（千克/立方米）；

$\qquad$ g——重力加速度（9.81 米/秒^2）。

局部压力降的测定方法是，将所测附件如图 2-8 所示装入测试系统。两个压力计安装位置尽量靠近附件。测定时向燃烧器定量输送沼气，这时压力计 1 和压力计 2 产生压差，其差值即为该流量下附件的压力降，流量不同压力降亦不同。

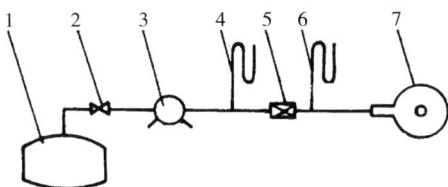

图 2-8　局部压力降的测定方法

1. 沼气池；2. 调压阀；3. 压力表；4. 压力计1；5. 差压传感器；6. 压力计2；7. 燃烧器

（2）沿程压力降的确定

当知道各附件的局部压力降后，用输气系统的允许压力降减去各附件的局部压力降，即得沿程压力降。用式（2-2）表示：

$$\Delta P_沿 = \Delta P - \Delta P_局 \qquad (2-2)$$

式中：$\Delta P_沿$——沿程压力降（帕）；

　　　　ΔP——系统允许压力降（帕）；

　　　　$\Delta P_局$——各附件局部压力降之和（帕）。

3. 确定沼气的最大流量

沼气的最大流量，可以用式（2-3）计算：

$$Q = K \sum nq \qquad (2-3)$$

式中：Q——沼气计算流量（立方米/秒）；

　　$\sum nq$——全部用具的额定耗气量（立方米/时）；

　　　　K——沼气用具的同时工作系数；

　　　　q——该燃具的额定耗气量（立方米/秒）；

　　　　n——该燃具的用具数。

4. 确定输气管内径

输气管内径，是根据最大沼气需用量、沿程压力降和输气管长度来确定的。输气管内径可由水力计算的基本公式计算，其公式为：

$$\Delta P_沿 = 82.5\lambda \frac{Q^2 LS}{d^5} \qquad (2-4)$$

式中：$\Delta P_沿$——沿程压力降（帕）；

　　　　λ——摩擦系数；

　　　　Q——沼气流量（立方米/秒）；

　　　　L——输气管长度（米）；

　　　　S——沼气比重（以空气密度为1计算得出）；

　　　　d——输气管内径（厘米）。

5. 绘制输气系统施工图

所需各数据确定以后，应绘制出沼气输气系统施工简图。图中应分段注明沼气流量、管径、管长。每段的压力降可不标在图上，但应记录在案，便于验收时核对。如果验收结果与设计计算误差很大，应查找原因，重新核算。

四、注意事项

1. 管路在运行中如发生断裂或接口漏气，可用胶黏带或胶布包扎作暂时应急修理，待材料齐备时，再按常规进行修复。

2. 管路在运行中如有损坏，除可拆接口以外，应将损坏的部分割去，更换新管件。在任何情况下，不得使用不合规格的管件代替。

3. 室内有蒜臭气味时应先打开门窗，让空气流通，然后用肥皂水涂抹管路的各个接口找出漏气点。在任何情况下，不得使用明火找漏。

4. 沼气使用时如果火焰跳动，应先通过排水井或存水段排除管路中积水，如跳动未能消除则是管路坡度失常的积水，应找出故障地点将坡度进行改正。

5. 管材和管件应经常保持有一定的维修备品备件，以免影响系统的正常维修工作。

第三节　沼气用具安装

户用沼气用具安装包括集水器、净化调控器、沼气灶、沼气饭锅、沼气灯及沼气热水器的安装。

一、集水器、净化器的安装

学习目标：掌握集水器、净化调控器的原理及安装方法。

（一）集水器、净化器的安装

1. 集水器的安装

由于沼气中含有一定量的饱和水蒸气，通常情况下，池温越高，沼气中的水蒸气含量越高。而这些水蒸气在输气管道中冷却后变成水，如不清除会积累在管道中，阻塞管道，从而使沼气输送受阻，导致用气时产生压力波动，燃烧不稳定，火焰忽大忽小、忽明忽暗等情况。在寒冷地区则常常因为积水结冰，造成沼气输送不畅或无法输送，严重影响沼气的使用。因此，必须在输气管路中安装集水器。

集水器又称为气水分离器，是用来清除输气管道内积水的装置，分为手动排水集水器和自动排水集水器两类（图 2-9、图 2-10）。

（1）手动排水集水器

取一个磨口玻璃瓶和一个合适的胶皮塞，在塞上打两个孔，孔内插入两根内径为6～8毫米的玻璃弯管，用胶塞塞紧玻璃瓶。两弯管水平端分别与输气管连接，当冷凝水高度接近弯管下口时，揭开瓶塞，将水倒出。

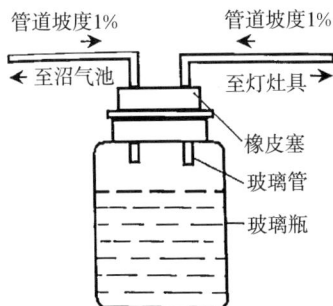

图2-9 手动排水集水器

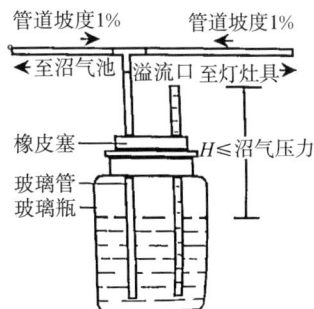

图2-10 自动排水集水器

（2）自动排水集水器

自动排水型集水器是指不需人工操作能自动排出积水的气水分离器，三通式集水器的制作方法：取一个三通，将其水平两端接入输气管，下垂一端接入长约1米的塑料透明软管，管的下端接一个开关，当管内积水达到管的3/4左右时，打开开关，将水排出（图2-11）。

U形管式积水器的制作方法：取一个三通，其水平两端分别接入输气管道，下端直管接入一个U形塑料软管，管内装入少量水。U形管游离一端与大气相通，管口应低于三通管，高度应略低于沼气压力表水柱，否则也会形成水堵，并造成压力表内水柱首先冲出（图2-12）。

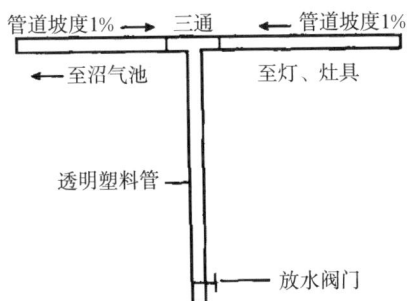

图2-11 三通式排水积水器

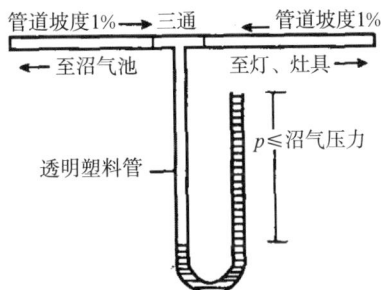

图2-12 U形管式自动排水型积水器

2. 脱硫器的安装

脱硫器是用来脱除管路沼气中硫化氢气体的重要工具。硫化氢是沼气发酵过程中产生的一种有害气体，无色、有恶臭。它不仅对人体有强烈的毒害作用，而且对管路系统的金属材料如指针式压力表、金属管件和沼气灶具有很强的腐蚀性。国家规定民用燃气中硫化氢气体含量不得超过 20 毫克/立方米。而利用畜禽粪便产生的沼气中硫化氢含量一般在 500 毫克/立方米。因此，在沼气输配管路上必须安装脱硫装置。

（1）脱硫器的构造与原理

脱硫器由脱硫剂和脱硫瓶组成。脱硫剂有固体脱硫剂与液体脱硫剂。目前农村沼气常用的是固体脱硫剂，主要成分是氧化铁。脱硫原理是：含有硫化氢的沼气通过脱硫剂时，硫化氢与氧化铁接触生成硫化铁，然后含有硫化铁的脱硫剂与空气中的氧接触，在水分子的作用下，硫化铁又转化为氧化铁和单体硫。这种脱硫与再生的过程实际上是固体脱硫剂的脱硫氧化反应和再生还原反应。

脱硫反应为：

$$Fe_2O_3 \cdot H_2O + 3H_2S \longrightarrow Fe_2S_3 \cdot H_2O + 3H_2O \qquad (2-5)$$

再生反应为：

$$2Fe_2S_3 \cdot H_2O + 3O_2 \longrightarrow 2Fe_2O_3 \cdot H_2O + 6S \qquad (2-6)$$

（2）脱硫器的再生与更换方法

固体脱硫剂的脱硫与再生过程可循环多次，但每循环一次脱硫效果都要降低，直至脱硫剂表面大部分被硫或其他杂质覆盖而失去活性为止。脱硫剂的再生或更换周期视沼气中硫化氢含量的多少灵活掌握。一般脱硫剂使用 4～6 个月后，必须更换，脱硫剂可再生 2～3 次。

图 2-13 脱硫器安装要求

正常使用中，如图 2-13，应打开输气管道上脱硫器前开关 2，关闭脱硫器前开关 1，但当大出料时，应关闭输气管道上脱硫器前开关 2，打开开关 1，既能避免沼气池产生负压，又可避免脱硫器因进入空气产生剧烈的氧化放热反应而被烧坏。脱硫剂再生时也要防止晾晒物的引燃。

不允许将脱硫剂在脱硫器内再生，原因是：脱硫剂脱硫后的再生原理如下：

脱硫过程：

$$Fe_2O_3 \cdot H_2O + 3H_2S \longrightarrow Fe_2S_3 \cdot H_2O + 3H_2O + 63\ 千焦$$

$$(2-7)$$

再生过程：

$$Fe_2S_3 \cdot H_2O + \frac{3}{2}O_2 \longrightarrow Fe_2O_3 \cdot H_2O + 3S + 609\ 千焦 \quad (2-8)$$

从脱硫和再生过程可知，再生反应的放热量几乎是脱硫反应放热量的 10 倍。根据计算，温度可增高至 328℃，足以熔化任何塑料制品。所以要避免大量空气进入使用了较长时间的脱硫器内。

3. 压力表

压力表：压力表是观察产气量、用气量及检测沼气池生产沼气压力的仪表，也是检查沼气系统是否漏气的工具，并可通过调节压力表前开关的开度来调节沼气使用压力。

压力表分为升降式压力表和膜式低压沼气表（图 2-14）。

（1）压力表应安装在脱硫器之后沼气用具之前。使用中，开关开大，压力上升；开关开小，压力下降。

（2）使用中如果沼气压力过高就可能损坏压力表。当沼气压力过高暂时又不使用时，应在安全的情况下放掉沼气。

4. 沼气调控净化器

沼气调控净化器是取代脱硫器的集合压力表和脱硫的多功能沼气用具，最早生产的沼气调控净化器，将压力表、脱硫器、盒内脱水器、压力平衡器等构件合二为一，但由于调控操作复杂，目前已很少应用。

近年生产的沼气调控净化器只将指针式压力表、脱硫器、压力调节开关等构件合二为一，结构紧凑，美观大方，调控操作简单，管理使用方便，农民乐意接受，已成为市场的主导产品（图 2-15）。

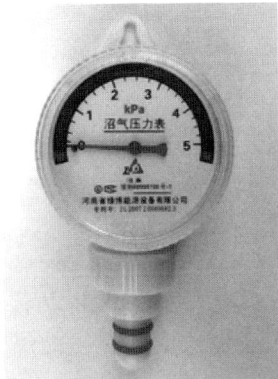

图 2-14　沼气压力表

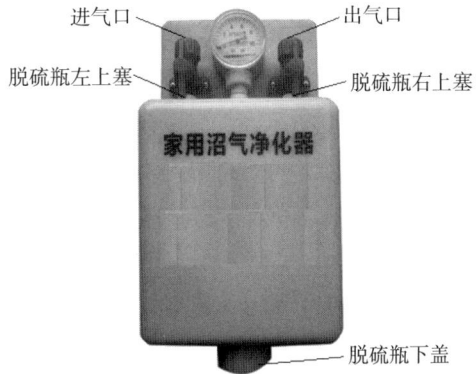

图 2-15　沼气净化器

沼气调控净化器中的脱硫剂也需按照前述定期检查再生或更换。

（二）相关知识

集水器结构及安装位置图：户用沼气集水器结构及安装位置如图 2-16 所示。集水器一般安装在入户前的墙脚最低点，左、右管都以≥1%的坡度流向集水器。

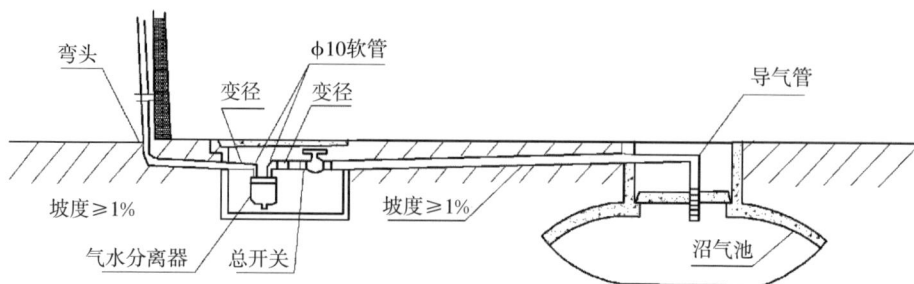

图 2-16　集水器结构及安装位置图

（三）注意事项

1. 沼气输气管道安装基本要求是横平竖直，以水平坡度约 1% 向管道最低处倾斜。集水器必须在管道最低处安装，才能有效收集滞留于沼气管道中的积水。

2. 沼气池出料时，应打开脱硫器前三通上开关 1，并关闭到脱硫器的开关 2，以防止空气进入脱硫器，避免脱硫器损坏。

3. 导气管安装位置和深度是否恰当，是关系到能否有效大量滤除沼气中水分。若沼气导气管安装时管下端口边沿与池拱盖内壁持平，则易导致池盖内壁大量水分沿着导气管下端口被吸入输气管道中。因此推荐导气管下端口伸出池拱盖顶部内部长约 5 厘米，则既能有效阻断池盖内壁附着的大量水珠层顺着导气管下端口而进入输气管道，又能确保贮气室中沼气的正常传输。

二、沼气灶具的安装

学习目标：掌握沼气灶具正确安装方法与使用。

（一）家用沼气灶的安装要求

1. 灶具应安装在专用厨房内，房间高度不应低于 2.2 米（当有热水器时，高度应不低于 2.6 米），房间应有良好的自然通风和采光。

2. 沼气灶应水平放在灶台上，沼气灶靠窗口时，窗口应高出灶具 30 厘米以上，灶具背面与墙之间的距离应大于 10 厘米，侧面应大于 25 厘米；若墙面为易燃材料时，必须加设隔燃防火层，其尺寸应比灶台长度和高度的尺寸大60～80 厘米。

3. 在一个厨房内安装 2 台沼气灶或 1 台沼气灶、1 台沼气饭煲时，其间距应大于 50 厘米。

4. 灶台高度一般为 60～65 厘米，台面应用非燃材料，灶台不能建在穿堂风直接吹到的地方。

5. 沼气灶的灶面边缘距离木质家具的净距离应不小于 0.3 米。

6. 沼气灶与对面墙之间应有不小于 1 米的通道。

7. 家用灶如用塑料管连接必须采用管箍。

8. 家用沼气灶前必须安装可靠的脱硫器，以确保打火率和延长灶具的使用寿命。

（二）相关知识

使用沼气灶时，其燃烧状态由混合燃气的比例、均匀性及压力所决定，完全燃烧的衡量标准为火焰稳定、明亮，火苗短而有力。如要达到完全燃烧状态，常用的几种方法如下：

1. 开关控制灶前压力

大多数水压式沼气池的特点是：产气时池压升高，用气时池压降低。池压的变化使得用气的整个过程中灶前压力都在波动，这就要用开关来控制。一般来说，使用压力高于灶具的设计压力，热效率就低。例如，北京四型沼气灶，用开关调节灶前压力，热效率能达到 60%；不用开关调节的，热效率只有57%。因此，无论使用哪种灶具，都要把灶前压力尽量调节到设计压力才好。

2. 合理使用调节板

沼气燃烧时需 6～7 倍的空气。沼气的热值会随着池子里加料的种类、时间和温度不同而起变化。调节板就是为了适应这种不断变化的状况而设计的，如图 2-17 所示。根据沼气成分和压力变化的情况，调节沼气灶燃气阀总成中大、小喷嘴处的调节板，就可调节混合燃气的比例，达到需要的燃料配风，以获得比较高的热效率。

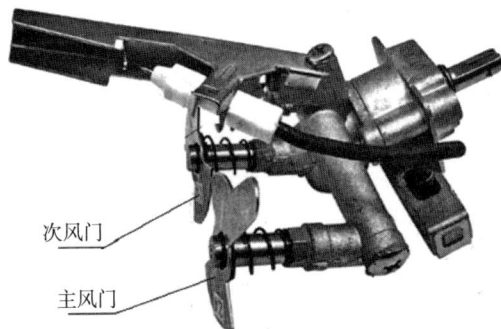

图 2-17 沼气灶调节板

调节板开得太大，空气过多，火焰根部容易离开火焰孔，这会降低火焰的温度，同时过多的烟气又会带走一部分热量，因此热效率下降。不少农户习惯使用烧柴时所见到的长火焰，以为这种火焰最旺，于是往往把调节板开得很大，实际上这种火的温度很低，还会产生过量的一氧化碳，对人体也有害。

有实验表明：用 30 厘米的铝锅，盛 4.5 千克水，从 30℃烧到 90℃，按照农户平时的点火习惯，需要 23 分 15 秒，热效率是 51.9%；如果使用调节板进行调节，使火焰内焰呈蓝绿色，只需要 16 分 1 秒，热效率达到 66.4%，热效率相差 14.5%。

3. 合理使用炉膛

目前大部分农户使用沼气，是把灶具放在砖砌的炉膛中，燃烧所放出的热量一部分被锅底吸收，另一部分被砖砌炉壁吸收，其余的随着烟气散走。如果做饭时间比较长，炉壁经过加热，与沼气达到了热平衡，这时候继续使用沼气，灶具的热效率就会提高，而且加热时间越长，热效率越高。相反，如果做饭时间比较短，把灶具放在灶台上，比放在炉膛里的热能利用率高。

如果把灶具放炉膛里，炉膛直径应比常用的锅的外径大 4～5 毫米，或在炉膛内壁中砌几个沟槽，以便燃烧后的烟气能够通畅地排出去。农户使用的炉膛，有的尺寸不合适，烟气不好排出去，难以补充二次空气，因而沼气不能完全燃烧，火焰就会发黄，甚至从炉口蹿出去。

4. 加铁锅圈

把灶具放在灶台上使用，可以在灶具和锅的外面加一个铁锅圈。这不仅防止风把火吹灭，也能够提高热的利用率。例如，把一个直径 380 毫米、高 200 毫米的锅圈，套在 240 毫米的铝锅外面，在同样条件下使用，有锅圈比没有锅圈的热效率提高 3% 左右。这是因为有了锅圈，热烟气能够充分与锅壁接触。另外，锅圈被加热后，又会有部分热能辐射给铝锅，从而提高了灶具的热效率。如果锅圈是陶土或耐火泥的，其效果更好。

5. 合理使用锅支架

由于铁锅大小规格不一样，有的锅底离燃烧器头部很近，就会产生压火现象。有的锅底离燃烧器头部很远，这也使热效率降低。因此，要正确使用支架，燃烧器头部与锅底要有一个适当的距离。

6. 合理利用大小火

用大锅的时候，可以把火调旺一些；用小锅的时候，就要把火调小一些。这是由于灶具的热量大，小锅底受热面积小，沼气燃烧所放出的热量不能完全被锅底吸收，因此热效率低。

（三）注意事项

1. 使用前仔细阅读灶具使用说明书，了解灶具的结构、性能、操作步骤和常见事故的处理方法。

2. 点火时如用火柴，应先将火种放至外侧火孔边缘，然后打开阀门。如用自动点火，将燃气阀向里推，逆时针方向旋转，在开启旋塞阀的同时，带动打火机构，当听到"叭"的一声时，击锤撞击压电陶瓷，发出火花，将点火燃烧器点燃。整个过程约需 1～2 秒。必须采用火等气的点火方式，用火柴时应先擦火柴，后打开开关，避免先开开关，沼气溢出过多；关闭时，要将开关拧紧，防止跑气。

3. 火焰的大小靠燃气阀来调节。有的灶具旋塞旋转 90°时火势最大，再转 90°则是一个稳定的小火。使用小火时应注意防止过堂风或抽油烟机将火吹灭。

4. 首次使用沼气灶时，如果出现点不着火或严重脱火现象时，说明管内有空气。此时应打开厨房门窗，在瞬间放掉管内的空气即可点燃。

5. 注意防止杂物掉入火孔；烧开水时，注意防止开水溢出，将火熄灭。

6. 使用时若突然发生漏气、跑火时，应立即关闭灶具阀门和灶前管路阀门，然后请维修人员检修。

7. 使用时，要尽可能地控制灶具的使用压力，使其在设计压力左右（小于设计压力不限），特别不宜过分超压运行，以免火太大跑出锅外，浪费沼气。

8. 正常工作时，风门（一次空气）要开足，除脱火、回火及个别情况需要暂关小风门之外，其余时间均应开足风门，否则会形成扩散燃烧。

9. 将铸铁沼气具放在灶膛内使用时，锅底至火孔的距离，应与原锅底架平面至火孔的距离一致，过高或过低，都将影响热能的利用。

10. 灶具在较长时间不用时，要将灶前管路阀门关断，以保安全。

11. 使用时，一定要切记保持空气流通，不要紧闭窗门。

12. 使用时，应避免风吹，一是因风吹使火焰摇摆不稳，火力不集中；二是风大时易吹灭火焰，使沼气大量泄漏，易发生事故。

三、沼气饭锅的安装

学习目标：掌握沼气饭锅的正确安装方法与使用。

（一）沼气饭锅的安装要求

1. 在安装前应检查沼气饭锅的完好情况，有无损坏。

2. 沼气饭锅同沼气灶一样，放在灶台台面上离灶的净距不小于 0.3 米，离墙面净距不小于 0.1 米。

3. 灶台高度一般为 600 毫米左右，台面应用非燃材料。

4. 墙上沼气硬管与沼气饭锅之间用塑料软管连接，并用管卡卡牢固。

5. 沼气饭锅前必须安装可靠的脱硫器，以确保打火率和延长灶具的使用寿命。

（二）相关知识

1. 基本设计参数

一次焖饭最大稻米量 2.5 千克及以下的沼气饭锅前额定沼气供气压力 800 帕或 1 600 帕，一次焖饭最大稻米量 2.5 千克以上且 10 千克以下的沼气饭锅前额定沼气供气压力1 600帕。

一次焖饭最大稻米量2.5千克及以下的沼气饭锅前额定热负荷应≥0.9千瓦，一次焖饭最大稻米量2.5千克以上且10千克以下的沼气饭锅前额定热负荷应≥4.0千瓦。

2. 气密性

在4.2千帕压力下，沼气饭锅沼气入口到燃烧器阀门漏气量应＜0.03升/小时。

3. 燃烧工况

在额定沼气供气压力且无风状态下点燃沼气饭锅，火焰燃烧应均匀、无离焰、无熄火和无回火。

4. 保温性能

具有保温燃烧器的饭锅，米饭中心部位温度不低于80℃，无明显焦疤。

5. 温升

操作时手必须接触的部位：金属材料和带涂覆层的金属材料温升≤25℃，非金属材料温升≤35℃；干电池外壳温升≤20℃；软管接头温升≤20℃；阀门外壳温升≤50℃。

6. 点火性能

点火10次有8次以上点燃，不得连续2次失效，无爆燃。

（三）注意事项

1. 使用时，注意饭煲的内锅不要碰变形，以免影响使用效果。

2. 煮沸的水等不能溢流到自动熄火保护装置上，自动熄火保护装置不应产生过热现象。

3. 安全起见，在饭煲（饭煲有一个开关）前一定要接入一个控制开关，饭煲阀关闭后，必须关闭管路上的开关并经常检查开关与管道结合处是否漏气（有沼气味）。

4. 使用时，将主燃保温开关提到上端，然后再按下开关，进行点火为了安全起见，将风罩提起再点火，确认火已燃烧正常后将风罩内锅放平稳才能离开。

5. 轻缓地压下主燃保温开关，脉冲点火器的饭煲发出5秒左右的连续打火声，火即点着。

6. 饭煮熟后燃烧器自动关闭，进入保温状态，保温完毕后务必将保温开关提到上端原位，关闭燃气开关。

7. 在内锅壁上应有加水水位刻度。

8. 饭锅沼气导管应设在不过热和不受腐蚀的位置，当其采用焊接、法兰、螺纹等方式连接时，其结构应保证其密封性能。

四、沼气灯的安装

学习目标：掌握沼气灯的正确安装方法与使用。

(一) 沼气灯的安装方法

1. 为了运输方便和安全，沼气灯一般都是散件包装运输。在组装前应先检查沼气灯的引射器、密封圈、灯架、调节风门、喷嘴、灯座、泥头、纱罩、遮光罩、玻璃灯罩等配件是否齐全、完整。在所有零部件合格的基础上，方可进行沼气灯的组合、安装和调试。

2. 沼气灯一般采用聚氯乙烯软管连接，管路走向不宜过长，不要盘卷，用管卡将管路固定在墙上，软管与灯的喷嘴连接处也应用固定卡或铁丝捆扎牢固，以防漏气或脱落。

3. 吊灯光源中心距顶棚的高度以 750 毫米为宜，距室内地平面为 2 米，距电线、烟囱为 1 米。民用吊灯的高最好可以调节。

4. 台灯光源距离桌面 450～500 毫米，最好不产生眩光。安装位置稳定，开关方便，软管不要拆扭。

5. 为使沼气灯获得较好照明效果，室内天花板、墙壁应尽量采用白色或黄色。

6. 新灯使用前，应在不安纱罩的情况下进行试烧。如果火苗呈蓝色、短而有力、均匀地从泥头小孔中喷出，具伴有刷刷的气流声。燃烧稳定、无脱火、回火等现象，说明该灯性能良好。在此基础上，才可安装纱罩。

7. 安装完毕后，在 9 800 帕的沼气压力下进行气密性试验，持续 1 分钟，压力计数不应下降。

(二) 相关知识

1. 沼气灯的结构

一般由玻璃灯罩、遮光罩、纱罩、泥头、灯座、喷嘴、调节风门、灯架密封圈、引射器等组成（图 2-18）。

2. 沼气灯的工作原理

沼气从引射器的进气口进入，从引射器的针孔式出气口喷到喷嘴的进风口中心处；在喷嘴进风口的引射作用下，通过调节风门进入适当的空气；沼气和空气在喷嘴内充分混合后形

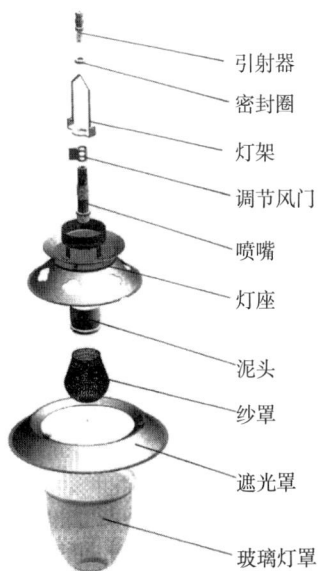

引射器
密封圈
灯架
调节风门
喷嘴
灯座
泥头
纱罩
遮光罩
玻璃灯罩

图 2-18　沼气灯示意图

成混合燃气。混合燃气从喷嘴的燃气出口进入泥头，泥头将混合燃气均匀地分配给其下端的燃气喷孔，喷出后燃烧。由于纱罩在高温下收缩成白色珠状，氧化钍在高温下发出白光，经遮光罩反光和聚光后，供照明之用。

3. 沼气灯燃烧配风原理

沼气灯的燃烧状态由混合燃气的比例、均匀性及压力所决定，正常燃烧的衡量标准为火焰稳定、明亮无明火，由火焰加热纱罩至炽热而发出白光，这是燃烧配风的原则。如要达到正常燃烧状态，当沼气中甲烷浓度较高时，应加大进风量；当沼气中甲烷浓度较低时，应减少进风量。

4. 泥头的燃气喷孔

泥头的燃气喷孔应均匀畅通，泥头是实现沼气灯稳定燃烧的关键部件。

（三）注意事项

1. 用户在使用沼气灯前，应认真阅读产品安装使用说明，检查灯具内有无灰尘、污垢堵塞喷嘴及泥头火孔。检查喷嘴与引射器装配后是否同心，定位后是否固定。对常用的低压灯采用稀网 150 支光或 200 支光纱罩，高压灯用 150 支光纱罩，同时纱罩不应受潮。

2. 安装纱罩时，应牢固套在泥头槽内，将石棉丝绕扎两圈以上，打结扎牢后，剪去多余线头，然后将纱罩的皱褶拉直、分布均匀。

3. 初次点燃新纱罩时，将沼气压力适当提高，以便有足够的气量将纱泡吹圆成型，成型过程中纱罩从黑变白，此时可用工具将纱罩整圆。在点燃过程中如火焰飘荡无力，灯光发红，可调节一次空气，并向纱罩均匀吹气，促其正常燃烧，当发出白光后，稳定 2～3 分钟，关小进气阀门，调节一次空气使灯具达到最佳亮度。

4. 日常使用时，调节旋塞阀开度，达到沼气灯的额定压力，如超压使用，易造成纱罩及玻璃罩的破裂。

5. 定期清洗沼气旋塞，并涂以密封油，以防旋塞漏气。

6. 注意经常擦拭灯具上的反光罩、玻璃罩，并保持墙面及天花板的清洁，以减少光的损耗，保持灯具原有的发光效率。

7. 点灯时，若久不发亮，可反复调整一次空气，用嘴轻吹纱罩，可使燃烧正常，灯光发白。

8. 纱罩第一次使用后，须防止供气压力太大或外力碰擦造成破损，破损后的纱罩会使沼气燃烧不完全甚至不能正常工作，应及时更换。

五、沼气热水器的安装

学习目标：掌握沼气热水器和采暖装置的正确安装与使用。

（一）沼气热水器的安装

沼气热水器与其他燃气热水器的结构、原理基本相同，区别只在于燃烧器部件适合于沼气的燃烧特点，它是沼气用具中较为复杂的设备。

1. 直接排气式热水器严禁安装在浴室里，可以安装在通风良好的厨房或单独的房间内，房间的门应与卧室和有人活动的门厅、会客厅隔开。

2. 安装热水器的房间高度应大于 2.5 米，装有热水器的房间在门或墙的下部应设有面积不小于 0.03 平方米的通气口，最好有排风扇。

3. 热水器与对面墙之间应有不小于 1 米的通道。

4. 热水器的安装位置应符合下列要求：

（1）热水器应安装在操作检修方便、不易被碰撞的地方。

（2）热水器的安装高度以热水器的观火孔与人眼高度相齐为宜，一般距地面 1.5 米。

（3）热水器应安装在耐火墙壁上，外壳距墙净距不得小于 20 毫米，如果安装在非耐火的墙壁上时，就垫以隔热板，每边超出热水器外壳尺寸 100 毫米。

（4）热水器的供气、供水管道宜采用金属管道连接，如用软管连接时，应采用耐油管，供水采用耐压管。软管长度不大于 2 米，软管与接头应用卡箍固定。

（5）直接排气式热水器的排烟口与房间顶棚的距离不得小于 600 毫米。与燃气表、灶的水平净距不小于 300 毫米，与电器设备的水平净距应大于 300 毫米。

（6）热水器的上部不得有电力明线、电器设备和易燃物。

5. 烟道式热水器如放在浴室内，其面积必须大于 7.5 平方米，下部应有不小于 0.03 平方米的百叶窗，或门距地面留有不小于 30 毫米的间隙。

6. 烟道式热水器的自然排烟装置应符合下列要求：

（1）应设置单独烟道，如用共用烟道时，其排烟能力和抽力应满足要求；

（2）热水器的防风排烟罩上部，应有不小于 0.25 米的垂直上升烟气导管，导管直径不得小于热水器排烟口的直径；

（3）烟道应有足够的抽力和排烟能力，防风排烟罩出口处的抽力（其空度）不得小于 3 帕；

（4）热水器的烟道上不得设置闸板，水平烟道总长不得超过 3 米，应有 1% 的坡向热水器的坡度。

（5）烟囱出口的排烟温度不得低于露点温度，烟囱出口设置风帽的高度应高出建筑物的正压区或高出建筑物 0.5 米，并应防止雨雪流入。

（二）相关知识

1. 沼气热水器应设置在通风良好的房间或过道内，并应符合下列要求：

（1）装有热水器的房间在门或墙的下部应设有效面积不小于 0.02 平方米

的通风口；

（2）装有热水器的房间净高应大于 2.4 米；

（3）在可燃或易燃的墙壁上安装热水器，应采取有效的防火隔热措施；

（4）热水器与对面墙之间应有不小于 1 米的通道。

2. 热水器严禁安装在浴室内，热水器应安装在有良好自然通风和采光的单独房间内。

3. 热水器必须在水压、燃气压力和燃气量达到使用说明书要求时，才能使用。

4. 严禁自行拆卸、修理热水器。

5. 热水器必须安装烟道（国家规定水流量在 5 升/分钟以上的热水器必须设置烟道），以将废气排出室外，确保使用者的人身安全。使用时如果不能保证新鲜空气的及时补充，热水器会因为缺氧燃烧不安全，导致一氧化碳排放迅速增加，并形成恶性循环，可能发生安全事故。

6. 由于热水器的负荷大，用气量一般是灶具的四倍以上，而且耗氧量大，正常工作的大流量热水器（如 10 升/分钟）使用 1 小时，大约要耗氧 10 立方米，若在密封空间内使用过久，也可能造成使用者非中毒性缺氧昏迷，所以使用热水器的时间不宜过长。

7. 如果热水器的安装位置选择不当，会使燃烧废气进入浴室、卧室或人经常停留的场合，造成中毒事故。所以严禁将热水器安装在浴室内，使用时应保持室内通风；如果热水器与易燃易爆、怕高温等物品距离不够时，一旦热水器发生故障，就会损坏设备，甚至引发火灾事故。

（三）注意事项

1. 使用前仔细阅读使用说明书，并按其他规定的程序操作：在首次使用时，打开冷水阀及热水阀，让水从热水出口流出，确认水路畅通后，再关闭后制式的热水阀，打开气源阀，然后再点火启动。

2. 点火和启动：将燃气阀向里推压，逆时针方向旋转，出现电火花和听到"啪啪"声，电火花将正常点燃，在"点火"位置停留数秒后再松开，常明火需对熄火保护装置的热电偶加热，一定时间后电磁阀才能打开，当手松开后如果常明火熄灭，应重复上述动作。

3. 水温调节：水温调节阀上标有数字，数字大表示水温高，同时可用燃气阀开度大小作为水温调节的补充。

4. 关闭和熄火：关闭水阀，主燃烧器熄灭，常明火仍点燃；再次使用，将水阀打开，热水器又开始运行。长时间不用应将燃气阀关闭，这时常明火也熄灭。

5. 点火前切记将水阀关闭，不得一面放水，一面点火，以防点火爆炸。

6. 热水器在低于 0℃ 以下房间使用，用后应立即关闭供水阀，打开热水阀，将热水器内的水全部排掉，以防冻结损坏。

7. 连续使用热水器时，关闭热水阀后，瞬间水温会升高，随即继续使用以防过热烫伤。

8. 热水器两侧进气孔不得堵塞，排气口不得用毛巾遮盖；热水器点着后不应远离现场。

9. 热水器在使用过程中如被风吹灭，在 1 分钟内燃烧器安全装置会将燃气供应切断，重新点火需在 15 分钟之后。

10. 在使用热水器过程中，若发现热水阀关闭后，而主燃烧器仍不熄火，应立即关闭燃气阀，并报管理部门检修。

11. 电脉冲点火装置的电源是干电池，当不能产生电火花无法点燃燃气时，应及时更换。

12. 沼气热水器必须安装在淋浴房外并应注意通风。

思考与练习题

1. 沼气输气管径如何选择？应掌握哪些关键要领？
2. 沼气输气管材如何选择？应掌握哪些关键要领？
3. 沼气灶具如何选择？应掌握哪些关键要领？
4. 沼气灯具如何选择？应掌握哪些关键要领？
5. 输送沼气的塑料管材有几种？各有什么特性？
6. 沼气输配系统的安装要掌握哪些关键技术？注意什么问题？
7. 如何进行沼气输气管路的气密性检验？应注意什么事项？
8. 如何安装净化器和集水器？应注意哪些事项？
9. 如何安装沼气灶具？应注意什么事项？
10. 怎样提高沼气灶具的燃烧效率？应掌握哪些关键技术？
11. 沼气灯具的结构组成有哪些？其工作原理是什么？
12. 沼气饭锅的基本设计参数包括哪些？气密性的标准是什么？
13. 沼气热水器的安装位置如何选择？应注意什么事项？

第三章 户用沼气池启动

本章的知识点是学习户用沼气池发酵原料及接种物的准备，发酵启动技术，重点和难点是掌握户用沼气池发酵原料的配料和处理、接种物的选择和培养的技能。

第一节 发酵原料及接种物的准备

学习目标：按照沼气发酵的基本条件，掌握收集和预处理户用沼气池发酵原料、采集和处理户用沼气池接种物的技术。

发酵原料和接种物的准备是沼气池发酵启动的基础工作，包括发酵原料收集与预处理、接种物采集、处理和培养等工序。

一、发酵原料及接种物的准备

（一）发酵原料预处理

1. 收集优质启动原料

沼气发酵原料既是生产沼气的物质基础，又是沼气微生物赖以生存的营养物质来源。为了保证沼气池启动和发酵有充足而稳定的发酵原料，使池内发酵原料既不结壳，又易进易出，达到管理方便、产气率高的目的，要按照沼气微生物的营养需求和发酵特性，收集和选择启动原料。

各种有机物质，如人畜禽粪尿、作物秸秆、农副产品加工的废水剩渣及生活污水等都可做沼气发酵原料，沼气发酵微生物从发酵原料中吸取碳元素和氮元素，以及氢、硫、磷等营养元素。碳元素主要为沼气微生物提供能量，氮元素则用于构成细胞，沼气发酵最适宜的碳氮比为 $20\sim30:1$，如原料中碳元素过多，则氮元素被微生物利用后，剩下过多的碳元素，造成有机酸的大量积累，不利于沼气池的顺利启动。

在农村常用的沼气发酵原料中，牛粪的碳氮比为 $25:1$，马粪的碳氮比为 $24:1$，羊粪的碳氮比为 $29:1$。从沼气发酵原料的营养角度看，这些都是比较适宜的启动原料。

2. 发酵原料预处理

用于启动的第一池原料最好采用猪粪、牛粪或马粪，切忌使用鸡粪和人粪。虽然猪粪的碳氮比为 13：1，不符合沼气发酵的理论碳氮比要求，但实践已证明，猪粪可以单独作为原料进行发酵，产气快且产气量高，不影响使用，因此启动原料可用纯猪粪，或 2/3 的猪粪加上 1/3 的牛粪、马粪即可。原料在投入沼气池之前，最好进行堆沤腐熟预处理，堆沤时，应在收集到的启动原料堆上泼洒 1％的沼液，并加盖塑料薄膜密封，以利于聚集热量和富集菌种。原料堆沤 2～4 天，温度升高到 50℃左右，颜色变成深褐黑色后，方可入池。南方地区粪便原料不必预处理，北方地区沼气池初次启动时，粪便原料需在粪池中沤熟后使用。

在接种物用量小于发酵液总重量的 20％、鲜粪用量与风干秸秆的重量比小于 1：1 时，启动时所用的秸秆原料应进行堆沤处理。秸秆具体处理及堆沤方法如下：

（1）切碎或粗粉碎

将秸秆等纤维性原料用铡刀切成 30～60 毫米左右的小节，或进行粉碎。这样不仅可以破坏秸秆表面的蜡质层，增加发酵原料与细菌的接触面积，加快原料的分解利用，而且也便于进出料和施肥时的操作。经过切碎或粗粉碎的秸秆下池发酵，一般可提高 15％～20％的产气量。

（2）堆沤处理

堆沤处理是先将秸秆等纤维性原料进行兼氧发酵，然后再将堆沤过的秸秆入池进行厌氧发酵。秸秆经过堆沤后，可以使纤维素变松散，扩大纤维素与细菌的接触面，加快纤维的分解和沼气发酵进程；通过堆沤还可以破坏秸秆表面的蜡质层，增加其含水量，下池后不易浮料结壳；在堆沤过程中能产生 50℃以上的高温，有利于提高料温；堆沤后，秸秆体积缩小，其中的空气大部分被排除，有利于厌氧发酵。堆沤的方法分池外堆沤和池内堆沤两种。

①池外堆沤。将原料加水拌匀，加水量以料堆下部不出水，而秸秆充分湿润为宜。最后在料堆上覆盖塑料薄膜或糊一层稀泥。气温在 15℃时堆沤 6～7 天，气温在 20℃以上时堆沤 4～5 天。当堆垛内温度达到 50℃以上后，继续堆沤维持 3 天；当堆垛内秸秆表面长满白色菌丝，秸秆变软呈褐色时，即可入池发酵。

②池内堆沤。将原料与接种物按比例配料，可以在池外搅拌均匀后装入沼气池，也可将粪、草分层一层一层地交替均匀地装入池内，然后加入适量的水进行堆沤。料装好后，当发酵原料的料温上升到 50℃时（打开活动盖口塑料薄膜时有水蒸气可见），再加水至零压水位线，封好活动盖，加水量和堆沤时间和池外堆沤一样。池内堆沤比池外堆沤的能量和养分损失要少一些，而且可以利用堆沤时产生的热量来增加池温，加快启动，提前产气。新池进料前应先

将沼气池里试压的水抽出；老池大换料时，也要把发酵液基本取出，只留下菌种部分。

在堆沤时，按秸秆的重量，加入1%的石灰，可加快秸秆的腐烂过程，收到较好的效果。在堆沤时，要特别注意堆沤时间，原因是堆沤处理会造成原料损失，切记堆沤时间不宜过长。

（二）发酵原料的配比

根据农村沼气的来源、数量和种类，采用科学适用的配料方法是很重要的。一般的原则是：

为达到多产优质沼气的目的，要适当多加一些产甲烷多的发酵原料。

将分解速度快与慢的原料合理搭配进料，其目的为产气均衡和持久。作物秸秆含纤维素多，分解速度慢，产气速度慢，但持续产气时间长（如玉米秸秆产气持续时间可达90天以上）。畜禽粪便等原料分解速度快，产气速度快，但持续时间短（只有30天）。因此，应做到合理搭配进料。

要注意含碳素原料和含氮素原料的合理搭配，即要有合适的碳氮比。含碳量高的原料，发酵慢；含氮量高的原料，发酵快。

要注意配置合理的发酵液浓度。农村沼气用4%～10%的发酵料液浓度是较适宜的，要根据当地不同季节的气温、原料的数量和种类来合理地搭配原料，调节到适宜的发酵浓度，实现均衡产气的目的。适宜的发酵料液浓度不但应获得较高的产气量，而且应有较高的原料利用率。

（三）接种物采集与配置

在沼气发酵过程中，厌氧发酵微生物是起根本作用的内因条件，一切外因条件都是通过这个内因条件起作用的。因此，沼气发酵的前提条件就是要接入含有大量这种微生物的接种物，或者说含量丰富的菌种。

沼气发酵过程是多种微生物共同作用的结果。要提高沼气发酵的效率，首先要注意所进原料与微生物之间的一致性，这在利用难降解有机物质为原料时尤为重要；其次是要注意接种物的产甲烷活性，因为产酸菌繁殖快，而产甲烷菌繁殖很慢，如果接种物中产甲烷菌数量太少，就会因为在启动过程中酸化与甲烷化速度的过分不平衡而导致启动的失败。

1. 采集接种物

为了加快沼气发酵的启动速度和提高沼气池产气量而向沼气池中加入的富含厌氧微生物的物质，统称为接种物。它的作用就像人们蒸馒头要用老面来发酵一样。

目前由于还没有纯产甲烷菌可利用，所以，在沼气的制取过程中，一般均采用自然界的活性污泥作接种物。

在建有沼气池的地区，来源较广、使用最方便的接种物是沼气池本身的沼液沼渣，接种物取自正在运行的厌氧消化器，接种物可以液态形式（含水率96％左右）取回，经 2 毫米×2 毫米筛孔筛除大块杂质后即可投入消化器。液态污泥运输甚为不便，特别是长途运输更是困难。为了便于运输，可把污泥脱水后使其成为固体状态运至使用地点，然后再加入污水调和，过筛后投入厌氧反应器。

如果是新的沼气发展地区，没有正常产气的沼气池可供利用，接种物也可以用农村圈底或阴沟污泥加人畜粪便混合堆沤 1 周以上时间后获得；还可以用人畜粪便直接密闭堆沤 10 天后获得。使用新鲜纯净的牛粪作为沼气池启动原料时，最简便的方法就是将所有原料直接堆沤，富集菌种。因为新鲜牛粪中本身就含甲烷菌等沼气菌群。也可以选择粪坑沉渣或者屠宰场、豆腐加工厂、食品加工厂和酿造厂的下水污泥作接种物，由于有机化合物含量多，水隔绝空气，适于厌氧发酵微生物的生长，都含有大量的厌氧发酵微生物，都是良好的接种物。这些污泥需要加水搅拌均匀，经沉砂和过筛，然后去掉上清液，当悬浮固体含量达 2％～5％时才可作为接种物。

2. 接种量选择

沼气池接种物用量一般为加入总料液的 10％～30％，户用沼气池启动时，接种物用量应占发酵液总重量的 10％以上，加大接种物用量可加快发酵的启动。以猪粪、牛粪为原料启动时接种物的用量可占发酵液总重量的 20％；以鸡粪、人粪为原料启动时接种物的用量可占发酵液总重量的 30％。使用较多的秸秆作为发酵原料时，需加大接种物数量，接种量一般应大于秸秆重量。大换料池的接种物用量以 10％～20％为宜。

3. 接种物配置

当一次很难采集到足够量的厌氧微生物作为接种物时，需要对接种物进行富集培养，使其达到所要求的数量。富集培养的方法是：选择与发酵原料特性一致的高活性污泥，通过逐步增加投料量，使其逐渐适应发酵的基质和发酵温度，然后投入沼气池做接种物。

粪便和其他发酵原料经过一段时间厌氧堆沤后，也可以起到富集培养接种物的作用。采用堆沤粪便富集培养接种物，先将粪便堆用塑料膜覆盖，待温度升高及产气后，可投入沼气池，再逐步增加投料量。

假如制备 500 千克发酵接种物，一般添加 200 千克的沼气发酵液和 300 千克的人畜粪便混合，堆沤在不渗水的坑里并用塑料薄膜密闭封口，1 周后即可作为接种物。如果没有沼气发酵液，可以用农村较为肥沃的阴沟污泥 250 千克，添加 250 千克人畜粪便混合堆 1 周左右即可；如果没有污泥，可直接用人畜粪便 500 千克进行密闭堆沤，10 天后便可作为沼气发酵接种物。

二、相关知识

1. 沼气发酵原料种类和特性

沼气发酵原料是沼气微生物赖以生存的物质基础，也是沼气微生物进行生命活动和不断地产生沼气的物质基础。

沼气发酵原料分布广泛、种类繁多。一般认为除了木质素和矿物油外的有机物质都可以经过沼气发酵转变成甲烷。但因来源和形成过程不同，其化学成分和结构也不同，由此造成原料的发酵性能差异相当大。了解发酵原料的特性，有助于研究厌氧消化的规律和选择相应的沼气发酵工艺。沼气发酵原料按其物理形态分为固态原料和液态原料；按其营养成分可分为富氮原料和富碳原料；按其来源可分为农村沼气发酵原料、城镇沼气发酵原料和水生植物三类。沼气发酵原料的分类及其特性介绍如下：

（1）按来源分类

①农村沼气发酵原料。农村的沼气发酵原料非常丰富，包括人畜、家禽粪便和作物秸秆、谷壳、青杂草、树叶等。它们通过沼气发酵不仅能为农户提供充足的生活能源沼气，而且可转化成优质的有机肥料。

②城镇沼气发酵原料。主要包括人粪尿、生活污水、有机垃圾、有机工业废水、废渣和污泥等。这类废物、废水富含有机物质，也含有某些有毒的物质，种类比较复杂。它们的来源不同，化学成分和产沼气的潜在能力差异很大，故采用的发酵工艺种类较多。

③水生植物。水生植物主要包括水葫芦、水花生、水浮莲和其他水草、藻类等。它们广泛地分布于农村和城镇的湖泊、池沼、河流、水沟等的水面上。这些水生植物利用太阳能的能力很强，繁殖速度快、产量高。由于它们组织鲜嫩，容易厌氧降解，适宜用作沼气发酵原料，产气快、周期短。

水葫芦、水花生、水浮莲等水生植物体内有气室，直接进沼气池，容易漂浮。因此，用作沼气发酵原料时，宜稍晾干或堆沤 2 天后入池，效果较好。

（2）按营养成分分类

①富氮原料。含氮元素高的原料称为富氮原料，通常指人、畜和家禽粪便，也包括青草等碳氮比低的原料。它们含有丰富的氮元素，其碳氮比多在25：1以下。由于经过了人和动物肠胃系统的充分消化，这类原料中的粪便一般颗粒细小，含有大量低分子化合物——人和动物未吸收消化的中间产物，含水量较高。因此，在进行沼气发酵时，不必对其进行预处理，就容易厌氧分解，产气很快，发酵期较短。富氮原料不仅是我国农村主要的发酵原料和农村沼气池的日常添加料，而且是制作接种物和富集扩大接种物的重要原料。

②富碳原料。含碳元素高的原料称为富碳原料，通常指秸秆和谷壳等农作

物的残余物。这类原料含碳量高，其碳氮比多在 40∶1 以上。它们富含纤维素、半纤维素、果胶以及难降解的木质素和植物蜡质。这些物质的厌氧分解进度比富氮的粪便原料慢，产气周期较长。一般条件下，秸秆类富碳原料的干物质含量比富氮的粪便原料高，且质地疏松，比重小，进沼气池后容易飘浮形成发酵死区——浮壳层。为了提高原料的产气速度和利用率，这类原料在发酵前一般需经预处理。

（3）按原料形态分类

①固态原料。秸秆类、城市有机垃圾等，都是固形物，其干物质含量比较高，可用于高浓度发酵。秸秆作为水压式沼气池的发酵原料，可以弥补粪便类原料的不足，缓慢地分解产气，延续产气高峰期。但是，它容易在池内形成结壳、沉渣，造成出料困难。

②浆液态原料。主要指人、畜和家禽粪便，它们一般随清洗水排入粪坑，呈浆液态。其干物质含量比固态原料低得多。鲜粪的干物质含量多在 20％左右，与水混合的浆液的干物质含量多在 10％上下。这类原料可以与固态原料混合发酵，是我国农村水压式沼气池主要的日常原料。固体物含量与其相近的城镇垃圾和一些有机工业的污泥、废水也属于这一类。

③低固体物、高可溶性有机废水。包括城镇和某些有机工业的废水，它们富含可溶性有机物，但悬浮固体物的含量很低，例如酒厂废水、豆制品厂的废水、淀粉厂的废水等。这类有机废水一般可以采用高效的厌氧消化器处理，如上流式厌氧污泥床反应器和厌氧过滤器等处理。

2. 沼气发酵接种物的特性

（1）沼气发酵接种物采集来源

沼气发酵微生物都是从自然界来的，而沼气发酵的核心微生物菌落是甲烷菌群，一切具备厌氧条件和含有有机物的地方都可以找到它们的踪迹。它们的生存场所，或者采集接种的来源主要有如下几处：①天然的河流、湖泊、沼泽、池塘底部；②阴沟污泥之中；③积水粪坑之中；④动物粪便及其肠道之中；⑤屠宰场、酿造厂、豆制品厂、副食品加工厂等阴沟之中以及人工厌氧消化装置之中。

在上述场所这些微生物絮凝在一起并沉于水底，絮凝物呈现黑色，很像黑色泥土，具有较强的生物活性，故称作“活性污泥”。实践证明，这些污泥之中的甲烷菌含量丰富，活性强，可作为发酵生产沼气的优良起动菌，所以，又称为“厌氧活性污泥”。显而易见，活性强弱取决于这些污泥中甲烷菌含量的多少，或者说富集的程度。

给新建的沼气发酵装置引进丰富的微生物群落，目的是快速启动发酵装置。而后又使其在新的条件下繁殖增生，不断富集，以保证大量产气。厌氧微生物在发酵装置中的基本形态是菌胶团。

（2）厌氧活性污泥的形态特征

厌氧活性污泥是由厌氧消化细菌与悬浮物质和胶体物质结合在一起所形成的具有很强吸附分解有机物能力的凝絮体、颗粒体或附着膜。由于在厌氧消化过程中 H_2S 的生成，使厌氧活性污泥呈现黑色或灰黑色，发育良好的污泥呈油亮的黑色。在带有搅拌或悬浮固体较多的沼气池里，厌氧活性污泥呈絮状。

在厌氧活性污泥中，细菌以菌胶团形式存在。据电镜观察，在菌胶团里有些细菌表面具有黏液，大部分细菌不具有黏液，而细菌之间则充满由脂多糖构成的胞外多聚物。产酸菌固定于菌胶团内，或分散于菌胶团外。丝状产甲烷菌或多或少地分布于各种污泥的内外，而甲烷八叠球菌则往往被网络其中，或游离存在。初形成的污泥中，悬浮物质较多，细菌较少，因而产甲烷活性较低；发育良好的污泥中细菌很多，特别是甲烷丝菌普遍分布，悬浮物质较少，并具有良好结构，因而产甲烷活性也比较高。

三、注意事项

1. 启动用的发酵原料必须做好堆沤预处理。

2. 秸秆等纤维性富碳原料用作启动原料时，一定要进行粉碎和预处理。

3. 畜禽粪便作原料堆沤时，时间过长会损失营养成分。

4. 不能用含泥量过高、失水干结、堆沤时间过长失去营养成分的畜禽粪便作原料。

5. 正常发酵沼气池中的悬浮污泥、处理有机废水的厌氧消化器中的活性污泥、畜禽粪便粪坑的粪肥都可以用作接种物。

6. 接种物不应该含泥沙、塑料和无机物杂质，如果有，要进行过滤。

7. 选择的接种物种类尽量和原料的种类一致。

第二节　启动调试

学习目标：掌握沼气池启动技术要领，能对户用沼气池进行调试。

一、户用沼气池启动和调试

（一）启动投料

1. 按比例配料

农村户用沼气池用畜禽粪便（TS 按 20% 计算）启动时，发酵料液比例按"水∶原料∶接种物＝5∶2∶1"体积比计算，即水占 5/8（62.5%），原料占

2/8（25%），接种物占 1/8（12.5%），这时发酵浓度 TS 为 5%。以 8 立方米的沼气为例，装料率 90%，其总发酵料液需要 7.2 立方米，按比例计算得水为 4.5 立方米，原料为 1.8 立方米，接种物为 0.9 立方米左右，如图 3-1 所示。将收集的接种物和原料处理后，按以上比例投入沼气池。

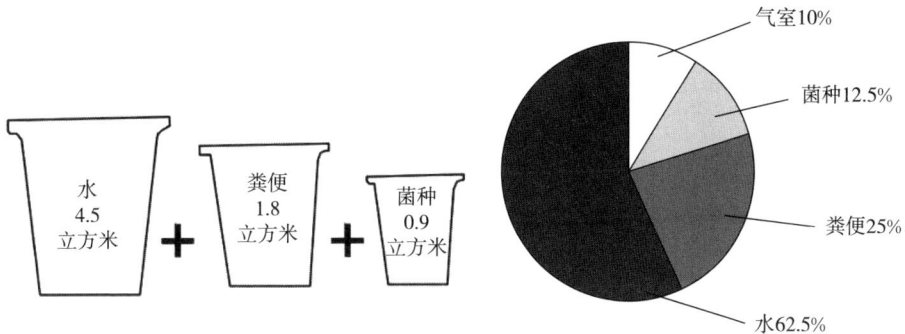

图 3-1　8 立方米沼气池启动料液配备

2. 加水、投料

（1）沼气池启动时，先要向沼气池内加入一定量的水，约占池体容积的 60%，水占大部分池容，因此，水的质量好坏、温度高低对启动快慢影响很大。加入沼气池的水可以是沼气发酵液、生活废水、河水或坑塘污水等，也可以是井水或自来水，但不得是含有杀菌和抗菌物质的废水。启动时，当发酵原料进完后，最好能从正常产气的沼气池水压间中取 200～400 千克富含菌种的沼液加入，再找污水坑或化粪池中的发泡污水，加至距天窗口 400～500 毫米处。

除了注意加入水的质量外，还应尽量想办法加入温度较高的水。启动用水，温度应尽量控制在 20℃以上，例如，夏季可采用晒热的污水坑或池塘的水等，避免将从井里抽出来的 10℃左右的冷水直接加入池内。因为沼气池结构如同保温瓶，加入冷水，要靠外部热量提高其温度是比较困难的。沼气池一旦处于"冷浸"状态，要改变其状态，需要经过很长的时间，堆沤好的牛马粪才能提高料液温度。

在沼气池启动和发酵中，加入多少原料和水，直接影响到料液浓度。沼气池最适宜的发酵浓度随季节不同（即发酵温度不同）而变化。一般发酵原料 TS 浓度范围为 4%～10%，夏季浓度以 4%～6% 为宜，冬季不高于 10%。进料量过少，有效物质少，沼气池不易启动且产气时间短；进料量过多，不利于沼气细菌的活动，原料不易分解，产气慢而少。合适的启动进料应根据沼气池发酵启动的有效容积、发酵原料的品种及含水率（或干物质含量）、启动所采用的浓度等进行计算。

（2）将发酵原料、接种物分批投入沼气池中，一边投料一边搅拌，使料液均匀，没有浮渣。具体投料方法为：经检查沼气池的密封性能符合要求即可投料，投料时，应先根据发酵料液浓度计算出水量，向池内注入定量的清水，将准备好的接种物先倒一半，搅拌均匀，再倒一半原料与接种物充分混合均匀，照此方法，将原料和菌种在池内充分搅拌均匀，将沼气池密封。

（3）原料和接种物入池后，要及时加水封池。投料完成后向沼气池内补水，料液量体积应达到池容的 85% 左右，最多不超过池容的 90%。但考虑到沼气池在使用过程中会不断进料，应留有一定余地，补水后液面最少要超过进料间和出料间下口上沿 10 厘米以上。

（二）发酵料液酸碱度检测

将原料和接种物加入沼气池，再加入 20℃ 左右的温水至零压面（距活动盖口 400～500 毫米），在封闭活动盖之前，要用 pH 试纸检测启动料液的酸碱度，酸碱度调控到合适范围才可密封活动盖。

在沼气池启动和发酵过程中，沼气微生物适宜在中性或微碱性的环境中生长繁殖。池中发酵液的酸碱度以 6.5～7.5 为宜，过酸（pH<6.0）或过碱（pH>8.0）都不利于原料发酵和沼气的产生。一个启动正常的沼气池一般不需调节 pH，靠其自动调节就可达到平衡。

沼气发酵启动过程中，一旦发生酸化现象，往往表现为所产气体长期不能点燃或产气量迅速下降，甚至完全停止产气，发酵液的颜色变黄。为了加速 pH 自然调节作用，可向沼气池内增投一些接种物；当 pH 降到 6.5 以下，需取出部分发酵液，重新加入大量接种物或者老沼气池中的发酵液；也可加入草木灰、石灰水或氮肥（碳酸氢铵、尿素）的水溶液来调节，pH 调节到 6.5 以上，以达到正常产气的目的。

（三）活动盖密封

投料后要将沼气池活动盖密封，并在蓄水圈内加满水。户用沼气池顶部人孔是沼气施工和故障检修时通风采光的必备通道，有钢筋混凝土模具现浇和工厂化法兰式两种制作工艺。

（1）混凝土天窗口密封方法

户用沼气池一般用石灰胶泥密封活动盖，要选择黏性大的黏土和石灰粉作的密封材料。

石灰胶泥制作方法：先将干黏土锤碎，筛去粗粒和杂物，按 5:1 的配比（重量比）与筛去粗粒的石灰粉干拌均匀后，加水拌和，揉搓成为硬面团状，即可作为封池胶泥使用。

密封步骤：封盖前，先用扫帚扫去粘在蓄水圈、活动盖底及周围边上的泥沙杂物，再用水冲洗，使蓄水圈、活动盖表面洁净，以利黏结；清洗完后，将揉好的石灰胶泥均匀地铺在活动盖口表面上，再把活动盖坐在胶泥上，注意活动盖与蓄水圈之间的间隙要均匀，用脚踏紧，使之紧密结合；然后插上插销如图 3-2 所示，其实物图如图 3-3 所示，也有用井字架压紧如图 3-4 所示，将水灌入蓄水圈内，打开沼气输气旁通开关，养护 1～2 天即可。

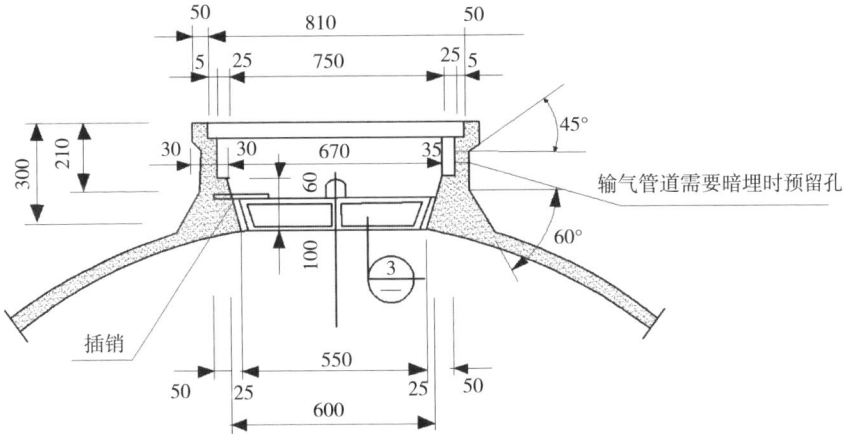

图 3-2 活动天窗口密封图（单位：毫米）

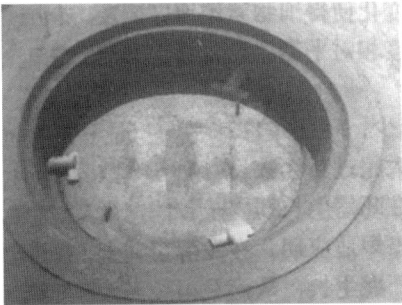

图 3-3 活动天窗口密封实物图

图 3-4 井字架插销图

（2）法兰式天窗口密封方法

法兰式天窗口进行密封前，需要先清理天窗口上、下法兰和密封垫圈表面的杂物，确保表面平整，结合紧密。将密封垫圈放入天窗口上、下法兰中间，对好螺栓孔位。按照 120°三点定位，先预装 3 个螺栓定位后，再按顺序安装并拧紧全部螺栓。关闭沼气输气总开关，使沼气池内形成厌氧发酵状态。

（四）放气试火

密封好活动盖后，条件适宜的话，一般 3～5 天即可试火。沼气发酵启动初期，所产生的气体主要是二氧化碳，同时封池时气箱内还有一定量的空气，因而气体中的甲烷含量低，通常不能燃烧。当沼气压力达到 2 千帕以上时，应进行放气试火。直到所产沼气可正常点燃使用，沼气发酵的启动阶段即告完成。放气 1～2 次之后，所产气体中的甲烷含量达到 40％以上时，沼气即可点燃使用。

二、相关知识

1. pH 试纸使用方法

根据检测 pH 的大小或酸碱性的强弱，可以分别选用 pH 广泛试纸或精密试纸。

（1）检验溶液的酸碱度

撕掉一条 pH 试纸，用胶头滴管吸取待测液滴在试纸上，变色后跟包装上的比色卡作对比，读出 pH（值）；或者取少量溶液，直接用试纸沾湿液体，半秒后跟比色卡对比；也可以用洁净干燥的玻璃棒蘸取待测液点滴于 pH 试纸的中部，观察变化稳定后的颜色，与标准比色卡对比，判断溶液的性质。

切记不要将 pH 试纸浸入待测液，因为试纸浸入待测液会有指示剂流失，从而导致所测值不准，而指示剂流失的同时，会污染待测液。

（2）检验气体的酸碱性

先用蒸馏水把试纸润湿，粘在玻璃棒的一端，再送到盛有待测气体的容器口附近，观察颜色的变化，判断气体的性质（试纸不能触及器壁）。

2. 活动盖功能

活动盖的功能有 4 个：①在大量进料或出料时打开活动盖，可以避免因正压或负压过大，造成池体破裂；②便于沼气池的管理，打开活动盖后人站在池口处进料、出料或打破浮渣结壳硬块，操作方便；③检修沼气池或清除沉渣时，打开活动盖便于通风采光排除有毒气体，保证操作安全；④建池时便于施工和材料的出入。

三、注意事项

1. 当启动料液的 pH 为 6.5～7.5 时，即可封闭沼气池活动盖。

2. 启动水温最好控制在 20℃以上。

3. 沼气池要低负荷（6％以下的 TS 浓度）启动，等产气正常后，再逐步加大负荷，直到设计的额定运行负荷。

4. 沼气池启动时，加入池内的水量较大，大约占沼气池有效容积的 5/8。因此，启动水温对沼气池能否顺利启动影响很大。一般启动水温应控制在 20℃以上，如果要在秋冬季节启动沼气池，除了要加入 30％左右的优质活性污泥和经过充分堆沤的优质原料外，加入池内的启动水温一般应控制在 35℃以上。

5. 密封活动盖的胶泥要用石灰胶泥，不能太硬，也不能太软，要能填充活动盖和天窗口之间的缝隙。

6. 沼气池运行中，应定期补充天窗口水封圈内的水，防止密封胶泥干裂后出现漏气。

7. 要使活动盖密封不漏气，天窗口和活动盖的施工一定要认真、规范。活动盖的厚度不低于100毫米，斜角不能过大。

8. 新建沼气池经气密性检验合格后，应及时装料发酵启动，切忌空池暴晒。

思考与练习题

1. 沼气发酵原料有哪些类型？各有什么特性？

2. 农村沼气发酵原料应如何进行预处理？

3. 什么是接种物？应如何采集和配置？

4. 接种物有哪些来源？应如何选择？

5. 沼气池投料启动为什么要投放接种物？它在沼气发酵中有何作用？

6. 什么是厌氧活性污泥？它有什么形态特征？

7. 沼气池投料浓度和投料量各是多少较为合适？

8. 如何控制沼气池启动时的水量、水温和水质？

9. 如何检测沼气池启动时的酸碱度？

10. 如何密封沼气池的活动盖？应注意哪些关键技术？

11. 启动沼气池应注意哪些事项？

12. 启动初期怎样放气试火？

第四章 户用沼气池
管理与维护

本章的知识点是学习户用沼气池运行管理技术，重点是掌握户用沼气池日常进出料和检测技能。

第一节 户用沼气池管理

户用沼气池装入原料和菌种，启动使用后，加强日常管理，控制好发酵过程，是提高产气率的重要技术措施。要使沼气池经久不衰地产气好，产气旺，必须把沼气池作为有生命的生物体看待，应按照沼气微生物生长繁殖规律，加强沼气池的科学管理。

一、日常进出料管理

学习目标：能够按照沼气发酵的基本条件，完成户用沼气池的日常运行管理。

（一）日常进出料管理内容

1. 加强日常进、出料管理

加入沼气池的发酵原料，经沼气细菌发酵分解，逐渐地被消耗或转化。如果不及时补充新鲜原料，沼气细菌就会"吃不饱""吃不好"，产气量就会下降。为了保证沼气细菌有充足的食物，并进行正常的新陈代谢，使产气正常而持久，就要不断地补充新鲜原料，同时要排出相同体积的发酵后的料液，做到勤加料，勤出料。

沼气发酵启动之后，即进入正常运行阶段。当池温在20℃以上时，产气率可达0.2立方米/(立方米·天)以上；当池温不低于15℃时，产气率要高于0.15立方米/(立方米·天)。沼气启动后30天就应定时补料，可每隔10~20天补料一次，以维持沼气池的均衡产气。平均每立方米沼气池每天补料0.4~0.8千克干物质，便可维持日产气1.5立方米以上。如用气量大，池温在20℃以上时，每立方米沼气池平均每天可补料1.5千克干物质。正常运行期间进池的秸秆原料，只要铡短或粉碎并用水或发酵液浸透即可。池温较低时发酵浓度应当尽量大一些，干物质含量可以大于8%。

"一池三改"沼气池每天都有一定量的人畜粪便进入沼气池，要及时将粪便推入发酵间内，保证原料被充分利用。每隔5～7天要从出料间内取出部分发酵液，保证沼气池有足够的贮气容积。

补料时要先出后进，一部分出料的发酵液可以循环使用，要保证剩下的料液液面不低于进料口或出料口的上沿，以免池内沼气从进料口或出料口跑掉。若出料后池内的料液液面低于进料口或出料口的上沿，应及时加水，使液面达到所要求的高度。若一次补充的发酵原料不足，可加入一定数量的水，以保持原有水位，使池内沼气具有一定的压力。沼气池因缺乏原料产气量不足时，每隔10～20天添加秸秆或青草等原料一次，补加原料方法也是将原料铡短或粉碎并用水或发酵液浸透即可。

2. 经常搅动沼气池内的发酵原料

沼气池运行后，经常搅拌沼气池内的发酵原料，能使原料与沼气细菌充分接触，促进沼气细菌的新陈代谢，使其迅速生长繁殖，提高产气率；可以打破上层结壳，使中、下层所产生的附着在发酵原料上的沼气，由小气泡聚积成大气泡，并上升到气箱内；可以使沼气细菌的生活环境不断更新，有利于它们获得新的养料。如不经常搅拌发酵原料，就会使其表层形成很厚的结壳，阻止下层产生的沼气进入气箱，降低沼气池的产气量。沼气池发酵正常时，可每隔5～7天搅拌一次。若发生浮料结壳并严重影响产气时，则应在保证安全的前提下打开活动盖进行搅拌。冬季应减少或停止搅拌。与厕所和畜禽舍"三结合"的沼气池，每次如厕后，可通过沼液冲厕装置冲厕1～2分钟，利用冲厕沼液回流搅拌沼气池中的物料。靠外源补料的畜禽粪便沼气池和秸秆沼气池进料后，应通过抽渣搅拌器搅拌沼气池内的物料15～30分钟，促进菌料均匀混合。

农村沼气池无搅拌装置，出料口为砖混结构的沼气池可以用木棍搅拌，也可以利用发酵物料循环进行搅拌，常用的搅拌方法为：①用长竹竿或木杆从进料口或出料间插入沼气池搅拌，每天搅拌10分钟左右（注意不要碰撞池壁损伤池体）；②用粪桶从水压间提取沼液从进料口冲入，每天提冲100千克左右（此法简单易行，但要注意安全）；③通过手动回流搅拌装置，每天用活塞在回流搅拌管中上下抽动10分钟，将发酵间的料液抽出，再回流进进料口，进行人工强制回流液搅拌，如图4-1所示；④通过小型污泥电动泵，将出料间的料液抽出，再回流进进料口，进行电动液体搅拌，如图4-2所示。

3. 保持沼气池内发酵料液适宜的浓度

在沼气池启动和发酵中，加入多少原料和水，直接影响到料液浓度。沼气池内的发酵原料必须含有适量的水分，才有利于沼气细菌的正常生活和沼气的产生。因为沼气细菌吸收养分、排泄废物和生存繁殖，都需要有适宜的水分，

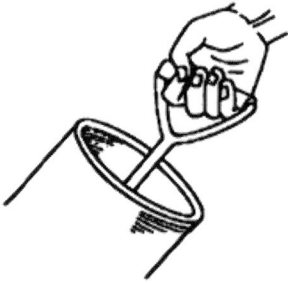

图 4-1　手动泵回流搅拌

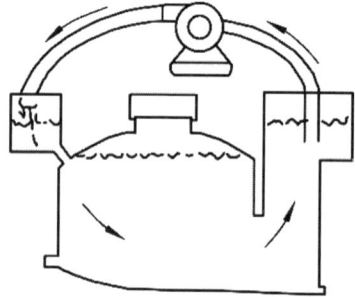

图 4-2　污泥泵回流搅拌

水分过多或过少都不利于沼气细菌的活动和沼气的产生。若水量过多，发酵液中干物质含量少，单位体积的产气量减少；如果水量过少，发酵液太浓，容易积累有机酸，不利于沼气细菌的活动，使沼气发酵受阻，影响沼气产量。沼气池最适宜的发酵浓度，随季节不同（即发酵温度不同）而变化。根据试验研究和实践经验证明，户用沼气池适宜的发酵原料浓度为 4%～10%。夏季浓度可以低一些，在 4%～6%；冬季浓度应该高一些，在 8%左右。发酵料液的浓度太低或太高，对产生沼气都不利。因为浓度太低时，即含水量太多，有机物相对减少，会降低沼气池单位容积中的沼气产量，不利于沼气池的充分利用；浓度太高时，即含水量太少，容易积累有机酸，不利于沼气细菌的活动，发酵料液不易分解，使沼气发酵受到阻碍，产气慢而少。

4. 随时监控沼气发酵液的 pH

沼气细菌适宜在中性或微碱性的环境条件下生长繁殖，过酸过碱，对沼气细菌活动都不利。户用沼气池如果不按照沼气发酵工艺条件调控，一般出现偏酸的情况较多，特别是在发酵初期，由于投入的纤维类原料多，而接种物不足，常会使酸化速度加快，大大超过甲烷化速度，造成挥发酸大量积累，使 pH 下降到 6.5 以下，抑制沼气细菌活动，使产气率下降。

沼气池启动或发酵过程中，一旦发生料液酸化现象应立即停止进料。

pH 在 6.0 以上时：①可适当投加石灰水或草木灰水，将发酵液的 pH 调整到 6.5～7.0；②也可以投加氮肥（碳酸氢铵或尿素）调整 pH（发酵原料为纯人粪时不能用本方法）；③还可部分出料、补加接种物，都可以加快沼气池恢复正常产气。

发酵液 pH 低于 6.0 时，此时沼气池产气量很低，沼气燃烧多时火焰发红或直接不能燃烧。这类故障通常发生在沼气池启动、大换料或一次性加料量过大时出现。则应在调整 pH 的同时，大量投入接种污泥，以加快 pH 的恢复。

当 pH>7.8 时，发酵液有碱中毒风险，可能有含碱物混入料液中，应加水稀释，加大接种物和新原料投料量。

5. 强化沼气池的越冬管理

户用沼气池的越冬管理，用通俗的话概括就是"吃饱肚子，盖暖被子"、"池内要增温，池外要保温"。"吃饱肚子"就是在入冬前（10月底）多出一些陈料，多进一些牛粪、马粪等热性原料，防止沼气池"空腹"过冬，可提高发酵原料的浓度，增加沼气池冬季产气量。"盖暖被子"就是入冬前，及时对沼气池进行越冬保温管理。冬季到来之前，为了防止沼气池温大幅度下降和沼气池冻坏，应在沼气池表面覆盖柴草、塑料膜或塑料大棚。沼气池在冬季运行期间，可在池外大量堆沤秸秆，作物秸秆等堆沤时产生的热量可给沼气池保温。

（1）用太阳能畜禽舍为沼气池保温

与太阳能畜禽舍相结合建造的"三位一体"户用沼气池系统，在入冬前（10月底），要及时将太阳能畜禽舍顶面用塑料薄膜覆盖（图4-3），进行保温越冬。

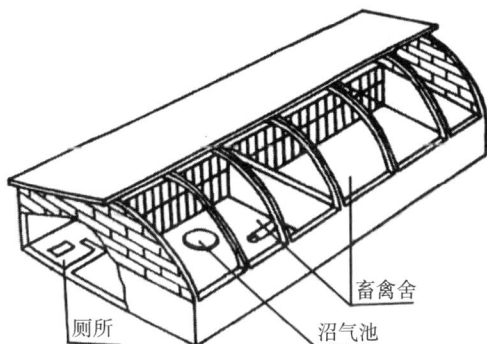

图4-3　用太阳能畜禽舍为沼气池保温

（2）用日光温室为沼气池保温

与日光温室相结合建造的"四位一体"户用沼气池系统，在入冬前（10月底），要及时将日光温室顶面用塑料薄膜覆盖（图4-4），进行保温越冬。

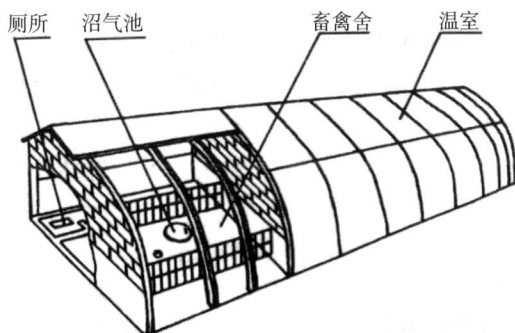

图4-4　用日光温室为沼气池保温

（3）用简易温棚为露地沼气池保温

暂时没有建造地上畜禽舍的露地沼气池，在入冬前，要在沼气池上搭建简易温棚，将沼气池装在里面（图4-5）；或者用秸秆或塑料薄膜覆盖沼气池保温，尤其要及早做好进、出料口及水压间等直接和外界接触的散热量较大处的保温措施。

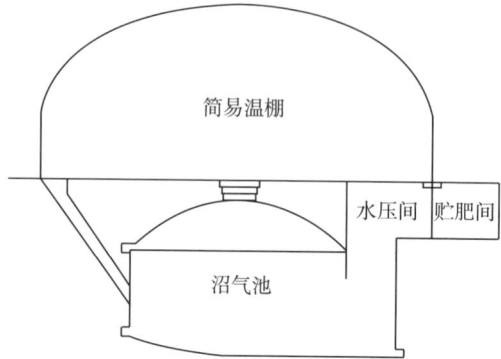

图4-5 户用沼气池简易温棚保温

（二）相关知识

1. 搅拌目的与搅拌方式

（1）搅拌目的

搅拌可使发酵原料分布均匀，增加沼气微生物与原料的接触面，加快发酵速度，提高产气量。同时也可防止大量原料浮渣结壳。

（2）搅拌方法

①机械搅拌。通过机械装置运转达到搅拌的目的，如图4-6（a）所示。

②气体搅拌。将沼气从池底部冲进去，产生较强的气体回流，达到搅拌目的，如图4-6（b）所示。

③液体搅拌。从沼气池的出料间将发酵液抽出，然后又从进料管冲入沼气池内，产生较强的液体回流，达到搅拌的目的，如图4-6（c）所示。

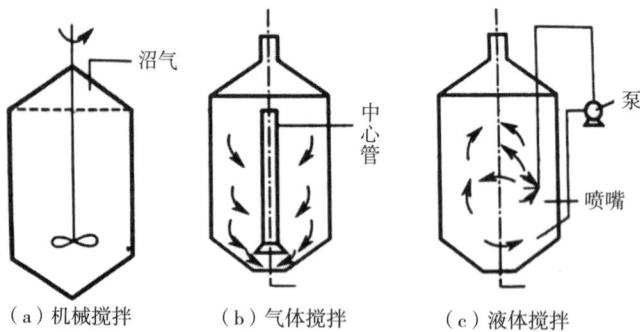

（a）机械搅拌　　　（b）气体搅拌　　　（c）液体搅拌

图4-6 三种搅拌方式

2. 添加剂和抑制剂

添加剂是能加快沼气发酵微生物繁殖生长的物质。添加剂的种类很多，包括一些酶类、无机盐类、有机物和其他无机物等，适当添加这些物质能提高产气率。

例如，添加过磷酸钙、纤维素酶，能促进纤维素分解提高产气率，添加镁、锌、锰能增加酶的活性。

反之，沼气发酵微生物的生命活动又受到许多物质的严重抑制，起着阻抑作用，这种抑制沼气发酵微生物繁殖生长的物质称为抑制剂，主要有农药、抗生素、消毒剂、清洗剂和某些植物（桃树叶、马钱子、蒜、百部、皂皮、元江金光菊、元江黄芩、桉树叶、植物生物碱等），刚消过毒的畜禽粪便也会抑制沼气发酵。这些物质加入沼气池后，产气量会大幅度降低甚至停止产气。

当上述物质误入沼气池产生抑制时的解决方法为：可抽出 1/2 以上的发酵料液补加等量的清洁水，通过稀释有毒物质使沼气发酵逐渐恢复正常。稀释的同时，若能补加接种物，沼气池恢复正常产气较快。

如果上述措施无明显效果时，应该清空沼气池，重新装料进行启动。

（三）注意事项

1. 户用沼气池入冬之前，要及时将塑料薄膜覆盖在畜禽舍顶面。

2. 入冬前，要检查畜禽舍墙体是否透风、是否保温，如有问题，要提前处理。

3. 户用沼气池在冬季使用中，严禁加入冻结成冰的畜禽粪便。

4. 户用沼气池在日常使用中，要避免只进料不出料，形成无气室状态。

5. 户用沼气池在日常使用中，要勤搅拌，避免形成结壳和沉淀。

6. 不能一次加入过量的青草、菜叶等鲜青原料，避免产生大量的有机酸，形成酸败。

7. 华北和华中地区露天地下户用沼气池，冬天要及时搭建简易塑料棚保温。

8. 采用覆盖法对沼气池保温，其覆盖面积应大于沼气池的建筑面积。覆盖的面积从沼气池壁向外延的长度应稍大于当地冻土层深度。

9. 有些沼气发酵促进剂具有两重性，若用量适当，对沼气发酵有促进作用；若用量过大，则容易产生反作用，变成抑制剂。因此，沼气发酵促进剂只能起辅助作用，不能长期靠它来增加产气量，根本保证在于投入充足的发酵原料。

10. 与太阳能畜禽舍和厕所"三结合"的沼气池，禁止大量水冲圈和冲厕。

11. 新建沼气池经水密性和气密性检验合格后，要及时装料发酵启动，切忌空池暴晒。

12. 沼气开关使用半年后，应在旋塞上加黄油进行密封和润滑，若旋塞磨损，不能与螺母密合，应及时更换。

13. 经常检查管道接头，若发现松动，应及时紧固。不合格的老化管道应及时更换。

14. 在冬季，严禁往沼气池内加入冻结成冰的畜禽粪便。

15. 不能把沼气池当作垃圾坑，随意添加不必要的物质。

16. 入冬前，要检查畜禽舍墙体是否透风、保温。如有问题，要提前处理。

二、脱硫剂更换与集水器清理

学习目标：掌握户用沼气脱硫剂更换与再生的方法，能进行户用沼气集水器排水清理。

（一）脱硫剂更换与集水器清理方法

1. 脱硫剂更换与再生方法

沼气中的硫化氢气体对高档沼气灯灶具的电子点火装置具有很强的腐蚀性，因此，完善的沼气输配系统应采用脱硫器脱除硫化氢。户用沼气脱硫器中的硫化剂硫容量一般为 30%，超过容量的脱硫剂就达到了饱和状态，则进行脱硫剂的再生或更换。

一般当脱硫器出口气体中硫化氢超过 1.52 毫克/立方米或使用要求指标，而硫容尚未到指定指标时，可进行脱硫剂的再生。脱硫剂再生次数一般为 2～3 次，但不能在脱硫器内再生。其具体更换与再生方法为：

（1）关闭输气管道总开关和调控净化器开关，打开脱硫瓶盖将脱硫剂在10 分钟内全部倒出。

（2）将失去活性的脱硫剂均匀松散地置于平整、干净、阴凉、通风的场地上，切记不可放在太阳下晾晒，使脱硫剂与空气充分接触氧化再生。如果脱硫剂中水分含量较低时，可均匀适当地喷洒一些浓度为 5%的石灰水，以加快再生速度。

（3）当脱硫剂的颜色由黑色变成铁红色或褐色时，筛除粉渣，再将再生后的脱硫剂装入脱硫器，旋紧脱硫瓶的上塞下盖，完成脱硫剂更换；安装好输气管路后，用肥皂水检查管路及连接处，确认不漏气，方可使用。

（4）如果经过长时间再生后，脱硫剂的颜色没有变成铁红色或褐色，说明脱硫剂完全失去了活性，这时就要更换新的脱硫剂。

2. 集水器清理方法

应定期检查集水器的水位，集水器中的水集到 70%时就要排水。排水时，先关闭集水器前的总开关，拔掉进气管和出气管，倒出积水，再重新安装回位即可，具体步骤为：

（1）打开井盖关闭集水器之前的开关；

（2）拧开集水器底部的螺盖排放掉水，当集水器底部没有螺盖时，就拔出软管倒掉水；

（3）排完水后立即拧紧螺盖或立即套接好软管；

（4）清理完毕后，盖好井盖。

（二）相关知识

1. 脱硫器的日常维护

（1）查漏：若有漏气现象，应拧紧漏气接头处。

（2）脱硫剂再生：脱硫剂使用 4～6 个月后（若沼气中硫化氢含量特高，则使用期为 4 个月），应将其从脱硫器中取出使之再生，再生方法是：将其倒在平整干净、背阳通风的场地上，让其与空气充分接触 2～3 天。待颗粒状由黑色变为橙、黄、褐色即可装入脱硫器（粉末清除）再密封起来后再使用一段时间，再生次数为 2～3 次。

（3）脱硫剂更换：更换脱硫剂时，应关闭脱硫器前开关 2，将与脱硫器连接的输气管道取下来，打开脱硫瓶盖子，将变色的脱硫剂倒出来，换上新的脱硫剂，盖好盖子，重新安装好脱硫器。

2. 集水器日常维护

集水器每月应排一次水，若集水量太多，没有及时排放，会被再次传输到输气管道中，阻碍沼气正常输送。

（三）注意事项

1. 脱硫剂一经使用，绝不能让空气进入，如果空气进入脱硫器，使脱硫器内的脱硫剂产生化学还原反应，温度可升至 300℃，造成脱硫器外壳熔化、变薄、烧穿等。

2. 沼气池维修和大换料时要关闭脱硫器前的开关。

3. 脱硫剂还原时间应大于 24 小时。

4. 严禁空气进入沼气调控净化器。

5. 每次再生或更换脱硫剂时，应清理密封垫、瓶孔及瓶盖内的污物。

6. 应定期排除集水器中的冷凝水，排水时应防止沼气泄漏，排水完毕应及时将接口密封。

三、户用沼气池安全运行管理

学习目标：能按照沼气池发酵要求，做好户用沼气池的安全运行工作。

（一）安全运行管理

1. 安全发酵

（1）严禁有害物质入池

各种剧毒农药，特别是有机杀菌剂、杀虫剂以及抗生素等；喷洒了农药的作物茎叶、刚消过毒的禽畜粪便；能做土农药的各种植物，如大蒜、韭菜、苦皮藤、桃树叶、马钱子果等；重金属化合物、盐类等都不能进入沼气池，以防沼气细菌中毒而停止产气。如果发生中毒情况，应将池内发酵料液取出 1/2，补充 1/2 新料，使之正常产气。禁止把油枯、骨粉、磷矿粉和脱落的棉铃等含磷物质加入沼气池，以防产生剧毒的磷化三氢气体，给入池检查和维修带来危险。

（2）防止酸化

加入的秸秆、青杂草和新鲜畜禽粪便过多时，应同时加入部分草木灰或石灰水和接种物，防止产酸过多，使 pH 下降到 6.5 以下而发生酸中毒，导致甲烷含量减少甚至停止产气。

（3）防止碱中毒

当加入过多的碱性物质，如石灰等，应注意防止使料液 pH 超过 8.5，否则会对沼气发酵产生抑制。

（4）防止氨中毒

氨中毒主要是加入过多含氨量高的粪便或其他富氮原料，发酵料液浓度过大，接种物少，使铵态氮浓度过高引起的中毒现象。中毒现象与碱中毒相同，表现出强烈的抑制作用。

2. 安全管理

（1）沼气池进出料口要加盖，防止人畜掉进池内伤亡，同时有助于保温。

（2）要经常观察压力表水柱的变化。当沼气池产气旺盛，池内压力过大时，要立即用气、放气或从水压间出部分料液，以防胀坏气箱，冲开池盖，冲掉 U 形压力表水封，造成事故。如果池盖已经被冲开，需立即熄灭附近的烟火，以免引起火灾。

（3）进出料要均衡，不能过大。如加料数量较大，应打开开关，慢慢地加入。一次出料较多，压力表水柱下降到零时，应打开开关，以免产生负压过大而损坏沼气池。

（4）寒冬季节，沼气池外露地面的部分要做好防寒防冻措施，以免冻裂，影响正常使用。

（5）进出料口应设置防雨水设施，一般高出地面 10 厘米以上，并避开过水道，以防雨水大量流入池内，压力突然加大，造成池子损坏。

（6）正在使用沼气时，不宜进行快速出料，避免出现负压引起回火爆炸。

（7）沼气开关使用半年后，应在旋塞上加注黄油密封和润滑。若旋塞磨损，不能与螺母密合，应及时更换。

（8）沼气池大换料时，应随出随进，及时补料、封池、启动，切忌敞口、空置和暴晒，以防贮气室干裂和漏气。

（9）沼气池大换料时，应避免机械或工具对天窗口造成机械损伤，导致重新启动后漏气。

（10）沼气池大换料时，应将脱硫器上的开关关闭，防止空气通过脱硫剂引起高温，烧坏脱硫器。

（11）沼气池大换料后，应对池壁和贮气间密封性进行维护养护，确保重新启动后不漏气。

3. 安全用气

沼气是一种易燃易爆的气体，燃点537℃，比一氧化碳和氢气都低，一个火星就能点燃，而且燃烧温度很高，最高可达1 400℃，并放出大量热量。在相对密闭状态下，空气中沼气含量达到8.8%～24%时，只要遇到明火种或达到燃点的热源，就会引起爆炸燃烧。因此，为保障安全运行必须注意以下几点：

（1）沼气用具远离易燃物品：沼气灯和沼气炉不要放在柴草、衣物、蚊帐、木制家具等易燃物品附近，沼气灯的安装位置还应距离房顶远些，以防将顶棚烤着，引起火灾。

（2）必须采用火等气的点火方式：点沼气灯和沼气炉时，应先擦火柴，后打开开关，并立即将火柴头熄灭，避免先开开关，沼气溢出过多，引起火灾或中毒。关闭时，要将开关拧紧，防止跑气。

（3）输气管路上必须装带安全瓶的压力表：产气正常的沼气池，应经常用气，夏秋产气快，每天晚上要将沼气烧完；因事离家几日，要在压力表安全瓶上端接一段输气管通往室外，使多余的沼气可以跑掉。

（4）防止管道和附件漏气着火：经常检查输气管道、开关等是否漏气，如果管道、开关漏气，要立即更换或修理，以免发生火灾。不用气时，要关好开关。厨房要保持通风良好，空气清洁。如嗅到硫化氢味（臭鸡蛋味），特别是在密闭不通气的房间，人要立即离去，开门开窗，并切断气源，待室内无气味时，再检修漏气部位。

（5）严禁在导气管上试火：沼气池边严禁烟火，检查池子是否产气时，应在距离沼气池5米以上的沼气炉具上点火试验，沼气池启动和运行中，不可在导气管上点火，以防回火，引起池子爆炸。

（6）选用优质沼气用具：使用沼气灶和沼气灯时，要注意调节灶或灯上的空气进气孔，避免形成不完全燃烧。否则，不但浪费沼气，而且会产生一氧化碳，毒害人体健康。

（7）首次使用家用沼气灶时，如果出现点不着火或严重脱火现象，说明管内有空气。此时，应打开厨房门窗，瞬间放掉管内的空气即可点燃。

（8）使用灶具时，要注意调节调控开关，使灶前压力处于工作范围内，保证灶具的正常使用，防止回火，并省沼气。灶具使用完毕后，应先关闭调控开关，再关闭灶具旋钮开关。

（9）较长时间不用灶具，要将灶前管路阀门关闭，确保安全；长时间不用沼气饭锅时，要将沼气饭锅进气管路阀门关断，以保安全。

（10）使用灶具时，若突然发生漏气、跑火，应立即关闭灶具阀门和灶前管路阀门，然后请维修人员检修。

4. 安全检修

沼气池是一个密闭容器，内部空气不流通，缺乏氧气。所产沼气的主要成分是甲烷、二氧化碳和一些对人体有毒害的气体如硫化氢、一氧化碳等。当空气中的甲烷浓度达到 30% 时，人吸入后，肺部血液得不到足够的氧气，造成神经系统的呼吸中枢抑制和麻痹，就会使人发生窒息性中毒；当甲烷浓度达到 70% 时，可使人窒息死亡。二氧化碳也是一种窒息性气体，当空气中的二氧化碳浓度达到 3%～5% 时，人就感到气喘、头晕、头痛；达到 6% 时，呼吸困难，引起窒息；达到 10% 时，就会不省人事，呼吸停止，引起死亡。由于二氧化碳比重较重，易积聚在池的底部，加之刚出料的沼气池内缺乏氧气，还可能残余少量的硫化氢、磷化三氢等剧毒气体，所以，池子打开后禁止人立即下池检查和维修。如果不注意，很容易发生事故。因此，必须采取安全措施，进行沼气池的维护。

（1）下池前必须做动物试验

进入老沼气池检修前，一定要揭开活动盖，将原料出到进料口和出料口以下，并设法向池内鼓风，促进空气流通；人下池前，必须把青蛙、兔子、鸡等小动物放入池内约 20 分钟，若反应正常，人方可下池。否则，要加强鼓风，直至试验动物活动正常时，人才能下池。

（2）做好防护工作

进入沼气池检修，池外要有专人守护。入池人员如感到头昏、发闷、不舒服，要马上离开池内，到空气流通的地方休息。发生意外时，应立即拉绳救出，严禁单人下池操作。

（3）严禁携带火种

池内严禁明火照明，清除池内沉渣或下池检修沼气池时，不得携带明火和点燃的香烟，以防点燃池中沼气，引起火灾，如需照明，可用手电筒或电灯。

（二）相关知识

沼气发酵毒性物质。一般情况下，农业剩余物中不会含有大量有毒物质，但畜禽场消毒或防疫时会有较多的药物进入粪便污水中。这些物质会毒害或抑制沼气发酵过程，其中包括某些无机物和有机物。

所谓"毒物"是相对的，在非常低的浓度下它们可能起促进作用，只是到了一定浓度时这些物质才产生抑制作用，而各种物质达到抑制作用的浓度又不相同，如重金属盐类，在每升只有 1 毫克的情况下，它们对生物活性起促进作用；当浓度上升超过最佳浓度时，促进作用开始下降，浓度增加到某一点时，生物活性开始低于没有这种物质的水平，这时就显出了该物质的毒性作用。

大多数重金属包括它们的有机或无机盐类，如汞、银、铅、锌、铜等都有很强的毒性。这是因为它们多是蛋白质的沉淀剂，当它们与蛋白质或酶结合时，则使其变性，引起酶反应的抑制或细胞的死亡。研究表明，如果含有重金属盐类时的产气量与不含时的产气量相比不低于 80% 为允许浓度，各种重金属化合物的允许浓度如表 4-1 所示。

表 4-1　沼气发酵液中重金属化合物的允许浓度

化合物	允许浓度（毫克/千克）
$CuSO_4 \cdot 5H_2O$	700（以铜计 178）
$CuCl_2 \cdot 2H_2O$	700（以铜计 261）
CuS	700（以铜计 465）
$K_2Cr_2O_3$	500（以铬计 88）
Cr_2O_3	75 000（以铬计 73 422）
$Ni(NO_3)_2 \cdot 6H_2O$	200（以镍计 40）
$NiSO_4 \cdot 7H_2O$	200（以镍计 63）
$HgCl_2$	2 000（以汞计 1 748）
$HgNO_3$	<1 000（以汞计<764）

从表 4-1 中可以看出，重金属化合物对沼气发酵的允许浓度在 300～700 毫克/千克的范围内。与好氧处理相比，厌氧消化对重金属表现了较强的抗性。从金属含量水平来看，同种重金属以硫化物毒性最小。因此，可采用在发酵器内添加 Na_2S 等可溶性硫化物或在消化器内添加能还原成硫化物的硫酸盐的方法来减轻重金属对沼气发酵的抑制作用。

钠（Na）、铵（NH_4^+）和氰化钾（KCN）的允许浓度列于表 4-2，钠离子在很高浓度（25 000～30 000 毫克/千克）时才显示抑制作用，而 NO_3^- 和 NO_2^- 则在 100 毫克/升时，显示抑制作用，可能由于其为氧化剂，对发酵液的氧化还原电位影响较大。钾离子（K^+）也基本无毒性，而氰基（^-CN）的作用则在 100 毫克/千克以上。铵离子浓度一直是人们关心的问题，特别是在鸡粪和人粪厌氧消化时会出现很高的铵离子浓度。据试验铵离子在 5 000 毫克/千克以下基本无抑制作用，5 000～8 500 毫克/千克有轻度抑制，允许浓度在 10 000 毫克/千克。氯离子（Cl^-）也是基本无毒的离子，允许浓度在 22 000

毫克/千克，硫酸根（SO_4^{2-}）的允许浓度以 S 计为 1 000 毫克/千克。

表 4-2　沼气发酵时一些盐类的允许浓度

化合物	允许浓度（毫克/千克）
NaCl	30 000
NaNO$_3$	100
NaNO$_2$	100
NH$_4$Cl	10 000
KCN	100
KSCN	<180

有些有机氯毒性很强，如 CH_2Cl_2，$CHCl_3$ 和 CCl_4 等，浓度在 1 毫克/千克左右就会产生较强抑制作用，因而以三氯甲烷（$CHCl_3$）为溶剂黏接的发酵器，常引起产甲烷菌的中毒而使发酵失败。但有些有机杀菌剂和抗生素等则可允许较高的浓度（表 4-3）。

表 4-3　有机杀菌剂及抗生素等的允许浓度

化合物	允许浓度（毫克/千克）	化合物	允许浓度（毫克/千克）
苯酚	1 000	重油	30 000
甲苯	500	青霉素	5 000
五氯酚	10	链霉素	5 000
甲酚	500~1 000	卡那霉素	5 000
烷基苯黄酸	50		

以上叙述了沼气发酵所要求的各方面条件，从中可看出，沼气发酵受多方面因素的影响。同时各种因素的影响并非独立存在，而是互相关联、交叉作用。有很多问题还要通过更深入的研究与实践进一步明确。

（三）注意事项

1. 沼气池运行中，不能加入有毒有害物质。

2. 沼气池运行中，不能一次加入过量的鲜青原料，防止有机酸大量积累，抑制产气。

3. 沼气池外露的口都要加盖，防止人畜掉进池内伤亡。

4. 严禁在沼气池导气管上试火，防止回火，引起爆炸。

5. 在使用沼气时，燃气用具要远离易燃物品。

6. 下池前必须做动物试验，并要有专人防护。

第二节　户用沼气池大换料

学习目标：掌握户用沼气池大换料的技能。

一、户用沼气池大换料操作

（一）大换料准备

1. 原料准备

户用沼气池大换料的原料准备及搭配与户用沼气池启动的原料准备和预处理相同，不同的是不需要准备菌种，沼气池原有的沼液沼渣就是菌种。

2. 保留菌种的设施准备

在大出料时，要用一个临时设施保留 2 立方米左右的沼液沼渣做菌种，其中一半直接留在沼气池内，另一半需要取出来储存在临时池中随着新料一起装入沼气池，其最简单的做法是：在沼气池旁边用木杆或竹竿支一个 3 米×2 米×0.2 米的临时方筐，在筐内铺上彩条塑料布形成临时沼液沼渣池，用于装沼液沼渣作为菌种备用。

（二）大换料操作

由于户用沼气池的发酵工艺是塞流式，仅靠自流进料很难推动全池发酵原料移动，形成大部分原料滞留沼气池中，当这些滞留原料发酵完成后，基本不再产气，如果不出来就占用沼气池池容，使之成为无效容积，所以，要充分利用池容多产气，根据沼气池产气情况，沼气池每 2～3 年需进行大换料一次，并且大换料要在池温 15℃以上的季节进行，低温季节不宜进行大换料。大换料前 5～10 天应该停止进料。出料时要尽量做到清除残渣，保留细碎活性污泥。留下 10%～30%的活性污泥为主的料液作为接种物。沼气发酵液可重复利用。

大换料步骤是：

1. 打开天窗口活动盖。

2. 用带切割功能的污泥泵从沼气池抽出污泥到抽罐车，污泥由抽罐车运输到田地作肥，抽到中间位置时，留 1 立方米左右沼液沼渣放在准备的临时池内。

3. 大出料时要在池内保留 10%～30%的含有大量菌种的活性污泥料液作为接种物，可在抽到最后时留 1 立方米左右沼液沼渣在沼气池内。

4. 将留在临时池内沼液沼渣和准备的新原料及水一起装入沼气池内。

5. 密封天窗口活动盖。大出料后，蓄水圈和进出料口要加盖，防止空气在池内流通使气室脱水而造成龟裂漏气。1～2天应迅速检修好沼气池，及时对沼气池进行密封养护，以提高沼气池密闭性能，投入新料继续使用。

6. 大换料后，按照第三章启动沼气的方法进行沼气池的重新启动，沼气池便可以逐渐恢复产气。

7. 放气1～2次后试火。

二、相关知识

为了满足沼气细菌的新陈代谢和农时季节施肥的需要，就必须做到发酵原料的不断更新，大换料应与农时季节用肥结合起来，大换料季节要安排在春季和秋季气温较高的时期进行，以满足春季和秋季农时的用肥。大换料时，要安排好劳力，备足发酵原料。

出料避免池内负压：出料时，应打开集水瓶处的开关通气，防止池内出现真空。一旦出现真空，会导致压力表内水柱倒入输气管内；而且还会造成池内粉刷层脱落，密封性变差，甚至导致沼气池漏气，造成很难挽回的损失。因此，从出料间往外抽渣或取沼液时一定要看好压力表，气压下降至1千帕时就应停止抽取。如果确实须继续抽取就要从导气管或集水瓶处拔掉输气管，让空气进入沼气池；或采取出多少料就进多少料，使池内液面保持平衡，可以避免池内出现真空。

迅速进料：出料后，应迅速对沼气池进行检修，在检修完后立即投料装水。因为沼气池都是建在地下，沼气池在装料时，其内外压力相平衡，出料后，料液对池壁压力为零，失去平衡。此时，地下水的压力容易损坏池壁和池底，形成废池，尤其是在雨季和地下水位高的地方，出料后更应立即投料装水。

三、注意事项

1. 大换料要在池温15℃以上季节进行，不宜在低温季节进行，特别是冬天，环境温度低，沼气池很难启动。

2. 大换料前20天左右停止进料，"三结合"沼气池尤其要这样。

3. 备足新鲜发酵原料。一个沼气池正常应保持1/4左右的鲜人畜粪便。

4. 无论是新建沼气池，还是使用多年的旧池，大换料后都要及时进料，不能空池久置，否则易损坏池体。其原因是：①地下水位高时，可能冲破池底。②夏季暴晒会造成龟裂。③冬季冰冻也会破坏池体。④人为损伤池体等。

5. 大出料时，罐车不能太靠近沼气池，以免超过沼气池的负载，造成压塌沼气池。

第三节 户用沼气池安全处置技术

学习目标：掌握农村沼气设施的拆除、填埋等安全处置技能和方法。

安全处置是对因超出使用期限，或人为因素、自然因素等条件变化导致其不具备运行条件的农村沼气，进行拆除、填埋等处理，消除安全隐患和环境风险的过程。

一、沼气池安全处置

（一）一般规定

1. 不再具备运行条件的沼气池，应优先改造为化粪池、污水处理池等，并按照相应标准进行改造、使用、维护和管理；不具备改造条件的，应通过拆除和填埋等方式消除其安全隐患和环境风险。

2. 农村沼气业主或属地管理部门，宜委托具有沼气检测、施工等资质的机构进行沼气设施的风险识别和安全处置。

3. 户用沼气和小型沼气工程，宜按照行政区划、区域环境特征等因素进行区域性分类集中安全处置。

4. 大中型及特大型沼气工程，宜根据其不同状况单独实施安全处置。

5. 业主和施工方要做好拆除作业期间的应急值守工作，建立与政府各相关部门应急联络通讯，当拆除施工过程中发生事故时，应及时启动安全事故应急预案。

6. 农村沼气安全处置应采取措施减少噪声、气味等环境污染，对废水、废气等排放物的处理应符合国家现行环境保护标准的要求，重点防范漏气漏液、漏电火灾、雷击爆炸等安全事故，还应避免职业卫生等伤害。

7. 沼气设施的拆除宜采用人工拆除和机械拆除，不应采用爆破拆除和静力破碎拆除，当机械拆除需人工拆除配合时，机械和人不得在同一作业面同时作业。

8. 安全处置施工人员的安全防护和劳动保护应符合 GB/T 11651 标准要求。

9. 拆除和填埋等作业均应在气象良好的白天进行，严禁夜间、雷雨天气及高地下水位等不利条件下进行。

（二）准备阶段

1. 沼气施工停用后，应立即停止进料并妥善处置沼气，在各类设施、孔洞、盖板附近设置安全警示标识。

2. 进行农村沼气安全处置前，应该由持有相应职业资格证书的专业技术人员移除发酵罐气密装置，切断电源、水源，关闭相关设备及管道阀门。

3.应清理发酵料液、沼渣沼液、脱硫剂等相关物料，并置换设施内的有毒有害气体。

4.应组织实施风险识别评估，并编制风险评估表。

5.参照 GB/T 29639—2020 编制安全处置方案和应急预案，并按照规定到相关部门备案。农村沼气安全处置备案如表 4-4 所示。

表 4-4　农业沼气安全处置备案表

备案单位	名称：	签收人（签字）：
农村沼气业主	名称（盖章）：	联系人（签字）：
	地址：	电话：
	安全处置原因：	
施工单位	名称（盖章）：	联系人（签字）：
	地址：	电话：
	相关资质：	
	相关经验：	
沼气设施基本情况	工程地点	工程发酵池容积或户用沼气池数量
	1.	
	2.	
	3.	
	……	
安全检测评价	是否完成安全检测评价：是　　否 评估单位名称： 联系人及电话： 监测评估结果：	
处置方案	按要求编制处置方案： 安全处置时间：　年 月 日至　　年 月 日 主要内容：	
应急方案	按要求制定应急方案： 主要内容：	
风险识别及安全保护措施	按要求采取安全防护措施： 主要内容：	
宣传培训	培训时间： 主要内容：	

6. 施工前对项目业主、施工方管理人员和施工人员提前进行安全培训、应急预案演练等，组织施工人员到作业现场，熟悉作业环境，核实安全措施可靠性。

7. 施工方人员的劳动合同、保险和健康证明文件应齐全有效。

8. 施工机械、设备、器具等验收合格。

9. 在可能存在沼气或产生沼气的区域内施工时，应使用防爆工器具。

10. 进入作业区的人员、设备，应消除静电或设有消除静电措施，作业区域内所有电力设备及线路开关等均应采取防爆措施。

（三）清理置换

1. 作业准备

（1）农村沼气安全处置时，现场周围应设置警戒带、警示标识、隔离设施及监控设备等，并保障消防通道畅通，施工人员应配备防毒面具、可燃气体检测报警仪、有毒气体检测报警仪、防爆话机等安全防护设备。

（2）施工作业区域内严禁明火，禁止携带任何可能引发明火的物品，作业区域内所有电力设备及线路开关等均应采取防爆措施。

（3）应对清理置换作业人员进行技术交底及培训，未经培训的人员不得进入清理置换现场。

（4）封盖、封堵拟清理置换装置设施周边的下水井、地漏等排水孔口。

2. 清理置换作业

（1）清理置换前，严禁停用相关消防水、消防器材、可燃或有毒气体检测报警仪等安全设施。

（2）清理置换过程中，涉及的盲板抽堵，进入有限空间、高处临时用电、动土、断路等特殊作业，应按照《化学品生产单位特殊作业安全规范》（GB 30871—2022）的规定执行。

（3）清理置换完成后，对检测合格的设备、管道等设施，进行有效隔绝；对地面、明沟、地池内的污染物进行清理、检查。

（4）清理置换完成后，将拟拆除装置设施置于自然通风状态，确保相关公用工程系统有效隔绝。

（5）建立台账，详细记录清理置换作业过程、检测结果等。

（四）拆除施工

1. 作业准备

（1）安全处置全过程禁止人员进入密闭式发酵池、储气柜、管道井等有限空间作业。

（2）确需进入有限空间作业时，应严格按规定执行，保持通风换气，经仪器探测安全后方可入内。

（3）沼气设施拆除前，设备或管线内部残留可燃气体浓度和有毒有害气体检测浓度应符合要求。

（4）进入有限空间的操作人员，应佩戴防滑鞋、防护服、安全帽、安全绳等防护用品和主动供氧设备，操作设备应为防爆设备，严禁使用明火照明，并且有限空间外至少留 1 人观察接应。

（5）拆除钢制发酵罐、储气柜、脱硫器、脱水器等与沼气接触的容器后，应在清水置换后通风 24 小时以上进行切割等处置。

2. 施工作业

（1）户用沼气拆除施工顺序：先依次拆除沼气管件等附属产品设施；然后拆除沼气池池盖、进料管等设施；最后再拆除池墙。

（2）沼气工程拆除时，先拆除设备，后拆土建设施。沼气工程设备拆除的一般顺序为从上到下．从外到内逐层拆除，并且应该分段进行，不得垂直交叉作业；土建设施应先拆除非承重结构，再拆除承重结构，暂未拆除部分应保持稳固，不得垂直交叉作业。

（3）沼气设施的拆除有人工拆除和机械拆除，应注意安全防护。

（五）回填处理

1. 沼气设施的设备基础、调配池、酸化池、沼渣沼液池、地下管线及管沟等地下附属设施，应在拆除完后进行填埋处理。

2. 沼气设施的地下部分回填处理宜采用人工回填和机械回填的方式。

3. 土方回填应从深到浅分层进行，每层填埋土方应夯实，填好一层拆除一层支撑，不得事先将全部支撑拆掉。

4. 回填时应注意池坑的稳定性，发现有裂缝及倾塌可能时，人员要立即撤离现场并及时处理。

5. 土方回填后应满足《GB 50202—2018 建筑地基基础工程施工质量验收标准》和《JGJ 79—2018 建筑地基处理技术规范》要求，要恢复耕地使用的应满足《TD/T 1036—2013 土地复垦质量控制标准》的要求。

（六）物资处置及竣工报备

1. 物资处置

（1）施工方应及时清理，分类存放拆卸的各种构件及物资，使其处于安全稳定状态。

（2）拆除工程产生的废弃物应妥善安置，不得违规堆放、随意倾倒、私自填埋或任意丢弃。

（3）可回收利用的材料和设施设备应回收利用，宜进行保护性拆除，不可回收的建筑垃圾处置应符合《CJJ/T134—2019 建筑垃圾处理技术标准》的要求。

（4）危险废物应按国家有关规定分类处置，禁止混合收集、储存、运输、处置不相容危险废物，不得违规堆存、随意倾倒及私自填埋。

（5）对属性不明的固体废物按照《GB 34330—2017 固体废物鉴别标准》的规定鉴别，并根据鉴别结果采取相应的安全防范措施。

（6）装置设施拆除现场严禁焚烧各类废弃物。物资处置工作完成后，场地应恢复原貌，不影响土地复垦或者其他性质使用。

2. 竣工报备

（1）施工方应在完成全部拆除施工并确认现场处于安全状态后，设置固定标志，正式交付给业主。

（2）沼气设施业主应确认拆除施工全部完成且现场处于安全状态后，从施工方正式接收。

（3）沼气设施安全处置竣工后，应到相关部门进行报备，农村沼气安全处置竣工备案如表 4-5 所示。

表 4-5　农村沼气安全处置竣工备案表

农村沼气业主	姓名/名称：	
	地址：	
	联系方式：	
安全处置施工单位	名称：	
	地址：	
	联系方式：	
沼气设施基本情况	工程的地点	工程发酵池容积或户用沼气数量
	1.	
	2.	
	3.	
	……	
物资处置基本情况	是否按照要求进行处置	是□　否□
	是否进行建档立案	是□　否□
	是否有安全问题产生	是□　否□
	是否有环境问题产生	是□　否□
	是否设置竣工标识	是□　否□
	竣工验收时间	

（续）

物资处置基本情况	沼气处置情况	
	沼渣沼液处置情况	
	设备处置情况	
	可回收材料处置情况	
	不可回收材料处置情况	
其他需说明的情况		
农村沼气业主（签章） 负责人： 日　期：　　年　月　日	安全处置施工单位（签章） 负责人： 日　期：　　年　月　日	备案单位（签章） 负责人： 日　期：　　年　月　日

二、相关知识

1. 风险识别评估主要内容

（1）爆燃、爆炸、中毒、腐蚀、跌落、淹溺、环境污染。

（2）装置设施清理置换以及与之相关的特殊作业环节。

（3）拆除工程涉及的废弃物料、有毒有害化学品。

（4）拆除装置设施的处置、装卸、运输。

（5）局部拆除时，拆除工程对周边装置的影响。

2. 安全处置方案主要内容

（1）工程概况以及关键设施设备明细等。

（2）施工组织及职责。

（3）施工进度计划。

（4）环境保护措施、安全保障体系及措施。

（5）厌氧发酵装置、储气柜等设施专项施工方案。

（6）拆除物处置方案。

（7）现场应急处置方案及应急物资。

（8）执行的标准及规范以及其他信息资料等。

3. 人工拆除

（1）作业人员应按照相关要求正确佩戴劳动防护用品。

（2）拆除作业时，应对作业面的孔洞采取防止坠落的保护措施。

（3）人工拆除建筑墙体、烟囱时，严禁采用底部掏掘或推倒的方法。

（4）对管道或容器进行切割作业前，应检查探测确认管道或容器内无有毒气体、可燃气体、爆炸性粉尘等。

（5）拆除管道或容器过程中，如发现残留物应立即停止作业，保护现场并及时报告，查清其性质并采取安全措施后方可继续作业。

4. 机械拆除

（1）设施设备的拆除，应在探测前确认无可燃、有害、有毒物质存在的前提下进行操作。

（2）拆除设备设施的栏杆、楼梯、平台等构件，应与设施设备整体拆除同步进行，不得先行拆除。

（3）拆除设施设备的梁或悬挑构件，应架设临时支架及作业平台等设施，防止梁或悬挑构件直接坠落。

（4）拆除过程中实时监测判断拆除物的稳定情况，确认作业环境、工器具等变化，并及时调整安全防护措施。

（5）施工机械设备严禁超载作业或随意扩大使用范围，作业场地应满足安全空间。

（6）当日施工结束或暂停施工，机械设备应停放在满足安全空间的场地，并采取固定措施。

5. 储气柜拆除步骤

（1）拆除储气柜钟罩时，应打开钟罩底部的排气阀，水封池内注满清水，将整个钟罩以正常运行状态缓慢下沉浸没在水封池内。将钟罩整体吊离水封池，平放至附近地面并防止滚动后，再进行切割分拆。

（2）双膜、软体、高压储气柜等其他类型储气装置的拆除作业，宜由生产单位提供拆除方案或由具备相应资质的施工单位提供拆除方案并实施拆除作业。

三、注意事项

1. 未经培训的人员不得进入清理置换现场。

2. 在拆除户用沼气净化调控器或沼气工程脱硫塔时，应注意脱硫剂与空气接触发热的安全隐患；脱硫过程中的脱硫剂等物料应妥善处置。

3. 拆除池墙要设置支撑，防止池坑垮塌。

4. 施工方在确定拆除的设施设备得到业主确认之后，由物资处置方将其移出施工现场。

5. 拆除施工时，严禁任何人员处于换气设备下风向。拆除作业中需要定时检测，至少每2小时以内检测一次并做好记录。

思考与练习题

1. 如何加强沼气池的日常管理？
2. 如何做好户用沼气池越冬管理？
3. 沼气发酵料液酸化后可用什么方法调节？
4. 脱硫剂多长时间再生一次？多长时间需要更换？
5. 为什么要对脱硫剂进行再生？再生的方法是什么？
6. 如何进行脱硫器与集水器日常维护？
7. 集水器如何排水？
8. 户用沼气池运行中，如何安全发酵？应掌握哪些技术要领？
9. 户用沼气池运行中，如何安全管理？应掌握哪些技术要领？
10. 如何保障户用沼气池日常使用的安全？
11. 如何保障户用沼气池的检修安全？
12. 什么是添加剂和抑制剂？各起什么作用？
13. 如何进行户用沼气池大换料操作？需掌握哪些技术要领？
14. 什么是沼气池安全处置？包括哪些程序？
15. 沼气池发酵原料清理置换时需要做什么准备？
16. 户用沼气池拆除施工顺序是什么？
17. 沼气设施的拆除有哪些形式？人工拆除时需要注意什么？
18. 储气柜如何进行拆除？

中级工部分

教学指南：沼气工中级工部分，主要学习户用沼气池的砖-混凝土建造施工、混合原料发酵启动、运行管理、输气管路及用具的维护和维修、沼液沼渣利用等知识和技能。通过本部分的知识学习和技能培养，掌握户用沼气池砖混组合建池工艺，混合发酵原料搭配及预处理和启动工艺，沼气输气管路及用具的维护和维修，沼液、沼渣利用等技术。

第一章　砖混组合沼气池施工

本章的知识点是学习户用沼气池的砖混组合建池技术，重点是掌握户用沼气池的砖混组合建池技能。

砖混组合建池法是砖和混凝土两种材料结合的建池工艺，砖混组合沼气池造价低廉，建造方便，是农村沼气池的常用类型。

第一节　"猪圈-厕所-沼气池"三结合建设的规划和放线

学习目标：掌握"猪圈-厕所-沼气池"三结合建设的规划和放线的方法及技能。

一、"猪圈-厕所-沼气池"设施布局

（一）"猪圈-厕所-沼气池"三结合整体考虑

兴建农村户用沼气池应与农户庭院设施建设统一规划，在建造沼气池的同时，同步建设或改建畜禽舍、卫生厕所和厨房。详见初级工部分第一章第二节。

（二）建池方位与选址

"坐北向南，冬暖夏凉"在日常生活中已成为人们的一般常识。因此，沼气池及其地上的畜禽舍和厕所宜采用坐北向南的朝向，以便得到最大的太阳辐射能。

农村"三结合"庭院沼气设施与厨房的距离一般在25米以内为宜，建池地点尽量选择在背风向阳、土质坚实、地下水位低、出料方便和周围没有遮阳建筑物的地方，尽量远离树木和公路。北纬38°~40°地区沼气池坐北朝南；北纬38°以南地区沼气池，方位角可以偏东南5°~10°；北纬40°以北地区沼气池，可偏西南，不要在低洼、不易排水的地方建池。

建池池址要尽量避开竹林和树林，开挖池坑时，遇到竹根和树根要切断，在切口处涂上废柴油或石灰使其停止生长以至腐烂，以防树根、竹根破坏池体。

（三）沼气池池坑的校正

首先进行池坑开挖。根据池址的地质、水文情况，决定直壁开挖还是放坡开挖池坑。可以进行直壁开挖的池坑，应尽量利用土壁作胎模。圆筒形沼气池上圈梁以上部位，可按放坡开挖池坑，上圈梁以下部位应按模具成型的要求，进行直壁开挖。放样、取土的尺寸计算详见初级工部分第一章第二节（五、沼气池池坑开挖）。

开挖圆筒形池，取土直径一定要等于放样尺寸，宁小勿大。在开挖池坑的过程中，要用放样尺寸校正池坑，边开挖，边校正。池坑挖好后，在池底中心竖立中心杆和活动轮杆如图1-1所示，采用活动轮杆法校正池体各部弧度，以保证池坑的垂直度、水平度、圆心度和光滑度。

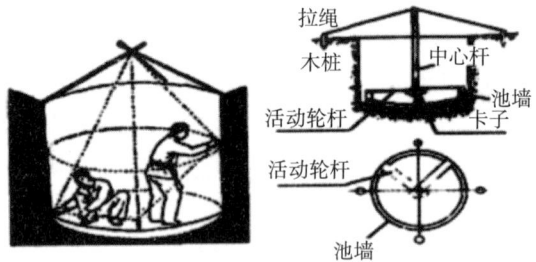

图1-1 活动轮杆法池坑校正示意图

同时，按照设计施工图确定上、下圈梁的位置和尺寸，挖出上、下圈梁。

二、相关知识

纬度和经度：经纬度是一种用于地球表面位置标识的坐标系统（图1-2）。纬度指示了一个点距离赤道的北或南位置，以度数表示，北半球为正，南半球为负。经度表示一个点距离本初子午线的东或西

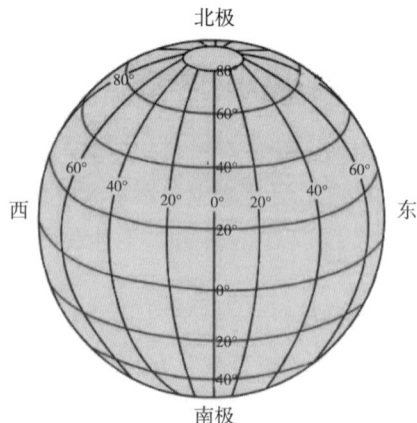

图1-2 纬度和经度

位置，也以度数表示，东经为正，西经为负。这个坐标系统帮助我们精确地定位地球上的任何地点，对于导航、地图绘制、天气预测和地理定位至关重要。

三、注意事项

开挖池坑时，严禁挖成上凸下凹的"洼岩洞"，挖出的土应堆放在离池坑远一点的地方，禁止在池坑附近堆放重物。对土质不好的松软土、砂土，应采取加固措施，以防塌方。如遇地下水，则需采取排水措施，并尽量快挖快建。

第二节　池体施工

学习目标：掌握户用沼气池砖混组合施工方法及技能。

砖混结构沼气池一般采用组合式建池，即池底、池墙、水压间采用混凝土整体浇筑，池拱盖采用无模圈拱砖法或建池标尺砌砖法砌筑。用这两种方法建沼气池，施工方便，适应性强，更适宜没有资金购置建池模具的地方建沼气池。建造过程中除按照不同池型具体要求进行施工外，还应注意把握好以下几个要点：①池坑升挖要标准；②妥善处理好不同土质的池底；③砌筑时每块砖的灰浆都要饱满一致；④建筑沼气池池墙的混凝土要拌和均匀；⑤做好沼气池密封工序。

沼气池的土方与基础工程完成后（方法详见初级工部分第一章），按照图1-3所示砖混组合沼气池结构剖面图和砖混组合建池工艺，进行如下操作：

一、池体施工

砖混组合式沼气池的施工工序为池底、池墙（进气管、出料间）、圈梁、池盖（导气管）。

（一）预制进料管

砖混组合建池工艺一般采用内径200毫米以上的水泥管做进料管，一般用200号混凝土浇筑成长800毫米，内径250~300毫米、壁厚30~40毫米的整体管。在无预制进料管的钢模时，可采用油毛毡卷成两个圆筒，套成模具。内圆筒装砂，外圆筒用绳缠绕捆牢。浇混凝土时，可用手敲击圆筒，将混凝土振捣密实如图1-4所示。

（二）池底施工

户用沼气池池底应根据不同的池坑土质，进行不同的处理。对于黏土和黄土土质，原土夯实后，用C15混凝土直接浇灌池底60~80毫米即可。如遇砂土土质或松软土质，应先做垫层处理。首先将池坑土质铲平、夯实，然后铺一

素土夯实
300厚炉渣
0.3厚塑料薄膜
100厚C30混凝土60砖
10厚1:3水泥砂浆
5厚1:0.1:2水泥石灰膏混合砂浆
刷沼气池密封涂料5层

刷沼气池密封涂料3层
5厚1:0.1:2水泥石灰膏混合砂浆
10厚1:3水泥砂浆
200厚混凝土
素土夯实

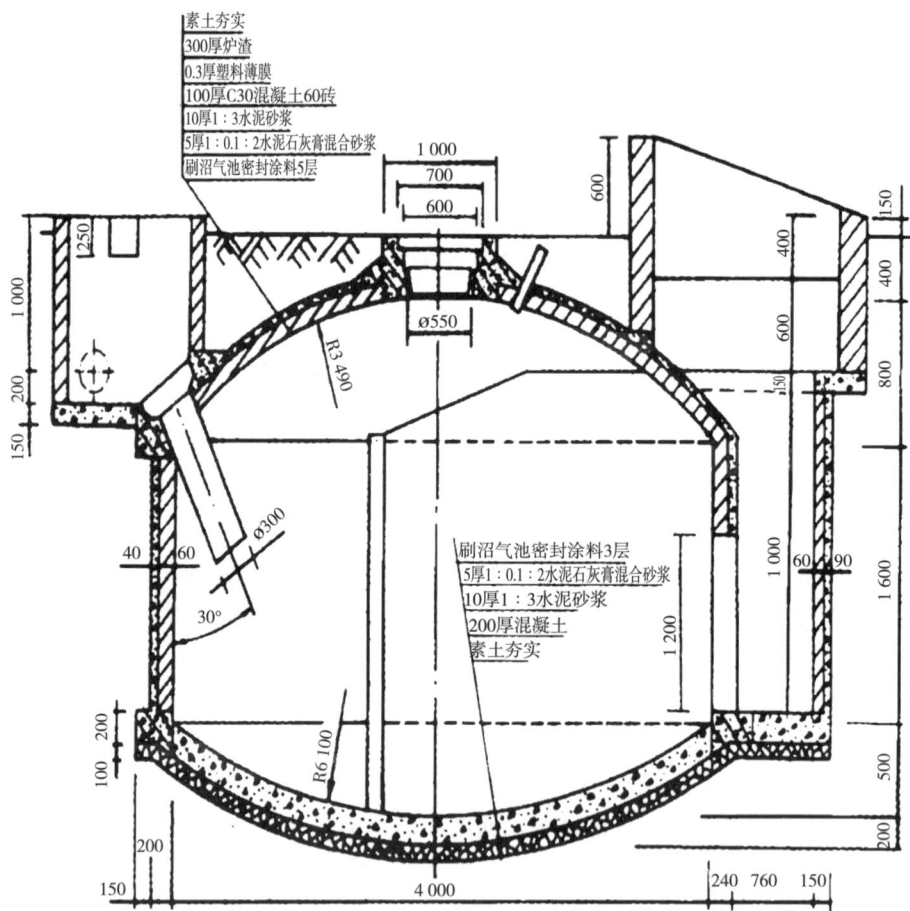

图1-3 砖混组合沼气池结构剖面图（单位：毫米）

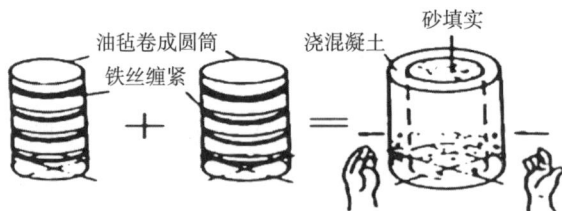

油毡卷成圆筒
铁丝缠紧
浇混凝土
砂填实

图1-4 进料管制作流程

层直径80～100毫米的大卵石，再用砂浆浇缝、抹平，厚度达到100～120毫米。垫层处理完后，即可在其上用C15混凝土浇灌池底混凝土层60～80毫米，然后原浆抹光，如图1-5（a）所示。

　　遇到池底有地下水时，应先在池底作十字形盲沟，在中心点或池外设排水井（集水坑）。在盲沟内填碎石，使池底地下水集中排出。然后在池底铺一块没有破孔的塑料薄膜，在集水坑部位剪一个孔供排水。铺膜后，立即在薄膜上浇筑池底混凝土，在集水坑内安装 1 个无底玻璃瓶，用以排水。待全池粉刷完毕后，用水泥砂浆封住集水坑内的无底玻璃瓶，如图 1-5 （b）所示。

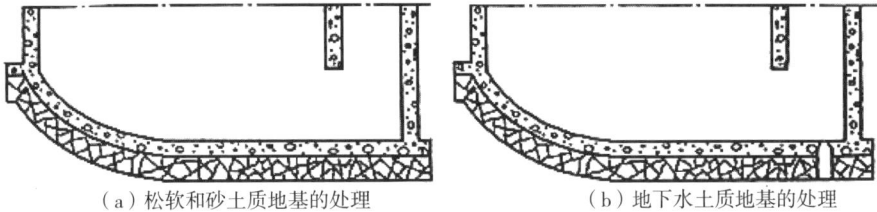

（a）松软和砂土质地基的处理　　　　（b）地下水土质地基的处理

图 1-5　松软土和地下水的沼气池底处理

（三）池墙施工

1. 池墙施工

　　池底混凝土初凝后，确定主池中心；以该中心为圆心，以沼气池的净空半径为半径，划出池墙净空内圆灰线，距土壁 100 毫米；沿池墙内圆灰线，用 1：3 的水泥砂浆，60 毫米单砖砌筑池墙，如图 1-6 所示；每砌一层砖，在砖与土壁之间浇灌一层 C15 细石混凝土，砌四层，正好是 1 米池墙的高度，如图 1-7 所示。

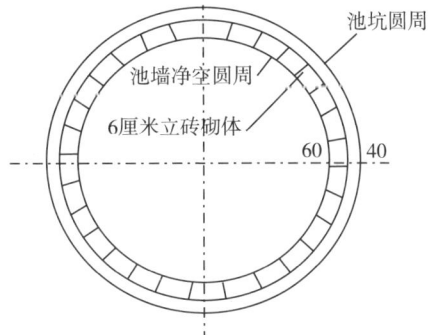

图 1-6　砖混组合建池池墙平面施工示意图（单位：毫米）

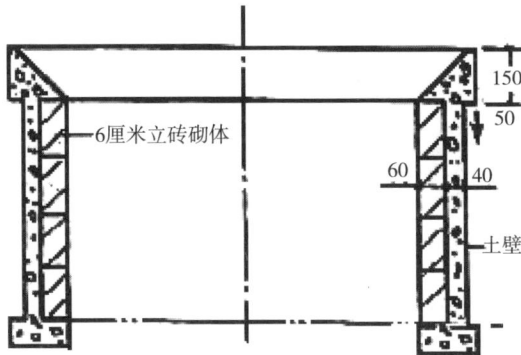

图 1-7　池墙上端与上圈梁施工（单位：毫米）

土壁和砖砌体之间约 40 毫米的缝隙应分层用细石混凝土浇筑，每层混凝土高度为 250 毫米。浇捣要连续、均匀、对称、振捣密实。手工浇捣时必须用钢钎有次序地反复捣插，直到泛浆为止，保证混凝土密实，不发生蜂窝麻面。

应注意对池墙砖砌体的养护。

2. 安装进料管和制作出料间

砌池墙时要预留进、出料口位置，在此基础上安装进料管和制作出料间。进料管安装时，采用斜插安装法。

出料间制作尺寸一般为内径长 1.2 米，宽 0.7 米，高与池高匹配。出料间制作方式有三种：一是采用 40 毫米厚的 200 号混凝土模板预制件而成；二是采用 80 毫米厚的 150 号混凝土整体浇筑而成；三是采用 60 毫米厚的砖砌成。前两种方式适用于所有地区，第三种方法不适宜在北方地区或碱性土壤的地区，因为受夏天和冬天热胀冷缩的影响，同时由于碱性土壤的腐蚀作用，砖砌体容易出现裂缝和脱落现象。施工中，一定注意结合部位的加厚、密封处理。

3. 圈梁施工

在做好池墙上端时，用 150 号混凝土浇筑圈梁，圈梁浇筑尺寸为 150 毫米×150 毫米。施工时，做好砂浆找平层，按设计要求控制尺寸和制作斜面，斜面对池盖起定位作用。当采用工具式弧形木模时，应分段移动浇灌混凝土，上圈梁浇灌后要压实抹光，不留施工缝。在制作成所要求的斜面后，立即脱模，移动模板，浇灌下一段，依次全部浇灌完毕。图 1-8 和图 1-9 分别为池底和池壁施工图。

图 1-8　池底施工图　　　　图 1-9　池壁施工图

（四）池拱施工（无模悬砌池顶施工）

待圈梁混凝土达到 70%～80% 强度后，方可进行池拱施工。

用砖混组合法修建户用沼气池，一般采用无模悬砌池顶施工方法，即"单砖漂拱法"砌筑池拱。砌筑时，应选用外形规则的优质砖。砖要预先淋湿，但不能湿透。漂拱用的水泥砂浆要用1：2的细砂浆，其黏性较好。砌砖时砂浆应饱满，并用钢管靠扶或吊重物挂扶如图1－10所示的方法固定。

每砌完一圈，各砖块之间用扁石子楔紧，以使其形成整体起到开口球壳的作用。收口部分改用半砖或6厘米砖块砌筑，以保证圆度。

为了保证池盖的几何尺寸，在砌筑过程中应用曲率半径绳校正，但是由于曲率半径大于池墙高加拱高，圆心在池底以下，不好操作，可以采用地面放样的方法，量得各层漂砖上边沿高度，然后在池墙上沿拉根弦线，从弦线校正各层漂砖上边沿高度，如图1－11所示。

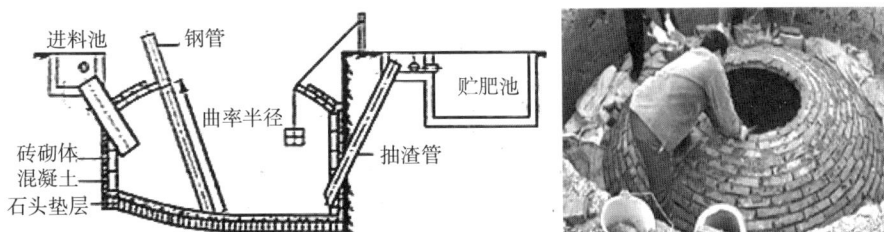

图1－10　户用沼气池单砖漂拱做法

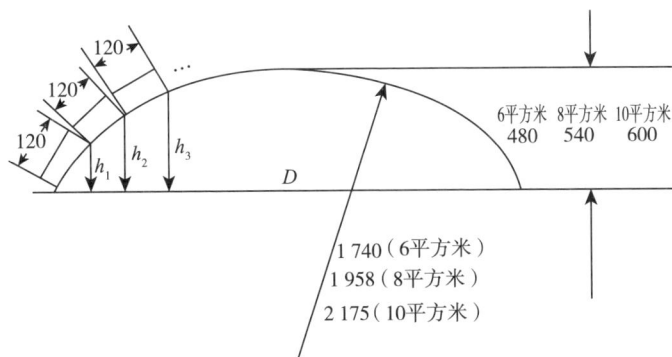

图1－11　校正池盖拱各层砖上边沿高度确定方法（单位：毫米）

池盖拱漂完后，用1：3的水泥砂浆抹填补砖缝，然后用粒径5～10毫米的C20细石混凝土现浇30～50毫米厚，经过充分拍打、提浆、抹平后，再用1：3的水泥砂浆抹平收光，使砖砌体和细石混凝土形成整体结构体，以保证整体强度。

（五）活动盖和活动盖口施工

原则上要求按设计规范尺寸，内、外模配对浇注成型，混凝标号为C20。按混凝土的强度要求进行养护。

如图1－12所示，活动盖和活动盖口用下口直径500毫米、上口直径580

毫米、厚度120毫米的铁盆作内模和外模配对浇筑成型。浇筑时，先用C20混凝土将铁盆周围填充密实，然后在铁盆外表面用细砂浆铺面，转动成型。活动盖直接在铁盆内浇筑成型，厚度100～120毫米。按照混凝土的强度要求进行养护，脱模后直接用沼气池密封涂料涂刷3～5遍即可，无须用水泥砂浆粉刷，以免破坏形状。

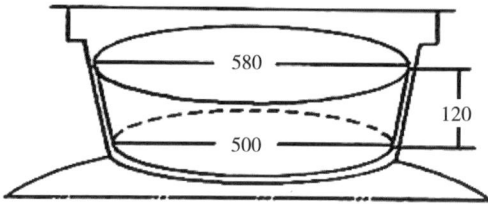

图1-12　活动盖和活动盖口的施工（单位：毫米）

（六）料液自动循环装置施工

单向阀是保证发酵料液自动循环的关键装置，一般可选用外径110毫米的商品化单向阀，将其直接与循环管安装而成，如图1-13所示。也可以用1～2毫米厚的橡胶板制作，用预埋在进料间墙上的螺栓固定。水压间和酸化间隔墙上的极限回流高度应距零压面500毫米。

图1-13　料液自动循环装置

（七）预制盖板

为了安全和环境卫生，户用沼气池一般都在进料间、活动盖口、出料间设盖板，参见初级工部分第一章第三节（二、浇筑池体）。盖板一般用C20混凝土预制，内配标准强度为235兆帕的低碳建筑钢筋。预制圆形或方形盖板可采用钢模及砖模，板底均应铺一层塑料薄膜，如图1-14所示。

（a）圆形盖板钢模　　　　（b）圆形盖板砖模

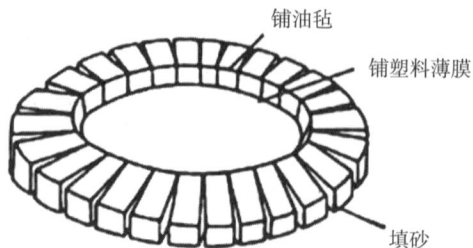

图1-14　圆形盖板的钢模和砖模

1. 几何尺寸

盖板的几何尺寸要符合设计要求。一般圆形、半圆形盖板的支撑长度应不小于 50 毫米；盖板混凝土的最小厚度应不小于 60 毫米。

2. 钢筋制作

盖板钢筋的制作应符合以下技术要求：

（1）钢筋表面洁净，使用前必须除干净油渍、铁锈。

（2）钢筋应平直、无局部弯折、弯曲的钢筋要调直。

（3）钢筋的末端应设弯钩，弯钩应按净空直径不小于钢筋直径 2.5 倍，并作 180°的圆弧弯曲。

（4）加工受力钢筋长度的允许偏差是±10 毫米。

（5）板内钢筋网的全部钢筋相交点，应用铁丝扎结。

（6）盖板中钢筋的混凝土保护层不小于 10 毫米。

3. 混凝土

盖板的混凝土强度达到 70%后，盖板面要进行表面处理。活动盖板上下底面及周边侧面应按沼气池内密封做法进行粉刷，进出料间盖板表面用 1∶2 的水泥砂浆粉刷 5 毫米厚面层，要求表面平整、光洁，有棱有角。

（八）养护与回填土

浇筑在单砖漂拱池盖上的细石混凝土，现浇完毕 12 小时以后，应立即进行潮湿养护。对外露的现浇混凝土，如池盖、蓄水圈、水压间、进料口以及盖板等应加盖草帘，并加水养护。在一般情况下，硅酸盐水泥、普通硅酸盐水泥及矿渣硅酸盐水泥拌制的混凝土，其养护天数不应少于 7 天。在外界气温低于 5℃时，不许浇水。池体混凝土达到 70%的设计强度后进行回填，其湿度以"手捏成团，落地开花"为最佳。

回填要对称、均匀、分层夯实，要避免局部冲击荷载对沼气池结构体的破坏。

具体要求可参见初级工部分第一章第三节（四、养护、拆模和回填土）。

（九）手动出料器的安装

农村沼气池用肥常采用人力活塞出料器，又名手动出料器。它具有不耗电、制作简单、造价低、经久耐用、不需要撬开活动盖、能抽起可流动的浓粪、适应农户用肥习惯等特点。这种出料方式适宜于从事农业生产的农户小型沼气池。使用时应注意当压力表水柱出现负压时应打开沼气开关与大气连通。

手动出料器由抽渣管和活塞（图 1-15）构成，是户用沼气池的重要组成部分，其作用是通过活塞在抽渣管中上下运动，从发酵间底部抽取发酵料液，分别送入出料间和进料间，达到手动人工出料和回流搅拌的目的。

抽渣管一般选用内径 110 毫米、壁厚 3 毫米、长 2 300～2 500 毫米的 PVC 管制作，在用砖砌筑池墙时，将其以 30°～45°的角度斜插于池墙或池顶，安装牢固；抽渣管下端距池底 $200\sim300$ 毫米，上端部距地面 $50\sim100$ 毫米；抽渣管与池体连接处先用砂浆包裹，再用细石混凝土加固，以确保不漏水、不漏气；活塞由外径 100 毫米的塑料成型活塞底盘、外径 104 毫米的橡胶片和外径 10 毫米、长 1 500 毫米的钢筋提杆，通过螺栓连接而成。

安装和固定抽渣管时，要综合考虑地上部分的建筑，使抽渣管上口位于畜禽圈外。固定抽渣管时，要考虑人力操作的施力角度和方位，在活塞的最大行程范围内不能有阻碍情况发生。施工中，要认真做好抽渣管和池体部分的结合与密封，防止出现漏水。

图 1-15　手动出料器活塞和出料器安装

（十）密封层施工

原则上要求与混凝土现浇沼气池相同，参见初级工部分第一章第三节（五、密封层施工）。

（十一）质量检验

渗漏性及气密性的检验方法同初级工部分第一章第三节（六、沼气池气密性检验）。

砖混组合户用沼气池施工完成后，外形如图 1-16 所示。

图 1-16　砖混组合户用沼气池

二、相关知识

1. 地下水处理方法

当沼气池坑挖完后，池底有地下水渗出时，常用处理方法是在池底挖出200毫米×150毫米截面的十字排水沟并填满碎石，在中心点或池外设排水井（集水坑），用泵及时将集水坑中的水抽出。

2. 池拱曲率半径计算

根据几何关系池拱的曲率半径可用式（1-1）计算：

$$\rho = \frac{D^2 + 4f^2}{8f} \tag{1-1}$$

式中：ρ——池拱曲率半径（毫米）；

D——沼气池内径（毫米）；

f——池顶拱高（毫米）。

3. 手动出料器的工作原理

（1）出料器的结构

出料器由取料组合、提杆、简体等组成［图1-17（a）］。

（2）出料器的工作原理

出料器应固定后方可进行工作。工作时，简体固定不动，提杆带动出料组合在简体内下极限点［图1-17（b）］、上极限点［图1-17（c）］之间作活塞式往复运动，同时通过出料组合的活页阀片的开启和关闭，完成装料和出料，出料组合如图1-17（d）所示。

当提杆带动出料组合向下运动浸入沼液后，活页阀片受沼渣、沼液的运动阻力而打开；在下行运动过程中，沼渣、沼液从进料口通过开启的活页阀片进入简体内出料组合的上部腔内；当下行至下端点时即完成装料，如图1-17（e）所示。

当提杆带动出料组合向上运动时，活页阀片受沼渣、沼液的阻力而关闭；在上行运动过程中；出料组合将已进入上部腔内的沼渣、沼液提升；沼渣、沼液至出料口时即自动出料，如图1-17（f）所示。

操作人员如此反复进行操作，沼渣、沼液不断从沼气池内提出，达到出料的目的。

三、注意事项

1. 砌砖前先将砖浸湿，保持面干内湿。
2. 砖砌体要横平竖直，内口顶紧，外口嵌牢，砂浆饱满，竖缝错开。
3. 砖砌体应洒水养护，避免灰缝脱水，黏接不牢。
4. 细石混凝土若无条件紧贴坑壁砌筑时，池墙外围回填土应回填密实，回填土含水量控制在 20％～25％，可掺入 30％粒径小于 40 毫米的碎石、石灰渣或碎砖瓦等；应对称、均匀回填夯实，边砌筑边回填。

5. 池拱顶部导气管的安装必须同步进行，将其安于中心孔处，注意结合部位的加厚和密封处理。

6. 进料管、抽渣管、导气管与池墙接合部用砂浆包裹后，再用细石混凝土加强。

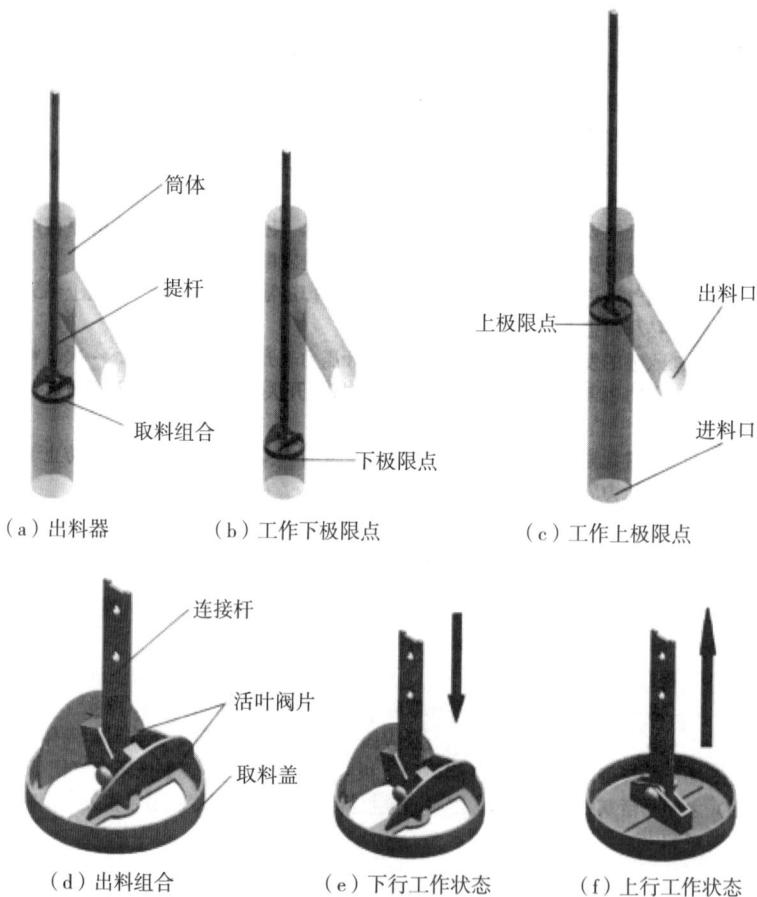

（a）出料器　　　　（b）工作下极限点　　　　（c）工作上极限点

（d）出料组合　　　　（e）下行工作状态　　　　（f）上行工作状态

图 1-17　出料器结构及工作原理

思考与练习题

1. 如何规划和布置"三结合"庭院沼气设施？

2. 如何用砖混组合法修建户用沼气池池墙？有哪些注意事项？

3. 如何进行沼气池池坑的校正？

4. 池体施工有哪些步骤？

5. 预制盖板的制作要求是什么？

6. 什么是无模悬砌池顶施工？需要注意哪些事项？

7. 如何安装手动出料器？需要注意哪些事项？

8. 如何安装出料管？如何制作出料间？需要注意哪些事项？

9. 沼气池坑内有地下水渗出时，应该如何处理？

10. 手动出料器的工作原理是什么？

11. 盖板钢筋的制作应符合哪些要求？

12. 如何进行活动盖和活动盖口的施工？需要注意哪些事项？

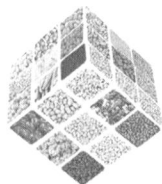

第二章 户用沼气池混合原料启动

本章的知识点是学习户用沼气池混合原料启动的原料准备和搭配等启动技术，重点是掌握原料的搭配计算。

第一节 混合原料准备

学习目标：掌握原料粪草比知识，能根据碳氮比要求准备秸秆和粪便原料，能根据户用沼气池要求预处理接种物，并掌握各种原料准备和接种物预处理方法和技能。

沼气发酵原料既是生产沼气的物质基础，又是沼气微生物赖以生存的营养物质来源。为了保证沼气池启动和产气有充足而稳定的发酵原料，使池内发酵原料既不结壳，又易进易出，达到管理方便，产气率高的目的，要按照沼气微生物的营养需要和发酵特性，收集多种原料，进行混合发酵。混合原料准备是户用沼气池混合原料发酵的基础工作。

一、混合原料准备方法

（一）秸秆类原料准备

秸秆类原料含碳量高，其碳氮比多在 40∶1 以上，也被称为富碳原料。玉米秆、麦秸、稻草等植物性原料表皮上都有一层蜡质，如果不堆沤处理就下沼气池，水分不易通过蜡质层进入秸秆内部，纤维素很难腐烂分解，不能被甲烷细菌利用，而且会造成浮料或结壳现象。为了加快原料的发酵分解，提高沼气的产气量，需要对各种作物秸秆等植物性原料做好预处理。秸秆类原料具体预处理及堆沤方法可以参照初级工部分第三章第一节（一、发酵原料及接种物的准备）。

（二）粪便类原料准备

粪便类原料通常指人、畜和家禽粪便，该类物质含有丰富的氮元素，也被称为富氮原料。各种粪便用作沼气发酵原料时，一般不需要进行任何处理就可以下沼气池，容易厌氧分解，产气很快，发酵期较短。

牛粪和马粪中含有较多纤维和长草，在发酵过程中，极易漂浮结壳，引起堵塞；猪粪中含有较多的沉淀物；鸡粪中含有较多贝壳粉、砂砾和鸡毛等，在预处理阶段，必须沉淀清除，否则会很快大量沉积于沼气池底部或浮于顶部，并且难以排除。畜禽粪便原料特性如表2-1所示。

表2-1 禽畜粪便原料的特征及产气量

种类	TS（%）		产气潜力（立方米/千克 TS）		物料特征
	一般水平	设计参数	一般水平	设计参数	
鲜牛粪	15～18	18	0.18～0.30	0.25	草多，沉淀物较少，浮渣多于沉渣
鲜猪粪	18～25	20	0.25～0.45	0.30	沉淀物多，沉渣多于浮渣
鲜鸡粪	25～40	30	0.30～0.55	0.35	有鸡毛、贝壳沉淀，沉渣结实

注：自动化冲洗粪液为 TS 1.5%～3.5%，COD 为 12 000～28 000 毫克/升。

（三）混合原料搭配

1. 发酵原料碳氮比

发酵原料碳氮比是指沼气发酵原料中碳素总量和氮素总量的比例。发酵原料的碳氮比不同，其发酵产气的差异也很大。从营养学和代谢作用角度看，沼气发酵细菌消耗碳的速度比消耗氮的速度要快 20～30 倍。由此可知，在其他条件都具备的情况下，碳氮比配成 20～30：1 可以使沼气发酵在合适的速度下进行。

一般认为，在启动阶段，碳氮比不应大于 30：1。实践证明，发酵原料碳氮比较低，沼气池启动较快，反之，启动缓慢，且容易酸化失败。沼气池正常运行时，碳氮比可适当调整到 6～30：1，进料的碳氮比可稍高些。原因是厌氧菌生长缓慢，老细胞又可作为氮素来源，因此，污泥在沼气池内的滞留期越长，对投入氮素的需求也越少。户用沼气工程常用发酵原料的碳素、氮素和碳氮比如表2-2所示。

表2-2 沼气常用发酵原料碳氮比

原料名称	碳素占原料比例（%）	氮素占原料比例（%）	碳氮比（C：N）
鲜牛粪	7.30	0.29	25：1
鲜马粪	10.00	0.42	24：1
鲜猪粪	7.80	0.60	13：1
鲜羊粪	16.00	0.55	29：1

（续）

原料名称	碳素占原料比例（%）	氮素占原料比例（%）	碳氮比（C：N）
鲜人粪	2.50	0.85	2.90：1
鲜人尿	0.40	0.93	0.43：1
鸡粪	35.70	3.70	9.70：1
干麦草	46.00	0.53	87.00：1
干稻草	42.00	0.63	67.00：1
玉米秆	40.00	0.75	53.00：1
花生秧	45.52	0.84	50.62：1
花生壳	44.22	1.47	30.08：1
高粱秆	43.32	0.37	117.08：1
甘蓝叶	52.08	2.33	22.35：1
彩椒秧	32.21	2.73	11.80：1
番茄秧	30.13	2.43	12.40：1
茄子秧	34.14	2.02	16.90：1
甘薯藤	48.39	0.54	89.61：1
水葫芦茎	36.55	3.31	11.04：1
早熟禾	63.04	2.10	30.00：1
马铃薯茎叶	36.29	0.99	36.66：1
树叶	41.00	1.00	41.00：1
青草	14.00	0.54	26.00：1

2. 混合原料配料

我国农村沼气发酵的一个明显特点就是采用混合原料（一般为农作物秸秆和人、畜粪便）入池发酵。在准备沼气原料时，要注意含碳素原料和含氮素原料的合理搭配，即要有合适的碳氮比。含碳量高的原料，发酵慢；含氮量高的原料，发酵快，因此，根据农村沼气原料的来源、数量和种类，采用科学适用的配料方法是很重要的。配料、原料在入池前，应按下列要求配料。

（1）混合原料总固体（TS）计算

在沼气发酵中保持适宜的发酵料液浓度，对于提高产气量，维持产气高峰是十分重要的。

沼气发酵液的浓度是指沼气发酵料液中发酵物质的质量分数。采用发酵物质总固体（TS）表示的称作总固体浓度（TS,%），采用挥发性固体（VS）表示的称作挥发性固体浓度（VS,%）。

例如，100千克发酵液中含总固体8千克，则总固体浓度（TS）＝8%；100千克发酵液中含挥发性固体7千克，则挥发性固体浓度（VS）＝7%。

根据个体原料总固体，按发酵工艺的要求，进行发酵料液浓度、原料配制加水量进行配料，其计算公式如下：

$$m_0 = \frac{\sum X_i m_i}{\sum X_i} \qquad (2-1)$$

式中：m_0——混合发酵原料的总固体浓度（％）；

　　　X_i——单一发酵原料的重量（千克）；

　　　m_i——单一发酵原料的总固体浓度（％）。

设：人粪 $X_1 = 100$ 千克，$m_1 = 20％$；猪粪 $X_2 = 100$ 千克，$m_2 = 20％$；稻草 $X_3 = 98.9$ 千克，$m_3 = 90％$。

混合原料的总固体浓度：

$m_0 = （100 \times 20％ + 100 \times 20％ + 98.9 \times 90％）/（100 + 100 + 98.9）\times 100％ \approx 43.2％$

即混合原料的总固体浓度为 43.2％，含水量则为 56.8％。

知道投料原料数量后，要按照一定的浓度来配制发酵料液，计算加多少水，即计算混合原料加水量。

（2）计算混合原料加水量

根据混合原料浓度的定义可计算混合原料的加水量。浓度等于干物质重量与发酵液重量之比。

$$浓度 = \frac{W_干}{W_液} \times 100％ \qquad (2-2)$$

式中：$W_干$——干物质质量（千克）；

　　　$W_液$——发酵液重量（千克）。

上题中的混合原料配成 6％ 的发酵料液，求加水量 $W_水$。

$$6％ = \frac{（100 \times 20％ + 100 \times 20％ + 98.9 \times 90％）}{100 + 100 + 98.9 + W_水} \qquad (2-3)$$

$W_水 \approx 1\ 851$ 千克

即：100 千克人粪、100 千克猪粪、98.9 千克稻草与 1 851 千克的水，可以配成浓度为 6％ 的发酵料液。

注意：沼气池投料时还要加入相当数量的接种物，接种物既有总固体也有水分。在计算投料浓度和加水量时，应把接种物中的水分和总固体都加入计算，这里是有意简化忽略没有计算。

（3）按混合原料 C/N 和 TS 浓度进行配料

正常的沼气发酵要求一定的原料碳氮比。因此，在原料配比中，应考虑有适当的碳氮比，沼气发酵比较适宜的碳氮比值是（20～30）∶1。

碳氮比计算公式如下：

$$K = \frac{C}{N} = \frac{\sum C_i X_i}{\sum N_i X_i} = \frac{C_1 X_1 + C_2 X_2 + C_3 X_3 + \cdots}{N_1 X_1 + N_2 X_2 + N_3 X_3 + \cdots} \quad (2-4)$$

式中：K——发酵原料的适宜碳氮比值；

C_i——第 i 种发酵原料的碳素百分比（%）；

N_i——第 i 种发酵原料的氮素百分比（%）；

X_i——第 i 种原料的重量。

【例 2-1】一个 6 立方米的沼气池，按 80% 的池容进行投料，要求 TS＝8%，C/N＝25:1，接种物量为原料总量的 25%（接种物总固体 TS＝10%），设混合后料液容重为 1，以猪粪、麦草作原料，不考虑接种物的氮、碳含量，问使用猪粪、麦草接种物和水各多少？

解：设用猪粪 X 千克，麦草 Y 千克

据题意：接种物质量＝$(X+Y) \times 25\%$

加水量＝$(6\,000 \times 80\%) - [X + Y + (X+Y) \times 25\%]$

查表 2-2 知：猪粪含氮 0.6%、碳 7.8%，麦草含氮 0.53%、碳 46%；猪粪 TS 为 18%，麦草 TS 为 82%。

按公式，

碳氮比：$25/1 = \dfrac{X \times 7.8\% + Y \times 46\%}{X \times 0.6\% + Y \times 0.53\%}$

TS 浓度 $8\% = \dfrac{X \times 18\% + Y \times 82\% + [(X+Y) \times 25\%] \times 10\%}{6\,000 \times 80\%}$

解方程：$X \approx 982$ 千克，$Y \approx 216$ 千克，接种物为 300 千克，加水量为 3 302 千克。沼气池要用猪粪 982 千克，麦草 216 千克，接种物 300 千克，加水量 3 302 千克。

（4）粪草比

所谓粪草比是指投入沼气池发酵原料中粪便原料与秸秆类原料质量之比。考虑到农村目前的实际情况，在生产应用中，入池原料的粪草比在 2:1 以上为宜，不要小于 1:1。例如，入池原料中，各种粪便的总质量为 1 000 千克，各类秸秆的总质量为 500 千克。如果粪草比小于 1:1，为了加快启动速度，提高产气量，需要采取措施，如添加适量的氮素化肥等。

畜禽粪便和秸秆是我国农村最主要的发酵原料，也是产气性质有较大区别的两类原料。由于我国农村现在普遍采用粪便和秸秆混合的发酵原料，根据原料确定适宜的粪草比例是很重要的。实践证明，即使原料重量相等，由于粪和草的比例不同，发酵产气效果差异也是很大的。试验表明，采用半连续发酵或批量发酵工艺，在沼气池第一次投料启动时，混合原料中的粪草比是影响产气效果的一个重要因素。

根据 C/N＝$(20 \sim 30):1$ 的要求，采用以上的计算方法，对农村常用沼气

表2-3　1立方米发酵料液配料比

单位：千克

配料组合	质量比	6%（质量分数）		8%（质量分数）		10%（质量分数）	
		加料质量比	加水量	加料质量比	加水量	加料质量比	加水量
猪粪		333	667	445	555	555	445
牛粪		353	647	470.5	529.5	588.2	411.8
骡马粪		300	700	400	600	500	500
猪粪：麦草	4.54：1	163.5：36	800.5	217.4：47.8	734.8	271.8：59.8	668.4
猪粪：稻草	3.64：1	144.6：39.7	815.7	292.8：52.9	754.3	241：66.2	692.8
猪粪：玉米秆	2.95：1	132.8：45	822.2	277.3：60.1	762.6	221：75.1	703.9
牛粪：麦草	40：1	331：8.2	660.8	440：11	549	551：13.7	435.3
牛粪：稻草	30：1	318.5：10.5	671	424：14.1	561.9	530：17.7	452.3
牛粪：玉米秆	23.1：1	307.8：13.3	678.8	410：17.7	572.3	513.3：22.2	464.5
人粪：稻草	3：2	80：53	867	107：71	822	134：90	776
人粪：麦草	3：2	92：51	857	122：68	810	153：85	762
人粪：玉米秆	1.13：1	68：60	872	90：80	830	112：99.5	788.5
骡马粪：玉米秆	10.8：1	219：20.3	760.7	291.6：27	681.4	366：33.9	600.1
猪粪：人粪：麦草	1：1：1	49.5：49.5：49.58	851.58	66：66：66	802	82：82：82	754
猪粪：人粪：麦草	8：3：4	89.2：33.5：44.6	832.7	119：44.6：59.5	776.9	148：55.5：74	722.5
猪粪：人粪：稻草	1：1：1	50：50：50	850	66：66：66	802	83：83：83	751
猪粪：人粪：稻草	5：1：2	107.5：21.5：43	828	145：29：58	768	180：36：72	712

（续）

配料组合	质量比	6%（质量分数）		8%（质量分数）		10%（质量分数）	
		加料质量比	加水量	加料质量比	加水量	加料质量比	加水量
猪粪：人粪：玉米秆	4：3：4	53.8：40.4：53.8	852	71.8：53.8：71.8	802.6	89.7：67.3：89.7	753.3
	10：1：5	100：10：50	840	134：13.4：67	785.6	167：16.7：83.5	732.8
猪粪：牛粪：麦草	6：2：1	159：53：26.5	761.5	211.8：70.6：35.3	682.3	264：88：44	604
	5：1：1	155：31：31	783	210：42：42	706	260：52：52	636
猪粪：牛粪：稻草	7：2：2	126：36：36	802	169.8：48.5：48.5	733.2	212：60.5：60.5	667
猪粪：牛粪：玉米秆	11：10：5	86：78：39	797	115：104：52	729	143：130：65	662
猪粪：人粪：牛粪	2：1：6.4	75：37.4：240	647.6	100：55：320	530	125：63：400	412
青杂草：稻草：猪粪	1：1：3.64	35.3：35.3：128	801.4	46.3：46.3：168.5	738.9	58.6：58.6：213.5	669.3
水葫芦：稻草：猪粪	1：2：6.4	18.7：37.4：136	807.9	24.9：49.7：181.5	743.9	31.1：62.2：227	679.7
水葫芦：稻草：猪粪	1：1：2.7	43：43：116	798	57.3：57.3：155	730.4	71：71：191.7	666.3
玉米秆：玉米秆：猪粪	1：2：5	24：48：117	811	31.3：62.6：156	750.1	39：78：195	688
青杂草：玉米秆：猪粪	1：1：3	39：39：116.9	805.1	52：52：156	740	64.9：64.9：194.7	675.5
骡马粪：人粪：玉米秆	6.58：1：2	127.5：19.4：38.8	814.3	170：25.8：51.7	752.5	512.5：32.3：64.6	690.6
骡马粪：猪粪：玉米秆	3：1.52：1	107：54.6：35.9	801.8	143.7：72.8：47.9	735.6	179.7：91：59.9	669.4

发酵原料不同浓度下的原料搭配进行计算，汇总于表 2-3，供配料时参考。

二、相关知识

1. 原料的产气特性

原料的产气特性是沼气发酵的重要技术参数，是确定发酵工艺的基础。沼气发酵原料种类很多，由于各自的化学成分不同，每种原料都有自己的产气特性，包括原料产气率和产气速度等。

（1）原料产气率

原料产气率是指原料中单位总固体（TS）或挥发性固体（VS）在发酵过程中的产气量。它是衡量在一定的发酵条件下，原料生产沼气效率高低的重要指标之一。在实际生产中，原料产气率一般用"立方米沼气/千克总固体"（立方米/千克 TS），或者用"立方米沼气/千克总挥发性固体"（立方米/千克 VS）来表示。

由于沼气发酵原料有机物质的化学成分和分子结构不尽相同，因此被微生物分解的速度和产气潜力差异很大（表 2-4）。原料产气率越高，表明其利用效率越高。原料不同，其产气率不同。即使相同的原料，在不同的发酵条件下，特别是在发酵温度和滞留期不同的条件下，其原料的产气率也存在较大的差异。一般来说，固体原料在沼气发酵时的分解率只有 50% 左右，可溶性有机物在沼气发酵中往往可去除 90% 以上。

表 2-4　农村常用原料在不同温度下的原料产气率

单位：立方米沼气/千克总固体

原料名称	中温（35℃）	常温（10～25℃）
猪粪	0.45	0.25～0.30
牛粪	0.30	0.20～0.25
人粪	0.43	0.25～0.30
稻草	0.40	0.20～0.25
麦草	0.45	0.20～0.25
青草	0.44	0.20～0.25

注：*试验条件：发酵周期为粪便类 60 天，秸秆类 90 天。发酵 TS 浓度为 6%。

（2）产气速率

所谓原料的产气速率系指在适合的发酵条件下，原料产生沼气的速度，一般以某段时间内的沼气产量占总产气量的百分数来表示。由于各种原料的化学成分和结构组成不同，它们的产气速率差异很大。原料中易厌氧降解的物质含量越高，其产气速度就越快；反之，产气速度就慢。产气快的原料叫速效性原料，产气慢的原料叫迟效性原料。一般来讲，富氮的原料产气速度较快，产气高峰出现早，发酵 30 天的产气量已占发酵 60 天产气总量的 3/4 以上，其可厌氧降解的物质可以在比较短的时间里转化成甲烷。而富碳的原料则相反，产气速度缓慢，产气高峰出现迟，发酵 75 天的产气量才占发酵 100 天产气总量的 3/4 以上（表 2-5）。但是，不是所有的富碳原料都分解缓慢，某些富碳原料分解特别快。例如，粮食和马铃薯等淀粉类物质，葡萄糖和蔗糖等单糖、双糖类物质在沼气发酵中分解特别快，投加量大，往往还会使发酵体系酸化。秸秆类富碳原料的纤维束之间充满了无定形的环状化合物的聚合物——木质素。由于木质素本身很难降解，加之它环抱纤维束，严重阻碍了纤维素的降解。因此，纤维素类原料的厌氧降解比淀粉慢得多。

表 2-5　农村沼气常用发酵原料的产气速率及单位产气量

发酵原料	产气速率（占总产气量%）					产气量（立方米/千克 TS）
	10 天	20 天	30 天	40 天	60 天	
猪粪	74.2	86.3	97.6	98.0	100	0.42
牛粪	34.4	74.6	86.2	92.7	100	0.30
人粪	40.7	81.5	94.1	98.2	100	0.43
马粪	63.7	80.2	89.1	94.5	100	0.34
玉米秸秆	75.9	90.7	96.3	98.1	100	0.50
麦草	48.2	71.8	85.9	91.8	100	0.45
稻草	46.2	69.2	84.6	91.0	100	0.40
青草	75.0	93.5	97.8	98.9	100	0.44

注：实验条件为发酵温度 35℃，产气量以发酵时间为 60 天计。

在原料配比中，根据原料产气率高低和产气速度快慢，相互搭配使用，保证发酵过程中既有较高的产气量，又利于均衡产气。

（3）原料用量计算

在农村沼气生产中，经常会遇到生产一定数量沼气需要多少发酵原料的问题。因此，掌握原料用量和产气的关系，进行相互计算，对正确指导沼气生产非常重要。

①原料用量和产气计算。

鲜粪质量＝每天产粪量×时间（天）

总固体质量＝鲜料质量×总固体百分含量

$$产气量＝总固体质量×原料产气率$$
$$＝鲜料质量×总固体百分含量×原料产气率$$
$$鲜料质量＝产气量/（总固体百分含量×原料产气率）$$

【例 2-2】某农户养猪 6 头（每头平均 50 千克）所产粪便全部进入沼气池发酵，若取每头猪日产鲜粪量 6 千克，鲜粪总固体 TS 浓度为 18％，常温发酵产气率 0.25 立方米/千克 TS，问日产沼气量多少立方米？

解：
$$日产沼气量＝鲜料质量×总固体 TS 浓度×原料产气率$$
$$＝6×6×18％×0.25＝1.62（立方米）$$

【例 2-3】某农户平均日需沼气 1.5 立方米，每年有稻草秸秆 850 千克，若秸秆（TS 83％）和猪粪（TS 18％）常温发酵产气率均为 0.25 立方米/千克 TS，问还需养猪多少头？

解：
$$秸秆产气量＝鲜料质量×总固体百分含量×原料产气率$$
$$＝850×83％×0.25≈176（立方米）$$
$$猪粪应产沼气量＝全年用气量-秸秆产气量＝1.5×365－176＝371.5（立方米）$$
$$每大猪粪需用量＝猪粪应产沼气量/（365×总固体百分含量×原料产气率）$$
$$＝371.5/（365×0.18×0.25）≈23（千克）$$
$$需养猪量＝23÷6≈4（头）$$

②沼气生产转化率计算。原料的沼气生产转化率是指单位重量的发酵原料在整个沼气发酵过程中能够产生沼气的实际数量，以（立方米沼气)/（千克 TS）表示。通过下式算：
$$沼气生产转化率＝沼气发酵过程的总产气量÷发酵原料的总质量$$

【例 2-4】已知牛粪的沼气生产转化率为 0.19 立方米/千克，一个 5 口之家全年若需 548 立方米（平均每天用气 1.5 立方米），全年共要投入含水率为 80％的鲜牛粪多少千克？

解：
$$牛粪干物质质量＝全年总用气量÷干牛粪的沼气生产转化率$$
$$＝548÷0.19≈2\,884（千克）$$
$$鲜牛粪质量＝牛粪干物质质量÷牛粪干物质含量$$
$$＝2\,884÷（1－80％）＝14\,420（千克）$$

2. 原料总固体（TS）和挥发性固体（VS）测量

在沼气发酵中，总固体（TS，Total Solids）和挥发性固体（VS，Volatile Solids）是两项基础指标，有较大的实用价值。

总固体（TS）是指试样在一定温度下蒸发至干时所余留的固体物的总量，

是溶解性固体和悬浮性固体（包括胶状体）的总量；它的组成包括有机化合物、无机化合物及各种生物体，常以百分率或克/升来表示。

挥发性固体（VS）是指总固体的燃烧减重量，其组成是试样中的有机物、易挥发的无机盐（如碳酸盐、硝酸盐）等，多以百分率表示。使用挥发性固体VS这个指标主要是表示基质中的有机物含量，虽然对这类参数还可采用有机碳的测定、生物需氧量以及化学耗氧量的测定来表示，但是由于这些手段各自存在的局限性，它们仍不能完全代替挥发性固体的测定。

总固体 TS 和挥发性固体 VS 的测定值是表征沼气发酵基质浓度的重要参数。借助于 TS 和 VS 的测定，可以获得一系列有意义的发酵参数，诸如容积负荷，最适容量，滞留时间，基质转化率以及甲烷产率等。这些参数是衡量被研究和使用的发酵工艺条件优劣的标准，也是评价发酵经济效益高低的依据之一。

总固体 TS 和挥发性固体 VS 的测定方法如下。

【实验器材】

马弗炉：工作温度 $550\pm20℃$；恒温水浴锅；恒温干燥箱：温差变化在 2℃以下；干燥器：内装干燥剂——变色硅胶；分析天平：精度 0.1 毫克；瓷蒸发皿：容量 100 毫升或容量 50 毫升。

【操作方法】

（1）总固体（TS）的测定方法

将干净的瓷蒸发皿在马弗炉内于 $550\pm20\sim25℃$ 下灼烧 1 小时，停止加热，待炉温降至大约 100℃取出，置于干燥器内冷却至室温，称重。重复上述灼烧-冷却-称重操作过程，直至前后相邻两次称重重量差不超过 1.0 毫克，定为恒重 B。

获得已恒重的瓷蒸发皿后，将待测物准确量取 25 毫升转入已恒重的瓷蒸发皿内，并称取皿与样品的总重量 W_S（对于难以量取体积的样品可以直接称湿样 15～25 克进行测定）。当样品的干物质浓度极低时，可采用 100 毫升的瓷蒸发皿，并同时增加取样量，以使最后称得的样品总固体的绝对量不低于 500 毫克为宜。将已盛样并称重的瓷蒸发皿移入 $(105\pm2)℃$ 的恒温干燥箱内干燥 2 小时，移入干燥皿中冷至室温，取出称重，如此反复，直到恒重为止，记为 W_D。

计算：

$$TS（克/升）=\frac{(W_D-B)\times10^3}{V} \qquad (2-5)$$

式中：V——供测样品的体积（毫升）；

$\qquad W_D$——皿重+干样重（克）；

$\qquad B$——皿重（克）。

$$TS（\%）=\frac{W_D-B}{W_S-B}\times100\% \qquad (2-6)$$

式中：W_S——皿重＋湿样重（克）；

　　　W_D——皿重＋干样重（克）；

　　　B——皿重（克）。

（2）挥发性固体（VS）的测定方法

将上述已称取总固体的试样灰化后连同其瓷坩埚移入马弗炉内，然后关好炉门继续升温达到（550±20）℃，维持 1～3 小时，停止升温，待炉温降至 100℃时，取出，放于干燥皿内，冷至室温称重，重复上述操作，直至恒重为止，记为 W_A。

计算：

①以干样为基数进行计算。

$$VS(\%)=\frac{W_D-W_A}{W_D-B}\times100\%\qquad(2-7)$$

②以湿样为基数进行计算。

$$VS(\%)=\frac{W_D-W_A}{W_S-B}\times100\%\qquad(2-8)$$

式中：W_D——皿重＋烘干后样品重（克）；

　　　W_A——皿重＋灼烧后残留物重量（克）；

　　　W_S——皿重＋湿样品重量（克）；

　　　B——皿重（克）。

选择何种计算法必须在结果中予以说明。

此方法精密度大的为±5 毫克，或±5％。

3. 常见发酵原料的产生量

人畜禽粪便和作物秸秆是农村沼气生产的主要原料，农村常见发酵原料的产生量见表 2-6 中，生产 1 立方米沼气所需要的发酵原料的数量见表 2-7，供计算时参考。

表 2-6　人畜禽日排粪尿量

种类	体重 （千克）	日产粪量 （千克）	日排尿量 （千克）	年产粪量 （千克）	总固体 TS （％）	挥发性固体 VS （％）
猪	50	6.00	15	2 190.0	18	83.9
牛	500	20.00	34	7 300.0	17	74.0
马	500	10.00	15	3 650.0	22	83.8
羊	15	1.50	2	548.0	75	—
鸡	1.5	0.10	0	36.5	30	82.2
人	50	0.50	1	182.5	20	88.4

表 2-7　生产 1 立方米沼气的原料用量

发酵原料	含水率（%）	沼气生产转化率（立方米/千克）	生产 1 立方米沼气的原料用量（千克）	
			干重	鲜重
猪粪	82.0	0.25	4.00	13.85
牛粪	83.0	0.19	5.26	26.21
鸡粪	70.0	0.25	4.00	13.85
人粪	80.0	0.30	3.33	16.65
干稻草	17.0	0.26	3.84	4.44
干麦草	18.0	0.27	3.70	4.33
玉米秸秆	20.0	0.29	3.45	4.07
水葫芦	93.0	0.31	3.22	45.57
水花生	90.0	0.29	3.45	34.40

4. 原料容积和重量转换

在农村制取沼气时，有时需要把物料的体积折算成重量进行粗略的浓度计算。掌握原料体积与重量的换算关系，可以给沼气的生产带来许多方便。几种原料重量与体积的换算关系如表 2-8 所示。

表 2-8　原料体积与重量的换算

原料	1 立方米原料的重量（吨）	1 吨原料的体积（立方米）	备注
鲜牛粪	0.70	1.43	
鲜马粪	0.40	2.50	
鲜猪粪	0.51	1.96	
鲜鸡粪	0.30	3.33	
羊圈粪	0.67	1.49	
旧沼渣	1.00	1.00	新堆原料
堆沤秸秆	0.35	2.85	
混合干草	0.055	18.18	
小麦秆	0.038	26.32	
大麦秆	0.048	20.83	

三、注意事项

1. 当以秸秆原料为主进行沼气发酵启动时，依据接种物用量的多少，添加一定粪便来调节碳氮比。接种物用量在 30％或以上时，可以不加粪便；接种物用量在 20％时，鲜粪与风干秸秆的比例应为 1∶1；接种物用量在 10％时，鲜粪与秸秆的比例应为 2∶1。

2. 粪便不足时可向沼气池内加入料液总量 0.10％～0.30％的碳酸氢铵或 0.03％～0.10％的尿素以调节碳氮比。

3. 接种物宜一次备足，数量不足时，宜采用逐步培养法进行扩大培养。

4. 可在正常产气 40 天以上沼气池内收集发酵剩余物或污水沟污泥做接种物。

5. 在接种物数量不足的情况下，忌用鸡粪和人粪为原料启动沼气池。

第二节　混合原料发酵启动及启动常见问题

学习目标：掌握混合原料配料启动户用沼气池要领，能准确诊断户用沼气池的常见故障，并采取合理的处理措施。

一、混合原料启动及启动常见问题处理

（一）沼气池启动投料操作方法

沼气池的投料是沼气池成功启动的关键，掌握好沼气池发酵启动的各个环节至关重要。无论是新建成的沼气池还是大换料后重新启动的沼气池，从向沼气池内投入发酵原料和接种物算起，直到沼气池能正常稳定地产生沼气为止，这个过程称为沼气池发酵启动。结构相同的沼气池，发酵启动的各个环节处理是否得当，其产气和使用效果差异很大。在夏季，启动顺利的沼气池，封池后 3～5 天即可点火使用；启动不顺利的沼气池，封池后 10～20 天甚至更长时间都不能点火使用，有的甚至产生发酵抑制现象，需要重新配料启动。因此，掌握正确的沼气池启动投料方法是十分重要的。

参照初级工部分第三章第一节的内容进行原料备料、接种物准备。无论是用猪粪还是牛粪启动，都应进行池外堆沤，夏天堆沤 4～6 天、春秋两季堆沤 7～10 天、冬季堆沤 10～12 天。堆沤时在粪堆上泼水，以保持原料的湿润，并加盖塑料薄膜，以利用其聚集热量和富集菌种，使其发酵变黑时方可入池。

混合原料按本章第一节进行浓度和碳氮比配比。

1. 常见的原料配比

按农村户用沼气池用猪或牛粪便（TS 按 20％计算）启动时，如果启动浓度 TS 设为 5％，则发酵料液比例按"水∶原料∶接种物＝5∶2∶1"体积比计算，即水占 5/8（62.5％），原料占 2/8（25％），接种物占 1/8（12.5％）。以

8 立方米的沼气池为例，其中可用发酵空间为 80%，即 6.4 立方米。按比例计算，则接种物为 0.8 立方米左右，原料为 1.6 立方米左右，水为 4 立方米左右。将收集的接种物和原料处理后，按以上比例投入沼气池。

以下为常见的原料配比示例

（1）常见沼气发酵原料的浓度配比示例

①使用猪粪为发酵原料，配制 6% 的发酵料液：取鲜猪粪 333 千克，加水 667 千克，即为 1 立方米的料液。

②使用猪粪为发酵原料，配制 8% 的发酵料液：取鲜猪粪 445 千克，加水 555 千克，即为 1 立方米的料液。

③使用猪粪为发酵原料，配制 10% 的发酵料液：取鲜猪粪 555 千克，加水 445 千克，即为 1 立方米 的料液。

④使用牛粪为发酵原料，配制 6% 的发酵料液：取鲜牛粪 353 千克，加水 647 千克，即为 1 立方米的料液。

⑤使用牛粪为发酵原料，配制 8% 的发酵料液：取鲜牛粪 470 千克，加水 530 千克，即为 1 立方米的料液。

⑥使用牛粪为发酵原料，配制 10% 的发酵料液：取鲜牛粪 588 千克，加水 412 千克，即为 1 立方米的料液。

（2）混合原料配比

①以猪粪为主加玉米秸秆。猪粪 C/N 为 13：1，含氮较多，玉米秸秆 C/N 为 53：1，含碳素较多，用稀人粪尿代替自来水。一个 10 立方米的沼气池，按沼气池发酵容积的 80% 计，各原料的配比应为：猪粪 4 立方米，玉米秸秆 400 千克，接种物 3 立方米，粪草比基本为 2：1。如没有人粪尿可加 0.3%～0.5% 碳酸氢铵或 0.1%～0.3% 尿素的水溶液，另加 5 千克石灰的水溶液。

②以牛粪为主加猪粪。鲜牛粪的 C/N 为 25：1，一个 10 立方米的沼气池各原料配比应为牛粪 3～4 立方米，猪粪 2 立方米，接种物 3 立方米，加人粪尿和少量石灰水溶液。若用牛粪加玉米秸秆作为发酵原料，要加 5～10 千克尿素和 5 千克石灰的水溶液，最好用人粪尿代替自来水，效果更佳。

2. 启动投料

新池或大换料的沼气池，经过一段时间养护，试压后确定不漏气不漏水，即可投料。将准备好的混合原料、接种物和水按比例和顺序拌和均匀投入池内，并且入池后原料要搅拌均匀。启动调试具体方法可以参照初级工第三章第二节。

沼气池首次投料启动所加入的水，必须经过日晒 2～3 天，严禁直接抽井水或放自来水，8～10 立方米的池子，备好 5～6 立方米经过日晒的温水。

沼气发酵的适宜温度为 15～25℃，投料时间应选在气温较高时进行。一天中适宜选在中午进行投料。

3. 酸碱度调节

产甲烷菌的适宜环境是中性或者微碱性，发酵液的酸碱度以 6.5～7.5 为宜，一般控制在 6～8 之间均可产气。

一个启动正常的沼气池一般不需调节 pH，靠其自动调节就可以达到平衡。沼气池发酵启动过程中，如果发现发酵液的颜色变黄或者沼气池产生的气体长期不能点燃或者产气量迅速下降，甚至完全停止产气，这就是酸化的重要特征，这时可以向沼气池内增投一些接种物，当 pH 降到 6.0 以下时，需取出部分发酵液重新加入大量接种物或者老沼气池中的发酵液。也可以加入草木灰或者石灰水调节。当酸碱度高于 8 以上时，说明料液过碱，可加入 1～2 千克食醋或 10 千克剁碎的青草进行调节，使酸碱度达到正常产气的目的。

4. 封池

封池前，先把蓄水圈、活动盖底及周围边上的泥沙杂物用扫帚扫去，再用水冲洗，使蓄水圈、活动盖表面清洁，以利于黏结。清洗完后，将揉好的石灰胶泥，均匀地铺在活动盖口表面上，再把活动盖坐在胶泥上，活动盖与蓄水圈之间的间隙要均匀，用脚踏紧，使之紧密接合。然后插上插销，向蓄水圈加入水密封，养护 1～2 天。活动盖上要经常加水，防止密封胶干裂，出现漏气。

5. 放气试气

沼气池封盖以后开始几天所产的气主要是二氧化碳，甲烷含量较少，再加上池内原来有很多空气，所以开始放出来的气体难以燃烧，要排放数次废气才能试火。当沼气压力表上的压力读数达到 4 千帕（400 毫米水柱）时，应放气试火。放气 2～3 次后，由于产甲烷菌数量的增长，所产气体中甲烷含量逐渐增加，所产生的沼气即可点燃使用。

这里应特别注意，试火一定在灶具上进行，不能在沼气池导气管上直接试火，以防回火引起沼气池内爆炸。

（二）沼气池启动常见问题及处理

1. 启动后不产气

启动是沼气发酵工艺中的一个最重要的环节，对于连续和半连续发酵工艺来说，其意义就更为重要。启动一旦失败，整个发酵过程就无法进行；相反，启动一旦成功，运行过程一般不会出现问题。但启动失败或启动效果不好是沼气发酵中常会遇到的问题，究其原因，有以下几点。

（1）温度过低

在我国农村，特别是北方农村，冬季和初春沼气池一般不能启动，其主要原因是温度太低。据测定，我国南方地区，冬季水压式沼气池内的温度大都在

15℃以下，北方就更低了。在这样的温度条件下，微生物的代谢能力极弱，很难形成能正常代谢的沼气微生物群体，这时向沼气池内投料无法启动。因此，采用自然温度进行沼气发酵，不能安排在冬季和初春季节启动。启动时间应安排在向池内投料、加水封池之后，池温仍高于15℃的时间。如果投料后才发现因池温低而不能启动，可向池内增投一些质量好的接种物和马粪、粉碎秸秆等易发热的原料，并将水加热到30～40℃后加入池内，以提高池内温度。为保证沼气池冬季也能产生沼气，秋季大换料后，再次启动一般应安排在11月中旬之前完成，这样，入冬时正常的微生物体系已基本形成，沼气池便可继续产气。

（2）未加接种物或接种物太少

接种物中含有大量沼气发酵微生物，加入接种物就是给沼气池加入了产生沼气的微生物菌群，显然这是任何沼气发酵工艺都必不可少的。但是有的农户不懂这个道理，在投料时只向沼气池加入原料和水，结果无法启动；有的农户虽向沼气池加入了接种物，但是数量太少，质量不好，结果加入沼气池的微生物不足，仍不能正常启动。为了避免启动失败，在投料时必须按发酵工艺的要求，向沼气池内投入质量较好、数量足够的接种物。

（3）发酵液 pH 失衡

当负荷过高或发酵原料未经过堆沤预处理，所引起的发酵液有机酸含量上升、pH 降低时，沼气微生物不能正常活动，发酵也不能启动。表现为水压间料液发黄，有一股特殊的酸味，液面有一层白的薄膜，此时料液 pH 多在 6.5以下。造成这种现象的原因很多，常见的是接种物质量差或数量少，秸秆原料没有进行堆沤处理、产酸太快，以及投料浓度过高等。遇到这种情况，最简单的解决办法是：取出部分料液，补加一些接种物；或者用草木灰、石灰水或氨水等将 pH 调到接近 7.0 也有效果，但是若料液中的挥发性脂肪酸浓度已经达到抑制水平以上，则调节 pH 效果不大，启动仍不能顺利完成。

若 pH 已经失衡严重，单纯采取加水稀释料液的办法来调节酸碱度效果不大，因为酸碱度是氢离子浓度的负对数，加少量的水无法使酸碱度升高。

（4）原料混有毒物质

原料或水中混入农药等有毒物质后，会毒杀沼气发酵微生物，使发酵启动失败。此时，除重新投料启动之外，别无他法。

只要按照发酵工艺要求，户用沼气池的启动一般不会失败。一些处理特殊废水的大、中型沼气工程，启动要求要复杂得多，花的时间甚至长达数月，通常需用仪器监测启动情况并由设计单位来完成启动。

2. 发酵中断后的恢复

启动后，正常运行的发酵装置发酵一般是不会中断的，但有时也会遇到一些意外因素使发酵中断。这些意外因素有：①一次加料太多或者料液浓度突然增大，即沼气池受到承力冲击和有机负荷冲击，当这些冲击超过微生物的承受能力，则发酵失败；②温度突然升高或下降；③料液中出现了未曾预料的组分使料液突然变酸、变碱或变成对微生物有毒的物质等。

一旦发现发酵中断或受阻，首先应查明原因，再采取相应措施。

第一，如果是超负荷引起的发酵中断，则应立即停止加料，让微生物逐步恢复代谢功能，然后逐步增加负荷，使其达到正常运转。调节到正常运转所需的时间决定于受到冲击的强度和延续时间以及恢复的措施。如果经调节仍不能恢复正常运转，只能重新启动。

第二，温度突然变化引起的发酵中断，只要温度变化的时间不长，一旦其恢复正常，发酵一般也可以恢复正常。

第三，料液酸碱度变化而引起的发酵中断，如果这种变化仅是暂时的，一般可以逐步恢复正常。如果这种变化是长期的，则应重新确定发酵参数并采取相应措施，如调酸碱度等。如果料液中的有毒物质是因生产工艺改变而引起的，则应重新驯化菌种，使其适应这种有毒物质或降解它们。通过驯化适应，菌种对某些有毒物质的承受力能成倍提高。

农村水压式沼气池正常启动之后，一般不会发生发酵中断现象。如果是突然加料过多使发酵受阻，可以停止加料并补充一些接种物，使其恢复正常。由农药或其他有毒物质引起的发酵中断，则应换料，重新启动。需要注意的是，使用鸡粪、人粪为原料而又采用半连续或批量发酵工艺的沼气池，常常出现初期就不正常产气，或初期产气好、以后逐渐失效的现象。前者是不能正常启动，后者则是虽然启动正常，但由于鸡粪和人粪在沼气发酵过程中能产生一些有毒物质，如不能及时排走，它们会逐渐积累，使微生物逐渐中毒，引起整个发酵逐渐失效。遇到这种情况，一是采用补加接种物的办法，使发酵恢复正常；二是改半连续发酵为连续发酵，并采用适宜的进料浓度、水力滞留期及发酵温度。

3. 结壳的防止和去除

水压式沼气池经常出现结壳现象，影响正常发酵和产气。为了防止出现结壳，除增加搅拌设施外，还可以采取一些辅助办法来减少结壳的影响。这些办法常用的有：

（1）使用秸秆原料时，预先进行粉碎和堆沤处理；

（2）粪便入池之前尽量混合均匀；

（3）利用旋流布料自动破壳装置自动破壳；

（4）用出料活塞强制循环池内料液，达到破壳的目的。

实践表明，使用粪草混合原料进行湿发酵时，即使设置搅拌装置也难以完全防止结壳，对于完全以粪便为原料的沼气池，增加简易搅拌设施，可以达到混合原料和消除结壳的目的。

二、相关知识

农村家用沼气发酵分为准备阶段、启动阶段和运转阶段，现将各阶段主要工艺流程总结为图2-1所示。

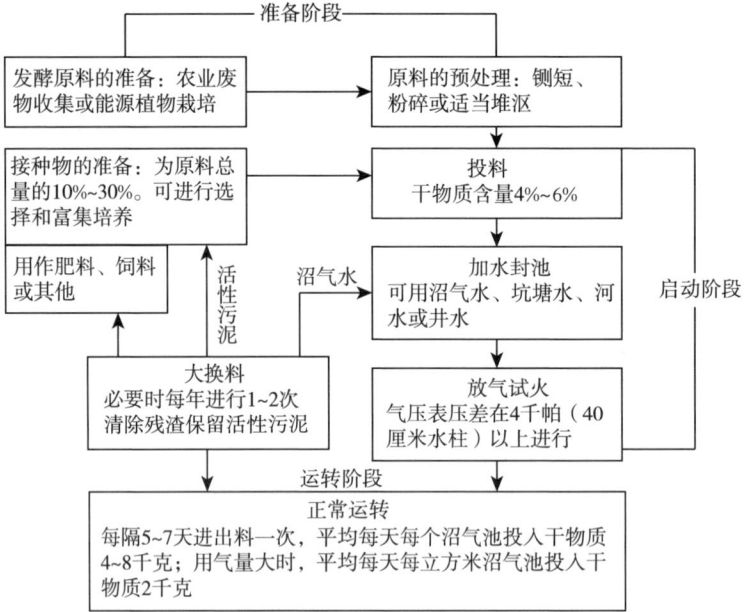

图2-1 户用沼气发酵工艺流程图

三、注意事项

1. 启动专业户用沼气池，料液浓度要控制在6%以下，等产气正常后，再逐步加大负荷直到设计的额定运行负荷。

2. 户用沼气池启动时，使用较多的秸秆作为发酵原料时，需加大接种物数量，接种量一般应大于秸秆重量，或者采用接种物的数量大于总进料量的30%进行接种。

3. 启动沼气池时，加入沼气池内的水量较大，大约为沼气池有效容积的5/8。因此，启动水温对沼气池能否顺利启动影响很大。一般启动水温应控制在20℃以上，如果要在秋冬季节启动沼气池，除了要加30%左右的优质活性污泥和经过充分堆沤的优质原料外，加入池内的启动水温一般应控制在35℃以上。

4. 为了快速启动沼气池，也为了节省建池周期，在气候适宜的条件下，可以在建池过程中就要求农户开始准备发酵原料，备料和堆沤可与池子建设同步进行。

5. 发酵液的酸碱度以 6.5～7.5 为宜，一般控制在 6～8 之间均可产气。

6. 要使活动盖密封不漏气，天窗口和活动盖的施工一定要认真、规范，活动盖的厚度不低于 100 毫米，斜角不能过大。密封活动盖的胶泥要用石灰胶泥，不能太硬，也不能太软，要能填充方形活动盖和天窗口之间的缝隙。活动盖上要经常加水，防止密封胶干裂，出现漏气。

思考与练习题

1. 秸秆为什么不宜单独作为沼气发酵原料？

2. 什么是碳氮比？如何根据碳氮比要求准备秸秆和粪便原料？

3. 什么是原料总固体（TS）和挥发性固体（VS）？

4. 如何选择以及富集接种物？

5. 沼气池具备什么条件可以投料使用？如何进行投料？

6. 为什么说掌握好沼气池发酵启动的各个环节至关重要？

7. 沼气池启动时如果 pH 低于 6，或 pH 高于 8，分别如何调节？

8. 沼气池启动的常见问题有哪几种？

9. 新建沼气池，已经检查既不漏水也不漏气，输气管道也完全合格，为什么投料后仍不产气？

10. 沼气池结壳防除的方法有哪些？

11. 沼气发酵突然中断是什么原因？应当如何处理？

第三章 户用沼气运行维护

本章的主要知识点有沼气池维修、输气管路和用具的维护等。重点是常见故障判断与排除，难点是沼气池及管路的维修。

第一节 沼气输配装备运行维护

学习目标：掌握户用沼气池的输气管路日常维护与泄漏故障处理方法，能按照沼气输配系统运行要求，完成户用沼气脱硫器和集水器的日常维护与故障诊断排除方法。

一、户用沼气输气管路系统维护

户用沼气输气管路一般选用塑料管材，因为塑料管材具有易于老化、对温度变化敏感、刚度差、机械强度低等特性，应定期对沼气输气管路进行安全检查，若发现管路老化、变形、堵塞甚至漏气等现象，应及时采取措施，防止事故发生，保证管路正常供气。

（一）输气管路日常维护

户用沼气的输配系统包括：导气管、输气管、各连接件（弯头、二通、三通、变径等）、开关，气水分离器、脱硫器、压力表、用气器具（灶具、热水器、沼气饭煲）等。输气管道不论是软管或硬管，架在空中的或埋在地下的，都应加以保护，防止受压、弯折和暴晒老化。输气管道每年应进行一次全面检查和维修，确保安全用气。

户用沼气输气管路日常维护的重点：一是检测输气管路是否漏气；二是检测输气管内是否积水或堵塞；三是检测输气管路是否被压扁，或管路转弯多、管径小，沼气流动时阻力增大；四是输气管道、管路连接件等是否老化、损坏等。

户用沼气输配系统日常维护包括以下内容：

1. 每口沼气池都要安装压力表，随时检查压力表水柱变化，掌握沼气池压力变化。

2. 经常检查输气管道、开关、接头是否漏气，如果漏气要立即更换或修理，不用气时要关好开关。

3. 要在输气管道最低处安装集水器，经常检查其水位。定期排除集水器中的冷凝水，防止冷凝水聚集冻冰，堵塞输气管道。

4. 每年对输配系统进行一次气密性检验，检验方法与验收时一样，如有漏气现象，加以排除。

5. 开关使用半年左右，应在旋塞上加黄油密封和润滑；如旋塞磨损，不能与螺母密合，应进行更换。

6. 经常检查管道接头，发现松弛，重新接好；不合格的老化管段，要重新更换。

7. 脱硫器使用半年左右，应对脱硫剂进行更换或再生。

（二）输气系统故障诊断排除

1. 压力损失增大

压力损失增大的表现、原因和排除方法如下：

（1）当打开开关时，室内压力计上的水柱比测验时下降较多，关上开关后水柱又回升原位；同样高水柱的沼气，却没有原来火力大。出现这种现象，即说明输配系统压力损失已明显增大。其原因有：输气管路或开关、接头等附件被部分阻塞；输气管道被压扁，因而阻力增大，输气不畅。遇到这种情况，应疏通管路，复原管径，减小输气压力损失。如果是因为更换管道、开关和接头等附件时，选用了比原来管径小的管道和附件，选用比原来孔径小的开关，加长了输气管道，而造成压力损失增大，则应按照原来的管径和输气长度重新更换输气管和附件，按原来的孔径重新更换开关。

（2）当打开开关时，压力计上的水柱跳动，点燃沼气后火力时强时弱，灯光忽明忽暗。出现这种现象，即说明输气管路积水，形成水阻，影响沼气畅通。这时，应用打气筒向管内打气，或用其他方法排除管内积水；同时检查凝水器有何故障，加以排除，使其正常发挥排水作用。

2. 系统漏气

关闭压力计后的开关，池子正常产气时，压力计上的水柱跳动，忽高忽低。出现这种现象，即说明输配系统某部分漏气。这时，应对输气管道逐段检查，对附件和开关逐个检查，直至查出漏气处。如果输气管道为塑料软管，可采用下述检查方法：从导气管开始，分段捏紧输气管，捏紧一段观察一次压力计，如水柱继续下降，说明漏洞还在前面。如水柱不再下降，则说明漏洞在捏紧处前面一段。如果输气管道为硬质塑料管，则可在管道及附件、开关上刷肥皂水，冒泡处即为漏洞（软管也可采用这一办法）。

发现漏气部位及时维修。阀门、开关坏损，要及时更换新的。查出漏洞以后，可分情况处理：

（1）管道漏气。塑料管道可剪去漏气一段，更换好管，若暂时无管可换，可用胶布包扎，作为应急处理；如铁管有破损，能局部修补的进行局部修补、焊接，如不能局部修补的，可整条换下。注意定期刷防锈漆，避免腐蚀漏气；开关和三通等附件漏气，应修复或更换；管道接头漏气，应重新接好接头。

（2）系统漏气较小，一时又未查明原因，为减少漏气损失，可在靠导气管处临时加装一个总阀门，用气时开启，用完后关闭，当查明原因，排除漏气后，拆除总阀门。

（三）脱硫器维护与故障处理方法

1. 脱硫器维护

目前，农村户用沼气的脱硫装置一般选用调控净化器，在日常使用中，应按照以下技术要点对调控净化器进行维护保养：

（1）保持调控净化器清洁，以免对产品产生腐蚀。

（2）经常检查调控净化器的密封性能和其中各零部件接头是否漏气（在各接头处涂抹肥皂水进行检查），发现漏气应及时排除。

（3）定期再生或更换脱硫剂，定期排除气水分离器中的积水。

（4）检查软管老化状况。使用1年后，应检查调控净化器内部软管是否有开裂、破损现象。若有，要及时更换软管；若没有，也要定期检查，以备不测。

（5）脱硫器在运输时要轻装轻放，避免剧烈震动、碰撞和防雨，搬动时禁止滚动和抛掷，避免脱硫剂粉化。

（6）脱硫器在干燥、清洁通风的环境里贮存，防止吸潮和化学污染。

（7）沼气池更换原料时，必须将脱硫器前的开关关闭。否则，含有氧气的空气会通过输气管进入脱硫器，与脱硫剂发生化学反应，温度急剧升高，会损坏脱硫器塑料外壳，导致脱硫器无法使用。

（8）在安装脱硫器（调控净化器）时，应确保其呈自然状态，安装的高度宜与地面距离约1.4米，方便随时开关，避免安装在灶具正上方，远离明火及暴晒处。

2. 沼气脱硫器常见故障处理方法

（1）脱硫器外壳发生软化、变形甚至烧坏

其原因是大量空气进入到脱硫器中，空气中的氧气与脱硫器中的脱硫剂发生化学反应，并释放热量产生较高温度所致。

处理方法：阻止空气进入脱硫瓶（除料时要关闭净化器开关）。

（2）安装脱硫器后出现气流不畅

产生原因是运输过程中，脱硫剂颗粒滚进脱硫器进、出气孔，堵住了输气管道使气流不畅。

排除方法：抖动脱硫瓶，使管道畅通。

（3）脱硫器漏气

产生原因是脱硫器瓶盖内密封垫圈没有装好；或输气管与脱硫器连接处密封不良。

排除方法：将脱硫器瓶盖取下，把内盖中密封垫圈摆正，重新装上并拧紧；将管道接头连好并拧紧卡箍。

（四）集水器维护与故障处理方法

1. 集水器维护

（1）要经常清除集水器内的积水，防止因积水过多而影响正常用气。

（2）在冬季，若气温降至0℃以下，要加强对集水器的保温，防止因积水结冰而堵塞管道，影响用气。

2. 集水器常见故障及处理方法

（1）集水器内积水较多，影响脱水效果，造成脱硫器内的脱硫剂结块，影响脱硫效果，导致使用沼气时，硫化氢气味明显。处理办法：及时清除集水器内的积水，并同时更换或再生脱硫剂。

（2）集水器内积水已满，造成输气管路堵塞，沼气无法燃烧或燃烧不稳定。处理方法：及时清理集水器内的积水，保障输气管路通畅。

（3）在集水器内的积水清除完后，输气管道仍然堵塞，原因是输气管道内仍有积水。这时，可在用气后灶前压力降至1千帕以下时，用高压气筒从灶前输气管强行将管内积水压入沼气池，彻底疏通输气管路。

二、相关知识

1. 输气管漏气的检查方法

将沼气池到灶具、灯具的输气管中开关关闭，再将连接炉具一端的输气管拔下，把输气管接炉具中的一端用手堵严，然后将沼气池导气管一端的输气管拔开，并向输气管内吹气或打气，U形压力表水柱达3千帕（300毫米水柱）以上迅速用手堵严管道口，观察压力表是否下降，1分钟后不下降，表明输气管不漏气。如果压力表下降，表明漏气。

2. 查找漏气点

若判断哪些地方漏气可以再向管内吹气，使U形压力表水柱达8千帕以上，然后用小毛刷蘸肥皂水，往管路上刷，凡是冒气泡的地方，就是管路漏气的地方，应进行检修。

3. 系统压力

缓慢打开调控开关，脱硫器（调控净化器）显示的压力为系统压力。

4. 灶前压力

点燃沼气灶具，调控净化器显示的压力为灶前压力。

三、注意事项

1. 塑料管在氧气及紫外线的作用下易老化。在热加工时会产生热老化、热分解。

2. 塑料管对温度变化极为敏感，温度升高时塑料弹性增加、刚性下降、制品尺寸稳定性差，而温度过低时材料变硬、变脆又易开裂。

3. 塑料管比金属管机械强度低，一般只用于低压。高密度聚乙烯管最高使用压力为 400 千帕。

4. 当沼气管道中积水过多时，由于塑料管刚度差，可能会造成管基下沉、管线变形甚至堵塞。

5. 聚乙烯、聚丙烯管是非极性材料，易带静电；查找埋地管线比较困难，用在地面上作标记的方法不够方便。

6. 聚丙烯管比聚乙烯管表面硬度高，耐磨性能较差，热稳定性差，脆性较大，加之极易燃烧，故不宜用于寒冷地区，也不宜安装在室内。

7. 更换脱硫剂时，不可随意购买劣质的脱硫剂，目前一般采用的脱硫剂是氧化铁（Fe_2O_3）。

8. 脱硫器应在温度高于 $0℃$ 的环境中使用。

9. 一次性出料较多时，应关闭输气管道上的总开关及调控净化器上的开关。

10. 如果产气量大，活动盖被顶开或重新装料，需要重新密封活动盖时，应同时进行脱硫剂再生或更换。

第二节　户用沼气利用设备运行维护

学习目标：能根据户用沼气利用设备的构造，掌握户用沼气利用设备维护方法，诊断沼气利用设备的故障，并采取合理的处理措施。

一、沼气灶维护

学习目标：能根据沼气灶的结构，正确维护和检修沼气灶。

（一）户用沼气灶具日常维护与故障诊断排除方法

1. 户用沼气灶具日常维护

（1）沼气灶必须时常保持清洁，可保证优良的性能和长久的寿命。

（2）经常清洗支架、承液盘和灶具面板。清洗后的灶具部件，应按沼气灶组装的顺序放回原来的位置，试一试点火及燃烧情况是否正常。

（3）经常清扫燃烧器的大、小火头；清理大、小火盖的火焰孔污垢、防止油污和杂物阻塞，如图 3-1 所示。

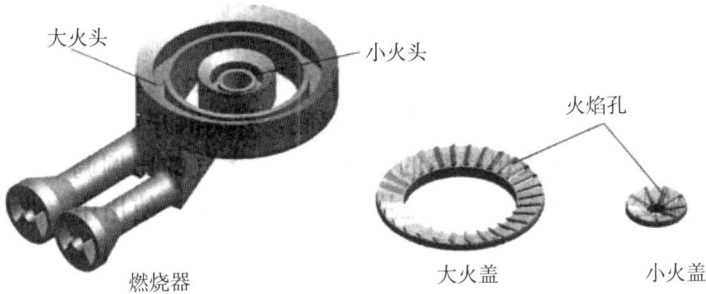

图 3-1　清理部件 1

（4）清理燃气阀的大、小喷嘴、引火头的污垢，防止油污和杂物阻塞，用细铁丝掏出孔内杂物，保证沼气畅通，才能正常燃烧。如图 3-2 所示。

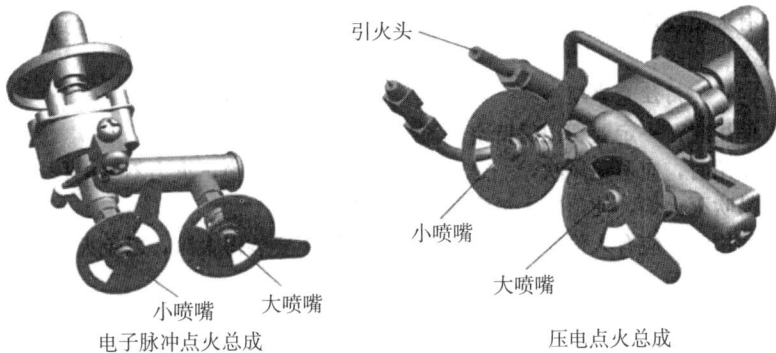

图 3-2　清理部件 2

（5）检查压电点火总成的点火导线孔与点火针接头处的连接处是否紧固，并保持点火针尖的清洁，才能正常点火。

（6）检查电子脉冲点火总成的点火导线孔与点火针接头处的连接是否紧固，并保持点火针尖的清洁，才能正常点火。

（7）检查沼气灶具的进气管与软管连接是否紧密、燃气胶管是否老化、有无意外损伤等，避免沼气漏气。

2. 户用沼气灶具常见故障

沼气灶使用和燃烧的稳定性是以有无脱火、回火和光焰现象来衡量的。

防止脱火的方法有：

（1）采用少量较大火孔代替同面积的数量较多的小火孔。

（2）利用稳焰器使局部气流产生旋转或降低沼气流速，以达到新的动力平衡。

（3）在主火焰根部加热，起连续点火的作用。

（4）采用密置火孔。

家用沼气灶常见故障及维护检修方法见表3-1。

表3-1 沼气灶常见故障与检修方法

故障现象	主要原因	检修方法
漏气	1. 输气管路或灶管连接不紧 2. 橡皮管、塑料管年久老化 3. 阀芯与阀件间密封不好	1. 将接头拧紧 2. 更换新管 3. 涂密封脂或更换阀芯
回火	1. 火盖与燃烧器头部配合不好 2. 风门开度过大，一次空气量太多 3. 烹饪锅勺的位置过低，造成燃烧器头部过热 4. 供气管路喷嘴堵塞 5. 环境风速过大	1. 调整或更换火盖 2. 调整风门 3. 调高锅勺位置 4. 清除堵塞物 5. 调整门窗开度及换气扇转速
离焰脱火	1. 风门开度过大，环境风速大 2. 喷嘴孔径过大 3. 火孔堵塞 4. 供气压力过高	1. 调整风门，控制环境风速 2. 缩小喷嘴孔径或更换喷嘴 3. 疏通火孔 4. 关小阀门
黄焰	1. 风门开度太小 2. 二次空气供给不足 3. 引射器内有脏物 4. 喷嘴与引射器喉管不对中 5. 喷嘴孔过大 6. 锅支架过低	1. 开大风门 2. 清除燃烧器头部周围杂物 3. 清除脏物 4. 调整对中 5. 缩小喷嘴孔径 6. 调整或更换支锅架
自动点火不着	1. 火喷嘴或输气管堵塞 2. 小火燃烧器与主燃烧器相对位置不合适 3. 一次空气量过大 4. 火孔内有水 5. 点火器电极或绝缘子太脏 6. 导线与电极接触不良或失效 7. 脉冲点火器的电路或元件损坏 8. 压电陶瓷接触不良或失效 9. 打火电极间距离不当 10. 打火电极未对准小火出火孔 11. 未装电池或电池失效（脉冲）	1. 疏通 2. 调整小火燃烧位置 3. 调小风门 4. 擦拭干净 5. 用干布擦净 6. 调整或更换 7. 请专业人员修理 8. 调整或更换 9. 调整 10. 调试好 11. 装入或更换电池

（续）

故障现象	主要原因	检修方法
阀门旋转不灵	1. 密封脂干燥 2. 阀门内零部件损坏 3. 阀门受热变形 4. 阀芯锁母过紧 5. 旋钮损坏或顶丝松动	1. 均匀涂密封脂 2. 更换零部件或阀门 3. 更换阀门 4. 更换阀芯 5. 更换旋钮或紧固顶丝
连焰	1. 燃烧器加工质量差，火盖变形 2. 火盖与燃烧器头部接触不严密 3. 在局部火孔外形成缝隙	1. 火盖转动到适当的角度使其不连焰 2. 两个相同负荷的燃烧器火盖互换 3. 更换新火盖

（二）相关知识

1. 沼气灶具基本结构

家用沼气灶具按材料分有铸铁灶、不锈钢灶以及其他材料灶，按燃烧方式分有脉冲式和压电点火式两种，按燃头分有单头灶和双头灶。

目前常用沼气灶具主要有不锈钢脉冲和压电点火式两种，沼气灶具由喷嘴、调风板、引射器、燃烧头、点火总成组成，分燃烧系统、供气系统、辅助系统和点火系统4个部分（图3-3）。

（1）燃烧系统，在灶具中是最重要的系统，一般称为燃烧器头部，其形状为圆形。

（2）供气系统，包括沼气阀和输气管等。

（3）辅助系统，包括整体框架、灶面、锅支架等。

（4）点火系统，主要有压电陶瓷火花点火器和电脉冲火花点火器。

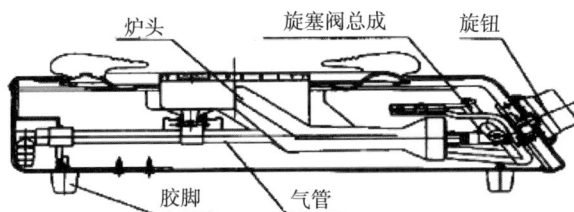

图3-3 沼气灶具结构图

2. 沼气灶具的工作原理

具有一定压力的沼气由气管送至喷嘴，从喷嘴喷出时，借助自身的能量，通过引射器吸入空气；在向前运动过程中，沼气与空气进行充分混合，然后由头部小孔逸出，进行燃烧。

3. 沼气灶的主要技术指标

（1）沼气灶的热流量

沼气灶的热流量是指单位时间内可输出的热量，表明灶具加热能力大小，单位为千焦/小时，通俗地说是指灶具燃烧火力的大小。热流量可按式（3-1）进行计算：

$$I = V_0 \times Q_H \qquad (3-1)$$

式中：I——沼气灶具的热流量（千焦/小时）；

V_0——沼气流量（立方米/小时）；

Q_H——沼气热值（千焦/立方米）。

热流量过大，锅来不及吸收，火力跑出锅外，热损失大，浪费沼气，虽可缩短炊事时间，但加热时间的减少并不显著；热流量过小，延长了加热时间，不能满足炊事用热要求，特别不利于炒菜时使用。因此，热负荷过大、过小都不好。一般家用沼气灶的热流量为 24 000 千焦/小时左右。

（2）沼气灶的热效率

热效率是指被加热物吸收的热量与沼气灶具所放出的热量之比，即有效利用热量占沼气放出热量的百分数。沼气灶的热效率通常用 η 来表示。热效率可按式（3-2）进行计算：

$$\eta = \frac{被加热吸收的热量（千焦）}{灶具放出的热量（千焦）} \times 100\% \qquad (3-2)$$

热效率的高低与整个沼气燃烧过程、传热过程等因素有关，是一个受多种因素影响的综合系数。要使热效率提高，应尽可能使沼气得到完全燃烧，热量得到充分利用。家用沼气灶规定（GB 3603—2001）热效率不得小于 55%。

（3）沼气灶的一次空气系数

一般家用沼气灶均属大气式燃烧器，燃烧时所需的空气由两部分供给，一部分是从引射器进风口吸入，它在沼气燃烧之前预先与沼气混合，称为一次空气；另一部分是沼气一边燃烧，一边由火焰周围的大气供给，称为二次空气。

一次空气量与理论空气量之比，称为一次空气系数，以 α 表示。计算公式如（3-3）所示：

$$\alpha = 一次空气量/理论空气量 \qquad (3-3)$$

一次空气系数是衡量沼气灶具燃烧性能好坏的一个重要指标，由燃烧方式来决定的一般大气式沼气灶具的 α 值取 0.85～0.9。

通过风门调节火焰状况，调至最佳燃烧状态时，火焰呈蓝色，无黄焰、无离焰、无回火。

4. 脱火、回火和光焰现象

正常燃烧时，沼气离开火孔速度同燃烧速度相适应，这样，在火孔上便形成了稳定的火焰。

由于沼气的火焰传播速度比其他燃气小得多，如果火孔的出流速度超过一定范围，燃烧器设计加工不合理，则易产生脱火。相反，当沼气离开火孔的速度小于燃烧速度，火焰会缩回火孔内部，导致混合物在燃烧器内进行燃烧，从而破坏一次空气的引射和形成化学不完全燃烧，这种现象称为回火。当燃烧时空气供给不足（如关小风门），则不会产生回火。但此时在火焰表面将形成黄色边缘，这种现象称为光焰，说明它产生化学不完全燃烧。

脱火、回火和光焰现象都是不正常的，因为它们都会引起不完全燃烧，产生一氧化碳等有毒气体。这些现象的产生是与一次空气系数、火孔出口流速、火孔直径及制造燃烧器的材料等有关。

（三）注意事项

1. 使用前仔细阅读沼气灶具使用说明书，了解灶具的结构、性能、操作步骤和常见事故的处理方法。

2. 点火时如用火柴，应先将火种放至外侧火孔边缘，然后打开阀门。如用自动点火，将燃气阀向里推，逆时针方向旋转，在开启旋塞阀的同时，带动打火机构，当听到"叭"的一声时，击锤撞击压电陶瓷，发出火花，将点火燃烧器点燃，整个过程约需1～2秒。

3. 必须采用火等气的点火方式，用火柴时应先擦火柴，后打开开关，避免先开开关，沼气溢出过多；关闭时，要将开关拧紧，防止跑气。

4. 火焰的大小靠燃气阀来调节。有的灶具旋塞旋转90°时火势最大，再转90°则是一个稳定的小火。使用小火时应注意过堂风或抽油烟机将火吹灭。

5. 首次使用沼气灶时，如果出现点不着火或严重脱火现象时，说明管内有空气。此时应打开厨房门窗，在瞬间放掉管内的空气即可点燃。

6. 注意防止杂物掉入火孔；烧开水时，注意防止开水溢出，将火熄灭。

7. 使用时若突然发生漏气、跑火时，应立即关闭灶具阀门和灶前管路阀门，然后请维修人员检修。

8. 使用时，要尽可能地控制灶具的使用压力，使其在设计压力左右（小于设计压力不限），特别不宜过分超压运行，以免火太大跑出锅外，浪费沼气。

9. 正常工作时，风门（一次空气）要开足，除脱火、回火及个别情况需要暂关小风门之外，其余时间均应开足风门，否则会形成扩散燃烧。

10. 灶具在较长时间不用时，要将灶前管路阀门关断，以保安全。

11. 使用时，一定要切记保持空气流通，不要紧闭窗门。

12. 使用时，应避免风吹，一是因风吹使火焰摇摆不稳，火力不集中；二是风大时易吹灭火焰，使沼气大量泄漏，易发生事故。

二、沼气饭锅维护

学习目标：根据沼气饭锅的结构，掌握沼气饭锅维护方法。

（一）沼气饭锅维护与故障诊断排除方法

1. 沼气饭锅的日常维护

（1）脉冲点火的沼气饭锅使用前，应确保已安装好电池，避免电池受潮。沼气饭煲长期不使用时，需将电池取出。

（2）沼气饭锅如多次打火时都有火星而打不着火，应把打火针的位置重新调好。打火针的角度必须比电极高出3～4毫米，才容易打着火。

（3）若出现保温熄火，可能原因有：产品使用时间长、打火喷嘴堵塞，应用0.25毫米的钢丝通喷嘴；或者打火支架跟喷嘴密封不好，应将打火支架与喷嘴的间隙调好。

（4）使用一段时间后，若脉冲点火器变慢、火花变小，可能原因有：电池或脉冲器出现故障，需要更换新电池或新的脉冲器；或者是电池盒内出现水迹、锈迹，需擦拭干净。

（5）电池电压如低于使用要求点不燃燃气时，应及时更换，更换方法如下：搬开饭煲锅罩以上部分的锅罩、内锅、内盖及锅盖；将底座倾斜到可见塑料电池盒位置，打开电池盒盖将电池按正（＋）、负（－）极标示方向装入电池盒内；盖好电池盒盖，将锅罩、内锅、内盖及锅盖放回原位组装好沼气饭煲。

（6）每次使用后，关闭沼气饭煲前管路上电池盒的开关，检查沼气饭煲的主燃开关、保温开关是否关闭，确保安全。

（7）正常使用一段时间后，若出现焦饭或生饭，可用以下方法处理：①用柔软湿布或细砂纸将定温胆或内胆表面杂质擦干净；②用平整的物体压平内胆，使内胆与定温胆接触良好；③更换定温胆；④清洗传动部件，在各转动位置加少量润滑油，达到润滑和防锈的效果。

（8）在使用过程中，若出现饭锅漏气，可能是输气管老化或接头松动等原因，可用以下方法处理：①更换输气管；②检查各配件接头是否松动，如有，则用螺钉加固拧紧或更换接头；③更换控制体密封套或铜阀芯针内的O形圈。

（9）使用沼气饭锅时，应注意保护沼气饭锅内胆不被磕碰变形，以免影响使用效果。

（10）在内锅壁上应有加水水位刻度。

2. 沼气饭锅的常见故障

沼气饭锅的常见故障及排除方法如表3-2所示。

表 3-2　沼气饭锅常见故障及排除方法

常见故障	原因	排除方法
点不着火	气源开关未打开 输气管折曲或压扁 输气管中混入空气 阀体或点火喷嘴堵塞 电池电压不足，放电间隙太远或太近	打开气源开关 拉直或更换输气管 反复点火，排除输气管内空气 清除阀体或点火喷嘴异物 更换电池，或调整放电间隙
火焰燃烧 不正常	沼气压力过大或过小 空气调节不合适 喷嘴或燃烧器火孔堵塞	调节沼气压力，使之灶前压力为 1 600 帕 调节风门，增大空气量 清理喷嘴或燃烧器火孔
煮焦饭或 生饭	锅体未放正 内锅底部变形 感温器表面不干净 感温器失灵 水量不适当	放正锅体 更换新的内锅 清洁感温器表面 更换或送维修点检修感温器 放入适量的水

（二）相关知识

沼气饭锅的构造与原理：沼气饭锅主要由传感器、汁受器、主燃开关、保温开关、锅盖、内锅、风罩等部件组成，如图 3-4 所示，其外形与大家使用的电饭锅相似，使用方法也基本一致，只是一个用电，一个用沼气。沼气饭锅一次可煮 2.5 千克米饭，用时 25 分钟左右，消耗沼气 0.13～0.15 立方米，可自动开关。

（三）注意事项

1. 使用沼气饭锅前，应认真阅读使用说明书，了解其结构、性能、操作步骤和常见事故的处理方法。

2. 使用沼气饭锅发现漏气、跑火时，应立即关闭进气阀门，进行检查或请专业维修人员检修。

3. 煮沸的水等不能溢流到自动熄火保护装置上，自动熄火保护装置不应产生过热现象。

4. 使用时，将主燃保温开关提到上端，然后再按下开关，进行点火，为了安全起见，将风罩提起再点火，确认火已燃烧正常后将风罩内锅放平稳才能离开。

5. 轻缓地压下主燃保温开关，脉冲点火器的饭煲发出 5 秒左右的连续打火声，火即点着。

6. 饭煮熟后燃烧器自动关闭，进入保温状态，保温完毕务必将保温开关提到上端原位，关闭燃气开关。

外盖
内盖
内锅
锅耳
风罩
插线孔
感温器
汁受器
主燃开关
保温开关
铭牌
底座
锅脚
电池盒

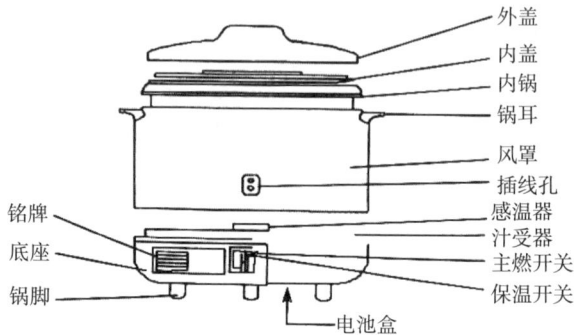

图 3-4　沼气饭锅构造示意图

三、沼气热水器维护

学习目标： 能根据沼气热水器的构造，正确维护和检修沼气热水器。

（一）沼气热水器日常维护与故障诊断排除方法

1. 沼气热水器的结构

沼气热水器与其他燃气热水器的结构基本相同，区别只在燃烧器部分适于沼气的特点。热水器一般由水供应系统、燃气供应系统、热交换系统、烟气排除系统和安全控制系统 5 部分组成。当前多采用后置式热水器，即其运行可以用装在冷水进口处的冷水阀，也可以用装在热水口处的热水阀进行控制。

2. 沼气热水器日常维护

（1）要经常检查软管是否完好，有无老化、裂纹等，经常用肥皂水检查软管接头是否漏气。

（2）使用中注意火焰是否正常燃烧。

（3）保持热水器外壳的清洁，不易清除的污垢物可用中性洗涤剂擦除。

（4）每半年检查一次热交换器是否有灰尘或脏物，并及时清除干净。对于塑料制品、印刷品、喷涂面等不宜用强力洗涤剂、汽油等来清洗。

（5）应及时用干布擦干净点火电极部位的脏物，以保证点火质量。

（6）保持排气筒各部位畅通，以保证废气顺利排出。

（7）要经常检查排烟管，保持烟道畅通，严禁堵塞烟道。

3. 故障诊断排除方法

加强沼气热水器的维护和保养是提高其使用寿命和可靠性的重要内容。户用沼气池常见故障及检修方法见表 3-3。

表3-3　沼气热水器常见故障与检修方法

故障现象	主要原因	排除方法
点不着火	1. 燃气总阀未打开 2. 管内有残余空气 3. 燃气压力过低或过高 4. 常明火喷嘴堵塞 5. 点火开关揿压时间过短 6. 过气胶管曲折或龟裂	1. 打开燃气阀 2. 待片刻后再点火 3. 调节压力或报修 4. 清除堵塞物或报修 5. 延长揿压时间 6. 调整或更换
打开热水阀而无热水， 或只有冷水	1. 未开冷水阀 2. 进水滤网堵塞 3. 水压过低 4. 主燃烧器未点燃 5. 常明火熄灭	1. 打开冷水阀 2. 清扫滤网 3. 暂停使用 4. 检查燃气阀是否旋至全开位置 5. 点燃常明火
自动点火无反应	1. 干电池用完 2. 放电极间距离不合适 3. 放电极头部受潮 4. 线路或元件损坏	1. 更换干电池 2. 调整距离 3. 擦干 4. 更换或报修
主燃烧器火焰不稳或发黄	热交换器翅片排烟腔局部堵塞	清除堵塞物或报修
自来水关闭后， 主燃烧器不熄灭	水-气联动装置失灵	报修
主燃烧器火突然熄灭	1. 水压太低 2. 房间缺氧（当有缺氧保护装置时） 3. 风吹灭 4. 气源停止	1. 检查水源压力 2. 迅速打开门窗通风后再使用 3. 重新点火 4. 找出原因，恢复供气
排风扇不转	1. 电源保险丝熔断 2. 水-气联动阀损坏 3. 电子联动器损坏 4. 排气电机烧毁	1. 更换保险丝 2. 报修 3. 报修 4. 报修
水温不稳定或水温调节失灵	燃气压力不足或停气	开大燃气阀

（二）相关知识

1. 沼气燃烧

沼气中的甲烷、氢、硫化氢都是可燃物质，在空气中氧的作用下，一遇明火即可燃烧，并散发出光和热。例如，当点燃甲烷时，它就和空气中的氧化合，产生二氧化碳及水蒸气这种最普通的反应，可用下列方程表示：

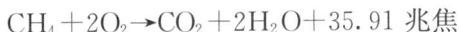

$$CH_4 + 2O_2 \rightarrow CO_2 + 2H_2O + 35.91 \text{ 兆焦}$$

$$H_2 + 0.5O_2 \rightarrow H_2O + 10.8 \text{ 兆焦}$$

$$H_2S + 1.5O_2 \rightarrow SO_2 + H_2O + 23.88 \text{ 兆焦}$$

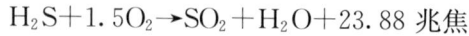

2. 理论空气需要量和过剩空气系数

（1）理论空气需要量

沼气燃烧需要供给适量的氧气，氧气过多或过少都对燃烧不利，在燃气应用设备中燃烧所需要的氧气一般是从空气中直接获得。由于空气中氧占20.9%，其余为氮及微量二氧化碳。因此，干空气中氮与氧的容积比为3.76。

所谓理论空气需要量，是指每立方米燃气按燃烧反应计量方程式完全燃烧所需的空气量，单位为立方米空气/立方米沼气。

沼气的理论空气需要量可按式（3-4）求得：

$$V_0 = r_1 V_{01} + r_2 V_{02} + \cdots + r_n V_{0n} = \sum_{i=1}^{n} r_i V_{0i} \qquad (3-4)$$

式中：V——沼气的理论空气需要量（立方米/立方米）；

$\qquad V_{01}$、V_{02}、$\cdots$、V_{0n}——沼气中各可燃组分的理论空气需要量（立方米/立方米）；

$\qquad r_1$、r_2、$\cdots$、r_n——沼气中各可燃组分的容积成分。从可燃气燃烧反应方程式中可以看出，燃气的热值越高，燃烧所需的理论空气量也越多。

（2）过剩空气系数

理论空气需要量是沼气燃烧所需的最小空气量。由于沼气和空气的混合不均匀性，如果只供给燃烧装置理论空气量，则难以保证沼气与空气的充分混合，因而不能完全燃烧。因此，实际供给的空气量 V 应大于理论空气量 V_0，其比值即称为过剩空气系数。沼气的过剩空气系数可按式（3-5）求得：

$$a = \frac{V}{V_0} \qquad (3-5)$$

通常 $a > 1$，a 值的大小取决于燃气的燃烧方法和设备的运行工况。在民用燃具中 a 一般控制在 1.3～1.6。a 过小将导致不完全燃烧；a 过大，则增大烟气体积，降低炉膛温度增加排烟热损失，其结果都将使加热设备的热效率降低。

3. 燃烧产物

沼气燃烧后的产物就是烟气。

（1）理论烟气量

当只供给理论空气量时，沼气完全燃烧产生的烟气量称为理论烟气量。理论烟气的组分是 CO_2、SO_2、N_2 和 H_2O。前 3 种组分合在一起称为干烟气。包括 H_2O 在内的烟气称为湿烟气。

（2）实际烟气量

当有过剩空气时，烟气中除理论烟气组分外，尚含有过剩空气，这时的烟气量称为实际烟气量，按式（3-6）近似计算：

$$V_f = V_f^0 + (a-1)V_0 \qquad (3-6)$$

式中：V_f——实际烟气量（立方米/立方米）；

V_f^0——理论烟气量（立方米/立方米）；

V_0——理论空气（立方米/立方米）；

a——过剩空气系数。

如果燃烧不完全，则除上述组分外，烟气中还将出现 CO、CH_4、H_2 等可燃组分。

4. 热值

1立方米沼气完全燃烧所产生的热量称为该沼气的热值，单位为千焦/立方米。

热值分为高热值和低热值。高热值是1立方米沼气燃烧后，其烟气被冷却到原始温度，包括其中的水蒸气以凝结水状态排出时所放出的全部热量。低热值是指1立方米沼气完全燃烧后，其烟气被冷却到原始温度，而其中的水蒸气仍为气态时所放出的热量。高热值与低热值之差为水蒸气的气化潜热。

在工程上由于烟气中的水蒸气一般不会冷凝，通常仍以气体状态随烟气排出，所以常用低热值进行计算。

干沼气和湿沼气的热值可按式（3-7）、式（3-8）进行换算：

$$Q_d = Q \frac{0.833}{0.833+d} \qquad (3-7)$$

$$Q_d = Q \left(1 - \frac{\phi P_{sb}}{P}\right) \qquad (3-8)$$

式中：Q_d——湿沼气的低热值（千焦/立方米）；

Q——干沼气的低热值（千焦/立方米）；

d——沼气含湿量（千克/立方米干沼气）；

ϕ——湿气的相对度（%）；

P——沼气的绝对压力（帕）；

P_{sb}——与沼气温度相同时水蒸气的饱和分压力（帕）。

5. 燃烧速度

燃烧速度又称火焰传播速度，它是沼气燃烧最重要的特性之一。当点燃一部分可燃混合物后，在着火处形成一层极薄的燃烧焰面，这层高温燃烧焰面加热了相邻的沼气空气混合物，使其温度升高，当达到着火温度时，开始着火并形成新的焰面。焰面不断地向未燃气体方向移动，使每层气体都相继经历加热、着火和燃烧的过程，这个现象称为火焰的传播。未燃气体与燃烧产物的分界面称为焰面，焰面向前移动的速度称为火焰传播速度，单位为米/秒。

气体燃烧速度的大小与燃气的成分、温度、混合速度、混合气体压力、燃气与空气的混合比例有关。如，①氢的热传导系数大，燃烧速度快，而甲烷燃烧速度慢；②沼气中因含惰性气体 CO_2，火焰传播速度降低；③可燃气体温度上升，火焰传播速度和火焰温度也上升；④当空气量略低于理论空气量，即一次空气系数小于 1 时，燃烧速度为最大。如甲烷的最大火焰传播速度为 0.38 米/秒，此刻一次空气系数为 0.90。而对于氢气来说，最大火焰传播速度为 2.80 米/秒，此时的一次空气系数为 0.57。

6. 沼气的主要特性

沼气的主要特征参数汇总于表 3-4。

表 3-4　沼气的主要特性参数

序号	特性参数	CH_4 50%　CO_2 50%	CH_4 60%　CO_2 40%	CH_4 70%　CO_2 30%
1	密度（千克/立方米）	1.347	1.221	1.095
2	比重	1.042	0.944	0.847
3	热值（千焦/立方米）	17 937	21 524	25 111
4	理论空气量（立方米/立方米）	4.76	5.71	6.67
5	爆炸极限（%）上限	26.1	24.44	20.13
	下限	9.52	8.8	7.0
6	理论烟气量（立方米/立方米）	6.763	7.914	9.067
7	火焰传播速度（米/秒）	0.152	0.198	0.243

（三）注意事项

1. 使用沼气热水器前，应仔细阅读使用说明书，并按规定程序操作。

2. 点火前切记将水阀关闭，不得一面放水，一面点火，以防点火爆炸。

3. 热水器安装在低于 0℃ 以下房间时，使用完毕后应立即关闭供水阀，打开热水阀，将热水器内的水全部排掉，以防冻结损坏。

4. 连续使用热水器时，关闭热水阀后，瞬间水温会升高，应防止过热烫伤。

5. 不得堵塞热水器两侧进气孔，不得用毛巾遮盖排气口。点着热水器后，不应远离现场。

6. 在使用热水器过程中，若沼气被风吹灭，在 1 分钟内燃烧器安全装置会将燃气供应切断，重新点火需在 15 分钟之后。

7. 在使用热水器过程中，若发现热水阀关闭后，主燃烧器仍不熄火，应立即关闭燃气阀，并进行检修。

8. 电脉冲点火装置的电源是干电池。当不能产生电火花，无法点燃燃气时，应及时更换电池。

9. 使用热水器的房间应注意通风和换气。

10. 直排式沼气热水器严禁安装在浴室里，应安装在操作检修方便、不易被碰撞的地方，房间高度应大于 2.5 米。

四、沼气灯维护

学习目标：根据沼气灯的结构，能够正确维护和检修沼气灯。

(一) 沼气灯日常维护与故障诊断排除方法

沼气灯是把沼气化学能转变为光能的一种燃烧装置。其特点是耗气量少，另外还可以为温室栽培提供光照、热能和二氧化碳（蔬菜光合作用合成有机质的碳源）有助于增产。沼气灶结构及原理参见初级工第二章第三节（四、沼气灯的安装）。

1. 沼气灯日常维护

沼气灯使用前应先烧好新纱罩。根据沼气灯额定压力的大小选择纱罩，额定压力 800 帕的沼气灯选配 200 支纱罩，额定压力 1 600 帕的沼气灯选配 150 支纱罩。

安装时先把纱罩套在沼气灯泥头上，均匀地捆紧，打开开关通沼气将灯点燃，让纱罩全部着火燃红后，慢慢地升高或后移喷嘴开大风门，调节空气的进风量，使沼气、空气配合适当，猛烈燃烧，在高温下纱罩会自然收缩发出"乒"的一声响，发出白光即成。

燃烧纱罩时，沼气压力要足，烧出的纱罩才饱满发白光。烧好后的纱罩要注意保护，避免碰撞和震动，不要用手摸，因为烧好的纱罩一触就会破碎。日常维护时应注意：

(1) 沼气灯具内应无灰尘，防止污垢堵塞引射器、喷嘴及泥头喷孔。

(2) 经常擦拭灯具上的遮光罩、玻璃灯罩，并保持墙面及天花板的清洁，以减少光的损耗，保持灯具原有的发光效率。

2. 沼气灯的故障诊断排除方法

加强沼气灯的故障检修是提高其使用寿命和可靠性的重要内容。目前使用的点火方式有人工点火和电脉冲点火两种，在使用过程中沼气灯常见故障诊断排除方法见表 3 - 5。

表 3 - 5　沼气灯常见故障诊断排除方法

故障现象	主要原因	检修方法
纱罩破裂、脱落	1. 耐火泥头破碎，中间有火孔 2. 沼气压力过高 3. 纱罩未装好，点火时受碰	1. 更换新泥头 2. 控制灯前压力为额定压力 3. 用玻璃罩防止蚊蝇扑撞
灯不亮，发红、白光	1. 喷嘴孔径过小或堵塞 2. 喷嘴过大，一次空气引射不足 3. 进风孔未调整好 4. 纱罩质量不佳，规格不匹配或受潮	1. 清洗喷嘴，加大沼气流量 2. 加大进风量 3. 重新调整进风口 4. 更换纱罩，选用匹配纱罩
纱罩外有明火	1. 沼气量过大 2. 一次空气进风量不足	1. 关小进气阀，降低沼气压力，更换小喷嘴 2. 调整一次进风口
灯光由正常变弱，沼气不通	1. 沼气压力降低，供气量减少 2. 喷嘴堵塞 3. 有漏气点	1. 加大进气阀门 2. 疏通喷嘴 3. 找出漏气点，堵漏
灯光忽明忽暗	1. 燃烧器设计、加工不好，燃烧不稳定 2. 管道内有积水	1. 采用热稳定性好的玻璃罩 2. 清除管道内积水和污垢
玻璃罩破裂	1. 玻璃罩本身热稳定性不好 2. 纱罩破裂，高温热烟气冲击 3. 沼气压力过高	1. 采用热稳定性好的玻璃罩 2. 及时更换损坏的纱罩 3. 控制沼气灯的压力不要过高
装玻璃罩后灯光发暗	1. 玻璃罩透光性不好 2. 玻璃罩上有气泡、结石、不熔沙粒	1. 选用质量合格的玻璃罩 2. 选购时应进行检查
电脉冲点火不着	1. 导线与电极接触不良或烧坏 2. 未装电池或电池失效 3. 脉冲电路或元件损坏	1. 调整和更换 2. 装入或更换电池 3. 请专业人员修理或更换

（二）相关知识

1. 沼气灯的工作原理

在一定的压力下，沼气由输气管送至喷嘴，再由喷嘴喷入引射器，借助喷入时的能量，从进气孔吸入所需的一次空气。沼气和空气充分混合后，从泥头喷火孔喷出燃烧，在燃烧过程中得到二次空气补充。在高温作用下，纱罩收缩成白色珠状，二氧化钍在高温下发出白光，达到照明的目的。一盏沼气灯的照明度相当于 40～60 瓦白炽电灯，其耗气量只相当于炊事灶具的 1/6～1/5。

2. 沼气灯的主要技术要求

沼气灯的额定压力、气流量、照度等主要技术性能参数见初级工第二章表 2-3。此外，沼气灯气密性要求为沼气灯喷嘴管在 10 千帕压力下应不漏气，沼气灯额定热负荷应不大于 525 瓦。沼气灯燃烧稳定性方面要求为在稳定压力下工作时能稳定燃烧，在 0.5 倍额定压力下工作时不发生回火，在 1.5 倍额定压力下工作时没有明显火焰。额定压力下点燃沼气灯（烧制纱罩除外）至纱罩正常发光的时间应不大于 20 秒。沼气灯在 1.5 倍额定压力下工作时，燃烧噪声应不大于 55 分贝。沼气灯安装玻璃灯罩后，照度变化率不应大于 20%，玻璃灯罩在温差 80℃时，急冷二次应不破裂。

（三）注意事项

1. 初次点燃新纱罩时，将沼气压力适当提高，以便有足够的气量将纱泡吹圆成型，成型过程中纱罩从黑变白，此时可用工具将纱罩整圆。在点燃过程中如火焰飘荡无力，灯光发红，可调节一次空气，并向纱罩均匀吹气，促其正常燃烧，当发出白光后，稳定 2～3 分钟，关小进气阀门，调节一次空气使灯具达到最佳亮度。

2. 纱罩第一次使用后，须防止供气压力太大或外力碰擦造成破损，破损后的纱罩会使沼气燃烧不完全甚至不能正常工作，应及时更换。

3. 日常使用时，调节旋塞阀开度，达到沼气灯的额定压力，如超压使用，易造成纱罩及玻璃罩的破裂。

4. 定期清洗沼气旋塞，并涂以密封油，以防旋塞漏气。

5. 注意经常擦拭灯具上的反光罩、玻璃罩，并保持墙面及天花板的清洁，以减少光的损耗，保持灯具原有的发光效率。

6. 点灯时，若久不发亮，可反复调整一次空气，用嘴轻吹纱罩，可使燃烧正常，灯光发白。

7. 在额定压力下启动点火器，点燃沼气灯时间应不超过 2 秒。

8. 额定压力和额定电压下启动点火器，10 次应有 9 次以上点燃沼气灯。

第三节　户用沼气池故障诊断与处理

学习目标：掌握沼气池的故障诊断以及维修方法。

一、户用沼气池运行故障诊断与排除

沼气池在使用过程中，会出现一些故障，这些故障不排除会影响用气、用肥，严重降低了沼气池的使用效果。

（一）沼气池漏水、漏气

沼气池发酵是正常的，但压力表上升到一定位置后，停止上升，观察压力变化情况，若先快后慢地下降，则说明是漏水；若以均匀速度下降，则说明是漏气。沼气池在使用过程中，若发现水柱向进气方向移动（移动方向相反），即出现负压，也说明沼气池漏水。

漏水多数是由于建池地基选择和处理不当，以及进、出料管搭接处或与池墙结合部位密封与强度不够，当池体装水后，地基下沉，往往将进、出料管（特别是在与池墙结合处）折断而产生严重漏水。也有因砖块砌筑水压间时，没有满浆，或水泥砂浆粉磨时没有压紧造成孔隙而产生渗漏。严重漏水的沼气池容易觉察，一般池内液面下降到某一水位，不再下降，其漏水处也大致在这一水位附近。应将沼气池的料液出尽进行维修，查到裂缝处，采取相应的常规措施，加固修复即可。

漏气多数是气室的密封层没有做好，也应将沼气池的料液出尽进行维修，采用密封涂料渗水泥将气室再粉抹一次。也有可能是活动盖漏气或管道漏气，要逐个排除找到具体漏气部位进行维修。

（二）正常发酵过程中突然中断产气

沼气池启动后，一般正常运行、维护，发酵是不会突然中断的，如果突然中断产气，那一定是由意外因素引起。意外因素和处理措施如下：

1. 一次加料太多或者料液浓度突然增大

当沼气池受到"承力冲击"和"有机负荷冲击"，若这些冲击超过微生物的承受能力时，即导致发酵失败。此时，应立即停止加料并补充一些接种物，让微生物逐步恢复代谢功能，然后逐步增加负荷，使其达到正常运转。调节到正常运转所需的时间，取决于受到冲击的强度、延续时间及恢复的措施。如果经调节仍不能恢复正常运转，只有抽出料液，重新启动。

2. 料液中出现了未曾预料的组分使料液突然变酸、变碱

料液中出现了未曾预料的组分使料液突然变酸、变碱，或对沼气微生物造成毒害。如果这种变化仅是暂时的，一般可以逐步恢复正常。如果这种变化是长期的，则应重新确定发酵参数并采取相应措施，如先调节 pH 等。如果料液中的毒物是因生产工艺改变而引起的，则应重新驯化菌种，使其适应这种毒物或降解它们；或者更换原料，重新启动。

3. 沼气菌中毒停止产气

在池内沼气细菌接触到有害物质时就会中毒，轻者停止繁殖，重者死亡，造成沼气池停止产气。因此，不要向池内投入下列有害物质：各种剧毒农药，特别是有机杀菌剂、抗生素、驱虫剂等；重金属化合物、含有毒性物质的工业废水、盐类；刚消过毒的禽畜粪便；喷洒了农药的作物茎叶；能做土农药的各种植物如苦瓜藤、桃树叶、百部、马钱子果等；辛辣物如葱、蒜、辣椒、韭菜、萝卜等；电石、洗衣粉、洗衣服水等都不能进入沼气池。如果发现中毒，应该将池内发酵料液取出一半，再投入一半新料就能正常产气。

另外需要注意的是，使用鸡粪、人粪为原料而又采用半连续或批量发酵工艺的沼气池，常常出现初期就不正常产气，或初期产气好、后期逐渐失效的现象。前者是不能正常启动，后者是由于鸡粪和人粪在厌氧消化过程中能产生一些有毒物质，如不能及时排走，它们会逐渐积累，使沼气微生物逐渐中毒，引起整个发酵逐渐失效。遇到这种情况，一是补加接种物，使其发酵恢复正常；二是改半连续发酵为连续发酵，并调整进料浓度、水力滞留期等。

（三）装料后产气很少且有气点不着火

该情况多见于冬季气温低的时候。原因是：沼气池密封性不强；缺乏产甲烷菌种，不可燃气体成分多；配料过浓或青草太多，使挥发酸积累过多引起酸化，抑制了产甲烷菌的生长；池温太低。

解决办法是：新建沼气池及输气系统均应进行试压检查，必须达到质量标准，保证不漏水不漏气才能使用；排放池内不可燃气体，添加菌种，主要是加入活性污泥或粪坑、老沼气池中的沼液沼渣，或换掉大部分料液；注意调节发酵液的 pH 为 6.5～7.5。判断发酵液是否过酸，除用 pH 试纸测试外还可根据沼气燃烧时火苗发黄、发红或者有酸味来判断。调节 pH 的方法：从进料口加入适量的草木灰或适量的氨水或石灰水等碱性物质，并在出料间取出粪液倒入进料口，同时用长把粪瓢伸入进料口来回搅动。用石灰调节 pH 时，不能直接加入石灰，只能用石灰水。石灰水的量也不能过多，因为石灰水的浓度过大，它将和沼气池内的二氧化碳结合，而生成碳酸钙沉淀。

（四）压力表上升很慢

如果产气量低，而且一时弄不清是产气少，还是漏气，此时可采用正负压测定。如第一天 24 小时内压力表水柱由零上升到 15 厘米，从导管处将输气管拔出，把沼气全部放完，在导气管处临时装一个 U 形压力表。从水压间取出10 桶沼液，使沼气池内变成负压。如果池体有漏洞，池内沼气不会漏出来，只会把池外的空气吸进去。再过 24 小时，把取出的沼液如数倒入水压间内，观察压力表水柱上升高度，如果与第一次水柱高度相同，说明不漏气而是产气慢；如果比第一次高了许多（因从漏洞吸进了空气），说明池体漏气，应进行检修。同时，对输气管路也应进行检查是否漏气。如果不漏水、漏气，但产气慢，其原因有：①发酵原料不足，浓度太低，产气少；或虽原料多，但很不新鲜，营养元素已经消化完了，使沼气细菌得不到充足的营养条件；②当池内的阻抑物浓度超过了微生物所能忍受的极限，使沼气细菌不能正常生长繁殖，这就要补充新鲜发酵原料或者要大换料了；③原料搭配不合理，原料太少。

（五）人畜粪料前期产气旺盛，随后产气逐渐减少

这是因为人畜粪便原料被沼气细菌分解，产气早而快。新鲜人畜粪入池后大约30～40天后产气高峰期就会过去，如果进一次料40天以后不再补充新料，产气就会逐渐减少。为避免这个问题，最好是建"三结合"或"四结合"模式，做到畜禽舍、厕所、沼气池连通，保证每天有新鲜原料入池，达到均衡产气。若当初没有做到"三结合"建设，就应该常进料常出料，进多少出多少，先出后进。

（六）大换料前产气好，出料后重新装料产气不好

主要是出料时没有注意，破坏了天窗口边沿或出料后没有及时进料，引起池内壁特别是气箱干裂，或因为内外压力失去平衡而导致池子破裂造成漏水漏气；或出料前就已破裂，而被沉渣糊住而不漏，出料后便漏起来了。处理办法是：修补好破损处；进料前将池顶洗净擦干，刷纯水泥浆2～3遍；大出料以后，要及时进料，以防池子干裂并保持池内外压力平衡。注意在地下水位高的地方，雨季不要大换料。

（七）开始产气很好，原料也正常进出，三四个月后明显下降

这是池内发酵原料已结壳，沼气很难进入气箱，而从出料口翻出去所引起。主要原因是加了部分草料造成的，一般利用纯粪便类原料很少出现此种情况。解决办法是进行破壳，安装抽渣器，经常进行强回流搅拌，或用污泥泵从出料口抽出，回流到进料口的强回流搅拌。

（八）压力表显示压力很高，但用气时很快没气

气压表的压力高低，是代表沼气池内沼气压力的大小，并不完全代表池内沼气量的多少。当沼气池因为大量的雨水经进料口流进沼气池或发酵料液装得过多，造成气箱容积太小（水压式）。产生时，池内压力增大，将池内料液压到水压间，水压间的料液又从溢流口流出，压力表很快上升，但贮存的沼气量并不多或用气时没有液体回流进池内置换沼气。所以，当使用时，池内的沼气迅速减少，水柱很快下降，用气不久，沼气就用完了或有气无法输出。处理办法是：将料液抽出一部分，使料液高度保持在"0"压线位置左右3厘米，定期出料，始终保持液面不超高。

（九）低压时压力表显示数上升，但升至一定的压力后停止上升

其原因是：①进出料管或出料间有漏水孔，当池内压力升高，进出料间液面上升到漏水孔位置，料液漏出池外，使压力不能升高；②池墙上部有漏气孔，料液淹没时不漏气，当产气时，气压增加，气将水压到露出漏气孔时，便开始漏气了；③料液淹没进出料管下口上沿太少，同样当产气时，气压增加，气将水压至下口上沿时，水就封不住气了，沼气便从进出料口逸出。处理方法是：检查沼

气池及进出料间是否漏水或漏气，找到漏处进行维修；如发酵料液不够，从进料口加料加水至零压线。

二、相关知识

（一）沼气池漏水漏气的检查方法

沼气池漏水漏气的检查方法参见初级工部分第一章第三节（六、沼气池气密性检验）。

1. 外部观察法

仔细观察沼气池内壁有无裂缝、孔隙，导气管是否松动。用手指或小木棒敲击池内各处，如有空响，说明抹灰层有翘壳。另外，还要观察池壁有无渗水痕迹。对于不明显的渗水部位，先清洗表面并均匀地撒上一层干水泥粉再刷一遍水浆，如出现湿点或湿线，便是漏水孔或漏水缝。

2. 池内装水刻记法

打开活动盖，向池内装水至活动盖下缘，待池壁吸足水后，池内水位有一定下降，再灌水至原来的位置，隔一昼夜后，如水位没有下降，说明沼气池没有漏水；如水位降至一定位置后不再继续下降，这时要标好水位线，在水位线上方认真寻找裂缝或孔隙，然后将水排出进行修补。

3. 采用气试压法检查漏气

参见初级工部分第一章第三节（六、沼气池气密性检验）。

4. 采用水试压法检查漏气

参见初级工部分第一章第三节（六、沼气池气密性检验）。

用气压法或水压法检查沼气池是否漏气时，经过一昼夜观察，压力表刻度稳定不动或压力表变化幅度在 240 帕以内为合格。

水柱在一昼夜内下降幅度高于 3% 低于 20% 时，说明沼气池气箱有微孔漏气现象。水柱下降至一定高度后能稳定不动的，原因有二：一是微孔渗漏，这种微孔在较高的气压下会渗漏气，在较低的气压下尚能保气；二是气箱内壁某一部位有漏气现象，当气压下降时池内水位就上升，上升的水位封住了漏气的部位；水柱连续不断下降，说明气箱严重漏气，必须检修。

（二）沼气池漏水漏气的维修方法

建成的沼气池不能用的主要原因，是沼气池本身漏气。沼气池密封性能的好坏是沼气发酵产气的主要条件。目前农村沼气池建池材料大多是混凝土，属于多孔性材料。水泥完全水化后的空隙为 15～30 埃（1 埃＝10^{-10} 米），而甲烷分子的棱边长有 2.479 埃。这样，混凝土的空隙大于甲烷分子 6～12 倍。同时，甲烷分子又比空气分子的运动速度要快好几倍。因此，特别容易出现渗透漏。

加上池型不合理和建池质量没有保证等原因，更增加了漏气的可能性。这就使许多沼气池出现"一年好，二年漏，三年不能用"的状况。常见的防治沼气漏水漏气的新方法有：

1. 掺和型密封涂料夹层做法

由于沼液的成分十分复杂，具有较强的腐蚀性，将密封涂料涂于表面，非常容易被腐蚀，一般1～2年后就不起密封作用了。为解决这一问题，可采用掺和型密封涂料与水泥混合（按涂料说明规定的比例）再次涂抹。方法是：将气室洗净后，用密封混合浆满刮一遍，厚度不小于2毫米，待晾干后，再粉刷细水泥砂浆8～10毫米，最后用纯水泥浆刮一遍，厚度为2毫米。

2. 水封法

试验表明，利用水可以把混凝土多孔性材料的无数孔隙堵住，或采用密度较大材料制作集气罩，可大大提高沼气池的密封性。

（1）集气罩法

用一个密封性能好的钢板或者塑料制成高40厘米的集气罩，安放在发酵池顶部改建的环形水槽里；原活动盖用碎石架起一缝

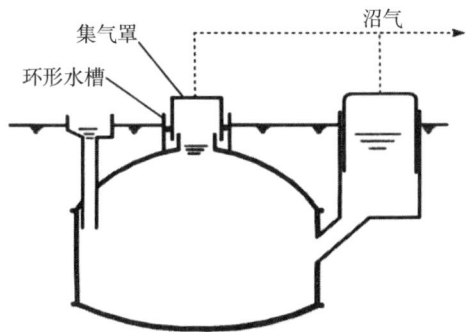

图3-5　集气罩法示意图

隙，使料液能通过而浮渣被阻挡在池内。借料液形成的水封使罩内外气体隔绝（图3-5）。池里的发酵料液要求加到集气罩高度的2/3，使沼气池池体内部结构（不论是混凝土、砖或者三合土等）全部浸没在料液里。这样，就可以有效地杜绝池体本身漏气，使池里产生的沼气全部通过集气罩送入新建的、放置在水压间内的浮罩内储存起来，然后送入灶具使用。

（2）顶盖水封法

这是一种不改变原水压式池型的简便易行的方法。具体方法是：首先挖开沼气池上面的全部覆土；在池上的圈梁上，用二合土或三合土打成一圆柱形的截水墙；再在沼气池上铺上50毫米厚的碎砖石或粗砂构成的布水层；最后把挖开的覆土恢复原状，压实，同时埋入一条补水管（图3-6）。使用的时候，要经常在补水管里加水，使池上盖的水泥结构经常处

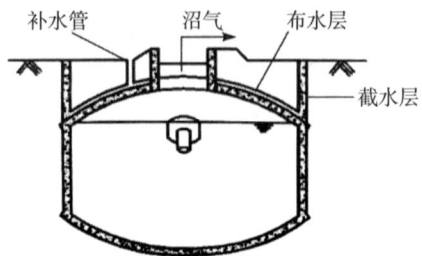

图3-6　顶盖水封法示意图

于湿润状态，以达到不漏气的目的。

（3）大帽盖式沼气池

将原水压式沼气池改造成一种装满料的分离浮罩式沼气池。具体说，就是把原来活动盖直径放大到 1 000 毫米，用一个 80 千克重的混凝土帽形罩盖在池口上。帽形罩把沼气池产生的沼气收集起来，通过输气管输送到置于出料间内的贮气浮罩内。由于整个沼气池的上盖和收集沼气的帽形罩全部浸泡在料液中，所以，也能起到水封不漏气的作用（图 3 - 7），而且大出料比较方便。

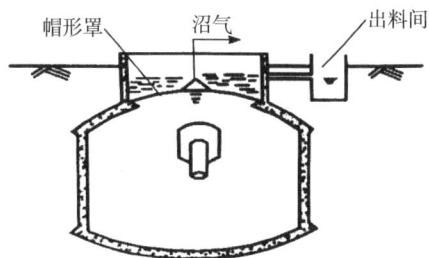

图 3 - 7 大帽盖式沼气池示意图

三、注意事项

在检查沼气池是否产气时，严禁在沼气池出料口或导气管口点火，以避免引起火灾或造成回火致使池内气体爆炸，破坏沼气池。

第四节 户用沼气池维修与维护

学习目标：掌握户用沼气池的故障维修方法以及日常维护基本内容。

一、户用沼气池维修与维护方法

（一）户用沼气池漏水、漏气的故障维修方法

查出沼气池漏水、漏气部位后，标上记号，根据不同情况进行维修。目前农村家用沼气池常有的维修方法是：

1. 裂缝的处理

将裂缝凿成 V 形，周围拉毛，再用 1：1 水泥砂浆填塞 V 形槽，压实、抹光，然后用纯水泥浆涂刷 2～3 遍。

2. 抹灰层剥落或翘壳的处理

应将其铲除，冲洗干净，重新按抹灰施工操作程序，认真、仔细分层上灰，薄抹重压，并在中间夹一层掺和性密封涂料与水泥混合浆。

3. 渗水、漏水的处理

地下水渗透入池内，可用盐卤拌和水泥，堵塞水孔，用灰包顶住敷塞水泥的地方，20 分钟后，可取下灰包，再敷一层水泥盐卤材料，再用灰包顶住，如此连做 3 次，即可将地下水截住；也可以用硅酸钠溶液拌和水泥填入水孔。

硅酸钠溶液与水泥合用，2～3分钟内便可凝结。为便于操作可加适量的水于硅酸钠溶液中，以减慢凝结速度。

4. 导气管与池盖交接处漏气的处理

可将其周围部分凿开，拔下导气管，重新安装导气管，灌筑标号较高的水泥砂浆，并局部加厚，确保导气管的固定。

5. 池底下沉或池墙脱开的处理

可将裂缝凿开成一定宽度、一定深度的沟槽填以 C20 细石混凝土，并用 1:1 水泥砂浆粉 2～3 层。

6. 活动盖边缘漏气的处理

沼气池活动盖漏气是一个长期存在的老大难问题，它直接影响着沼气池的产气效果。有的地方因此干脆不设活动盖。然而，天窗口兼有通风、采光、进出料等多种功能，不可不设。

活动盖漏气的处理方法：

造成活动盖漏气的原因有二：一是连接间的黏土等填塞物有孔隙；二是活动盖重量轻，不足以抵消池内气体的压力。活动盖过重，又给操作带来不便。下面是处理活动盖边缘漏气的几种方法。

（1）用 M5 混合砂浆（425 号水泥：石灰膏：砂＝1:1:7）封闭天窗口与活动盖间的结合缝；同时，在活动盖上增加一定的重量（22～33 块厚度为60 毫米左右、大小与活动盖一样的混凝土盖板）。

（2）对于底层进出料的沼气池，天窗口仅起通风和采光的作用，天窗口可设计小些，采用小型重力式活动盖、橡胶垫圈密闭结合缝的办法。例如，设计压力为 8 千帕的沼气池，根据天窗口的大小，选择合适的橡胶垫圈，加上三块自重 17.4 千克的盖板即可，或用一块盖板配套相应的螺栓结构也行。

（3）用黏土封堵活动盖。用黏土封堵沼气池活动盖缝隙可取得较好效果，其做法是：用两种不同含水率黏土，分别以不同的方法堵塞在不同部位的缝隙中。首先备好纯净的黏土，先取出一半，视其含水率情况，将其调和槌打成柔性黏土（以不粘手为宜），将另一半黏土自然风干成半干状，并碎成小粒（以能装入缝隙为度）待用。封堵时，先将柔性黏土搓成圆条，将其均匀地按压在洗净的天窗口上沿和蓄水圈下沿之间，使呈斜坡形。然后将洗净的活动盖安放在天窗口正中，从出料口取出 50～100 千克沼液，使池内形成负压，再捣实半干黏土。将半干黏土分层装入活动盖周围竖缝中，分层用木棒槌打捣实，直至与活动盖上沿相平。当半干黏土填满约 2/3 缝隙时，用 8～10 块楔形卵石（或木楔）等距打入缝隙中，使楔形卵石与两壁楔紧。最后，在缝隙上部的黏土上洒少量水，将表面压平抹光。盖上活动盖后，在表面刷一层水泥浆，防止黏土向上膨胀。待水泥浆终凝后，将养护圈再慢慢注满水，防止竖缝黏土干裂产生漏气。

（二）日常维护

1. 新建沼气池经水密性和气密性检验合格后，应及时装料发酵启动，切忌空池暴晒。

2. 每口沼气池都要安装压力表，经常检查压力表变化。当沼气池产气旺盛时，池内压力过大，要立即用气、放气，以防胀坏气箱，冲开活动盖造成事故。如果池盖已经冲开，需立即熄灭附近烟火，以避免引起火灾。

3. 经常检查活动盖的养护水是否干了，若水已干了应及时加水，以免活动盖的密封黏土发裂漏气。

4. 在输气管道最低的位置要安装集水器，经常检查水位，并防止冷凝水聚集结冰，堵塞输气管道。

此外，户用沼气池的日常维护还可参考初级工第四章的相关内容。

（三）安全用气与事故急救

安全用气参看初级工第四章第一节（三、户用沼气池安全运行管理）。

在沼气使用不当导致中毒事故时，应按中毒类型进行事故急救处理。

1. 沼气窒息中毒事故的类型

沼气窒息中毒的表现，可分为轻型、中型、重型三类。

（1）轻型

人进入沼气池后，立即昏倒，不省人事。被救出沼气池后呼吸加深，张口吸气，数分钟后清醒。

（2）中型

病人从沼气池救出后，出现阵发性、强直性全身痉挛、昏迷，面色苍白，心跳和呼吸加快。起初瞳孔缩小，随后转为正常。经抢救治疗好转后，大多数人都不能回忆曾发生过什么事情，连自己下沼气池的事也记不清，定向力（辨别时间、地点的能力）暂时受到阻碍。

（3）重型

人进入沼气池后昏倒，一般没有痉挛，或仅有微弱的抽搐，呼吸停止后心跳还能继续，若病人死亡，尸斑是青紫色。

中毒症状的轻重，与在沼气池内停留时间的长短和沼气池内有害气体的浓度有着密切的关系。因此，事故发生后，应立即向池内通风。实践证明，重型中毒，一般都有抢救治愈的可能。

病人抢救脱险后，24 小时内会出现全身乏力、头痛、胸闷等症状，呈压迫感，干咳，有的发生支气管肺炎，化验检查白细胞有明显升高。

轻微中毒的病人，自觉气紧、胸闷、呼吸和心跳加快，头昏乏力，出汗恶心等。救出沼气池后，吸取新鲜空气，症状随之消失。

2. 沼气窒息中毒事故的抢救

若一旦发生沼气窒息中毒事故，应及时将病人救出池外，进行抢救。抢救时，应注意以下几个方面：

（1）进行有组织的抢救

立即组织好人员进行抢救，同时，请医生到现场抢救，或送医院治疗；不要慌乱，严禁围观，堵塞道路。

（2）注意透气和保温

将被抢救的病人移放到空气新鲜的地方，解开胸部纽扣和裤带，进行抢救，但要注意保暖，防止受凉。

（3）急救处理方法

根据一些实践经验，对沼气窒息性中毒病人进行了一些研究，总结归纳出以下急救处理方法：

①痉挛的处理。

a. 冬眠灵、非拉根（复方氯丙）。成人每次用量 25～50 毫克，儿童每千克体重 1 毫克，肌肉或静脉注射。吗啡、杜冷丁有抑制呼吸中枢的作用，应忌用。

b. 安定。成人每次 10～20 毫克（用助溶剂稀释到 2～4 毫升），儿童每千克体重 0.04～0.2 毫克，缓慢静脉注射。如疗效欠佳，一小时后可重复一次。

c. 噜米那钠。成人每次 0.2 克，儿童每千克体重 10 毫克，肌肉注射。

d. 阿米托钠。成人每次 0.1～0.3 克，儿童每千克体重 5 毫克，肌肉注射，或缓慢静脉滴注。

②呼吸停止的处理。

a. 做人工呼吸。可做口对口呼吸，必要时可做支气管插管、人工加压呼吸。

b. 山根菜碱（洛贝林）。每次 3～6 毫克，肌肉或静脉注射。

c. 可拉明。每次肌肉或静脉注射 0.375 克

d. 回苏灵。静脉注射一次 8 毫克，静脉滴注一次 16～24 毫克。

③心律缓慢和心跳停搏的处理。

a. 心律缓慢、心跳暂停可选用下列药物：

ⓐ阿托品。每次静脉注射 0.5～2 毫克。

ⓑ异丙基肾上腺素 0.5～1 毫克，加入 500 毫升的葡萄糖液中，静脉缓慢点滴，保持心率每分钟 80 次。

ⓒ1 克分子乳酸钠 20 毫升或葡糖酸钙 10 毫升，静脉注射或心室腔内注射。

b. 心跳停搏的处理方法。

ⓐ胸外心脏按压。

ⓑ1：1 000 的肾上腺素 0.5～1 毫升，心室腔内注射。

ⓒ1：10 000 的肾上腺素、去甲基肾上腺素、异丙基肾上腺素和阿托品各 1 毫升（四联针），室腔内注射。

c. 脑水肿。呼吸、心跳停止后，引起脑缺氧缺血，而致脑水肿。脑水肿后，病人不能苏醒。一般用甘露醇脱水疗法处理，甘露醇用量每次每千克体重 0.5～15 克，静脉快速滴注。

d. 高能量合剂。促进神经细胞的恢复。三磷腺苷 20～40 毫克，细胞色素 C30 毫克，辅酶 A50 毫克，三者合并加入葡萄糖液中，静脉注射。

3. 沼气烧伤的现场急救措施

沼气的火焰速度一般为 0.2 米/秒，因此，不注意沼气安全使用知识，就容易引起烧伤。沼气烧伤的特点是创伤面积大，皮肤损伤为Ⅱ～Ⅲ度，且创面常有粪便和秽物污染，如现场急救处理不当，病情容易发展。发生沼气烧伤事故后，可采用下列方法进行现场急救处理：

（1）灭火

及时灭火是减轻病情的首要措施。人被烧着，应迅速脱下着火的衣服，或就地慢慢打滚灭火，或由抢救者用水浇，或用湿衣、湿被、湿毯子等扑盖灭火，或跳入附近水沟、水塘内。切不可用手扑打，以免手部烧伤更重，影响以后功能的恢复，也不可仓皇奔跑，因为火乘风势会助长燃烧，创伤更重。如在池内着火，要从上往下泼水进池灭火，并尽快将病人救出池外。

（2）保护创伤面

现场处理创伤面的目的在于尽量保护创面不再加重损伤和感染。因此，灭火后，要先剪开被烧烂的衣服，用清水（井水、河水、自来水）冲洗身上的粪便和泥土，用清洁衣服或被单包裹创面或全身，寒冷季节应另加干净被盖保暖，但注意被盖不要直接压着创面。

（3）注意呼吸通畅

沼气是一种气体燃料，因此，沼气烧伤的患者，常常有口鼻和上呼吸道的黏膜烧伤，咽喉部黏膜苍白或充血水肿。凡声音嘶哑者，应严密观察呼吸情况，对呼吸困难或窒息的患者，应立即进行气管切开手术。

（4）镇静止痛

烧伤患者非常疼痛，常用的镇静剂有杜冷丁，成人每千克体重肌肉注射 1～2 毫升，或肌肉注射吗啡，成人每千克体重 0.2 毫升，一日 2～3 次。

大面积烧伤病人因周围循环障碍，肌肉注射吸收不良，应在杜冷丁或吗啡中加生理盐水 5～10 毫升稀释后作静脉缓慢注射。伴有呼吸道烧伤或颅脑损伤者，应忌用吗啡改用噜米那钠，成人一次计量为 0.1 克。

（5）并发症的处理

如患者有窒息、骨折等并发症，应立即抢救，对骨折可作简单固定处理。

（6）转运时间的选择

严重烧伤的病人最好等休克期度过后再转运为宜，切忌在烧伤后72小时内转送，否则将加重休克，增加早期暴发型阴性杆菌败血症的发病率。在此72小时内，应及时补充足量的生理盐水或葡萄糖盐水等晶、胶体药物，待患者有足够尿量后才转送。切忌单纯补充水分和口服大量开水，这样不但不能纠正休克，还有可能导致脑水肿等严重后果。如由于条件限制，需要立即转送病人，则应在烧伤后2～3小时内送到医院治疗。

（7）转送患者的注意事项

转运前，对未包扎妥的创面，最好采用吸水性能好的敷料进行重新消毒包扎，包扎的敷料应厚些，防止创面渗出液渗透敷料，增加感染机会，同时，厚敷料又可以起到保护创面的作用。搬运时，运输工具要宽敞，病人采取平卧姿态，设法尽量减少因搬运病人而带来的疼痛。长途转运要采取静脉输液，安置保留导尿管，观察尿量。转运途中禁用冬眠灵，并严格观察病情变化做好急救处理。

二、相关知识

户用沼气池故障原因与预防。

（1）外因及预防

①重物压撞。重物对池顶或池壁的长期压撞、震荡，使池体变形，发生裂缝甚至断裂，导致沼气池漏水、漏气。为避免沼气池受损，禁止在池上存放重物或载重车从沼气池上通过，不得在沼气池附近进行剧烈震动活动。

②长时间空置。沼气池大出料后，没有及时装新料，使池体内各部与空气长期接触，由于风化、氧化、混凝土脱水等原因，使池体内部发生龟裂或密封层脱落，造成沼气池漏水、漏气现象的发生。因此，在大换料前，应做好充分准备，出料后，应及时装料，防止空"腹"闲置，造成池子损伤、渗漏。

③气温骤变。气温急剧降低使池体各部胀缩不匀，尤其是冬季，池子受冻裂缝或封层脱落，造成"双漏"。因此，为避免气温对池子的影响，特别在冬季，应在沼气池顶堆放些柴草，或在池上搭建塑料大棚，使池子安全越冬。

（2）内因与预防

①沼气池建设质量不过关。由于建池材料质量差或施工粗糙，使沼气池患"先天性不足症"，或"负重即垮"，或"未老先衰"。因此，建池时应严格把好质量关，严格按操作规程施工。

②进出料不合理。首次装料太多，或平时多进少出、不出，使沼气池处于

"胀肚"状态，久而久之，把池子胀坏，造成"双漏"。因此，首次装料不宜过多，平时进料应注意出多少、进多少、先出后进。

③气量不稳定。由于贮气间容积过小，产气高峰期气压过大，使池子发生裂缝，导致漏气。为避免此现象发生，贮气间应设计合适，贮气接近或达到设计压力时，应及时放气。

④发酵料液酸碱性对沼气池造成腐蚀，使密封层脱落，形成沼气池渗漏。因此，应注意料液 pH 的调节，使之维持在中性或中性偏碱的状态。

三、注意事项

1. 沼气池的进、出料口要加盖，以防人、畜掉进去造成伤亡事故。同时，进、出料口加盖也有助于保温和减少料液中氨态氮的挥发。弃之不用的病态池应及时填埋，若仍作为化粪池使用，应盖好进、出料口和活动盖口，以防发生事故。

2. 一般进出料时，池内压力波动不大。但当用机械进、出料时事先应打开活动盖，以防止出现过大的正、负压，使沼气池崩裂、倒塌。

3. 一般沼气池进、出料口应高出附近地面，避免雨水流入沼气池，而使沼气压力增大，造成沼气池体损坏。

此外，户用沼气池的日常维护还可参考初级工第四章的相关内容。

思考与练习题

1. 怎样判断沼气池漏水、漏气？如何处理？

2. 新沼气池装料不产气如何处理？

3. 什么原因造成沼气池装料后产气很少且有气燃烧不理想？应如何处理？

4. 什么原因造成压力表上升很慢？应如何处理？

5. 什么原因造成人畜粪料前期产气旺盛随后产气逐渐减少？应如何处理？

6. 什么原因造成大换料前产气好出料后重新装料产气不好？应如何处理？

7. 什么原因造成沼气池开始产气很好三四个月后明显下降？应如何处理？

8. 什么原因造成气量明显下降或陡然没有气？应如何处理？

9. 什么原因造成压力表水柱很高但贮存的沼气很少？应如何处理？

10. 什么原因造成压力表上升快以后上升越来越慢直至停止上升？应如何处理？

11. 什么原因造成沼气池厌氧微生物中毒停止产气？应如何处理？

12. 沼气池漏水漏气的检查方法有几种？应如何操作？

13. 解决沼气池漏气的方法应如何操作？

14. 沼气池维修方法有哪些？应如何操作？

15. 沼气池出现故障的因素有哪些？应如何预防？

16. 什么原因造成用气时开关一打开压力表水柱上下波动？应如何处理？

17. 如何检查沼气输气管路漏气？要掌握哪些技术要领？

18. 输气管路的维修方法有哪些？应如何操作？

19. 怎样提高沼气灶具的燃烧效率？应掌握哪些关键技术？

20. 如何进行沼气输气管路的气密性检验？应注意什么事项？

21. 沼气灶具使用中都有哪些故障？应如何排除？

22. 沼气饭锅使用中都有哪些故障？应如何排除？

23. 沼气热水器使用中都有哪些故障？应如何排除？

24. 沼气灯具使用中都有哪些故障？应如何排除？

第四章　沼液沼渣综合利用

本章的知识点是学习沼液沼渣的综合利用技术，重点是掌握沼肥在种植业中的综合利用技能。

沼渣和沼液统称沼气发酵残留物，也称沼肥。沼气发酵残留物的特性是：①沼液：总固体含量小于1％，与沼渣相比，沼液养分含量不高，但其养分主要是速效性养分，这是由于发酵物长期浸泡水中，一些可溶性成分自固相转入液相，提高了速效养分含量；宜作追肥和叶面肥。②沼渣：含有较全面的养分元素和丰富的有机物质，具有速缓兼备的肥效特点，又因为沼渣中的纤维素、木质素可以松土，腐殖酸有利于土壤微生物的活动和土壤团粒结构的形成，所以沼渣具有良好的改良土壤的作用；宜作基肥。

第一节　沼液利用

学习目标：能根据沼液的成分和特性，掌握沼液浸种追肥、喷施的方法和技术要领。

一、农作物沼液浸种

沼液中除含有肥料三要素（氮、磷、钾）外，还含有种子萌发和发育所需的多种养分和微量元素，且大多数呈速效状态。同时，微生物在分解发酵原料时分泌出的多种活性物质，具有催芽和刺激生长的作用。因此在浸种期间，钾离子、铵离子、磷酸根离子等都能因渗透和对种子的生理特性起作用，不同程度地被种子吸收，而这些离子在幼苗生长过程中，可增强酶的活性，加速养分运转和新陈代谢过程。因此，使得幼苗"胎里壮"，抗病、抗虫、抗逆能力强，为高产奠定了基础，可提高种子发芽率5％～10％，成苗率10％～15％，产量5％～10％。

（一）操作方法

农作物种子要使用上年或当年生产的新鲜种子，沼液要使用正常发酵产气2个月以上的沼液。浸种前应对种子进行晾晒，晾晒时间不得低于24小时，浸种前应对种子进行筛选，清除杂物、秕粒。浸种时将种子装在能滤水的袋子里，并将袋子悬挂在沼气池水压间的上清液中。沼液温度要求在10℃以上，

pH 在 7.2～7.6。沼液浸种的一般步骤为清理沼气池水压间的杂物、选种、装袋、浸种、滤干，最后播种。

1. 水稻浸种

沼液水稻浸种的工艺流程如图 4-1 所示，其操作方法和技术要领为：

（1）晒种

选用高纯度和高发芽率的新优良水稻种子，浸种前晒种 1～2 天，以提高种子的吸水性能，并杀灭部分病菌。

（2）浸种

首先用浸种袋（如化肥袋、尼龙编织袋等）将稻种装好，每袋装 15～20 千克，扎紧袋口，投入已正常使用 40 天的沼气池水压间内浸泡。

①早稻。浸沼液 24 小时再浸清水 24 小时。对一些抗寒性较强的品种，浸种时间适当延长，可浸沼液 36 小时或 48 小时，清水浸 24 小时。早稻杂交品种，由于其呼吸强度较大，因此宜采用间歇法浸种，即浸 6 小时后提起用清水洗净沥干（不滴水为止），然后再浸，连续这样做，直到浸够要求时间为止。

②晚稻。常规品种浸沼液 24 小时，采用间歇法。杂交品种浸沼液 12 小时，浸清水 12 小时，采用间歇法。

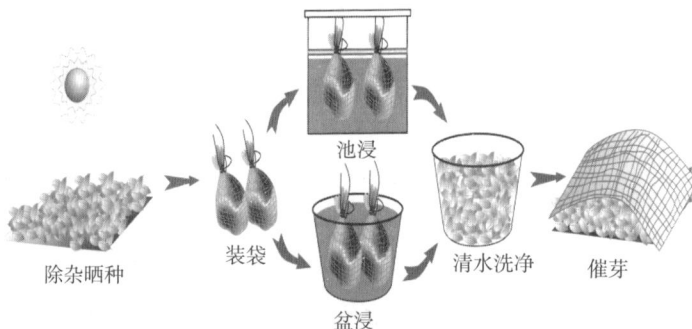

图 4-1 沼液水稻浸种的工艺流程

（3）清洗

捞出浸种袋，用清水漂洗 2～3 次，晾干，方可催芽。沼液浸种会改变有些种壳的颜色，但不会影响发芽。

2. 小麦浸种

（1）种子的处理

在浸种前要选择晴天将麦种晒 2～3 次，提高种子的吸水性能。

（2）沼液的选择

选用发酵时间长且腐熟较好并与猪圈、厕所结合正常使用的沼气池发酵液。于浸种前几天打开水压间盖，在空气中暴露数日，并搅动数次，使少量硫化氢气体逸散，还要将水压间内水面上的浮渣清除。

（3）浸种时间

小麦沼液浸种适宜土壤墒情较好时应用，土壤干旱墒情较差时，则不宜采用沼液浸种。

（4）浸种操作

将要浸泡的麦种装入透水性好的塑料编织袋。每袋种子量占袋容的 2/3。将袋子放入水压间沼液中，并拽一下袋子的底部，使种子均匀松散于袋内，以沼液浸没种子为宜，浸泡 12 小时。

（5）播种麦种

浸泡 12 小时后，取出种子袋，用清水洗净，并使袋里的水漏去，然后把种子摊在席子上，待种子表面水分晾干后次日即可播种。如果要催芽的，即可进行催芽播种。

3. 玉米浸种

先将玉米种子晒 1～2 天，去杂、去秕粒后，用发酵好的沼液浸种。将晒过的玉米种装入塑料编织袋（只装半袋）内，并拽一下袋子的底部，使种子均匀松散于袋内，用绳子吊入出料间料液中部，浸泡 24 小时后取出。用清水洗净，沥干水分，即可播种。

4. 棉花浸种

将棉花种子袋浸入沼气池水压间，浸泡 36～48 小时后，取出袋子滤去水分，用草木灰拌和反复轻搓，使其成为黄豆粒状即可用于播种。浸泡时要防止种子漂浮在液面，播种时间不宜选择在阴雨天。

5. 甘薯浸种

将选好的薯种分层放入大缸或清洁的水池内；将沼液倒入，液面超过上层薯块表面 6 厘米为宜，并在浸泡中及时补充沼液；2 小时后捞出薯种，用清水冲洗净后，放在草席或苇箔上晾晒，直至种块表面无水分为止；然后按常规排列上床。苗床土培养基为 30％的沼渣肥和 70％的泥土混合而成。

（二）相关知识

1. 沼气发酵残留物的营养成分

用于沼气发酵的农村生产生活所产生的有机废弃物，通常为人畜粪便和植物废弃茎叶等，这些原料的成分大都为纤维素、蛋白质、脂肪。通过沼气发酵后，其发酵残留物保留了丰富的粗蛋白、粗纤维、粗脂肪等营养成分。沼液沼渣所含营养类别如图 4-2 所示。

从营养元素来看，沼气发酵过程是碳、氢、氧的代谢过程。农牧复合生态工程有机废弃物中的碳、氢、氧经发酵转化为沼气-甲烷和二氧化碳；有机废

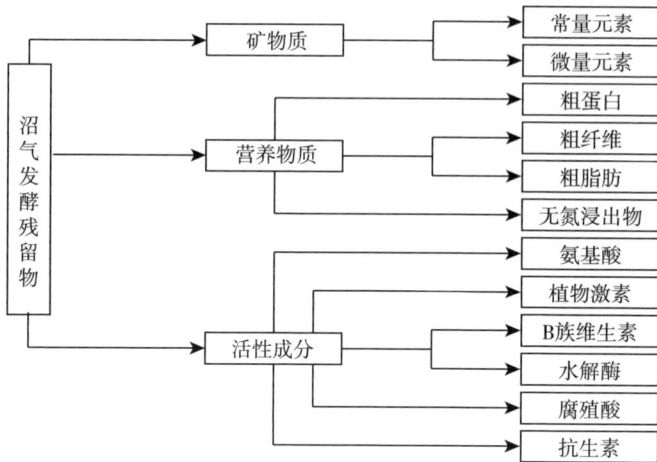

图 4-2　沼液沼渣所含营养类别

弃物中大量的氮、磷、钾则保存于发酵残留物中，而且这些元素在发酵过程中被转化为简单的化合物，易于被动物、植物吸收利用。例如，有机废弃物中的有机氮素，一部分被转化为氨态氮（$NH_3 - N$）的形式，相当于速效氮，另一部分则参与代谢或分解为氨基氮（游离氨基酸的形式）。氨态氮是理想的氮肥，而氨基酸则是饲料的最佳氮素来源。

从营养成分来看，有机废弃物经沼气发酵后，原料中的纤维素被部分降解，蛋白质一方面通过蛋白水解酶降解为氨基酸，另一方面通过微生物繁殖而转化为菌体蛋白。总体比较分析，沼气发酵残留物中的粗纤维含量比有机废弃物中的低，而粗蛋白含量则高于有机废弃物。

通过对沼气发酵原料发酵前后的氨态氮、纤维素、碳氮比等指标进行检测分析，结果表明，通过沼气发酵，原料中纤维素被部分降解，粗蛋白含量提高，氨态氮含量升高。

2. 沼液浸种的效果

沼液浸种的具体效果是：

（1）发芽率高，芽壮根粗

采用沼液浸种，稻种发芽率比清水浸种提高 10％，成秧率提高 20％以上，且根粗芽壮，为培养壮秧和增产奠定了良好的生理基础。

（2）沼液浸种花钱少，效果好

沼液浸种比用药剂浸种简便易行，实用经济，既省钱，效果又好。对比试验表明：用三环唑浸种，损失率达 20％，而用沼液浸种，基本上没有损失。

（3）沼液育秧苗况好

沼液无土育秧不仅出苗整齐，苗壮根粗，而且白根多，新根多，无病虫，秧根短且不交错，便于插秧时分秧，插秧后易扎根，返青快，生长旺盛。

（4）秧苗抗逆性增强

沼液无土育秧比常规育秧秧苗早熟，抗寒抗病抗虫能力强，成秧率高。据南方某地实践证实，用沼液浸种和育秧的秧田，经受两次特大寒潮、冰雹袭击后，烂秧率仅为10％，而与此相邻的不用沼液浸种和育秧的秧苗，烂秧率高达80％。

（5）沼液育秧产量高

沼液无土育秧不受自然气候限制，可提早育秧，早插秧，为夺取高产奠定基础，一般沼液浸种和育秧比常规方法可增产5％～10％。并且无土育秧可节约秧田面积，减少用工和劳动强度。

3. 浸种沼液的要求

用于浸种的沼液应同时具备以下三个条件。

（1）正常运转、使用一个月以上，并且正在产气（以能点亮沼气灯为准）的沼气池出料间内的沼液。停止产气、废弃不用的沼气池的沼液不能用来浸种。

（2）出料间中流进了生水、有毒污水（如农药等），或倒进了生的人粪尿、畜禽粪便及其他废弃物的沼液不能用。出料间表面起膜状的沼液不宜用于浸种。

（3）发酵充分的沼液为无恶臭气味、深褐色明亮的液体，pH 7.2～7.6，相对密度在1.044～1.077。

（三）注意事项

1. 用于沼液浸种的沼气池，一定要正常发酵产气2个月以上。长期停用的沼气池中"沼液"不能用于浸种，以免伤害种子。

2. 浸种时间随地区、品种、温度差异灵活掌握，浸种时间不宜过长，以种子吸足水分为好，最好先试验再浸种，浸泡过长种子易水解过度，影响发芽率。

3. 如沼液浓度过高，浸种前加1～3倍清水进行稀释。

4. 浸种时要考虑天气情况，如遇阴雨，可将种子摊在席子上自然发芽、播种更好。

5. 沼液浸过的种子，都应用清水淘净，然后催芽或播种。

6. 在产气压力低（50毫米水柱）或停止产气的沼气池水压间浸种，其效果较差。

7. 浸种前盛种子的袋子一定要清洗干净。

8. 及时给沼气池加盖，注意安全。

9. 沼液浸种最好使用纯度高、发芽率高的新种子，不宜采用陈种子。

10. 有包衣剂的种子不能在沼气池内育种。

二、沼液追肥利用

学习目标： 掌握沼液追肥利用的方法和技术要领。

（一）沼液做追肥根部追施

沼肥中的上层液含有大量可溶性养分，是含氮量较高的液体肥料，易为蔬菜作物吸收利用，是很好的蔬菜追施肥料。沼肥中层是糊状物，具有丰富的速效氮、磷、有机质和腐殖质，肥力较高，适合在蔬菜作物的生长中期做追肥用。沼液可用于沟施或者灌根。

每亩用量 1 000～1 500 千克沼肥，可以直接开沟挖穴浇灌作物根部周围，并覆土以提高肥效，据山东省临沂地区沼气科研所在玉米上的试验：沼渣肥密封保存施用比对照增产 8.3%～11.3%，晾晒施用比对照增产 8.1%～10%。沼液直接开沟覆土施用或沼液拌土密封施用均比对照增产 5.7%～7.2%，而沼液拌土晾晒施用比对照增产 3.5%～5.4%。有水利条件的地方可结合农田灌溉，把沼液加入水中，随水均匀施入田间。

（二）相关知识

1. 沼液沼渣中的植物营养

沼气的厌氧微生物发酵过程富集了有机废弃物中的大量养分，如氮、磷、钾等大量营养元素和锌、铁、钙、镁、铜、铝、硅、硼、钴、钒、锶等丰富的微量元素。同时，在沼气发酵过程中，复杂的厌氧微生物代谢产生了许多生物活性物质——丰富的氨基酸、B 族维生素、各种水解酶类、植物激素、腐殖酸等，在种植业和养殖业中有着广泛的用途。沼液沼渣中氮、磷、钾、有机质等大量营养元素含量如表 4-1 所示。

表 4-1　沼液沼渣中氮、磷、钾、腐殖酸、有机质含量

名称	有机质（%）	腐殖酸（%）	总氮（%）	全磷（%）	全钾（%）	性质
沼渣	30～50	10～20	0.8～2.0	0.4～1.2	0.6～2.0	缓效兼速效
沼液	—	—	0.03～0.08	0.02～0.07	0.05～1.4	速效

2. 沼肥与堆肥的比较

沼气发酵的残留物沼液沼渣有机肥的养分含量比任何一种堆沤方法制取的有机肥的养分含量都高，氮、磷、钾的回收率高达 90% 以上。

采用不同的方法对有机肥进行 3 个月的处理，其氮素损失为好氧处理的高达 50% 左右，兼性厌氧处理的近 20%～30%，沼气发酵的只有 5% 左右，如表 4-2 所示，其使用效果对比如表 4-3 所示。沼气发酵，不仅对原料中总氮的保存有利，且能产生并保持较高的速效氮含量，对作物的吸收利用有利。

表 4-2　沼气与堆肥、氧化塘等处理方式的养分损失对比

发酵类型	氮损失（％）		磷损失（％）		钾损失（％）	
	平均值	范围	平均值	范围	平均值	范围
沼气	9.0	5.9～12.2	9.0	0～9.0	4.3	2.0～6.0
堆肥	30.7	7.0～55.9	30.7	2.4～28.2	18.7	7.0～35.0
氧化塘	37.8	10.0～69.0	37.8	24.6～67.7	43.3	18.0～75.0

表 4-3　沼液肥与敞口池粪水效果对比试验

作物	产量（千克/公顷）		比对照（敞口）池增产		试验次数
	沼气池粪水	敞口池粪水	千克/公顷	％	
水稻	4 773	4 482	291	6.5	18
玉米	4 170	3 828	342	8.9	9
小麦	3 750	2 930	820	28.0	29
棉花	1 155	1 002	153	15.3	2
油菜	1 938	1 752	186	10.6	15

沼气发酵过程中，磷的损失少、矿化率低。与堆沤处理比较，磷损失率为堆沤处理的 1/16，矿化率为堆沤处理的 1/5。沼液中磷的含量为全磷量的 10％左右。

钾在自然界中绝大多数以无机态或离子吸附态存在。堆沤处理有机肥，由于雨水浸淋，钾离子很容易从坏死后的植物组织细胞渗析出来而流失。而沼气发酵在密闭容器中进行，钾的回收率可达 90％以上。其中，固相和液相的钾含量接近对等。

沼液是沼气发酵后的残留液体，其总固体含量约小于 1％。沼液与沼渣比较，虽然养分含量不高，但其养分主要是速效性养分。这是因为，发酵物长期浸泡于水中，一些可溶性养分自固相转入液相，提高了速效养分含量。

（三）注意事项

沼肥是一种缓速兼优的好肥料，可增强作物抗旱、防冻能力，提高秧苗的成活率。由于人畜粪便及秸秆经过密闭发酵后，在产生沼气的同时，还产生一定量的沼肥，施用沼肥不但节省化肥、农药的喷施量，也有利于生产绿色食品，但施用沼肥要注意以下五点：

一忌出池后立即施用。沼肥的还原性强，出池后的沼肥立即施用，它会与作物争夺土壤中的氧气，影响种子发芽和根系发育，导致作物叶片发黄、凋萎。因此，沼肥出池后，一般先在储粪池中存放 5～7 天后施用；沼渣与磷肥按 10：1 的比例混合堆沤 5～7 天后施用，效果更佳。

二忌不兑水直接追施沼肥。不兑水直接施在作物上，尤其是用来追施幼苗，会使作物出现灼伤现象。沼肥作追肥时，要先兑水，一般兑水量为沼液的一半。

三忌表土撒施沼肥。施于旱地作物宜采用穴施、沟施，然后盖土；施用于水田应在耕翻前均匀撒施田面，然后犁翻入底层。

四忌过量施用。施用沼肥的量不能太多，一般要比施用普通猪粪肥少。若盲目大量施用，会导致作物徒长而减产。

五忌与草木灰、石灰等碱性肥料混施。草木灰、石灰等碱性较强，与沼肥混合，会造成氮肥的损失，降低肥效。

三、农作物和果树沼液喷施

学习目标：根据沼液的成分和特性，掌握沼液喷施的生产技能。

（一）农作物和果树沼液喷施技术

沼液中营养成分相对富集，是一种速效的水肥，用于农作物或果树叶面施肥，收效快，利用率高。一般施后 24 小时内，叶片可吸收喷施量的 80％左右，从而能及时补充果树生长对养分的需要。

用于沼液喷施的沼气池，一定要正常发酵产气 3 个月以上，沼液 pH 在6.8～7.6。将此沼液用纱布过滤，曝气 2 小时后备用。将沼液按照 1：3 稀释之后对叶面进行喷施，喷施时间在上午十点前或者下午三点后为宜，每次喷施量为 525 千克/公顷，每 7～10 天喷施一次，连续喷施 3 次。沼液还可与其他农药混合施用，以提高防病效果。

1. 沼液喷施防治农作物虫害

（1）喷施沼液防治农作物蚜虫

用沼液喷施小麦、豆类、蔬菜、棉花、果树等，可防治蚜虫侵害，施用方法如下：

①在蚜虫发生期，选用沼液 14 千克，洗衣粉溶液 0.5 千克，配制成沼液复方治虫剂，用喷雾器喷施。

②选择晴天的上午喷施，每次喷施量 525 千克/公顷，第二天再喷施一次。

生产实践表明，用产气好的沼液防治果树和蔬菜蚜虫、菜青虫，喷施一次，防治率为 70％左右，喷施两次可达 96％以上。

（2）喷施沼液防治玉米螟幼虫

玉米螟幼虫是春玉米、夏玉米的主要虫害，常规防治方法是用药液浇洒于玉米心叶防治。用农药与沼液混合浇玉米心叶，可取得防虫、施肥双重效果。

具体做法是：在螟虫孵化盛期，用沼液 50 千克，加 2.5% 敌杀死乳油 10 毫升配成药液，选择晴天的上午喷施，每次喷施量 525 千克/公顷，第二天再喷施一次。使用时将喷雾器喷头朝下浇心施药。施药 6 天和 11 天后观察，用加入敌杀死药的沼液与单独用药液防治效果完全相同，没有出现玉米螟幼虫危害。此外，还发现用沼液浸种、浇心叶后的玉米，叶色稍深，更苗壮。

（3）喷施沼液防治果树红蜘蛛

在苹果、柑橘等果树生长期间，用沼液原液或添加少量农药喷施果树，可防治果树蚜虫，红、黄蜘蛛和螨、蚧等病虫害；用沼液涂刷病树体，可防治苹果树腐烂病；沼液灌根，可防治根腐病、黄叶病、小叶病等生理性病害。沼液原液喷施果树，对红蜘蛛成虫杀灭率为 91.5%，虫卵杀灭率为 86%，黄蜘蛛杀灭率为 56.5%；沼液加 1/3 水稀释，红蜘蛛成虫杀灭率为 82%，虫卵杀灭率为 84%，黄蜘蛛为 25.3%，所以沼液浓度越高，杀虫效果越好。用沼液喷施果树时，加入 1/1 000～1/2 000 的氧化乐果，或 1/1 000～1/3 000 的灭扫利，杀虫杀卵效果非常显著，成虫和虫卵杀灭率可达 100%，而且药效期可持续 30 天以上。

在整个果树生长期内均可喷施沼液。喷施时间根据气温高低决定，气温高于 25℃ 时，宜在下午 5 时后喷施；气温低于 25℃ 以下时，可在露水干后全天喷施。使用前应先将沼液从正常产气使用 3 个月以上的沼气池水压间内取出，用纱布过滤，存放 2 小时左右，然后再用喷雾器喷施。喷施时重点喷在叶片的背面，因为叶子表面角质层较厚，喷施后不易被吸收利用。

在喷施沼液时，根据树冠大小和树体营养状况，补充有益元素和养分效果更好。对于上一年结果多、树势弱的果树，因树体养分不足，可在沼液中加入 0.1% 的尿素。对幼龄树和结果少、长势弱的树，应在沼液中加入 0.2%～0.5% 的磷钾肥，以利花芽的形成。

2. 沼液喷施防治农作物病害

（1）喷施沼液防治大麦黄花叶病

科学实验和大田生产证明，沼液及其用沼液制备的生化剂可以防治作物的土传病、根腐病、黄花叶病和赤霉病。

大麦黄花叶病是一种蔓延于长江流域秋播地区的病害。它是由土壤禾谷类多黏菌侵袭大麦根系导致病毒侵入植株而引起的病害，病株开春后呈现萎缩、叶片黄花等症状，不能正常抽穗，结实，严重时颗粒无收。用沼液浸泡大麦种子，可以明显减轻这种病害，且病害随沼液浓度的增加而减少。用上海市农业科学院土壤肥料研究所研制的 AFP（沼液＋少量生化剂）和 AFS（沼液浸种后用沼液泥包粒）处理大麦种，黄花叶病发病率减少 50%～90%，增产 20%～50%。此外，沼液对大麦叶锈病也有较好的防治作用。

（2）喷施沼液防治西瓜枯萎病

西瓜枯萎病是一种顽固性土壤传播的真菌，分布广，传播快，地表至 60 厘米深度土壤中均带有病原菌，单纯用药剂防治很难见效，是西瓜生产的大敌。北京市大兴区能源办在西瓜生产中，每亩施沼渣 2 000～2 500 千克作基肥，用 20 倍沼液浸种 8 小时后，在催芽棚中育苗移栽，并在生长期叶面喷施 10～20 倍沼液 3～4 次，基本上可控制重茬西瓜地枯萎病大面积发生。即使有个别发病株，及时用沼液原液灌根，也能杀灭病原菌，救活病株。在西瓜膨大期，结合叶面喷施沼液，用沼渣进行追肥，不但枯萎病得到控制，而且获得较高的产量，西瓜品质也有所提高。

（3）喷施沼液防治小麦赤霉病

赤霉病是小麦生产中的主要病害之一，其发病率高，流行面大。陕西省土壤肥料研究所进行了沼液防治小麦赤霉病的试验，结果证明：正常发酵产气的沼气池的沼液对小麦赤霉病有明显的防治效果，其作用和生产上所用的多菌灵效果相当；使用沼液原液喷施效果最佳，使用量以每亩喷 50 千克以上效果最好，盛花期喷一次，隔 3～5 天再喷一次，防治率可达 81.53%。

此外，沼液对棉花的枯萎病和炭疽病菌、马铃薯枯萎病、小麦根腐病、水稻小球菌核病和纹枯病、玉米的大小斑病菌以及果树根腐病菌也有较强的抑制和灭杀作用；用沼液涂刷病树体，可防治苹果树腐烂病；沼液灌根，可防治根腐病、黄叶病、小叶病等生理性病害。

3. 沼液喷施提高农作物抗逆性

沼液中富含多种水溶性养分，用于农作物、果树等植物浸种、叶面喷施和灌根等，吸收率高，收效快，一昼夜内叶片中可吸收施用量的 80% 以上，能够及时补充植物生长期的养分需要，强健植物机体，增强抵御病虫害和严寒、干旱的能力。

试验证实，用沼液原液或稀释一倍的沼液进行水稻浸种，可增强低温胁迫下秧苗素质和秧苗存活率，减轻低温胁迫对原生质的伤害，保持细胞完整性，提高根系活力，从而增强秧苗抗御低温的能力。用沼液对果树灌根，对及时抢救受冻害或其他灾害引起的树势衰弱有明显效果；用沼液长期喷施果树叶片，可防治小叶病和黄叶病，使叶片肥大，色泽浓绿，增强光合作用，有利于花芽的形成和分化。花期喷施能提高坐果率，果实生长期喷施，可使果实肥大，提高产量和水果质量。在干旱时期，对作物和果树喷施沼液，可引起植物叶片气孔关闭，从而起到抗旱的作用。

4. 果树叶面沼液施肥

沼液一般用作果树叶面追肥。果树叶面喷施的沼液应取自常温条件下正常产气 1 个月以上的沼气池出料间，经过滤或澄清后再用。一般施用时取纯液为好，但根据气候、树势等的不同，可以采用稀释液或配合农药、化肥喷施。喷洒量要根据果树品种、生长时期、生长势以及环境条件确定，喷洒时一般宜在晴天的早晨或者傍晚进行，雨后需要重新喷洒，采果前一个月需要停止施用。喷施方法如下：

（1）纯沼液喷施

果树喷施纯沼液的杀虫效果比稀释液好。对急需营养的树，喷施纯沼液还能提供比较丰富的养分，因此，对长势较差、树龄较长、坐果的树等，可喷施纯沼液。

（2）稀释沼液喷施

根据气候及果树的长势，有时必须将沼液稀释喷施。如气温较高以及农作物处于幼苗、嫩叶期时，不宜用纯沼液，应用1份沼液兑1份清水稀释后喷施。

（3）药肥配合喷施

当果树虫害猖獗时，宜在沼液中加入微量农药，这样杀虫效果非常显著。可根据树体营养需要，配合一定的化肥喷施，以补充果树对营养的需要。大年产果多时，可加入$0.05\% \sim 0.1\%$尿素喷施；对幼龄及长势过旺的树、当年挂果少的树，可加入$0.2\% \sim 0.5\%$磷钾肥喷施，以促进长芽形成。

果树地上部分每一个生长期前后，都可以喷施沼液。叶片长期喷施沼液，可增强光合作用，有利于花芽的形成与分化；花期喷施沼液，可保证所需营养，提高坐果率；果实生长期喷施沼液，可促进果实膨大，提高产量。此外，果树喷施沼液，对虫害有一定的防治效果。用纯沼液喷施果树，对红蜘蛛、黄蜘蛛、矢尖疥、蚜虫、清虫等有明显的杀灭作用，杀灭率达94%以上。

5. 不同作物的施用方法

（1）沼液喷施柑橘

从初花期开始，结合保花保果，用喷雾器喷施果树叶面，7～10天喷施1次，至采果前结束。浓度：沼液1份，清水1份。效果：保花保果，促进果实大小一致，光泽度好，成熟期一致。采果后，还可坚持3～4次，有利于花芽分化和增强树体抗寒能力。

（2）沼液喷施梨树

从初花期开始，结合保花保果，7～10天喷施1次，至叶落前为止。沼液1份加清水1份，效果与柑橘相同。

（3）沼液喷施水稻

时间从圆梗开始，至灌浆结束，10天喷施1次。浓度：1份沼液加1份清水。作用：增加实粒数，提高千粒重。

（4）沼液喷施蘑菇

出菇后开始，每1平方米约500克，沼液加1～2倍清水，每天喷1次，提高菇的质量，增加产量，增产幅度$37\% \sim 140\%$。

（5）沼液喷施烟叶

烟苗长出 9～11 片叶时开始，7～10 天喷施 1 次，1 份沼液加 1 份清水，每亩喷 40 千克，至打顶停止，可达增级增收的效果。

（6）沼液喷施茶

从茶树新芽萌发 1～2 片叶时进行。采茶期每次采摘后喷施 1 次，每亩喷沼液 100 千克，浓度为沼液与清水 1∶1。

（7）沼液喷施西瓜

初伸蔓开始，每亩 10 千克沼液加入清水 30 千克。初果期，每 15 千克沼液加入清水 30 千克。后期 20 千克沼液加清水 20 千克。通过喷施能增加抗病能力，提高产量，有枯萎病的地方，效果更显著。

（8）沼液喷施葡萄

展叶期开始，至落叶前结束，7～10 天喷 1 次。沼液与水的比例为 1∶1。效果：果实膨大一倍，可增产 10％左右，并兼治病虫害。

（二）相关知识

沼气发酵残留物的生物活性物质

在沼气发酵过程中，参与厌氧消化和代谢的微生物菌群相当复杂。从类型上看，可以归为四类：①水解性细菌；②产乙酸细菌；③产甲烷菌；④作用尚不清楚、具有合成能力的细菌。整个厌氧代谢过程，产甲烷菌并不是孤立进行，在它周围繁多的菌群先于产甲烷菌代谢，并以此提供产甲烷菌正常代谢的底物和环境。从沼气发酵的物质转化来看，基质中蛋白质、脂肪、纤维素、半纤维素、淀粉等大分子物质，首先在水解菌所产生的各种水解酶作用下被降解代谢，其产物为水溶性的酸、醇、糖等较小分的化合物以及少量的 H_2 和 CO。第二阶段是各种水溶性产物进一步发酵降解形成乙酸盐、H_2 和 CO 等产甲烷的底物。第三阶段为产甲烷菌的代谢过程。沼气发酵过程是一个多菌群相互交替作用而又复杂的过程，其代谢的产物是极为丰富的。

1. 各种水解酶类

要使沼气发酵得以进行，沼气发酵原料中的蛋白质、脂肪、纤维素和淀粉等复杂化合物要能被降解，而这一过程需要各种水解酶的参与才能完成。研究表明，在沼气发酵残留物中存在蛋白质水解酶、脂肪水解酶、纤维素水解酶和淀粉水解酶等酶类物质，且沼气发酵残留物中的酶活性高于发酵原料的酶活性。这些酶类的存在为沼气发酵残留物作畜禽饲料添加剂、促进养殖业发展提供了良好的物质基础。

2. 氨基酸

在沼气发酵过程中有众多的厌氧微生物群类参与代谢，沼气发酵是这些菌群不断繁殖和代谢的过程，最后在沼气发酵残留物中必然有大量的菌体蛋白。这些菌体蛋白的氨基酸组成非常全面，无论是必需氨基酸，还是非必需氨基酸，都可与鱼粉相媲美。同时，对沼气发酵原料及其发酵残留物的氨基酸分析表明，残留物中各种氨基酸的含量显著增加。因此，沼气发酵残留物可用作畜禽饲料添加剂，其所含的氨基酸成分构成了饲料的营养基础。

3. B 族维生素

维生素是动植物生产必不可少的物质，它们不能在动植物体内合成，只能通过某些微生物合成。通过对沼气发酵残留物检测证实，不同原料经过沼气发酵，其残留物中的维生素 B12、B2、B5 都比原料中的含量有所增加；同时，还含有维生素 B1、B6、B11 等。沼气发酵残留物中的 B 族维生素能促进植物和动物的生长发育，还能提高植物抵御病虫害的抗逆性。

4. 腐殖酸

腐殖酸是植物残体腐解后所形成的一种高分子化合物，包括黄腐酸、棕腐酸、黑腐酸 3 种。沼气发酵残留物中的腐殖酸含量为 10%～20%（以总固体＝100%计）。腐殖酸在改良土壤方面有利于土壤团粒结构的形成；用于饲料添加剂，可抑制脂肪氧化，防止抗生素和维生素添加剂的失活。沼气发酵残留物作为土壤改良剂和饲料添加剂所获得的效果，均与其腐殖酸的作用有着直接的关系。

（三）注意事项

1. 用于喷施的沼液必须是在常温条件下沼气发酵时间在 3 个月以上的正常沼液。

2. 施用沼液前，应检测沼液的 pH 和主要成分，避免有害成分对农作物的危害。

3. 沼液的施用量应根据农作物对养分的需求量确定，应符合农业行业标准《沼渣沼液施用技术规范》的规定和要求。

4. 沼液施用前，应储存 5 天以上时间。高浓度沼液应适当稀释后施用。

5. 沼液从沼气池内取出后，要经过过滤，以免堵塞喷雾器。

6. 在沼液中配农药提高药效时，要注意农药和沼液的酸碱度一致。

7. 沼液做追肥或喷施，应适量掺水稀释，以免伤害植物幼根或嫩叶。

8. 喷施时，应选择春、秋、冬上午露水干后（约上午 10 时）进行，夏季傍晚为好，不要在中午气温高时进行，以免灼烧叶片。

9. 叶面喷施要尽可能施于叶背，因叶面角质层厚，而叶背布满了小气孔，易于吸收。

10. 喷施量要根据农作物长势或树势等情况确定。

11. 沼液要澄清过滤好，以免堵塞喷雾器。

第二节　沼渣利用

学习目标：能根据沼渣的成分和特性，掌握沼渣做基肥、追肥和复合肥的方法和技术要领。

沼渣含有较全面的养分和丰富的有机质，其中有一部分已被熟化成腐殖酸类物质，有利于土壤微生物的活动和土壤团粒结构的形成，其中的纤维素、木质素可以松散土，因此，沼渣具有良好的改土作用。

一、沼渣利用技术

（一）沼渣作基肥利用

沼渣含有较全面的养分和丰富的有机质，其中还有一部分已被转化成腐殖酸类物质，有利于土壤微生物的活动和土壤团粒结构的形成，其中的纤维素、木质素可以松土，所以沼渣具有良好的改土作用，是一种缓速兼备又具改良土壤作用的优质肥料。

沼渣用作农作物基肥，每亩施用量为1 500千克左右，可直接泼洒田面，立即耕翻，以利沼肥入土，提高肥效。根据用作农作物基肥的生产试验，每亩增施沼肥1 000～1 500千克（含干物质300～450千克），可增产水稻或小麦10%左右；每亩施沼肥1 500～2 500千克，可增产粮食9%～26.4%，并且，连施3年，土壤有机质含量增加0.2%～0.83%，活土层从34厘米增加到42厘米。沼渣用作几种主要农作物基肥的参考年施用量如表4-4所示。

另外沼渣其他作基肥利用的方法还有配置营养土和树苗容器土等，详细介绍见高级工部分第六章第二节内容。

表4-4　几种主要农作物沼渣用作基肥的参考年施用量

作物种类	沼渣施用量 （千克/公顷）	作物种类	沼渣施用量 （千克/公顷）
水　稻	22 500～37 500	油　菜	30 000～45 000
小　麦	27 000	苹　果	30 000～60 000
玉　米	27 000	番　茄	48 000
棉　花	15 000～45 000	黄　瓜	33 000

（二）沼渣作追肥利用

1. 直接施用

不同树龄的果树应采取不同的追肥方法：施用沼肥时间一般在春季2—3

月和采果结束后。幼树施用沼肥结合扩穴，以树冠滴水为直径向外呈环向开沟，开沟不宜太深，以每棵树冠滴水圈对应挖 60～80 厘米长、20～30 厘米宽、30～40 厘米深的施肥沟，施后用土覆盖，以后每年施肥要错位开穴，并每年向外扩展，以增加根系吸收范围，充分发挥肥效；挂果树呈辐射状开沟，并轮换错位，开沟不宜太深，不要损伤了根系，施肥后覆土。

沼渣用作农作物追肥，每亩用量 1 000～1 500 千克，可以直接开沟或挖穴，浇灌于农作物根部周围，并覆土以提高肥效。

2. 沼渣与碳酸氢铵堆沤施用

沼肥内含有一定量的腐殖酸，可与碳酸氢铵发生化学反应，生成腐殖酸铵，增加腐殖质的活性，提高肥效。当沼渣的含水量下降到 60% 左右时，可堆成 1 米左右的堆，用木棍在堆上扎五个小孔，然后按每 100 千克沼渣加碳酸氢铵 4～5 千克，拌和均匀，收堆后用稀泥封糊，再用塑料薄膜盖严，充分堆沤 5～7 天，作底肥。每亩用量 250～500 千克，也可作苗期追肥。

3. 沼渣与过磷酸钙堆沤施用

每 100 千克含水量 50%～70% 的湿沼渣，与 5 千克过磷酸钙拌和均匀，堆沤腐熟 7 天，能提高磷素活性，起到明显的增产效果。一般作基肥每亩用量 500～1 000 千克，可增产粮食 13% 以上，增产蔬菜 15% 以上。

二、相关知识

沼肥的植物营养作用：沼气发酵料液中的物质可分为三类。第一类是作物的营养物，第二类是一些金属或微量元素的离子，第三类是对生物生长有刺激作用、对某些病害有杀灭作用的物质。

第一类营养物是由发酵原料中的大分子物质被沼气微生物分解形成的，由于其结构比分解前简单，因此能够被作物直接吸收，能为作物提供氮、磷、钾等营养元素。

第二类物质原本也是存在于发酵原料之中的，但通过发酵变成了离子形式。它们的浓度不高，在沼气发酵系统中，沼液含量最高的是钙，可达到 0.02%；其次是磷，含量可达到 0.01%；此外，铁含量可达到 0.001%；铜、锌、锰、钼等含量<0.000 1%。它们可渗透到中子细胞内，能够刺激发芽和生长。

第三类物质相当复杂，目前已经测出的这类物质有氨基酸、生长素、赤霉素、激动素、单糖、腐殖酸、不饱和脂肪酸、维生素及某些抗生素。可以把这些东西称为"生物活性物质"。它们对作物生长发育具有重要的刺激作用，参与了作物从种子萌发、植株长大、开花、结实的整过程。例如，赤霉素、激动素可以刺激种子提早发芽，生长素能促进种子发芽，提高发芽率。在作物生长阶段，赤霉素可促进作物茎、叶快速生长，而生长素可使作物根深叶茂。干旱时，某些单糖可增强作物抗旱能力。在低温时，游离氨基酸、不饱和脂肪酸可使作物免受冻伤。某些维生素能增强作物抗病能力。在作物生殖期，赤霉素等能诱发作物抽薹、开花，生长素则能有效防止落花、落果，提高坐果率。激动素对于防止作物衰老及防止棉花落铃、落果效果显著。

三、注意事项

1. 用于基施的沼肥必须是经过不少于一个厌氧发酵周期的正常沼气发酵剩余物。

2. 施用沼渣前，应检测沼渣的 pH 和主要成分，避免有害成分对农作物的危害。

3. 沼渣的施用量应根据农作物对养分的需求量确定，不能超量施用。

4. 沼渣取出后，应迅速施入农田里，并进行覆土。暂时用不完的沼渣，必须及时存放在有盖的桶中或沼气池内，以免肥效损失。

5. 注意不要提取池底沉渣，以免带入未死亡的寄生虫卵。

6. 沼渣肥施用不要与草木灰、石灰等碱性肥料混施。因为草木灰、石灰等碱性较强，与沼渣混合，会造成氮的损失，降低肥效。

7. 沼渣施用后应进行翻耕或覆土。如沼渣施于旱地作物表土撒施，其肥效难以完全发挥，长期施用会使地表结一层沼渣壳，不利于作物生长，最好用沟施、穴施，并进行覆土。

思考与练习题

1. 沼液中含有哪些成分？用于农作物浸种，应掌握哪些技术要领？
2. 沼渣中富含哪些成分？用于农作物基施，应掌握哪些技术要领？
3. 沼液用于农作物浸种，应注意哪些事项？
4. 如何用沼液防治农作物蚜虫？应掌握哪些关键技术？
5. 如何用沼液防治玉米螟幼虫？应掌握哪些关键技术？
6. 如何用沼液防治果树红蜘蛛？应掌握哪些关键技术？
7. 如何用沼液防治大麦黄花叶病？应掌握哪些关键技术？
8. 如何用沼液防治西瓜枯萎病？应掌握哪些关键技术？
9. 如何用沼液防治小麦赤霉病？应掌握哪些关键技术？
10. 如何用沼液提高植物抗逆性？应掌握哪些关键技术？
11. 沼液有哪些特性？用于农作物喷施，应掌握哪些技术要领？

12. 如何用沼液进行果树叶面施肥? 应掌握哪些技术要领?

13. 如何用沼肥进行果树根部施肥? 应掌握哪些关键技术?

14. 如何用沼渣配制营养土? 应掌握哪些关键技术?

15. 沼渣用于农作物追施, 应注意哪些事项?

16. 如何用沼渣做堆沤复合肥? 应掌握哪些关键技术?

17. 施用沼肥时应注意哪些事项?

高级工部分

第一章　中小型沼气工程主体工程施工

本章主要介绍中小型沼气工程主体的施工准备、土方与基础工程、发酵池体施工、密封施工和质量检验。

第一节　施工准备

学习目标：能够根据处理原料量确定中小型沼气发酵装置的容积、能进行中小型沼气工程放线施工。

一、发酵装置容积计算及发酵工艺选择

(一)沼气发酵装置容积计算

沼气发酵装置容积应根据沼气发酵工艺、原料种类、特性、发酵温度以及处理要求，由试验或参照类似原料的实际运行工程资料确定。

我国的小规模养殖场数量多，污染面大，通过建设中小型沼气工程解决养殖场粪污处理是比较有效和可行的途径。适用于小型养殖场粪污处理的沼气发酵装置应为处理工艺先进、投资和运行费用低、便于农村沼气技工建筑施工、管理操作简便易行的工艺和装置。

1. 沼气发酵工艺参数

在设计中小型沼气工程前，必须根据地质、水文、气象、建筑材料、所采用的有关设计规范、沼气发酵工艺参数等有关资料作为设计依据。在这里主要介绍沼气发酵工艺参数。

（1）气压

沼气发酵工艺要求沼气气压相对稳定，且宜小不宜大。对于水压式沼气池，如果设计气压过大，则池体结构强度加大，气密性等级提高，投资加大；气压过小，势必水压间面积过大，占地多。

我国农村家用沼气池的池内正常工作气压及最大气压限值为：

水压池正常工作气压≤8千帕；池内最大气压限值≤12千帕。

浮罩贮气正常工作气压≤4千帕；贮气压力最大限值≤6千帕。

（2）水力滞留期

水力滞留期（Hydraulic Retention Time）以 HRT 表示，是指原料在池内的平均滞留时间。水力滞留期一般用水力学方法计算：

$$HRT=\frac{V_0}{V_t} \qquad (1-1)$$

式中：V_0——沼气池有效容积（立方米）；

V_t——每天进料体积（立方米/天）；

HRT——水力滞留期（天）。

水力滞留期是设计沼气池的重要参数。知道了每天的进料体积，确定了水力滞留期，就可以计算出需要建的沼气池的有效容积。

滞留期选择过小，则原料不能充分分解利用，甚至使发酵不能正常进行。因此某些条件确定之后，从发酵工艺角度考虑，要确定一个极限的水力滞留期，确保发酵时间不能过短，以保证厌氧发酵的充分完全。

滞留期过大，原料分解利用固然好，但建池容积增大，池容产气率下降，沼气成本增高，投资回收期加长，也不经济合算。所以，最佳水力滞留期的选择要根据工程目标、料液情况、温度等具体条件确定。

（3）容积有机负荷

容积有机负荷表示单位体积的沼气发酵装置在单位时间内且保证一定处理效果的前提下，所能承受原料中有机物的量。可按照式（1-2）计算：

$$N_V=\frac{Q\times S_0}{V} \qquad (1-2)$$

式中：N_v——容积负荷，单位常为千克 VSS/（立方米·天）、千克 COD/（立方米·天）或千克 BOD_5/（立方米·天）。

S_0——原料浓度，单位为千克 VSS/立方米、千克 COD/立方米或千克 BOD_5/立方米；

Q——进入沼气发酵装置的原料流量（立方米/天）；

V——沼气发酵装置容积（立方米）。

VSS（Volatile Suspended Solids）为挥发性悬浮性固体，是悬浮固体在600℃高温下灼烧后挥发掉的质量，可以粗略代表悬浮固体中有机物的含量。

容积有机负荷率是衡量一个沼气工程处理有机物质效率的重要指标，在保证原料产气率或者有机物质去除率能达到一定指标的前提下，负荷率越高越好。若无特殊要求，设计原则是在保证一定原料产气率的条件下，尽量提高容积产气率。

原料产气率的提高和容积产气率的提高存在一定矛盾，因为滞留期越长，原料分解越好，原料产气率越高，总产气量就增加。但由于滞留期加长，池容也增加，当总产气量增加赶不上池容增加时，容积产气率就会下降。在一般情况下，要获得高的容积产气率，必须提高容积负荷率。当这种提高超过一定限度时，原料产气率就会下降。要获得高的原料产气率，水力滞留期就要增加，因而容积负荷率下降，超过一定限度时，引起容积产气率下降。

在进行发酵工艺设计时，必须兼顾原料产气率和容积产气率。

（4）贮气量

水压式沼气池靠池内带有压力的沼气将发酵料液压到出料间（大部分）、进料间（小部分）而贮存沼气。浮罩式沼气池由浮罩的升降来贮存沼气，通过浮罩的重量提供沼气的输配压力。沼气系统的贮气量一般由用户用气负荷大小决定，养殖专业户沼气池的设计贮气量一般为 12 小时所产生的沼气量，即一昼夜产气量的一半。

（5）池容

池容即沼气池容积，指发酵池净空容积。沼气池容积的合理确定，是沼气池设计中的一个重要问题。设计过小，不能充分利用原料和满足使用要求；设计过大，若没有足够的发酵原料，则原料必浓度降低，从而降低产气率，造成人力、物力的浪费。因此，沼气池的容积应根据用户所拥有的发酵原料（数量和种类）、滞留时间、用气要求等因素合理确定。

（6）投料率

投料率指的是最大限度投入的料液所占发酵间容积的百分率。一般水压式沼气池的设计最大投料量为沼气池容积的 90%，料液上部留适当空间，以免导气管堵塞和便于收集沼气；浮罩式沼气池的设计最大投料量为沼气池容积的 98%；最小设计投料量以不使沼气从进、出料管漏掉为原则。目前，国内城市污水处理厂污泥的消化按投配率确定厌氧消化池（沼气发酵装置）容积，见式（1-3）。

$$V=\frac{Q}{\eta} \tag{1-3}$$

式中：Q——每天要处理的新鲜原料量（立方米/天）；

$\quad\quad V$——沼气发酵装置的有效容积（立方米）；

$\quad\quad \eta$——料液投料率，即每天投到沼气发酵装置的原料体积占发酵装置总体积的比例（一般为 6%～8%，实际上料液投料率 η 是水力滞留期的倒数，$\eta=1/HRT$）。

（7）容积产气率

容积产气率是指在一定发酵条件下，单位容积沼气发酵装置在单位时间内的沼气产量，是评价沼气发酵装置效率的重要指标。容积产气率受原料种类、原料数量与浓度、发酵装置规模、负荷、发酵时间和温度等影响，可按照式（1-4）计算：

$$R_p = \frac{P_b}{V} \tag{1-4}$$

式中：R_p——容积产气率［立方米/（立方米·天）］；

V——沼气发酵装置的容积（立方米）；

P_b——沼气产量（立方米/天）。

2. 根据水力滞留期计算沼气发酵装置容积

对于浓度比较稳定的发酵原料，在工程运行中已经总结出了比较成熟的水力滞留期参数，根据式（1-1）设计沼气发酵装置容积。

【例1-1】有一个存栏800头的奶牛场，根据测定，每头奶牛每天粪便排放量25千克，粪便总固体（TS）含量16.0%。其他奶牛粪便沼气工程的运行数据表明，采用完全混合式厌氧发酵反应器工艺，在30～35℃的条件下，进料总固体（TS）为8%时，水力滞留时间为20天的消化效果和产气效率较为合适。为了防止发酵液产生的泡沫堵塞导气管，需要在沼气发酵装置顶部留10%的储气缓冲空间，试设计沼气发酵装置总容积。假定进料总固体为8%时，料液比重为1.03×10^3千克/立方米。

【解】为了达到总固体为8%的进料浓度，需要用冲洗水和经过固液分离后的沼液稀释牛粪，在忽略冲洗水和沼液中总固体的情况下，每日料液进料量为：

$$Q = \frac{800 \times 25 \times 16.0\%}{8\% \times 1.03 \times 10^3} \approx 38.83 \text{ 立方米/天}$$

根据式（1-1）计算沼气发酵装置有效容积：

$$V = Q \times HRT = 38.83 \times 20 = 776.6 \text{ 立方米}$$

则需要的沼气发酵装置总容积：

$$V_{总} = \frac{V}{1-10\%} = \frac{776.6}{1-10\%} \approx 862.9 \text{ 立方米}$$

经过计算得出，修建900立方米的沼气池即可满足要求。

【例1-2】一养猪场，每天可产猪粪1 000千克，其干物质含量为18%，发酵原料容重为6%×1 000千克/立方米，在35℃条件下发酵滞留期为15天，要求池内最大装料量为90%，求需建多大的沼气池？

【解】

$$V = \frac{G \times TS \times HRT}{r \times m} = \frac{1\,000 \times 0.18 \times 15}{60 \times 0.9} = 50 \text{ 立方米}$$

经过计算，修建50立方米的沼气池，即可满足要求。

小型畜禽养殖场若采用干清粪养殖工艺，每天可收集的粪便量及含水量见表1-1。根据发酵原料的数量、一定温度下发酵原料在装置内停留的时间和投料浓度等工艺条件，按式（1-1）和表1-1，计算得小型养殖场不同发酵装置容积所适宜的养殖规模如表1-2。

表1-1　成年畜禽日排粪量及含水率

畜禽种类	体重（千克）	日排粪量（千克）	年排粪量（千克）	含水量（%）
猪	50	6	2 190	83
牛	500	20	7 300	83
鸡	1.5	0.1	36.5	70

表1-2　小型畜禽养殖场沼气装置容积与养殖规模

发酵池容（立方米）	20	30	40	50	60	70	80	90	100
养猪规模（头）	22	33	44	56	67	78	89	100	111
养牛规模（头）	7	11	14	18	21	25	28	32	35
养鸡规模（只）	800	1 200	1 600	2 000	2 400	2 800	3 200	3 600	4 000
浮罩容积（立方米）	3.22	4.82	6.43	8	9.6	11.2	12.8	14.4	16

3. 根据投料率计算沼气发酵装置容积

【例1-3】某工厂的污水处理厂初沉淀池污泥量为50立方米/天，剩余活性污泥经浓缩后的污泥量为20立方米/天，当消化温度在30～35℃时，厌氧发酵TS浓度为8%，试计算厌氧消化池（沼气发酵装置）有效容积。

【解】根据式（1-3）计算厌氧发酵装置（沼气发酵装置）有效容积：

$$V=\frac{Q}{\eta}=\frac{50+20}{8\%}=875 \text{ 立方米}$$

经过计算得出，修建900立方米的沼气池即可满足要求。

4. 根据容积负荷计算沼气发酵装置容积

【例1-4】某工业废水的流量为2 000立方米/天，废水COD为2 000×10^{-3}克/升，BOD_5为1 800×10^{-3}克/升，SS为750毫克/升，pH 6.0～7.0，水温20～25℃，经过类比调查，水温20～25℃时，UASB反应器处理此类废水的容积负荷可达5.0千克COD/(立方米·天)，试计算UASB反应器的容积。

【解】根据式（1-2）计算UASB反应器有效容积：

$$V=\frac{Q×S_0}{N_v}=\frac{2\ 000×2\ 000×10^{-3}}{5.0}=800 \text{ 立方米}$$

5. 根据容积产气率计算沼气发酵装置容积

在沼气工程中，技术人员更关注容积产气率，常常采用容积产气率设计沼气发酵装置容积。

【例1-5】有一个存栏100 000只鸡的蛋鸡场，根据测定，每只鸡的每天粪便排放量0.1千克，粪便总固体含量30%。鸡粪处理沼气工程运行数据表明，30~35℃的条件下，鸡粪原料产气率为0.33立方米/千克TS，容积产气率 R_p 为1.25立方米/(立方米·天)，试设计该蛋鸡场鸡粪处理沼气工程沼气发酵装置的有效容积。

【解】据题意得：

沼气产量：P_b＝100 000×0.1×30%×0.33＝990立方米/天

根据式（1-4）计算沼气发酵装置有效容积：

$$V=\frac{P_b}{R_p}=\frac{990}{1.25}=792\ 立方米$$

经过计算得出，修建800立方米的沼气池即可满足要求。

（二）生活污水净化池的容积计算

生活污水净化沼气池是分散处理生活污水的新型构筑物，适用于近期无力修建污水处理厂的城镇或城镇污水管网以外的单位、办公楼、居民点、住宅、旅馆、学校和公共厕所等。研究表明，冬季地下水温能保持在5~9℃以上的地区，或在池上建日光温室升温可达此温度的地区，均可使用该净化池来处理生活污水和粪便。

1. 工艺参数

生活污水净化沼气池设计依据为每天所处理的污水量，污水量按100升/(人·天)左右计算，其中，冲洗厕所用水量按20~30升/(人·天)计算，其他生活污水量为70~80升/(人·天)。

生活污泥量取0.7升/(人·天)，单纯粪便污泥量为0.4升/(人·天)，1立方米污泥产沼气量为15立方米左右。

污水滞留期为1~3天，污泥清掏周期为200~250天。

2. 容积计算

可采用标准化粪池容积计算的方法，来计算净化沼气池前处理区的容积。生活污水的组成有污水和污泥两部分，计算公式的前部分为污水，后部分为污泥，计算公式如下：

化粪池容积（立方米）＝实际人数×（人均用水量/天）×污水停滞时间（小时）/(24×1 000)＋人均污泥量/天×实际人数×污泥周期（1－鲜污泥含水率）×污泥发酵后体积缩减率×清掏后残余污泥的容积系数/[(1－发酵污泥含水率)×1 000]

式中，实际人数通常包括：①全托幼儿园、医院、疗养院按100%；②住宅、旅馆、集体宿舍，人员逗留在16小时的按70%；③办公楼、教学楼、工厂企业的生活间等工作场地按 40%；④公共食堂、影剧院、体育场，人员逗留 2～3 小时的按 10%；⑤车站、码头、街道按流动人口的 3%。

生活污水量：生活污水量按 100 升（80～130 升）/(人·天)。

厕所粪便冲水量：按 30 升/(人·天)。

污泥量：生活污水（包括粪便）0.7 升/(人·天)，粪便 0.4 升/(人·天)。

滞留期：24～72 小时。

清掏污泥周期：根据冬天最低污水温度而定，最短不少于 200 天，鲜污泥发酵所需时间见表 1-3。

表 1-3　鲜污泥发酵所需时间

当地冬季最低污水温度（℃）	6	7	8.5	10	12	15
鲜污泥发酵所需天数（天）	210	180	150	120	90	60

鲜污泥含水率：95%。

发酵后污泥含水率：90%。

污泥发酵后体积缩减度：0.8。

清掏后残余熟污泥量的容积系数：1.2。

据有关资料介绍，住宅标准化粪池污水滞留期是根据以下情况来考虑的：①生活污水中悬浮物的沉降率在 2 小时以内最显著；②生活污水的排出是不均匀的；③矩形化粪池的长、宽、深比例很难达到平流式沉淀池的水力要求；④进水、出水水流分布不均匀，池底污泥酸性发酵后，随气泡上浮而破坏水流的层流状态；⑤综上所述，将理论上的沉淀时间适当加大，保证最大小时流量在池内停留时间不少于 12 小时，甚至为了保证出水水质的较高要求，把滞留时间延长到 24 小时。人均用水量低的（30～80 升）滞留期可延长为 72 小时。沼气池是在标准化粪池的基础上改进的，把一级处理（物理处理）变为了二级处理（物理和生物处理），因此，容积适当加大是有必要的，如把容积扩大，就要增加造价，或降低构筑物质量，这样都将影响生活污水净化沼气池的推广。因此，要从容积小、效果好的角度来考虑设计。

（三）圆筒形浮罩的容积计算

无论是钢制、玻璃钢制或钢筋混凝土制的浮罩，从计算、施工、使用 3 个方面考虑，其结构型式以圆筒形浮罩为最好。贮气柜可直接安置于沼气池顶，也可分离安置于沼气池旁。

1. 表面积计算

表面积指沼气池表面的面积，有内、外表面积之分，根据表面积即可计算建造沼气池所需的材料用量。表面积 F 由池盖表面积 F_1、池墙表面积 F_2、池底表面积（近似消球面）F_3 三部分组成。式（1-5）表面积均指池体内表面积。

由几何学得到：

$$
\left.
\begin{aligned}
F_1 &= 2\pi\rho_1 f_1 = \pi(R^2 + f_1^2) \\
F_2 &= 2\pi R H \\
F_3 &= 2\pi\rho_2 f_2 = \pi(R^2 + f_2^2) \\
F &= F_1 + F_2 + F_3 \\
\rho_1 &= \frac{R^2 + f_1^2}{f_1} \\
\rho_2 &= \frac{R^2 + f_2^2}{f_2}
\end{aligned}
\right\}
\tag{1-5}
$$

2. 净空容积计算

设池盖削球体净空容积为 V_1，圆柱体池体净空容积为 V_2，池底（近以削球体）净空容积为 V_3，则由立体几何学得到：

$$
\left.
\begin{aligned}
V_1 &= \pi f_1(3R^2 + f_1^2)/6 \\
V_2 &= \pi R^2 H \\
V_3 &= \pi f^2(3R^2 + f_2^2)/6 \\
V &= V_1 + V_2 + V_3
\end{aligned}
\right\}
\tag{1-6}
$$

3. 容积计算

浮罩容积由储气量决定，而储气量则根据月用气消耗图的不均衡曲线确定。根据工程实践，小型畜禽养殖场沼气工程的储气量容积占日产气量的比例 V，一般用下面的经验公式计算：

$$
V = \frac{4.17\% \times T}{R} \tag{1-7}
$$

式中：4.17%——每小时生产的沼气占全天生产沼气的百分数；

T——基本不用沼气的小时数，一般取 9 小时；

R——浮罩气柜的有效容积，一般取 0.7 左右。

代入（1-7）式计算得 $V = 53.6\%$。即浮罩气柜容积为日总产气量的 53.6%。

根据常温条件下，若取沼气发酵装置的平均容积产气率 0.30 立方米/(立方米·天)，即可计算不同容积发酵装置的浮罩容积（表 1-2）。

二、相关知识

1. 中小型沼气工程系统组成

中小型沼气工程主要由发酵原料的预处理系统，进、出料系统，回流、搅拌系统，沼气的净化、储存、输配和利用系统，计量系统，安全保护系统，沼渣、沼液综合利用或后处理系统组成。

2. 沼气工程分类

我国沼气工程的原有规模分类是根据中华人民共和国农业行业标准《NY/T 667—2011 沼气工程规模分类》划分的，即：①厌氧消化装置单体容积 $20 \leqslant V < 300$，或总容积 $20 \leqslant V < 600$ 为小型沼气工程；②厌氧消化装置单体容积 $300 \leqslant V < 500$，或总容积 $300 \leqslant V < 1\,000$ 为中型沼气工程；③厌氧消化装置单体容积 $500 \leqslant V < 2\,500$，或总容积 $500 \leqslant V < 5\,000$ 为大型沼气工程；④厌氧消化装置单体容积 $V \geqslant 2\,500$，或总容积 $V \geqslant 5\,000$ 为特大型沼气工程。

但是随着沼气工程技术快速提升，特别是近年来我国规模化生物天然气工程的快速发展，在修订后的《NY/T 667—2022 沼气工程规模分类》中将沼气工程规模分类的指标全面调整为表 1-4 所示，主要分为规模化生物天然气、特大型、大型和中小型四类沼气工程。

表 1-4　沼气工程规模分类指标

工程规模	厌氧消化装置总体容积 V（立方米）	备　注
规模化生物天然气	$V \geqslant 10\,000$	特大型基础上增加沼气净化提纯系统；容积产气率不低于 1.2 立方米/（立方米·天）
特大型	$5\,000 \leqslant V < 10\,000$	在大型基础上增加在线监测系统；沼渣沼液综合利用系统；容积产气率不低于 1.0 立方米/（立方米·天）
大型	$1\,000 \leqslant V < 5\,000$	在中小型基础上容积产气率不低于 0.8 立方米/（立方米·天）
中小型	$V < 1\,000$	包括进出料系统，增温保温、回流、搅拌系统，沼气的净化、储存、输配和利用系统，计量设备，安全保护系统

3. 养殖场畜禽粪便量及污水量的计算

准确计算并确定粪便污水水质和排放量的大小是确定厌氧工程规模的前提，因此，这里介绍规模化养猪场、养鸡场和养牛场粪便及污水的确定方法。在确定规模化养殖场沼气工程规模时主要依据以下 10 个方面的因素。

①畜禽养殖场年出栏数量。

②畜禽常年存栏数量，如存栏公猪、带仔母猪、空怀母猪、妊娠母猪、仔猪、不同体重育肥猪等的数量。

③饲喂方式和饲料品种。

④养殖工艺，养殖场的能源供应、消耗和利用方式。

⑤粪便清除方式。

⑥每天饮用和冲洗水量。

⑦养殖场所处区域的气候条件。

⑧养殖场所处区域环境条件和当地环保部门对养殖场排放水质要求。

⑨沼气项目建设地点的地理位置、地质条件，养殖场附近地区村镇和农户的能源供应、消耗和利用方式。

⑩养殖场周围的可利用资源和现有设施情况，如农田、蔬菜田、鱼塘、果园、茶园等。

畜禽排泄的粪尿量以及畜禽养殖业排放的废水量，由于饲养方式、管理水平、畜舍结构、漏粪地板的形式和清粪方式等的不同而差异较大。现有的统计资料尚不充分，不同统计资料提供的数值也不尽相同，以下介绍几种类型畜禽养殖场粪便污水排放确定方法。

（1）猪粪尿和污水量的确定

①猪排泄粪尿量的估算。尽管猪粪尿排泄量受到环境因子、饲料质量、饮用水量等影响，但一般可采用式（1-8）和式（1-9）估算。

$$Y_f = 0.530F - 0.049 \tag{1-8}$$
$$Y_u = 0.205 + 0.438W \tag{1-9}$$

式中：Y_f——粪便排泄量（千克）；

F——饲料采食量（千克）；

Y_u——尿排泄量（千克）；

W——饮水量（千克）。

以此为依据计算的猪排粪量和排尿量见表1-5和表1-6。

表1-5　猪排粪量

单位：千克

体重		20	40	60	80	100
限饲	饲料采食量	0.91	1.43	1.95	2.47	2.99
	排粪量	0.43	0.71	0.99	1.26	1.54
任饲	饲料采食量	1.39	1.95	2.31	2.77	3.23
	排粪量	0.69	0.93	1.18	1.42	1.66

表1-6　猪排尿量

单位：千克

体重	20	40	60	80	100
饮水量	5.12	5.58	6.04	6.50	6.96
尿排泄量	2.45	2.65	2.85	3.05	3.26

依据表 1-5 和表 1-6，可以估算出每头猪在不同生长阶段排泄的粪尿量，见表 1-7。

表 1-7　育肥猪不同生长阶段排泄粪尿量

单位：千克

体重		20	40	60	80	100
粪尿量	限饲	2.88	3.36	3.84	4.32	4.79
	任饲	3.14	3.58	4.03	4.47	4.92

②每头猪每天需水量。每头猪每天的需水量可参照下列数据。

带仔母猪：　　　　　　　　　30～60 升

公猪、空怀母猪、妊娠母猪：　20～30 升

肥猪：　　　　　　　　　　　15 升

断奶仔猪：　　　　　　　　　5 升

③冲洗水量。传统养殖人工清粪方式，平均每头猪冲洗水量 10～15 升。工厂化养猪水冲清粪方式，平均每头猪冲洗水量 20～30 升。

根据上述方法，可以估算出养猪场排放的粪便量和污水量，从而为沼气项目的设计提供最基本的设计依据。表 1-8 是由上述方法计算出的万头规模猪场猪粪污水排放量。表 1-9 则是有关猪粪污水的污染物特征的一些数据。

表 1-8　年出栏万头猪场猪粪污水排放量

项目	饲养周期（天）	存栏数量（头）	平均排尿量［千克/（头·天）］	平均冲洗量［千克/（头·天）］	产生污水量（吨/天）
母猪	365	500	6.72	30	18.36
公猪	365	25	6.41	26	0.81
仔猪	49	1 380	2.91	10	17.82
育肥猪	105	2 920	5.95	20	75.77

表 1-9　猪粪污水的污染物特性

项目	TS（％）	COD（毫克/升）	BOD（毫克/升）	NH₃-N（毫克/升）	SS（毫克/升）	pH
未清除猪粪的污水	1.5～2.5	13 000～20 000	6 500～10 000	2 120～2 500	11 000～25 000	6.8～7.2
清除猪粪的污水	0.3～0.6	6 000～10 200	3 500～6 000	500～1 200	3 000～5 000	6.5～6.8

（2）鸡粪和污水量的确定

养鸡场每只鸡日排泄粪便量为 0.1～0.11 千克/（只·天）。养鸡场冲洗水额定量为 1.10～1.25 千克/只。鸡粪污水的水质如表 1-10 所示。

表 1-10　鸡粪污水的水质

项目	TS （%）	COD （毫克/升）	BOD （毫克/升）	NH₃-N （毫克/升）	SS （毫克/升）	pH
鸡粪污水	2.0～2.5	15 000～30 000	7 000～15 000	2 500～4 400	12 000～22 000	6.5～7.5

（3）奶牛场粪尿和污水量的确定

奶牛场排放的粪尿与污水包括以下 4 部分：牛粪尿、牛圈冲洗水（含淋浴水）、挤奶消毒水、奶牛桶清洗水。

一头体重 600 千克的奶牛日排粪量为 20 千克，排尿量为 34 千克，养牛场冲洗水为 500～800 升/（头·天）。奶牛粪尿的组分如表 1-11 所示。

表 1-11　奶牛粪尿的组分

成分 排泄物	BOD （毫克/升）	TSS （毫克/升）	TN （毫克/升）	P₂O₅ （毫克/升）	K₂O （毫克/升）	pH
牛粪	24 500	119 000	9 430	4 400	1 500	7.2～8.2
牛尿	4 000	5 000	8 340	40	18 900	7.2～8.2

根据国外资料，1 头 450 千克体重的肉牛每年排泄氮量达 430 千克。一个具有 3 200 头肉牛的规模化养牛场每年排放氮量达 1 400 吨，它相当于 26 万人口当量的排氮量（每人每年排氮量按 5.4 千克计）。表 1-12 为不同年龄的牛的粪尿排泄量。

表 1-12　不同年龄的牛的粪尿排泄量

项　目	1～6 月小牛	12 个月小母牛	18 个月小母牛	12 个月小肉牛	奶牛
体重（千克）	140	270	380	400	500
粪尿量（升/天）	7	14	21	27	45

三、注意事项

1. 生产一定数量的沼气需要多少发酵原料，是推广应用沼气中必须掌握的一个重要问题。在建池前对发酵原料的需要量缺乏科学的计算，就难以确定沼气池的合理容积，也难以制定出切实可靠的用气计划。

2. 沼气工程建设不仅要考虑建池和发酵工艺问题，更要切实地考虑发酵原料的来源和数量问题，因此一个地区建池的数量、池子的容积以及用气的计划，必须与用户所能提供的发酵原料的数量相适应。

第二节　土方与基础工程

学习目标：能够针对中小型沼气发酵装置进行中小型沼气工程放线施工和高水位地基处理。

沼气工程施工一般采用先地下后地上、先土建后安装、先主体后围护、先结构后装饰的建设程序安排施工。

先地下后地上：即在地上工程施工前应先完成地下的基础、管道、管线、土方等地下设施的施工，然后进行地上的工序施工。

先土建后安装：即土建施工先于水暖卫、电气、通信、通风等设备安装，但设备的预埋管线及预埋构件应按工艺要求与土建同步进行，做到土建与安装协调、互相穿插的施工原则。

先结构后装饰：即按照施工工艺要求先完成结构部分后进行装饰，但在不同的施工层上可采取穿插配合施工。基础施工到±0.000处，即可请质量监督部门、设计、勘察、监理对基础工程进行验收，合格后方可隐蔽基础工程；待主体结构完成后，再次邀请质量监督部门、设计、勘察、监理对主体工程进行质量检查，验收合格后，进行室内、室外装饰装修，即开始从下往上单向跟进，组织交叉流水作业。

一、中小型沼气工程的定位与放线

1. 定位与测量

（1）工作步骤

定位场地平整及清理后，根据平面布置图上的设计要求和用户意见进行建筑物、构筑物的定位与放线工作，同时进行高程测量，确定相关标高。图1-1为双旋流串联式自动循环沼气池的平面布置图。

（2）测量定位

定位工作，一般是用经纬仪及钢尺进行的。当新建沼气工程单独建设时，按已有的测量标志（导线点或建筑红线、水准点等）测定其平面位置和高程，在原有建筑附近建设时，可利用邻近建筑物、构筑物或道路等进行转测，在确定建筑物或构筑物本身的主轴线之后，再进行基槽的放线。具体步骤如下：

①测量准备。对所有进场的仪器设备及人员进行初步调配，并对所有进场

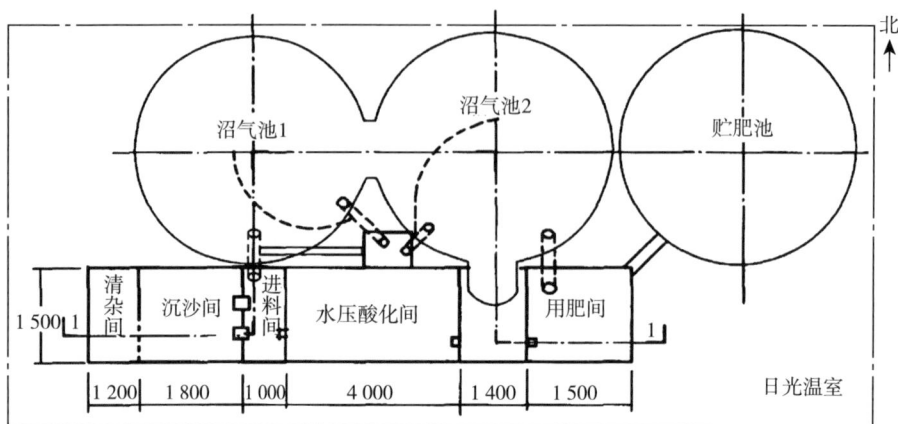

图 1-1 双旋流串联式自动循环沼气池平面图（单位：毫米）

的仪器设备重新进行检定，检验预定人员的上岗证书，并进行技术交底。场区平面控制网的测设根据工程及现场情况，采取合适的测量方法。

一般是在施工现场四周道路与围墙之间选定导线控制点，要求相邻两控制点之间通视条件良好，导线边长应大致相等，相邻边长之比不超过 1∶3。导线控制点应选在施工过程不被破坏的地方。

控制点设在永久固定物上，并做明显标志。

工程定位放线及轴线竖向投测。定位前要对所使用的控制点进行检测，在确认没有发生变化后方能进行定位测量。

依据已做好的导线点，采用极坐标法定出各建筑物（构筑物）的四角轴线交点，并把轴线交点引到不被破坏且能架设仪器的地方，把轴线控制桩保护好。

依据已定出的轴线交点放出各条细部轴线。

在施工过程中的轴线投测均使用经纬仪在轴线控制桩上进行。±0.000 以下轴线投测采用延长线法，±0.000 以上轴线测量以延长线法为主，辅以借线法。投点误差不应超过±2 毫米，轴线间误差不应超过±3 毫米。施工中放墙体线、门窗洞口线、模板线、控制轴线，并在墙体上弹门窗口中心线和外墙轴线。

测设场区平面控制网（首级控制）→复测场区控制网的等级、精度→施测建筑物轴线控制网（二级控制）→复测场区控制网的等级、精度。先测量场地整体的平面和标高控制网，再以控制网为依据进行各局部的定位放线和找平。

②高程测量控制。所有高程控制点每月至少进行一次联测。

采用水准仪、塔尺、钢尺把已知高程引测到各个施工层面上。为保证竖向控制的精度要求，对每层所需的标高基准点，必须正确测设，在同一平面层上所引测的高程点，不得少于三个，并作相互校核，校核后三点的较差不得超过3毫米，取平均值作为该平面施工中标高的基准点，基准点应根据基坑情况设置在较稳定位置。

a. 高程控制测量。往返引测高程（双仪高法）→进行高差平差计算→确定高程控制点的调和数值并记录。水准测量采用自动安平水准仪，按等距进行测量，水准线路不符值按测站数进行平差，计算水准点的高程，编写水准测量成果表。所有的测量设备定期到质量监督局校核鉴定，并取得鉴定合格证书后，方可使用。

b. 轴线定位与轴线引测控制。平面轴线控制根据定位放线图给定的该工程与相邻建筑物之间的关系，利用经纬仪先定出基础施工的主轴线3米的延长控制桩，将这两条轴线作为控制线，形成矩形控制网，采用 J2 经纬仪进行基坑投测。

c. 高程引测与控制。往返引测高程进行高差平均计算确定高程控制点。标高控制网的布设即根据所确立的高程控制点的数值，将其引测到各龙门桩或永久性建筑物上形成高程控制点。

2. 放线

放线方法参照初级工部分第一章第二节（四．户用沼气池定位和放线）中的放线要求进行施工准备，根据养殖场的方位、走向和布局，确定专业户用沼气池的建造位置。在沼气池、养殖圈、保温大棚"三结合"的前提下，做到沼气池、养殖圈、保温大棚三者科学规划，要求整体布局协调美观、科学合理，和养殖场的方位和走向一致。

二、土方开挖与高水位地基处理

1. 土方开挖

施工方法：采用挖掘机挖土到设计标高时，人工清土，汽车外运，场地平整后桩施工，桩施工完毕后进行人工挖承台及承台梁土，挖至下垫层底标高；挖出土方部分留至承台梁间，多余部分运至基础边梁外，以备室内外回填用土；回填土采用人工回填，机械夯实。

回填土施工方法：基地清理，检验土质，分层填土，机械夯实，找平验收。

2. 地基加固

在软弱地基土质上建造沼气池，应采取地基加固处理，并在土方工程施工阶段完成。常用的处理方法如下：

（1）用砂石垫层加固

选用质地坚硬的中砂、粗砂、砾砂、卵石或碎石作为垫层材料。在缺少中、粗砂或砾砂的地区，也可采用细砂，但应同时掺入一定数量的卵石、碎石、石渣或煤渣等废料，经试验合格，亦可作为垫层材料。选用的垫层材料中不得含有草根、垃圾等杂质；在铺垫垫层前，应先验坑（包括标高和形状尺寸），将浮土铲除，然后将砂石拌和均匀后，进行铺筑捣实。

（2）用灰土加固

灰土中的土料，应尽量采用池坑中挖出的土，不得采用地表耕植层土，土料应予过筛，其粒径不得大于 15 毫米；熟石灰应过筛，其粒径不得大于 5 毫米，熟石灰中不得夹有未熟化的生石灰块，不得含有过多的水分；灰土比宜用 2∶8 或 3∶7（体积比），灰土质量标准如表 1-13；灰土的含水量以用手紧握土料能成团，两指轻捏即碎为宜（此时含水量一般在 23%～25%），含水过多、过少均难以夯实；灰土应拌和均匀，颜色一致，拌好后要及时铺设夯实；灰土施工应分层进行，如采用人工夯实，每层以虚铺 15 厘米为宜，夯至 10 厘米左右表明夯实。

表 1-13　灰土质量标准

序号	土料种类	灰土最小干容重（克/立方厘米）
1	轻亚黏土	1.55～1.60
2	亚黏土	1.50～1.55
3	黏土	1.45～1.50

（3）用灰浆碎砖三合土加固

三合土所用的碎砖，其粒径为 2～6 厘米；不得夹有杂物，砂泥或砂中不得含有草根等有机杂质；灰浆应在施工时制备，将生石灰临时加水化开，按配合比掺入砂泥，均匀搅和即成；施工时，碎砖和灰浆应先充分拌和均匀，再铺入坑底，铺设厚度 20 厘米左右，夯打至 15 厘米；灰浆碎砖三合土铺设至设计标高后，在最后一遍夯打时，宜浇浓灰浆，待表层灰浆略为晒干后，再铺上薄层砂子或煤屑，进行最后夯实。

3. 高水位地基处理

高水位地基指地下水位高于地表下 4 米的地基，开挖低于地下水位的池坑，应采取合理的降低地下水位的措施。在确定降水方案前，首先要获取可靠的施工现场工程地质水文资料，包括：①地下水位的标高和含水层的厚度；②含水层的补给水源、流向、坡降和附近水体的情况；③地下水位下面的工程地质构造层的分布情况（包括工程地质的类别和厚度）；④含水层的渗透系数等。

根据以上工程地质水文资料和沼气池土方工程的降水面积、降水深度，进行降水设计，以便采取合理的降水方案。降低地下水位有集水坑降水和井点降水两类方案。

（1）集水坑降水

在中等地下水渗透的土层中开挖土方工程，可采用此方案。该方案牵涉的设备少、工程量小、施工简单、费用低。因此，农村户用池和小型沼气工程的土方工程遇到类似情况时均采用此方案。

为尽量减少土方开挖量并取得良好的降水效果，对于农村户用和小型沼气池，只需在土坑中央挖取，其底面应比正在施工的土方开挖面深 60～80 厘米，其直径以 80 厘米为宜。在集水坑中，应根据地下水上涨的情况及时采用简易人工抽水设备或小功率电动抽水泵抽水至池坑坑壁外的排水系统，使集水坑内的水位面始终在土方开挖面以下。随着池坑土方的挖取，位于中央的集水坑也应相应下挖，使集水坑坑底保持与土方开挖面 60～80 厘米的间距；边挖集水坑，边挖池坑土方，边抽水，一直挖至坑底。然后，将池坑中央底部的简易集水坑进行修整加固，其做法为：在坑底辅以适量的卵石或碎石层，在集水坑的周围以普通黏土砖，将集水坑和池底的十字形盲沟或环形盲沟联通，这样，以后的地下水将通过盲沟顺畅地流入集水坑，再用抽水设备不断地排出坑外。

（2）井点降水

井点降水就是在基坑开挖前，预先在基坑周围埋设一定数量的滤水管（井），用抽水设备不断抽出地下水，使地下水位降低到坑底以下，直至基础工程施工完毕，使所挖的土始终保持干燥状态。井点降水法改善了工作条件，防止了流砂发生。同时，由于地下水位降落过程中动水压力向下作用与土体自重作用，使基底土层压密，提高了地基土的承载能力。

井点降水法按其系统的设置、吸水原理和方法的不同，可分为轻型（真空）井点、喷射井点、电渗井点、管井井点和深井井点。各种井点降水方法可根据基础规模、土的渗透性、降水深度、设备条件及经济性选用，其中轻型井点属于基本类型，应用最广泛。

轻型井点是沿基坑四周每隔一定距离将若干直径较小的井点管埋入蓄水层内，井点管上端伸出地面，通过弯联管与总管相连并引向水泵房，利用抽水设备将地下水从井点管内不断抽出，使地下水位降至坑底以下。

轻型井点主要由管路系统和抽水设备两个部分组成。轻型井点系统的施工，主要包括施工准备、井点系统的安装、使用及拆除。施工准备工作包括井点设备、施工机具、水源、电源及必要材料的准备、排水沟的开挖、水位观测孔的设置等。

井点系统的安装顺序是：先埋设总管，冲孔。沉设井点管、灌填砂滤层，然后用弯联管将井点与总管连接，最后安装抽水设备。

三、相关知识

1. 土壁塌方的原因

造成土壁塌方的原因主要有以下几点：

（1）边坡过陡，使土体本身的稳定性不够，而引起塌方现象。尤其是在土质差、开挖深度大的基坑槽中，常会遇到这种情况。

（2）雨水、地下水渗入基坑，使土体泡软、重量增大及抗剪能力降低，这是造成塌方的主要原因。

（3）基坑上边缘附近大量堆土或停放机具、材料，或由于动载荷的作用，使土体中所产生的剪应力超过土体的抗剪强度。

2. 防治塌方的措施

为保证土体稳定、施工安全，针对上述塌方原因，可采取以下几种措施：

（1）放足边坡

边坡的留设应合乎规范的要求，坡度的大小，应根据土壤的性质、水文地质条件、施工方法、开挖深度、工期的长短等因素决定。例如，黏性土的边坡可陡些，砂性土则应平缓些；井点降水或机械在坑底挖土时边坡可陡些，明沟排水、人工挖土或机械在坑上边挖土时则应平缓些；当基坑附近有主要建筑物时，边坡应取 $1:1.0 \sim 1:1.5$；当工期短，无地下水的情况下，留设直槽而不放坡时，其开挖深度则不宜超过下列数值：砂土为1.0米，亚砂土和亚黏土为1.25米，黏土为1.5米，特别密实的土为2米。

（2）设置支撑

为了缩小施工面，减少土方量，或受场地的限制不能放坡时，则可设置土壁支撑。一般采用横撑式，其形式有断续支撑与连续支撑两种，此外，应尽量避免基坑附近堆放大量的土方或机械设备，以免产生过大地面活荷载，增大土压力；同时亦应采取有效措施，做好施工排水和防止产生流砂现象。

四、注意事项

1. 在规划养殖专业户沼气池时，沼气池和水压间若建在保温大棚内时，则出料间和贮肥间必须放在保温大棚外，以便日常管理。

2. 地上部分的保温大棚应坐北向南，方位应和养殖场的走向一致，以保证整体协调。

3. 现场深井的定位应由专职测量员放线，施工时严格按照规范要求进行控制。

4. 降水时及时进行水位监测，当降水水深不能满足要求时，应重新制定可行的处理措施，如调整井深或管井间距等，上报甲方、监理单位批准后执行。

5. 当遇有大雨引起井内水位上升时，应通过调整水泵功率等手段来加大单井排水量，保证排水效果。

6. 保证降水设备正常运转，发生故障，及时维修，值班人员要密切注意降水设备运行情况。

7. 加强安全监控，降水可能对桩孔造成轻微影响，需经常对桩孔进行监控，以指导和控制降水施工，确保桩孔安全。

8. 所有深井均用铁皮盖封好后作出标识，以防人员及物品的坠落。

第三节　发酵池体施工

学习目标： 能够按照要求进行沼气工程发酵池体的主体施工，其中包括模板工程、钢筋工程、混凝土工程、预埋件工程和砌体工程。

一、模板工程

学习目标： 能按照沼气工程施工技术要求，进行模板工程施工。

（一）模板工程

1. 说明及要求

模板是灌注混凝土结构的模型，它决定混凝土的结构形状和尺寸。在混凝土施工中，可按照《GB/T 51063—2014 大中型沼气工程技术规范》进行规范施工。

模板的设计、制作和安装应保证模板结构有足够的强度和刚度，能承受混凝土浇筑和振捣的侧向压力和振动力，防止产生移位，确保混凝土结构外形尺寸准确，防止产生移位；并应有足够的密封性，接缝间用海绵条填缝，以避免漏浆。边、口、角、模板交接处必须支撑到位。模板的垂直度误差不大于 5 毫米，断面尺寸误差不大于 3 毫米，平整度误差不大于 5 毫米。

2. 材料要求

模板材料的质量应符合现行国家标准或行业标准。木材的质量应达到 Ⅱ 等以上的材料标准。腐朽、严重扭曲或脆性的木材严禁使用。模板的金属支撑件材料应符合有关规定。

3. 制作

模板的制作应满足施工图纸要求的建筑物结构外形，其制作允许偏差不应超过国家施工要求的规定。模板的制作应满足施工图纸要求的建筑物结构外形，规格应按照《LDT 72.6—2008 建设工程劳动定额建筑工程——模板工程》进行施工。

4. 模板的安装

应按施工图纸进行模板安装的测量放样，重要结构应设置必要的控制点，以便检查校正。模板的安装应按施工图纸进行模板安装的测量放样，重要结构应设置必要的控制点，以便检查校正。

混凝土模板安装应按现行国家标准《GB 50204—2015 混凝土结构工程施工质量验收规范》的相关规定执行。模板的安装过程中，必须设置足够的临时固定设施，以防止变形和倾覆。

池底混凝土初凝后，即可支模浇灌池墙。对于直壁开挖的池坑，利用池坑壁作外模，先从发酵池开始安装模板，池顶拱形模板的顶端距池底 1.8 米，模板间用螺钉固定，池体模板与池顶拱形模板用双铁丝缠紧固牢。模板安装完毕后，就可浇注混凝土。

5. 模板安装的允许偏差

结构混凝土和钢筋混凝土的模板允许偏差，应遵守国家及地区规范的要求。能保证各部分形状尺寸和相应位置的正确，安装允许偏差数值见表 1-14。

表 1-14　整体现浇混凝土模板安装允许偏差

项　目		允许偏差（毫米）
轴线位置	底板	10
	池壁	5
高程	\	±5
平面尺寸	直径	±10
垂直度	$H<5$ 米	5
	5 米$<H<20$ 米	$H/1\,000$
表面平整度	\	5
中心位置	预埋件、预埋管	3
	预留孔洞	5

6. 养护和模板拆除

池体混凝土浇捣完毕 12 小时以后，应立即进行潮湿养护。对外露的现浇混凝土，如池盖、蓄水圈、水压间、进料口以及盖板等应加盖草帘，并加水养护。硅酸盐水泥拌制的混凝土，应连续潮湿养护 3 昼夜以上，混凝土已经基本凝固，就可拆掉所有的模板。拆侧模时，混凝土强度应不低于混凝土设计标号的 40%，拆承重模时，混凝土的强度应不低于设计标号的 70%。

（二）相关知识

模板是使砼构件按几何尺寸成型的模型板，施工中要求保证结构和构件的形状、位置、尺寸的准确；具有足够的强度、刚度和稳定性；装拆方便能多次周转使用；接缝严密不漏浆。其材料分类有木模板、竹模板、钢木模板、钢模板、塑料模板、铸铝合金模板、玻璃钢模板等。

模板系统的组成包括模板板块和支架两大部分。模板板块是由面板、次肋、主肋等组成。支架则有支撑、桁架、系杆及对拉螺栓等不同的形式。

（三）注意事项

1. 混凝土浇筑前，模板应清理干净，不得有油污或其他杂物。清水混凝土表面的放线标志要采用不留永久痕迹的做法。定位钢筋的端头除了要涂防锈漆，还应套上与混凝土颜色相近的塑料套。钢筋进场、绑扎成型与混凝土浇筑的间隔要尽可能缩短，以免钢筋锈蚀后产生的浮锈污染模板，影响清水效果。

2. 浇筑混凝土时，要注意观察模板承受负荷后的情况，如发现位移、鼓胀、下沉、漏浆、支撑松动、地基下沉等现象，应及时采取有效措施。

3. 冬季施工时，池壁模板应在混凝土表面温度与周围气温温差较小时拆除，且温差不宜超过 15℃，拆模后必须立即覆盖保温。

4. 拆除时不要用力过猛过急，拆下来的材料应整理好及时运走，做到工完地清。

5. 在拆除模板过程中，如发现混凝土有较大的空洞、夹层、裂缝等影响结构或构件安全质量问题时，应暂停拆除，经与有关部门研究处理后，方可继续拆除。

二、钢筋工程

学习目标： 能按照沼气工程施工技术要求，进行钢筋工程施工。

（一）钢筋工程

1. 钢筋材料

一般工程所用钢筋均采用现场集中加工，运输到施工工地进行绑扎。在钢筋工程施工中，应按照《GB 50204—2015 混凝土结构工程施工质量验收规范》进行规范施工。

（1）材料要求

钢筋进场时，应按国家现行标准的规定抽取试件作屈服强度、抗拉强度、伸长率、弯曲性能和重量偏差检验，检验结果应符合相应标准的规定。

（2）规格尺寸及外观质量

低碳钢热轧圆盘条：直径允许偏差不大于±0.45毫米；不圆度（同一截面上最大直径与最小直径的差值）不大于 0.45 毫米；直径测量精确到 0.10 毫米；盘条表面不得有裂纹、折叠、结疤、分层及夹杂；允许有压痕及局部的凸块、凹坑、麻面，但其深度或高度（从实际尺寸算起）不得大于 0.20 毫米；盘条表面氧化皮重量不大于 16 千克/吨，要求逐盘检查。

热轧带肋钢筋：钢筋表面标志应清晰明了，标志包括强度等级、厂名或商标和直径毫米数字；钢筋内径测量准确到 0.10 毫米；肋高测量取外径减内径的一半，精确到 0.05 毫米；横肋间距取 11 个肋中心距离除以 10，精确到

0.10 毫米；钢筋的每米弯曲度不大于 4.00 毫米，总弯曲度不大于钢筋总长度的 0.4%；表面质量不得有裂纹、结疤和折叠，表面允许有凸块，但不超过横肋的高度；钢筋表面上其他缺陷的深度和高度不得大于所在部位的允许偏差，要求逐个检查。

2. 钢筋加工

（1）钢筋弯折的弯弧内直径应符合下列规定：

①光圆钢筋，不应小于钢筋直径的 2.5 倍；

②335 兆帕级、400 兆帕级带肋钢筋，不应小于钢筋直径的 4 倍；

③500 兆帕级带肋钢筋，当直径为 28 毫米以下时不应小于钢筋直径的 6 倍，当直径为 28 毫米及以上时不应小于钢筋直径的 7 倍；

④箍筋弯折处不应小于纵向受力钢筋的直径。

（2）纵向受力钢筋的弯折后平直段长度应符合设计要求：光圆钢筋末端做 180°弯钩时，弯钩的平直段长度不应小于钢筋直径的 3 倍。

（3）箍筋、拉筋的末端应按设计要求作弯钩，并应符合下列规定：

①对一般结构构件，箍筋弯钩的弯折角度不应小于 90°，弯折后平直段长度不应小于箍筋直径的 5 倍；对有抗震设防要求或设计有专门要求的结构构件，箍筋弯钩的弯折角度不应小于 135°，弯折后平直段长度不应小于箍筋直径的 10 倍。

②圆形箍筋的搭接长度不应小于其受拉锚固长度，且两末端弯钩的弯折角度不应小于 135°，弯折后平直段长度对一般结构构件不应小于箍筋直径的 5 倍，对有抗震设防要求的结构构件不应小于箍筋直径的 10 倍。

③梁、柱复合箍筋中的单支箍筋两端弯钩的弯折角度均不应小于 135°，弯折后平直段长度应符合对箍筋的有关规定。

（4）钢筋加工的形状、尺寸应符合设计要求，其偏差应符合表 1-15 的规定。

表 1-15　钢筋加工的允许偏差

项目	允许偏差（毫米）
受力钢筋沿长度方向的净尺寸	±10
弯起钢筋的弯折位置	±20
箍筋外廓尺寸	±5

3. 钢筋连接

（1）钢筋的连接方式应符合设计要求。

（2）钢筋采用机械连接或焊接连接时，钢筋机械连接接头、焊接接头的力学性能、弯曲性能应符合国家现行有关标准的规定。接头试件应从工程实体中截取。

（3）螺纹采用机械连接时，螺纹接头应检验拧紧扭矩值，挤压接头应量测压痕直径，检验结果应符合现行行业标准《JGJ 107—2016 钢筋机械连接技术规程》的相关规定。

（4）钢筋接头的位置应符合设计和施工方案要求。有抗震设防要求的结构中，梁端、柱端箍筋加密区范围内不应进行钢筋搭接。接头末端至钢筋弯起点的距离不应小于钢筋直径的 10 倍。

（5）钢筋机械连接接头、焊接接头的外观质量应符合现行行业标准《JGJ 107—2016 钢筋机械连接技术规程》和《JGJ 18—2018 钢筋焊接及验收规程》的规定。

（6）当纵向受力钢筋采用机械连接接头或焊接接头时，同一连接区段内纵向受力钢筋的接头面积百分率应符合设计要求；当设计无具体要求时，应符合下列规定：

①受拉接头面积不宜大于 50%；受压接头面积可不受限制；

②直接承受动力荷载的结构构件中，不宜采用焊接；当采用机械连接时，不应超过 50%。

（7）当纵向受力钢筋采用绑扎搭接接头时，接头的设置应符合下列规定：

①接头的横向净间距不应小于钢筋直径，且不应小于 25 毫米；

②同一连接区段内，纵向受拉钢筋的接头面积百分率应符合设计要求；当设计无具体要求时，应符合下列规定：梁类、板类及墙类构件，不宜超过 25%；基础筏板，不宜超过 50%；柱类构件，不宜超过 50%；当工程中确有必要增大接头面积百分率时，对梁类构件，不应大于 50%。

（8）梁、柱类构件的纵向受力钢筋搭接长度范围内箍筋的设置应符合设计要求；当设计无具体要求时，应符合下列规定：

①箍筋直径不应小于搭接钢筋较大直径的 1/4；

②受拉搭接区段的箍筋间距不应大于搭接钢筋较小直径的 5 倍，且不应大于 100 毫米；

③受压搭接区段的箍筋间距不应大于搭接钢筋较小直径的 10 倍，且不应大于 200 毫米；

④当柱中纵向受力钢筋直径大于 25 毫米时，应在搭接接头两个端面外100 毫米范围内各设置二道箍筋，其间距宜为 50 毫米。

4. 钢筋安装

（1）钢筋安装时，受力钢筋的牌号、规格和数量必须符合设计要求。

（2）钢筋应安装牢固，受力钢筋的安装位置、锚固方式应符合设计要求。

（3）钢筋安装偏差及检验方法应符合表1-16的规定，受力钢筋保护层厚度的合格点率应达到90％及以上，且不得有超过表中数值1.5倍的尺寸偏差。

表1-16　钢筋安装允许偏差和检验方法

项目		允许偏差（毫米）	检验方法
绑扎钢筋网	长、宽	±10	尺量
	网眼尺寸	±20	尺量连续三档，取最大偏差值
绑扎钢筋骨架	长	±10	尺量
	宽、高	±5	尺量
纵向受力钢筋	锚固长度	−20	尺量
	间距	±10	尺量两端、中间各一点，取最大
	排距	±5	偏差值
纵向受力钢筋、箍筋的混凝土保护层厚度	基础	±10	尺量
	柱、梁	±5	尺量
	板、墙、壳	±3	尺量
绑扎箍筋、横向钢筋间距		±20	尺量连续三档，取最大偏差值
钢筋弯起点位置		20	尺量
预埋件	中心线位置	5	尺量
	水平高差	＋3，0	塞尺量测

注：检查中心线位置时，沿纵、横两个方向量测，并取其偏差的较大值。

（二）相关知识

盘卷钢筋调直后应进行力学性能和重量偏差检验，其强度应符合国家现行有关标准的规定，其断后伸长率、重量偏差应符合表1-17的规定。力学性能和重量偏差检验应符合下列规定：

1. 应对3个试件先进行重量偏差检验，再取其中2个试件进行力学性能检验。

2. 重量偏差应按式（1-10）计算：

$$\Delta = \frac{W_d - W_0}{W_0} \times 100 \qquad (1-10)$$

式中：Δ——重量偏差（％）；

$\quad\quad W_d$——3个调直钢筋试件的实际重量之和（千克）；

$\quad\quad W_0$——钢筋理论重量（千克）；取每米理论重量（千克/米）与3个调直钢筋试件长度之和的乘积。

3. 检验重量偏差时，试件切口应平滑并与长度方向垂直，其长度不应小于 500 毫米；长度和重量的量测精度分别不应低于 1 毫米和 1 克。

采用无延伸功能的机械设备调直的钢筋，可不进行本条规定的检验。

表 1-17 盘卷钢筋调直后的断后伸长率、重量偏差要求

钢筋牌号	断后伸长率 A（%）	重量偏差（%）	
		直径 6~12 毫米	直径 14~16 毫米
HPB300	≥21	≥-10	
HPB335、HPBF335	≥16	≥-8	≥-6
HPB400、HPBF400	≥15		
RRB400	≥13		
HRB500、HRBF500	≥14		

注：断后伸长率 A 的量测标距为 5 倍钢筋直径。

（三）注意事项

1. 钢筋加工制作前，应将钢筋加工下料表与设计图纸复核。

2. 钢筋需代换时，应征得设计单位同意，并不允许以等面积的低强度钢筋代替高强度钢筋。

3. 钢筋搭接接头应错开，同一连接区段内接头数量不应大于总数的 25%。

4. 钢筋安装应符合《GB 50204—2015 混凝土结构工程施工质量验收规范》中的规定。

三、混凝土工程

学习目标：能按照沼气工程施工技术要求，进行混凝土工程施工。

（一）混凝土工程

1. 混凝土拌制

沼气工程施工中，池体所用混凝土主要为 C30 混凝土，有条件的地方尽量购买商品混凝土；如确需现场搅拌，配合比要由实验室出，现场安装计量工具，必须严格按照配比施工。

2. 混凝土浇筑

混凝土浇筑施工中，应将垫层混凝土表面抹平压光一次成型，避免空鼓、起砂等现象。

标高控制采用自动安平水准仪跟踪检查。振捣采用平板振捣器拖振，然后用钢滚筒滚压平整垫层，刮平后用木抹子抹平，最后用铁抹子抹压，终凝前不少于 2 遍，达到表面光滑、平整、密实，无起皮起砂现象。

混凝土振捣要选择有经验的振捣手，并配备与浇筑构件相适宜的振捣棒，

快插慢拔，掌握好振捣时间，每点的振捣时间应使混凝土表面呈现泛浆和不再沉落，一般为 20～30 秒。每层混凝土振捣密实后，再浇筑上层混凝土并避免过振。每根柱子设振捣工 2 人，振捣棒上做出尺寸标记，用以控制下棒高度。振捣器插入下层混凝土内的深度应不小于 50 毫米，防止模板移位，预留洞位置要做好标记。

3. 混凝土养护

对已浇筑完毕的混凝土，应在 12 小时以内加以覆盖和浇水。混凝土的养护用水应与拌制用水相同。硅酸盐水泥、普通硅酸盐水泥或矿渣硅酸盐水泥拌制的混凝土，浇水养护时间不得小于 7 天；掺用缓凝型外加剂或有抗渗性要求的混凝土，浇水养护时间不得少于 14 天；厌氧消化池混凝土，浇水养护时间不得少于 14 天。池外壁在回填土后，方可撤除养护，浇水次数应能保持混凝土处于湿润状态。

采用塑料布覆盖养护的混凝土，其敞露的全部表面应用塑料布覆盖严密，并应保持塑料布内有凝结水。当沼气池采用池内加热养护时，池内温度不得低于 5℃，且不宜高于 15℃。并应洒水养护，保持湿润，池壁外侧应覆盖保温。当混凝土必须采用蒸汽养护时，宜于低压饱和蒸汽均匀加热，最高气温不宜大于 30℃，升温速度不宜大于 10℃/小时，降温速度不宜大于 5℃/小时。

4. 现场试验

工程施工现场的混凝土坍落度试验应该在出料口取样进行试验；混凝土抗压试块在混凝土入模处取样进行试验。

试块留样：同部位、同一工作班、同一配合比的混凝土每 100 立方米，取样不得少于一次；一次连续浇筑超过 1 000 立方米时，同一配合比的混凝土每 200 立方米取样不得少于一次；每次取样至少留置一组标养试块，同条件养护试块的留置组数根据实际需要确定，每次浇筑留置一组至三组备用试块；冬期施工留四组，一组为标养试块，一组为同条件养护检查受冻临界强度，一组为同条件养护转常温养护试块，一组为同条件养护拆模用试块。

（二）相关知识

混凝土强度应按现行国家标准《GB/T 50107—2010 混凝土强度检验评定标准》的规定分批检验评定。划入同一检验批的混凝土，其施工持续时间不宜超过 3 个月。

检验评定混凝土强度时，应采用 28 天或设计规定龄期的标准养护试件。

试件成型方法及标准养护条件应符合现行国家标准《GB/T 50081—2019 混凝土物理力学性能试验方法标准》的规定。采用蒸汽养护的构件，其试件应先随构件同条件养护，然后再置入标准养护条件下继续养护至 28 天或设计规定龄期。

（三）注意事项

1. 振捣混凝土时，应避免振捣棒直接触碰钢筋，并安排专人观察模板、支架、钢筋、预埋件和预留孔洞的情况，当发现有变形、移位时，应在已浇筑的混凝土凝结前修整完好。混凝土振捣采用平板式和插入式相结合振捣，具体为：先用插入式振捣器振捣，要求直上直下，快插慢拔，插点均匀；然后用平板振捣器振捣，前后两行的重叠区不少于 100 毫米，提高混凝土的密实度和表面平整度。

2. 由于混凝土的和易性对混凝土的外观质量起着至关重要的作用，所以在搅拌过程中要加强控制。此外，浇筑与振捣、拆模与养护中都有许多细节工作要注意。由于混凝土所具有的泌水性以及模板漏浆和混凝土自身含气量的影响，混凝土表面可能会产生一些小的气泡、孔眼和砂带等缺陷，因此清水混凝土表面缺陷修补也很重要。拆模后应及时清除表面浮浆和松动的砂子，采用相同品种、相同强度等级的水泥拌制成水泥浆体，修复和嵌实缺陷部位，待水泥浆体硬化后，用细砂纸将整个构件表面均匀地打磨光洁，确保表面无色差。

四、预埋件工程

学习目标： 能按照沼气工程施工技术要求，进行预埋件工程施工。

（一）预埋件工程

1. 施工方法

（1）预埋件在施工时的位置应保持正确，其中心线位置允许偏差为 5 毫米。

（2）预埋件锚板下面的混凝土应注意振捣密实，对具有角钢锚筋的预埋尤应注意加强捣实。

（3）对处于混凝土浇灌面上的预埋件，当锚板平面尺寸较大时，可在板面中部适当位置开设直径不小于 30 毫米的排气孔；当预埋件的锚板较长时，为便于混凝土浇捣密实，排气孔的间距宜采用 500～1 000 毫米。

（4）预埋件锚筋应放在构件最外排主筋侧。

（5）对具有角钢锚筋的预埋件，宜先放入构件钢筋笼内就位，然后再绑扎预埋件附近的箍筋。对两面焊有锚板的预埋件，严禁将锚筋或角钢锚筋沿中段割断后插入钢筋笼内（图 1-2）。

（6）预埋件在构件上的外露部分，应以红丹打底，外涂灰色油漆两道，但对要焊铁件处，则可暂时不涂油漆，留待外接铁件（如传力板、钢牛腿等）焊接后再涂油漆。

（7）在已埋入混凝土构件内的预埋件的锚板面上施焊时，应尽量采用细焊条，小电流，分层施焊，以免烧伤混凝土。

（8）厌氧消化池池壁上预埋件之锚筋或预埋螺栓，其埋入混凝土部分不得超过混凝土结构厚度的3/4。预埋件上最好加焊止水钢板（图1-3）。

（9）预埋件施工应遵照《GB 50204—2015混凝土结构工程施工质量验收规范》的要求。

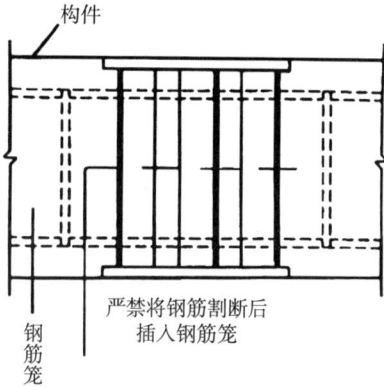

图1-2 两面有锚板的预埋件安装

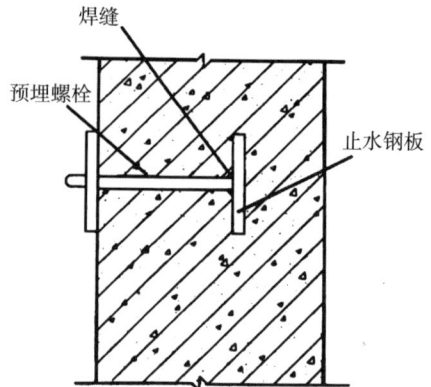

图1-3 止水钢板

2. 穿壁管道施工

（1）防水套管施工

①预埋套管应加止水环，钢套管外的止水环应满焊严密。

②池壁混凝土浇灌到距套管下面20～30毫米时，将套管下混凝土捣实，振平。

③对套管两侧呈三角形均匀、对称的浇灌混凝土时，振捣棒要倾斜，并辅以人工插捣，此处一定要捣密实。

④将混凝土继续填平至套管上30～50毫米，不得在套管穿越池壁处停工或接头（图1-4）。

（2）管道直埋施工

①混凝土浇捣注意事项同上。

②管道的位置、高程及管道的角度要求要相当精确，因为固埋后，没有活动的余地（图1-5）。

（3）预留孔洞后装管施工

①施工时，在管道通过的位置留出带有止水环的孔洞。

②在孔洞里装管道的方法。石棉水泥打口方法，像管道接口一样，首先用

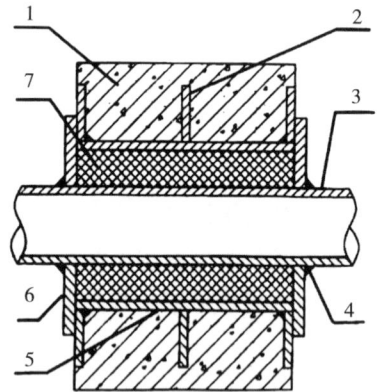

图1-4 防水套管施工

1. 池壁；2. 止水环；3. 管道；4. 焊缝；
5. 套管；6. 钢板；7. 填料

油麻缠绕在管道上，打入孔洞内，打实后用石棉水泥填塞，然后打口。注意孔洞不宜留得过大。

将管道焊上止水环后，放入孔洞内，从两面浇筑混凝土，并捣实（图1-6）。

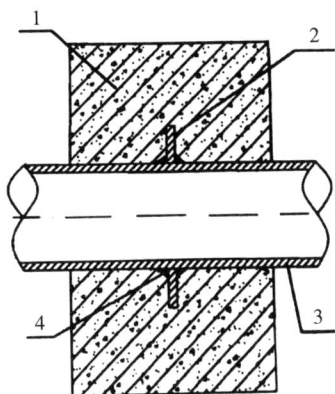

图1-5　管道直埋施工
1. 池壁；2. 止水环；3. 管道；4. 焊缝

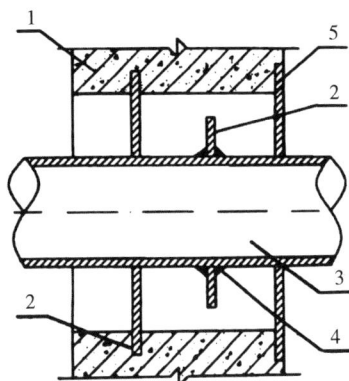

图1-6　预留孔洞后装管施工
1. 池壁；2. 止水环；3. 管道；4. 焊缝；5. 钢板

（二）相关知识

混凝土是一种人造石材，它是由胶凝材料、粗细骨料和水按一定比例拌和均匀，经浇捣、养护而成。混凝土和天然石材一样，能承受很大的压力，就是说它的抗压强度很高，但它的抵抗拉力的能力很低，大约为抗压能力的1/10。混凝土这种受拉时易断裂的缺陷大大限制了它的使用范围。为了弥补这一缺陷，充分发挥混凝土的抗压能力，常在混凝土的受拉区域内加入一定数量的抗拉能力好的钢筋，使两种材料黏结成一个整体，共同承受外力。

（三）注意事项

1. 施工用仪器通过有关检测部门检测鉴定、调正，提高仪器精度，保证预埋件安装精度及混凝土成形质量。

2. 建立班组自检、互检、交接检制度，层层复核，形成班组质量检查制度。

3. 通过3次技术测量复核预埋件位置坐标、标高，提高预埋件安装精度。

4. 在锚栓卸货、搬运过程中，轻拿轻放，以免破坏丝扣。安装前，查验丝扣是否完好，并清除锚栓上油污，以免影响混凝土与锚栓的黏结强度。

5. 通过留置同条件试块，判断混凝土强度，有效合理穿插钢结构吊装工艺，防止提前吊装钢结构柱时破坏混凝土质量。

6. 通过对预埋件部位浇筑完成的混凝土养护拍照上传等方式，保证混凝土养护及时，提高混凝土质量。

7. 预埋管均应焊防水环，或加法兰套管。

五、砌体工程

学习目标：能按照沼气工程施工技术要求，进行砌体工程施工。

（一）工艺流程

基层处理→找平放线、立杆→构造柱钢筋绑扎→墙体砌筑→腰带钢筋绑扎→构造柱、腰带模板支设→构造柱、腰带混凝土浇筑→拆模→砌筑上部墙体→上部构造柱、腰带施工→砌至梁板下（待结构封顶后用砖斜砌封闭）→检查验收。

（二）施工要点

（1）外墙砌筑严禁雨天施工，砌块表面有浮水时不得进行砌筑。

（2）需要移动已砌好的砌块或对被撞动的砌块进行修整时，应先清除原有砂浆，再重新铺浆砌筑。

（3）每天砌筑高度不超过 1.8 米。

（4）砌筑砂浆必须拌和均匀，随拌随用，盛入灰桶内的砂浆如有泌水现象，则须重新拌和。砌筑砂浆在拌成后 3 小时内用完，如施工期间气温超过 30℃，必须在 2 小时内用完。

（5）砌块采用"三一"砌法，竖缝采用刮浆法。

（6）砌块中不够整块砌块的部位，应采用普通烧结砖来补砌，不得将砍过的砌块补砌。

（7）所有砌块均砌至钢筋混凝土梁底或板底，不留空隙，墙体上所有穿墙管道均须用不燃材料嵌塞严密，以满足防火要求。

（三）质量标准

砌体工程的质量标准应按《GB 50203—2002 砌筑工程施工质量验收规范》执行，砌体砂浆必须饱满。外墙转角处严禁留直槎，其他临时间断处，留缝的做法必须符合施工规范规定。接槎处灰浆密实，缝、砌块平直，每处接槎部位水平灰缝厚度为（10±2）毫米，拉结筋的数量、长度均应符合设计要求，留置间距偏差不超过一块砖。砌筑砌体的允许偏差与检验方法见表 1-18。

表 1-18　砌筑体的允许偏差与检验方法

项次	项目	允许偏差（毫米）	检查方法
1	轴线位移	10	用拉线和尺量检查
2	砌体顶面标高	15	用水准仪和尺量检查
3	垂直度	5	用吊线和尺量检查

（续）

项次	项目	允许偏差（毫米）	检查方法
4	表面平整	8	用2米靠尺和塞尺检查
5	水平灰缝平直度	10	用拉线和尺量检查
6	水平灰缝厚度（连续五皮砌块累计数）	10	用尺量检查
7	垂直灰缝宽度（连续五皮砌块累计数）	15	用尺量检查

第四节　密封施工

学习目标：能按照沼气工程技术要求，进行预密封工程施工。

一、密封施工

沼气发酵是厌氧发酵，发酵工艺要求沼气池必须严格密封。例如，水压式沼气池池内压强远大于池外大气压强，密封性能差的沼气池不但会漏气，而且会使水压式沼气池的水压功能丧失殆尽。因此，沼气池密封性能的好坏是关系到制取沼气成败的关键。

（一）密封材料选择

中小型沼气工程结构体建成后，要在水泥砂浆基础密封的前提下，用密封材料进行表面涂刷，封闭毛细孔，确保沼气池不漏水、不漏气。对密封材料的要求是：密封性能好，耐腐蚀，耐磨损，黏结性好，收缩量小，便于施工，成本低。常用的沼气池密封材料种类有：

1. 水泥掺和型——JX-Ⅱ型密封剂

JX-Ⅱ型沼气池密封剂是采用高分子耐腐树脂材料作成膜物，以水泥作增强剂配制而成的混合密封涂料，涂刷后以一种硬质薄膜包被全池，填充了水泥疏松网孔，无隔离层，从根本上解决了沼气池渗漏和池体易腐蚀的问题，对病、废池的修复效果尤其明显。使用该密封剂可改"三灰四浆"法为"一灰四浆"法，节约水泥50～150千克，减少用工2～3个，该产品采用树脂材料与水泥掺和使用的方法，克服了面层涂料易脱落、易水解、易裂折、易老化、寿命短、有隔层、难修复等缺点，是一种效果极佳的新型沼气池密封剂。性能特点如下：

①密封性：渗漏率低于1.5%。

②耐腐性：用水泥浆和JX-Ⅱ密封剂分别涂刷样件表面，在腐蚀液中浸泡二周后取出观察，用水泥浆涂刷的表面松脆，轻触即落，用JX-Ⅱ密封剂涂刷的表面坚硬光亮，表现出耐腐性。

③黏接、抗拉、抗压性：经测定，三种性能均较市面其他密封剂高50％以上。

④不溶于水：涂刷面层于常温下在水和沼液中浸泡，性能稳定，无水解痕迹。

⑤减少施工量：池体只需粉刷一层水泥砂浆，即可直接使用该产品。这样既节约水泥，又减少用工，还可避免粉刷层间的分离脱落。

⑥效果显著：凡渗水、漏气池在冲洗干净并使用该产品后，即可解决渗漏问题。

⑦存放期长：在0℃以上避光密闭处可长期保存。

⑧适用性广：适用于一切水湿环境下的水泥建筑，如水塔、水池等。

⑨用量少：6～8立方米池仅用1～1.5千克，中、大型池每8～10平方米面积用1千克。

2. 直接使用型——硅酸钠

该类密封涂料无须配比，可直接用于沼气池内表面涂刷，常用材料有硅酸钠，俗称水玻璃、泡花碱。水玻璃溶液涂刷或浸渍材料后，能渗入缝隙和孔隙中，固化的硅凝胶能堵塞毛细孔通道，提高材料的密度和强度，从而提高材料的抗风化能力。

①强度高。水玻璃硬化后的主要成分为硅凝胶和固体，比表面积大，因而具有较高的黏结力。但水玻璃自身质量、配合料性能及施工养护对强度有显著影响。

②耐酸性。可以抵抗除氢氟酸（HF）、热磷酸和高级脂肪酸以外的几乎所有无机和有机酸。

③耐热性。硬化后形成的二氧化硅网状骨架，在高温下强度下降很小，当采用耐热耐火骨料配制水玻璃砂浆和混凝土时，耐热度可达1 000℃。因此水玻璃混凝土的耐热度，也可以理解为主要取决于骨料的耐热度。

④耐碱性和耐水性差。硅酸钠不能在碱性环境中使用，苛性碱能溶解固体硅酸钠。同样由于NaF、Na_2CO_3均溶于水而不耐水，可采用中等浓度的酸对已硬化水玻璃进行酸洗处理，提高耐水性。

（二）相关知识

因涂料在实际施工前需将聚合物与硅酸盐水泥按一定的比例混合后方可使用，所以沼气池密封涂料的主要成分为聚合物和硅酸盐水泥，其中聚合物是成膜物质，硅酸盐水泥起固化剂和增强剂的作用。

沼气池密封涂料中的聚合物主要分为两类：第一类：乙酸乙烯、聚酯乙烯树脂、聚乙烯等；第二类：丙烯酸、丙烯酸酯等。

涂料应选定达到工程要求、工艺要求的密封涂料。

（三）注意事项

1. JX-Ⅱ型密封剂使用注意事项

（1）配浆搅拌时会产生泡沫，将泡沫分离出来，刷池底时使用。

（2）配浆时稀稠要适宜，不黏不流。可以用刷子蘸浆贴于池墙，若下流15～20厘米止住为宜。否则应加水或水泥调整，以免影响涂刷质量。

（3）每遍涂刷间隔1～3小时，刷时用力要轻，同处不必反复刷，不能漏刷；不可忽视天窗口、盖、进出料口、管及连接处；要避免暴晒，注意养护。

2. 硅酸钠使用注意事项

水玻璃在空气中的凝结固化与石灰的凝结固化非常相似，主要通过碳化和脱水结晶固结两个过程来实现。随着碳化反应的进行，硅胶含量增加，接着自由水分蒸发和硅胶脱水成固体而凝结硬化，有三个特点：

（1）速度慢，由于空气中 CO_2 浓度低，故碳化反应及整个凝结固化过程十分缓慢。

（2）体积收缩，水玻璃凝结固化时体积有所收缩。

（3）强度低，为加速水玻璃的凝结固化速度和提高强度，水玻璃使用时一般要求加入固化剂氟硅酸钠，分子式为 Na_2SiF_6。氟硅酸钠的掺量一般为12%～15%。掺量少，凝结固化慢，且强度低；掺量太多，则凝结硬化过快，不便施工操作，而且硬化后的早期强度虽高，但后期强度明显降低。因此，使用时应严格控制固化剂掺量，并根据气温、湿度、水玻璃的模数、密度在上述范围内适当调整。即在气温高、模数大、密度小时选下限，反之亦然。

二、结构层缺陷处理

（一）施工缝设置与处理要求

1. 施工缝设置与处理要求

（1）构筑物主体结构中底板和顶板应连续浇筑，不宜留施工缝。

（2）池壁水平施工缝不应留在剪力与弯矩处或底板与池壁交接处，其位置应高出底板表面500毫米的池壁上。

（3）池壁上有孔及管洞时，施工缝距孔洞边缘的距离宜大于300毫米。

（4）在施工缝上浇筑砼前，应将施工缝处的砼表面凿毛，清除浮粒和杂物，用水冲洗干净，保持湿润，并铺上一层20～25毫米厚、配合比高一级的水泥砂浆。

（5）施工缝采取凹缝、凸缝、阶梯缝及设止水片的平直缝等形式。

2. 结构层缺陷处理

（1）预防措施

①麻面：选择表面平整光滑的模板，板面清理干净、充分润湿，混凝土振

捣密实，气泡排出。

②露筋：保证钢筋垫块数量及垫块不位移，避免钢筋紧贴模板。

③蜂窝：准确掌握混凝土配合比，混凝土搅拌均匀、浇筑方法正确、振捣合理、模板接缝严密。

④孔洞：控制混凝土骨料的最大粒径，保证混凝土具有良好的流动性，振捣密实，避免混凝土中混入泥块等杂物。

⑤缝隙加渣：混凝土施工缝处理干净，避免混入杂物。

⑥缺棱掉角：模板要充分润湿或涂刷脱模剂，拆除模板前混凝土要达到规定的强度，拆模后要做好成品保护。

⑦裂缝：混凝土要分层分段浇筑，使水化热能够部分散发；尽量减少内外温差，保证混凝土得到充分养护，避免水分蒸发过快；另外，拆模时避免混凝土剧烈振动。

⑧强度不足：严格控制浇筑前的混凝土质量，避免混凝土的振捣不实和养护不良。

（2）缺陷处理

①表面抹灰修补。对数量不多的小蜂窝、麻面、露筋、露石的混凝土表面，可用钢丝刷或加压水洗刷基层，再用（1∶2）～（1∶2.5）的水泥砂浆填满抹平，抹浆初凝后要加强养护。

当表面裂缝较细，数量不多时，可将裂缝用水冲并用水泥浆补抹；对宽度和深度较大的裂缝应将裂缝附近的混凝土表面凿毛或沿裂缝方向凿成深为15～20毫米、宽为100～200毫米的V形凹槽，扫净并洒水润湿，再刷水泥浆一层，然后用（1∶2）～（1∶2.5）的水泥砂浆涂抹2～3层，总厚度控制在10～20毫米，并压实抹光。

当处理对象为消化池等有防水要求的结构时，抹浆或填缝材料要用环氧树脂胶泥。

②细石混凝土填补。当蜂窝比较严重或露筋较深时，应按其全部深度凿去薄弱的混凝土和个别突出的骨料颗粒，然后用钢丝刷或压水洗刷表面，再用比原混凝土等级提高一级的细石混凝土填补并仔细捣实。

对于孔洞，可在旧混凝土表面采用处理施工缝的方法处理：将孔洞处不密实混凝土突出的石子剔除，并凿成斜面避免死角；然后用水冲洗或用钢丝刷子清刷，充分润湿后，浇筑比原混凝土强度等级高一级的细石混凝土。细石混凝土的水灰比宜在0.5以内，并可掺入适量混凝土膨胀剂，分层捣实并认真做好养护工作。

③环氧树脂修补。当裂缝宽度在0.1毫米以上时，可用环氧树脂灌浆修补。修补时先用钢丝刷清除混凝土表面的灰尘、浮渣及散层，使裂缝处保持干

净，然后把裂缝做成一个密闭性空腔，有控制地留出进出口，借助压缩空气把浆液压入裂缝，使它充满整个裂缝。这种方法使得修补处具有很好的强度和耐久性，与混凝土有很好的黏结作用。

混凝土强度严重不足的承重构件应拆除返工，尤其对结构要害部位更应如此；对强度降低不大的混凝土可不拆除，但应与设计单位协商，通过结构验算，根据混凝土实际强度提出处理方案。

（二）相关知识

防水密封层的水泥宜采用普通硅酸盐水泥、矿渣硅酸盐水泥，其强度等级不得低于 42.5 兆帕；砂宜采用质地坚硬、级配良好的中砂；水泥砂浆的配合比，应根据原材料性能和施工方法按表 1-19 的规定选用。

表 1-19　水泥砂浆配合比

名称	配合比（质量比）		水灰比	适用范围
	水泥	砂		
水泥浆	1	\	0.55～0.60	水泥砂浆防水层的第一层
水泥浆	1	\	0.37～0.40	水泥砂浆防水层第三、五层
水泥砂浆	1	1.5～2.5	0.45～0.55	水泥砂浆防水层第二、四层

（三）注意事项

1. 掺外加剂水泥砂浆防水层的施工应符合下列规定：

（1）基层表面应平整、清洁、坚硬、粗糙，充分湿润但无积水。

（2）施工时应做到分层交替抹压密实。

（3）施工时应注意灰层和砂浆层应在同一天完成。

（4）素灰层要薄而均匀，不宜过厚。

（5）水泥砂浆抹浆时，严禁加水。

（6）水泥砂浆的稠度宜控制在 70～80 毫米，并随拌随用。

（7）水泥砂浆收压应在水泥砂浆初凝前进行。

（8）水泥砂浆密封层每层宜连续施工，留施工缝时，应留成阶梯状，按层次顺序搭接，搭接长度应大于 40 毫米。接合部位距阴阳角的距离应大于 200 毫米。

（9）水泥砂浆防水层施工时，基层表面温度应保持在 0℃ 以上，操作环境在 5℃ 以上。

（10）防水层的阴阳角宜做成圆弧形。

（11）掺外加剂水泥砂浆防水层厚度应符合设计要求，但不宜小于 20

毫米。

2. 涂料密封层的施工应符合下列规定：

（1）密封层宜选用耐腐蚀、无毒、刺激性小、密封性能好的涂料；

（2）密封层的基面，应无浮渣、无水珠，清洁干燥；

（3）涂料的配比及施工，应按照所选涂料的技术要求进行，并应试涂，符合要求后方可进行大面积的涂刷；

（4）涂料的涂刷应均匀，且不得少于两遍，后一层的涂料应待前一层涂料结膜后进行，涂刷方向应和前一层相垂直。

第五节　质量检验

学习目标：掌握沼气池质量检验的方法和技能。

一、工程检验

（一）土方工程检验

1. 沼气池池坑的地基承载力设计值不小于 5 千帕。检验方法：观察检查土质情况，复查施工记录。

2. 回填土应分层夯实，其质量密度值要求达到 1.8 克/立方厘米，偏差不大于 0.03 克/立方厘米。检验方法：检验施工记录及土质取样测定，每池取两点。

3. 池坑开挖标高、内径、池壁垂直度和表面平整度允许偏差值及检查方法见表 1-20。

表 1-20　池坑开挖允许偏差

项目	允许偏差值（毫米）	检验方法	检查点数
池坑直径	±20	用精度为 1 毫米的钢卷尺测量	4
池坑标高	+15，-5	用水准仪按施工记录拉线，用精度为 1 毫米的钢卷尺测量	4
池壁垂直度	±10	用重垂线和精度为 1 毫米的钢卷尺测量	4
表面平整度	±5	用 1 毫米靠尺和楔形塞尺测量	4

（二）模板工程检验

1. 砖模、钢模、木模、玻璃钢膜和支撑件应有足够的强度、刚度和稳定性，并拆装方便。检验方法：用手摇动和观察检查。

2. 模板的缝隙以不漏浆为原则。检验方法：观察检查。

3. 水压式混凝土现浇混凝土沼气池模板安装允许偏差及检验方法见表 1-21。

表 1-21　现浇混凝土模板安装允许偏差

项目	允许偏差值（毫米）	检验方法	检查点数
池与水压间标高	木模±10；钢模±5	用精度为 1 毫米的钢卷尺测量或水准仪检查	3
断面尺寸	+5～-3	用精度为 1 毫米的钢卷尺测量	3
模板曲率半径	±10	用曲率半径准绳测量	3

（三）混凝土工程检验

1. 混凝土拌制和浇筑过程中检验

（1）检查拌制混凝土所用原材料的品种、规格和用量，每一个工作班至少一次。

（2）检查混凝土在浇筑地点的坍落度，每一个工作班至少一次。

（3）混凝土的搅拌时间应随时检查。

2. 混凝土质量检验

（1）采用试块检测混凝土抗压强度

检查混凝土质量，当有条件时宜采用试块进行抗压强度检验，混凝土沼气池采用 C15、C20 标号强度。

用于检查混凝土质量的试件应采用钢模制作，应在混凝土的浇筑地点随机取样制作，试件的放置应符合下列规定：

①同一配合比混凝土取样不得少于一次；

②每班拌制的同一配合比混凝土取样不得少于一次。

试件强度试验的方法应符合《GB/T 50081—2019 混凝土物理力学性能试验方法标准》的规定。每组三个试件应在同盘混凝土中取样制作，并按下列规定确定该组试件混凝土强度代表值：

①取三个试件强度的平均值；

②当三个试件强度中的最大值或最小值之一与中间值之差不超过 15％时取中间值；

③当三个试件强度中的最大值和最小值与中间值之差均超过中间值 15％时，该组件不得作强度评定的依据。

（2）回弹仪法检测混凝土抗压强度

检查混凝土质量时如不具备采用试块进行抗压强度试验的验收条件时，可采用回弹仪法检测混凝土抗压强度与验收，混凝土抗压强度值应不低于 GB/T

4750—2016 设计值的 95%。

（四）工程密封性检验

1. 直观检查法

应对施工记录和沼气池各部位的几何尺寸进行复查。混凝土池体内表面应无蜂窝、麻面、裂纹、砂眼和气孔；无渗水痕迹等目视可见的明显缺陷；粉刷层不得有空鼓或脱落现象，合格后方可进行试压验收。

2. 水试压法

待混凝土强度达到设计强度等级的 85% 以上时，总体施工合格后方能进行试压查漏验收。方法：向池内注水，水面升至零压线位时停止加水，待池体湿透后，标记水位线，观察 12 小时。当水位无明显变化时，表明发酵间及进、出料管水位以下不漏水后方可进行试压。试压时先安装好活动盖，并做好密封处理，接上 U 形水柱气压表（沼气压力表）后，继续向池内加水。待 U 形水柱气压表数值升至设计工作气压 8 千帕时，停止加水，记录 U 形水柱气压表数值，稳压观察 24 小时。若气压表下降数值小于设计工作气压的 3% 时，可确认为该沼气池的抗渗性能符合要求。

3. 浮罩试压

浮罩式沼气池，应对贮气浮罩进行气密性检验。内密封完工后，养护 5 天左右，即可进行试压。方法一：先把浮罩安装好后，水封池加水，在导气管处装上沼气压力表，再向浮罩内打气，同时在浮罩外表面刷肥皂水仔细观察浮罩，表面检查是否有漏气。当浮罩上升到设计最大高度位置时，停止打气，关闭导气管稳定观察 24 小时，若气压表下降数值小于设计工作气压的 3% 时，可确认该浮罩的抗渗性能符合要求。方法二：为简易试压方法，在浮罩附近平整一块场地，在上面平铺一层厚为 5 厘米，直径比浮罩直径大 30 厘米的稀泥，在稀泥上盖一层塑料膜，然后将浮罩浮翻过来扣在上面，在浮罩外围距罩壁 6 厘米处，用湿润泥土制一高为 35 厘米的沟，放满水。在浮罩的导气管上，用三通将压力表和充气时用的开关连接好，并检查是否漏气。向浮罩内充气，当气压达到设计的最大气压时，停止充气，观察 2 小时，若气压表读数无明显变化时，可确认浮罩不漏气。

4. 其他

工程塑料、玻璃纤维增强塑料等商品化沼气池的密封性能采用水压法检验。方法：加水试漏，观察 30 分钟，水位无明显变化方可进行加气试压，加气稳压观测时间 30 分钟。试压方法与混凝土池相同，压降数值小于 3% 时为合格。

（五）中小型沼气工程竣工检验

中小型沼气工程竣工检验应符合《NYT 1220.3—2019 沼气工程技术规

范》的验收标准。竣工验收时，应核实竣工验收资料，对下列项目做出鉴定，并填写竣工验收鉴定书。

①设计变更和钢材代用证件；②主要材料和仪表设备的合格证或试验记录；③施工安装测量记录；④混凝土工程施工记录；⑤混凝土、砂浆、焊接等试验、检验记录；⑥有关装置和管路的水密性、气密性等试验、检验记录；⑦中间验收记录；⑧钢制储气柜防腐及总体试验记录；⑨设备仪器仪表交接清单；⑩工程质量检验评定记录；⑪工程质量事故处理记录；⑫地基沉降记录；⑬项目开工报告；⑭工程预决算文件；⑮竣工图和其他有关文件及记录。

沼气工程竣工验收时，应核实竣工验收文件资料并应作必要的复验和外观检查，对各分项工程质量做出鉴定结论，填写竣工验收鉴定书。

沼气工程竣工验收后，建设单位应将有关设计、施工、监理、验收的文件技术资料立卷长期存档。

二、相关知识

1. 混凝土应振捣密实，单个蜂窝、麻面的面积不大于 0.05 平方米，蜂窝、麻面总面积不大于 0.2 平方米。检验方法：观察并用相应的量具测量。

2. 小型沼气工程验收表见表 1-22。

表 1-22 小型沼气工程验收表

项目基本情况表
建设项目名称：
建设单位：
建设单位法定代表人：　　　　　　　　　电话：
建设单位联系地址：　　　　　　　　　　邮编：
项目立项审批文号、时间：
初步设计审批部门、文号、时间：
是否组织初检：　　　　项目初检时间：
建设单位申请竣工验收时间：　　　　　竣工验收日期：
竣工初检组织单位：　　　　　联系人：　　　　　电话：
竣工初检组长：　　　单位：　　　职务：　　　电话：

（续）

建设内容完成情况	
批复建设地点：	实际建设地点：
批复建设期限：	实际建设期限：
初步设计批复的建设内容及规模：	
完成的建设内容及规模：	
未完成的建设内容及规模：	
变更情况：	
履行基本建设程序情况：	
评价意见： 人员签名 年　月　日	

3. 验收标准：

柱基、基坑和管沟基底的土质，必须符合设计要求，并严禁扰动。填方的基底处理，必须符合设计要求和施工规范要求。柱基、基坑、基槽、管沟的回填，必须按规定分层密实，土方工程的允许偏差和质量检验标准，应符合相关规定。

主控项目验收标准：标高，是指挖后的基底标高，用水准仪测量，检查测量记录；长度、宽度，是指基底的宽度、长度，用经纬仪、拉线尺量检查等，检查测量记录；边坡，符合设计要求，观察检查或用坡度尺检查，只能坡不能陡。

一般项目验收标准：表面平整度，主要是指基底，用2米靠尺和楔开塞尺检查。观察检查或土样分析，通常请勘察、设计单位来验槽，形成验槽记录。土方开挖前检查定位放线、排水和降低地下水位系统，合理安排土方运输车的行走路线及弃土场。施工过程中检查平面位置、水平标高、边坡坡度、压实度、排水、降低地下水位系统，并随时观测周围的环境变化。施工完成后，进行验槽。形成施工记录及检验报告，检查施工记录及验槽报告。

三、注意事项

管路系统质量检验：

1. 在检查过程中，如果发现有漏气、漏水现象，就要查明原因，维修后再次进行检查，复查合格后，才能投料使用（装料前必须把多余水排净）。

2. 管路系统质量验收前应具备下列条件：

（1）输配气管路系统全部安装完毕；

（2）管路已按要求加固；

（3）检验用压力表应在检验期的有效期内，其量程应为被测最大压力的1.5～2倍；

（4）沼气灶等燃具产品的试验与验收应符合 GB/T 3603 和 NY/T 344 的有关规定；

（5）质量验收应由管理、安装和用户三方共同进行。

思考与练习题

1. 如何进行中小型沼气工程发酵装置容积计算及发酵工艺选择？

2. 中小型沼气工程发酵装置的工艺参数有哪些，计算方法是什么？

3. 中小型沼气工程放线应注意哪些问题？

4. 中小型沼气工程如何进行高水位地基处理？

5. 中小型沼气工程预埋件工程施工要点是什么？

6. 中小型沼气工程结构体建成后如何选择密封材料？

7. 中小型沼气工程发酵装置结构层缺陷处理方法有哪些？

8. 中小型沼气工程土方工程检验时需要注意什么？

第二章 附属设备安装

第一节 增温和保温设备安装

学习目标：根据中小型沼气工程增温设备结构和工作原理，能布设并安装中小型沼气工程增温管网。

一、中小型沼气工程增温管网安装

为保证中小型沼气工程正常运行，需要对沼气发酵过程增温。增温热源可采用发电余热、沼气（锅炉）燃烧、太阳能（图2-1、图2-2、图2-3），增温方式分为发酵罐内和发酵罐外加热两类，采用热水循环方法对料液进行加热。中小型沼气工程普遍采用换热盘管进行加温，换热盘管的安装位置可以在沼气发酵罐外或罐内，以罐内居多。盘管的材料可采用PE地暖管（图2-4）或钢管。钢管耐磨、传热效果好，但制作相对复杂，PE管耐蚀性好，安装简单，但不耐磨，换热效果不如钢管。

加热主要有以下几种方式：①壁内加热：换热管安装在发酵罐内，距离内壁约50厘米位置，适合所有类型发酵罐，但是在立式发酵罐中更常见。②墙中加热或夹套加热：墙中加热将加热管嵌入沼气发酵池墙中，墙中加热适合所有混凝土发酵罐，不适合高温发酵；夹套加热是在沼气发酵装置外壁安装夹套，结构简单，适合钢制沼气发酵装置。③壁外加热：换热管紧贴在发酵罐外壁上，主要适合立式发酵罐。

图2-1 发电余热作为增温热源

图2-2 沼气（锅炉）作为增温热源

图 2-3　太阳能作为增温热源　　图 2-4　发酵罐内安装 PE 换热盘管

(一) 增温管网安装

1. 加热系统方案的确定

(1) 加热系统末端形式，应根据沼气发酵工艺和热负荷特点综合确定，并应符合下列规定：

①对于进料流量大、热负荷集中的沼气工程，宜采用池内加热的末端形式。

②对于进料流量大，但热负荷相对分散的沼气工程，宜采用池内加热和池外加热相结合的末端形式。

(2) 制热功率应根据沼气发酵工艺要求和热负荷特点，经过技术经济比较后确定。最小制热功率应符合下列规定：

①沼气工程在最冷月启动时，水源热泵机组应能在沼气发酵工艺规定的启动调试时间内将发酵池内料液温度提升至设计温度。

②沼气工程在最大热负荷且正常运行时，水源热泵机组应能维持发酵池内料液温度稳定在设计温度范围内。

2. 施工要求

(1) 池内加热盘管安装前应具备设计文件和施工图纸。

(2) 施工的环境温度不宜低于 5℃，低于 5℃时应采取升温措施。

(3) 加热管应按设计图纸标定的管间距和走向进行敷设。管道安装间断和完毕时，敞口处应随时封堵。

(4) 加热管的弯曲应符合下列要求：

①管道安装时应防止管道扭曲。

②塑料加热管的弯曲半径不宜小于 6 倍管外径，当加热管设计间距较小，平行型布置 [图 2-5 (a)] 或双平行型布置 [图 2-5 (b)] 不能满足最小弯曲半径要求时，可采用回折型布置方式 [图 2-5 (c)]。

③加热管弯曲时，圆弧的顶部应加以限制并应固定，不得出现"死折"。

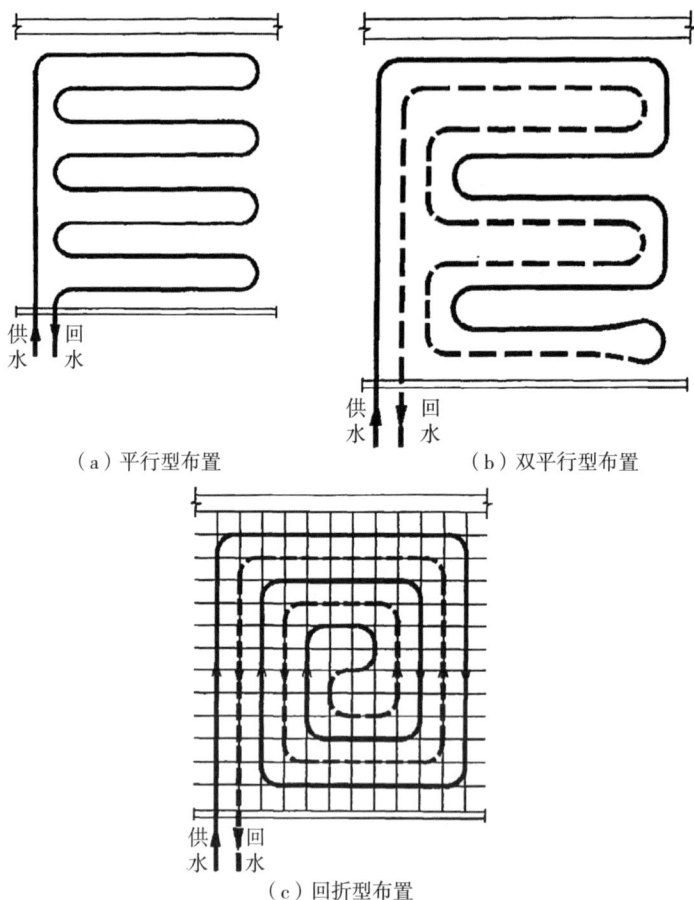

（a）平行型布置　　　　（b）双平行型布置

（c）回折型布置

图 2-5　池内加热盘管布置方式

（5）沼气发酵池内部的加热管不应有接头，内部加热盘管应通过预留套管穿出沼气发酵池围护结构，并采用止水环进行密封。

（6）加热管应设固定装置，宜用卡件将加热管固定在铺设于沼气发酵池内壁面上的网格上，严禁采用扎带等强度不足的管件固定方式。

（7）加热管弯头两端宜固定。加热管直管段固定点间距不宜超过 500 毫米，弯曲管段固定点间距宜为 200～300 毫米。

（8）设有多个加热环路时，应通过分、集水器连接各个环路，分、集水器应安装在沼气发酵池外部易于维护操作的地方，且分水器、集水器宜在开始铺设加热管之前进行安装，安装位置应高于环路最高点。

（9）加热管与分水器、集水器连接，应采用卡套式、卡压式挤压夹紧连接。连接件材料宜为铜质。

（10）在分、集水器处，宜对各加热环路的供回水管安装关断阀门。

3. 增温管网安装步骤

（1）根据发酵池体大小，合理规划增温管道之间的间距，制定出合适的管道安装方案；

（2）据制定的管道安装方案在池体中寻找合适的固定点，安装固定支架并在支架上安装管道夹套，最后按预定方案将增温管道固定于夹套之中（图2-4）。

（3）将增温管道与增温热源连接并试用，确保能够正常使用。

（二）相关知识

1. 太阳能集热器采光面积的确定

集热器采光面积根据热水负荷、水量、水温、集热器、热水系统的热效率和使用期间的气象条件来确定。

国家标准按《GB/T 50364—2005 民用建筑太阳能热水系统应用技术规范》系统集热器采光面积的理论计算。

$$A_c = \frac{Q_W \times C_W \times (t_{end} - t_i) \times f}{J_T \times \eta_{cd} \times (1 - \eta_L)} \qquad (2-1)$$

式中：A_c—— 直接系统集热器采光面积（平方米）；

Q_W——日均用水量（千克）；

C_W——水的定压比热容选用 4.2 千焦/（千克·℃）；

t_{end}——储水箱内水的设计温度（℃）；

t_i——水的初始温度（℃）；

f——太阳能保证率（％），一般选取 60％；

J_T——按集热器采光面上年平均日太阳辐照量 16 583 千焦/平方米；

η_{cd}——集热器的年平均集热效率为 40％；

η_L——储水箱和管道的热损失率，一般选取 20％。

【例2-1】某牛场的沼气工程规模 300 立方米，设计发酵温度 25℃，发酵浓度 6％，发酵滞留期 30 天，牛粪的总固体含量 17％，每天进出料 10 立方米，预处理池的容积为 10 立方米，每天需要发酵原料 10 立方米（其中鲜粪 4 立方米，水 6 立方米，牛粪的总固体含量 17％）。发酵原料的最低温度为 10℃，水的比热 4.2 千焦/（千克·℃）。计算太阳能集热器采光面积、贮热水箱的容积和补水箱容积（计算中假定管路、水箱无热损失，原料与水的比热和原料体积重量比近似相等）。

（1）计算太阳能产热水的温度

根据热平衡系统吸热量等于系统放热量，则：

$$Q_{吸热} = Q_{放热}$$

即：每日所需发酵原料量×(发酵温度－发酵原料的最低温度)×水比热容＝热水量×(太阳能产热水温度－发酵原料的最低温度)×水比热容＋鲜粪量×发酵原料的最低温度×水比热容

选取太阳能系统产热水的温度为40℃，日用热水量6吨。

(2) 计算太阳能集热器面积

将上述数据代入式(2-1)计算：

$$A_c = \frac{6\,000 \times 4.2 \times (40-10) \times 60\%}{16\,583 \times 40\% \times (1-20\%)} \approx 85.5 \text{ 平方米}$$

该工程可选用集热器面积85.5平方米。假如每块太阳能集热器的采光面积为2平方米，即需要43块集热器。

(3) 计算太阳能贮热水箱容积

贮热水箱的容积近似为每日的用热水量的2/3。

$$V_{水箱} = \frac{2}{3} V_{热水}$$

$$V_{水箱} = \frac{2 \times 6}{3} = 4 \text{ 吨}$$

该工程可选用贮热水箱为4吨。

(4) 确定太阳能补水箱容积

补水箱容水量＝储备冷水量＋全部集热板容水量＋太阳能上水管容量＋储水箱溢流量

储备冷水量：供太阳能集热器和辅助能源所用的冷水量，一般可按2千克/平方米集热面积计算；

太阳能上水管容水量：太阳能系统上水管中全部水容量大约60千克；

平板集热器容水量：此部分也应倒流回至补水箱中，其数值为1.2千克/平方米；

储水箱溢流水量：当储水箱充满水时，将有少量水溢出，输入补水箱中，其数值按30千克计算，由计算可得，补水箱的容积选择300升。

2. 沼气发酵池热负荷计算

(1) 沼气发酵池热负荷，应根据沼气发酵池的下列散失和获得的热量确定：

①围护结构耗热量；②进料耗热量；③内部得热量（搅拌热、生物热）。

(2) 围护结构耗热量应包括基本耗热量和附加耗热量。

(3) 围护结构的基本耗热量应按下式计算

$$Q_w = KA(t_n - t_w) \tag{2-2}$$

式中：Q_w——围护结构的基本耗热量（瓦）；

K——围护结构的传热系数［瓦/(平方米·℃)］；

A——围护结构的面积（平方米），取围护结构的外表面面积；

t_n——沼气发酵池内计算温度（℃）；

t_w——沼气发酵池外计算温度（℃）。

（4）地上部分围护结构的附加耗热量，应按其占基本耗热量的百分率确定。各项附加百分率，宜按下列规定的数值选用：

①朝向修正率 f_t：

北、东北、西北	$0 \sim 10\%$
东、西	-5%
东南、西南	$-10\% \sim -15\%$
南	$-15\% \sim -30\%$
池顶（冬季）	$-10\% \sim -20\%$
池顶（夏季）	$0 \sim 5\%$

②风力附加率 f_w：沼气发酵池在不避风的高地、河边、海岸、旷野上时，垂直的外围护结构附加 $5\% \sim 10\%$。

③高度附加率 f_h：对于高度超过 3 米的沼气发酵池，每高出 1 米应附加 2%，但总的附加率不应超过 15%。

（5）计算围护结构耗热量时，沼气发酵池内计算温度应根据沼气工程工艺参数确定，对于具有明显温度分层的沼气发酵池，应根据温度梯度在高度方向进行必要的修正。温度梯度值不能确定时，可按高度附加率进行修正。

（6）进料耗热量应按下式计算：

$$Q_f = c_f m_f (t_n - t_f)/(3.6 T_f) \qquad (2-3)$$

式中：Q_f——进料耗热量（瓦）；

c_f——进料比热容［千焦/（千克·℃）］，不能确定时可取为 4.18；

m_f——每天的进料量（千克/天）；

t_n——沼气发酵池内计算温度（℃）；

t_f——进料温度（℃）；

T_f——每天的进料时间（小时/天）。

（7）内部的热量主要包括生物热和搅拌热两部分，生物热应按下式计算：

$$Q_b = 0.334 V_g q_b \qquad (2-4)$$

式中：Q_b——生物热（瓦）；

V_g——每天的产气量（立方米/天）；

q_b——每摩尔甲烷产量的生物热（千焦/摩尔），取 135.6 千焦/摩尔。

当采用机械搅拌方式时，搅拌热应按下式计算：

$$Q_s = 1\,000 n_1 n_2 N/\eta \qquad (2-5)$$

式中：Q_s——机械搅拌热（瓦）；

N——搅拌机的电动机功率（千瓦）；

η——电动机效率。电机在沼气发酵池内时，η 取 $75\%\sim89\%$；电动机在沼气发酵池外时，η 取 1；

n_1——利用系数，电机最大实效功率与安装功率之比，一般取 $0.7\sim0.9$；

n_2——电动机负荷系数，一般取 0.5 左右。

当采用液体或气体搅拌的方式时，搅拌热可忽略不计。

(8) 沼气发酵池的瞬时总热负荷为围护结构耗热量、进料耗热量及内部各热量在同一时间的叠加值，按下式计算得出：

$$Q_t = Q_w(1+f_t+f_w)(1+f_h)+\lambda \cdot Q_f-(Q_b+Q_s) \quad (2-6)$$

式中：Q_t——沼气发酵池总热负荷（瓦）；

Q_w——围护结构的基本耗热量（瓦）；

Q_f——进料耗热量（瓦）；

Q_b——生物热（瓦）；

Q_s——机械搅拌热（瓦）；

f_t——朝向修正率（%）；

f_w——风力附加率（%）；

f_h——高度附加率（%）；

λ——进料时间系数，有进料时 λ 取 1，无进料时 λ 取 0。

3. 沼气工程的温度稳定性要求

保持沼气发酵装置内料液最适温度是高效沼气生产的重要条件。除了一些发酵工业废水（如酒精废水、淀粉废水等）外，大部分沼气发酵原料的温度为常温，在冬季或寒冷地区，沼气生产效率低。为了达到需要的发酵温度，保证稳定高效的沼气生产，需要对沼气发酵原料进行加热，同时还要补偿散失的热量。另外，沼气发酵装置料液温度在时间和空间上应保持稳定均匀，以保证最佳发酵过程。并不是说要将温度波动范围控制在 0.1℃以内，而是要将一段时间内温度波动以及发酵装置不同部位温度差异控制在一个比较窄的范围。例如，1 小时内温度波动不宜超过 $2\sim3$℃。温度大幅波动，温度低于或超过最适发酵温度，都会影响沼气发酵过程，甚至导致产气停止。引起温度波动的因素有：新鲜底物进料、温度分层或者由于保温和加热效果差、搅拌不均形成不同温度区域、加热组件布置不合适、冬季夏季极端温度、设备故障等。

4. 罐内加热与罐外加热的优缺点

罐内加热是在沼气发酵罐内加热料液，加热管道安装在沼气发酵罐内和进料池内。根据发酵罐大小，需要设置两组或更多的加热盘管。如果是聚氯乙烯或乙烯-辛烯共聚物，因为塑料的导热性较低，间距必须加密。加热设施不能影响其他设备，例如，刮泥机、搅拌机等。

罐外加热可以避免进料引起的温度变化。当使用外置换热器时，为了维持稳定发酵温度，料液必须连续通过换热器循环换热，否则，还需要在发酵罐内设置另外的加热器。加热盘管必须设置排气装置，传热介质和被加热物料尽量做到逆流。通常采用蛇管或夹套管换热器，材料为特殊钢，适合所有类型的发酵罐，特别适合高温发酵，常用于推流式反应器。设计加热能力应适合沼气工程规模与发酵温度，加热管道直径与进料管道直径相配套。

厌氧发酵罐内外加热优缺点如下：

（1）罐内加热的优点

①热损失小；②水平加热系统和连接到搅拌器的加热系统传热效率高；③底板、壁外和墙中加热不会引起沉积；④与搅拌器连接在一起的加热器与物料接触机会多。

（2）罐内加热的缺点

①维修困难；②沉积层的形成严重影响底板加热效率；③发酵罐壁内加热会导致结垢；④在混凝土内的加热组件会引起温度应变。

（3）罐外加热的优点

①新鲜物料不会对发酵罐内产生温度冲击；②所有物料都得到加热；③维修方便；④温度容易控制。

（4）罐外加热的缺点

①热损失较大；②在某些情况下需要另外增加发酵罐内加热系统；③需要费用较高的热交换器。

目前，欧洲和国内沼气工程的加热方式主要采用罐内加热，通过加热水在加热盘管内循环。一些工程也同时辅以罐外加热，在调配池内设置加热盘管，通过热水在加热盘罐内循环，将原料预热到需要的温度。

（三）注意事项

1. 管材、管件、分集水器、阀门配件等应符合国家现行有关标准的规定。

2. 加热管的管间距、弯曲半径应符合设计要求，管道固定应牢靠。

3. 每个加热环路的管总长度与设计图纸误差不应大于8%。

4. 加热管与分水器、集水器的连接处应无渗漏。

5. 加热管在发酵池内应没有接头。

6. 加热管穿越沼气发酵池壁面时密封应严密。

7. 加热管路水压试验合格后投入使用。

8. 加热管路通水试验合格后投入使用。

二、中小型沼气工程保温设施安装

学习目标：根据中小型沼气工程保温设备结构和工作原理，掌握其安装方法。

（一）保温制作

1. 发酵罐体保温结构制作

（1）保温层制作需要具备的条件

保温层的制作必须具备的条件：发酵罐附属结构与设施安装完毕；需要埋在保温层内的管道、配件等安装完毕；保温层固定件、支承件就位齐备；发酵罐防腐施工验收合格；发酵罐试水试压试验合格。

（2）保温层制作与检查

为了方便保温层的制作，保温材料多用板材、卷材或缝毡，也有采用珍珠岩制品填充和聚氨酯发泡的形式。无论采用什么保温材料，保温层的防水尤为重要，必须精心制作，因为保温材料有一定的吸水性，保温材料吸水后对保温效果有较大的不良影响。

采用板材、卷材或缝毡形式的保温材料，保温层单层厚度不宜超过 80 毫米，否则需分层制作，保温材料应错缝安装，不仅是同层错缝，而且内外层应压缝，搭接长度大于 50 毫米，在安装过程中，要从下至上安装，并用镀锌包装带横向绑扎。

采用珍珠岩制品填充和聚氨酯发泡的保温材料制作保温层时，首先从下往上制作其外保护层，然后用珍珠岩或聚氨酯发泡对保护层和发酵罐罐壁之间的空腔进行填充。

保温层的检查，按每 50 平方米抽查 3 处，其中 1 处不合格时，应就近加倍取点复查，仍有 1/2 不合格时，认定该处保温层不合格。保温层的检查内容主要为保温层的厚度和保温层容重。厚度检查时可用钢探针刺入保温层直达发酵罐罐壁，再用钢尺测量探针刺入深度，读数精度要达到 ±1 毫米，厚度允许偏差 10%。容重检查要在现场切取试样，容重允许偏差 5%～10%。

（3）装饰保护层制作与检查

沼气发酵罐装饰保护层一般采用彩钢板，罐壁用波纹板，罐顶用平板，保护层用彩钢板基板厚度有 0.42 毫米、0.47 毫米、0.50 毫米、0.66 毫米等规格，宽度为 1 000 毫米，压制成型后的波纹板常用规格有 950 型、860 型，长度根据沼气发酵罐高度确定。固定沼气发酵罐装饰保护层的固定件宽度不小于 20 毫米，厚度不小于 3 毫米，固定件制作完成后需做防腐处理。

罐壁波纹彩钢板采用扣接方式，在波谷处用钻尾螺丝固定在罐壁彩钢板固定件上，钻尾螺丝的间距在横向方向 250～400 毫米一颗，纵向方向 2～2.5 米一排。如果在纵向方向上彩钢板有横向接缝，则彩钢板需从下往上安装，上层彩钢板压住下层彩钢板，搭接长度不小于 50 毫米，以防止雨水从横向接缝处进入保温层。彩钢板保护层与地面连接处设置排水管，排水管周边及彩钢板保护层与地面的间隙处用油膏密封，然后用混凝土进行保护，保证地表水不能进入保温层，同时排出保温层内空气中的冷凝水，罐顶平板彩钢板采用搭接方式，用钻尾螺丝固定在罐顶彩钢板固定件上，彩钢搭接面用硅酮耐候胶密封，并用彩钢板折成的 U 形条覆盖，防止雨水进入保温层。保护层的制作要先做罐壁处，后做罐顶部位，使罐顶保护层盖住罐壁保护层上沿，确保罐顶雨水不进入罐壁保温层中。沼气发酵罐罐壁、罐顶及其接缝处保温层结构做法详见图 2-6，罐壁底部保温层做法详见图 2-7。

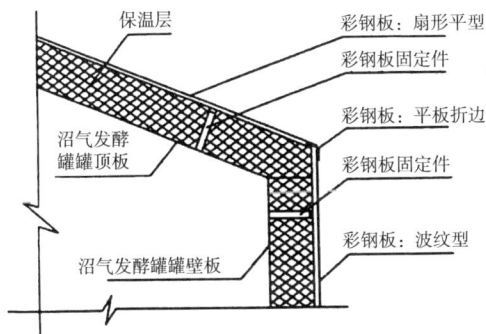

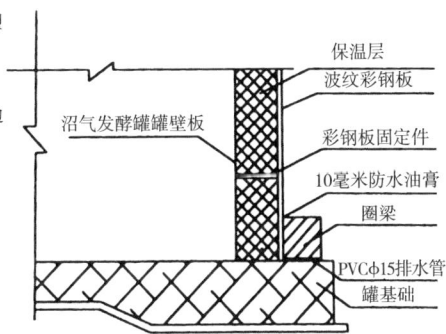

图 2-6 罐壁、罐顶及其接缝处保温做法示意图　　图 2-7 罐壁底部保温做法示意图

保护层的检查，表面应平整光洁无破损，轮廓整齐，接缝正确，彩钢板表面涂层无明显损失；破损的保护层必须更换，涂层小面积损伤处可用与彩钢板颜色和基质相同的油漆进行修补。

2. 沼气工程管道保温制作

（1）管道保温制作施工具备的条件

①管道强度试验、气密性试验合格；

②清除被保温管道表面的污垢、铁锈、涂刷防腐层；

③管道的支、吊架及结构附件、仪表接管部件等均已安装完毕，并按不同情况设置硬木垫块绝热，做好防潮处理；

④支撑件、固定件就位齐备；

⑤电伴热或热介质伴热均已安装就绪，并经通电或试压合格；

⑥办妥管道安装、焊接机防腐等工序交接手续。

（2）保温层制作

①保温固定件、支承件的设置：垂直管道，每隔一段距离需设保温层承重

环（或抱箍），其宽度为保温层厚度的 2/3。销钉用于固定保温层时，间隔 250～300 毫米，用于固定金属外保护层时，间隔 500～1 000 毫米；每张金属板端头应不少于两个销钉。采用支承圈固定金属外保护层时，每道支承圈间隔 1 200～2 000 毫米，并使每道金属板有两道支承圈。

②对于小于 DN350 管道保温的管壳，管壳内径应与管道外径一致。制作时，张开管壳切口部套于管道上。水平管道保温，切口置于下侧。对于有复合外保护层的管壳，应拆开切口部搭接内侧的保护纸，将搭接头按压贴平。相邻两段管壳要靠近，缝隙处用压敏胶带粘贴。对于屋外保护层的管壳，可用镀锌铁丝或塑料绳捆扎，每道管壳捆两三道。

③当保温层厚度超过 80 毫米时，应分层保温，双层或多层保温应错缝敷设，分层捆扎，保温材料的厚度和密度均匀，外形应规整，经压实捆扎后的容重必须符合设计规定的安装容重。

④管道支座、吊架、法兰、阀门等部位，在整体保温时，要预留一定装卸间隙，待整体保温及保护层制作完毕后，再做局部保温处理。并注意制作保温结构不得妨碍活动支架的滑动。

⑤管道端部或有盲板的部位应敷设保温层，并应密封。除设计指明用管束保温的管道外，其余都应单独进行保温，施工后的保温层，不得掩盖设备铭牌，如将铭牌周围的保温层切割成喇叭形开口，开口处应密封规整。

⑥方形管道四角的保温层采用保温制品敷设时，其四角角缝应做成封盖式搭缝，不得形成垂直通缝。水平管道的纵向接缝位置，不得布置在管道垂直中心线 45°范围内，当采用大管缝的保温制品时，保温层的纵向接缝位置可不受此限制，但应偏离管道垂直中心线位置。

⑦保温制品的拼缝宽度，一般不大于 5 毫米且施工时要注意错缝，当使用两层以上的保温制品时，不仅同层错缝，而且里外层压缝，且搭接长度不宜小于 50 毫米。当外层管壳绝热层采用胶带封缝时，可不错缝。

⑧支承件的安装：对于支承件的材质，应根据管道材质确定，选择采用普通的碳钢板或型钢制作。支承件不得设在有附件的位置上，环向应水平放置，各托架筋板之间安装误差不应大于 10 毫米。

⑨支承件制作的宽度应小于保温层厚度 10 毫米，但不得小于 20 毫米，公称直径大于 100 毫米的垂直管道支承件的安装距离，应视保温材料松散程度而定。

⑩直接焊于不锈钢管道的固定件，必须采用不锈钢制作。当固定件采用碳钢制作时，应加焊不锈钢垫板。

⑪设备振动部位的保温：当壳体上已设有固定螺杆时，螺母上紧丝扣后点焊加固；对于设备封头固定件的安装，采用焊接时，可在封头与筒体相交的切点处焊设支承环，并应在支承环上断续焊设固定环；当设备不允许焊接时，支

承环应改为抱箍型，多层保温层采用不锈钢制的活动环、固定环和钢带。

⑫垂直管道保温层采用半硬质保温制品施工时，应从支承件开始，自上而下拼砌，并用镀锌铁丝或包装钢带进行环向捆扎。

⑬敷设异径管的保温层时，应将保温制品加工成扇形块，并采用环状或网状捆扎，其捆扎铁丝应与大直径管段的捆扎铁丝纵向拉连。

（3）保护层制作

①金属保护层。金属保护层常用镀锌薄钢板或铝合金板。安装前，金属板两边先压出两道平整凸缘。

垂直方向保护层：将相邻两张金属板的半圆凸缘重叠搭接，自上而下。上层板压下层板，搭接 50 毫米。当采用销钉固定时，用木槌对准销钉将薄板打穿，去除孔边小块渣皮，套上 3 毫米厚脚垫，用自锁紧板套入压紧，当采用支撑圈、板固定时，板面重叠搭接处，尽可能对准支撑圈、板，先用 $\phi3.6$ 毫米钻头钻孔，再用自攻螺钉 M4×15 紧固。

水平管道保护层：可直接将金属板卷合在保温层外，按管道坡向，自下而上制作；两板环向半圆凸缘重叠，纵向搭口向下，搭接处重叠 50 毫米。搭接处用 $\phi4$ 毫米（或 $\phi3.6$ 毫米）钻头钻孔，再用抽芯铆钉或自攻螺钉固定，铆钉或螺钉间距为 150～200 毫米。金属保护层应在伸缩方向留适当活动搭口，以便承受热膨胀移位。金属保护层必须按规定嵌填密封剂或接缝处包缠密封带。

在已安装的金属护壳上，严禁踩踏或堆放物品，当不可避免踩踏时，应采取防护措施。

②复合保护层材料。油毡：用于潮湿环境下的管道保温外保护层，可直接卷铺在保温层外，垂直方向由低向高敷设，环向搭接用稀沥青黏合，水平管道纵向搭缝向下，均搭接 50 毫米，然后用镀锌铁丝或钢带扎紧，间距 200～400 毫米。

CPU 卷材：用于潮湿环境下的管道保温外保护层，管道环、纵向接缝的搭接宽度均为 50 毫米，可用订书机直接钉上，接缝用 CPU 涂料粘住。

玻璃布：以螺纹状紧缠在保温层（或油毡、CPU 卷材）外，前后均搭接 50 毫米，由低处向高处施工，布带两端及每隔 300 毫米用镀锌铁丝或钢带捆扎。

复合铝箔：可直接敷设在除棉、缝毡以外的平整保温层外，接缝处用压敏带黏合。

玻璃布乳化沥青涂层：在缠好的玻璃布外表面涂刷乳化沥青，一般涂刷两道，第二道需在第一道干燥后进行。

玻璃钢：在缠好的玻璃布外表面涂刷不饱和聚酯树脂。

玻璃钢、铝箔玻璃钢薄板：制作方法同金属保护层。环、纵向搭接 30～

50 毫米，接缝处宜用黏合剂密封。

③抹面保护层。抹面保护层的灰浆，容重不大于 1 000 千克/立方米，抗压强度不小于 0.8 兆帕，干烧后不发生裂缝、脱壳等现象，不对金属产生腐蚀。

露天的保温结构，不得采用抹面保护层。

抹面保护层未硬化前，应防雨淋水冲，当昼夜室外平均温度低于 5℃，且最低温度低于−3℃时，应按冬季施工方案，采用防冻措施。高温管道的抹面保护层和铁丝网的断缝，应与保温层的伸缩缝部位加金属护壳。

应选用具有自熄性的涂层和嵌缝材料，管道保护层外应涂防火漆两遍。

（4）油漆

对于玻璃布、镀锌钢板等外保护层，可根据设计要求或环境需要，涂刷各色油漆，用以防护或作识别标记。

（二）相关知识

保温加热装置是沼气工程必不可少的系统，一般来讲，沼气发酵装置能否持续稳定高产气，发酵装置的保温是基础，加热是关键。采用中温（高温）发酵的厌氧消化器，通常采用装置外热交换和装置内热交换两种形式。

沼气发酵罐保温结构制作包括保温层制作和保护层制作。保温层是使用热的不良导体在罐外形成一层隔热层，减少发酵罐向周围环境散发热量，减少维持沼气发酵温度的外部能量供给。

保护层的作用是保护保温层不受破坏并防止雨水侵入，同时使发酵罐更为美观。

（三）注意事项

1. 保温层的制作必须具备的条件

发酵罐附属结构与设施安装完毕；需要埋在保温层内的管道、配件等安装完毕；保温层固定件、支承件就位齐备；发酵罐防腐施工验收合格；发酵罐试水试压试验合格。

2. 管道保温施工前应具备的条件

管道强度试验、气密性试验合格；清除被保温管道表面的污垢、铁锈、涂刷防腐层；管道的支、吊架及结构附件、仪表接管部件等均已安装完成。并按不同情况设置硬木垫块绝热，做好防潮处理；撑件及固定件就位齐备；电伴热或热介质伴热管均已安装就绪，并经通电或试压合格；管道安装、焊接及防腐等工序交接手续已办妥。

3. 沼气工程中还有其他一些常用的保温措施

如挖防寒沟、将整个沼气发酵系统埋在地下等，这些技术可以减少热量散失，延缓料液降温的速度，但对于长达数月的寒冷冬季来说收效甚微，必须配套相应的增温措施才能保证冬季沼气工程持续稳定运行。

第二节　搅拌装置安装

学习目标：掌握中小型沼气工程搅拌装置结构和工作原理，能安装中小型沼气工程进料搅拌装置、中小型沼气工程水力搅拌装置及中小型沼气工程机械搅拌装置。

搅拌的作用主要有以下几方面：一是使发酵原料与发酵微生物充分接触；二是使换热盘管内的热量能更快地传导到发酵料液中，并且使发酵料液的温度均匀；三是搅起底部沉渣，防止其板结、沉积在发酵罐底部而影响进出料。目前普遍采用的搅拌形式有：机械搅拌、水力搅拌和沼气搅拌，搅拌方式的选择取决于发酵原料的种类和浓度。

一、进料搅拌装置安装

进料搅拌装置主要安装在进料池内，可实现对发酵原料的充分搅拌、混合、调配，从而为进料泵正常运行提供必要的条件。

进料搅拌装置主要以潜水搅拌机为主，按潜水电机的转速可分为高速潜水搅拌机、中速潜水搅拌机和低速潜水推流器三种。为保证潜水搅拌机取得最佳运行效果，选型时应注意以下事项：一是运用目的；二是池型及尺寸，包括池深；三是搅拌介质的特性，包括黏度、密度、温度及固体物含量等。

潜水搅拌机的安装要求如下：

1. 必须保证搅拌机在检修时，可以方便地拆除；

2. 应能将搅拌机的吊链固定在井筒某一部位，以便以后方便使用；

3. 每一台搅拌器必须安装在一只固定式的构筑物当中，搅拌机应能通过导向装置降至构筑物当中就位；

4. 各个部件间必须做上装配记号，在需要的地方应配有定位销，以便在现场能正确地再次装配和定位；

5. 搅拌机附件及其电缆，应能够浸没在 20 米的水深中连续运行而不会受到损坏，并且应有更加可靠的密封性。

二、发酵罐水力搅拌装置安装

水力回流搅拌是指将沼液从储罐或容器中抽出，然后再通过管道系统将其反向回流回原来的储罐或容器进行搅拌的一种技术。

搅拌装置将沼气发酵罐内上中部清液通过大流量管道泵吸入后，在沼气发酵罐底部排出，对底部沉渣进行冲击搅拌，进而实现水力回流搅拌的目的。水力回流搅拌通常用于发酵料液浓度较低、无顶部浮渣的情况。其优点是安装简单，投资少，易维修，通过1~2台管道泵就可实现整个沼气发酵罐内料液的搅拌。

安装方法：

1. 安装前，应核对与安装设备有关的基础尺寸是否符合安装要求；

2. 将泵体支座与连接底板紧固后，放置在土建预埋件上相应位置；

3. 将底板安装在混凝土或工作桥上；

4. 安装抽水泵；

5. 连接沼液进出管与抽水泵；

6. 用卡口将沼液进出管与罐体进出水口相连接；

7. 用螺钉将卡口与罐体进出水口之间密封；

8. 整机运行调试，注意抽水和出水方向。

三、发酵罐机械搅拌装置安装

（一）安装方法

1. 顶搅拌装置安装方法

①安装前，应核对与安装设备有关的基础尺寸是否符合安装要求。

②将减速机支座与连接底板紧固后，水平放置在土建预埋件上相应位置，校正支座与减速机连接平面是否水平，并加以调整至水平状态。

③连接搅拌机轴与减速机底座。

④对于具有水下支座的桨式搅拌机：将水下支座与连接底板紧固后，水平放置在池底的土建预埋件上相应位置，校正支座平面是否水平，中心位置应位于减速机支座中心的垂心，并加以调整至水平状态。

⑤连接搅拌机轴和水下支座，手工盘动减速机支座内半联轴器，此时，转轴应转动灵活，水下支座应无明显位移。

⑥先点焊固定水下支座连接底板与基础预埋板，然后点焊固定减速机支座连接底板与基础预埋板。

⑦手工盘动减速机支座内半联轴器，此时，转轴应转动灵活。如转动存在卡滞现象，应重新固定，直至调整到最佳状态。焊接固定减速机支座连接底板与基础预埋板。

⑧安装桨板及驱动部件（减速机、电机）。

⑨适当拧紧半联轴器上螺栓螺母。

斜搅拌装置安装：

倾斜式搅拌安装形式特点是将搅拌器直接安装在罐体边缘处，用夹板或卡盘与圆筒边缘夹持固定，搅拌轴斜插入容器内进行搅拌。这种安装形式的搅拌设备比较机动灵活，使用维护修理方便，结构简单、轻便，一般用于小型设备上，采用的功率为 0.1～2.2 千瓦，使用一层或两层桨叶的搅拌器，转速在 36～300 转/分钟范围。

2. 潜水搅拌装置安装方法

（1）安装准备

①安装前认真阅读潜水搅拌机产品使用及产品安装说明书根据搅拌机的工况条件选定安装系统。

②应检查设备的接地链接是否可靠，并检查接地电阻。

③检查叶轮的转向是否正确，若反向旋转应予以调整。

（2）安装方法

①手提式潜水搅拌机安装。手提式（图 2-8）只适用料液的液面深度＜4 米，QJB 1.5 混合型以下的机型，并可在水平方向做转向调节，垂直方向做上下调节。

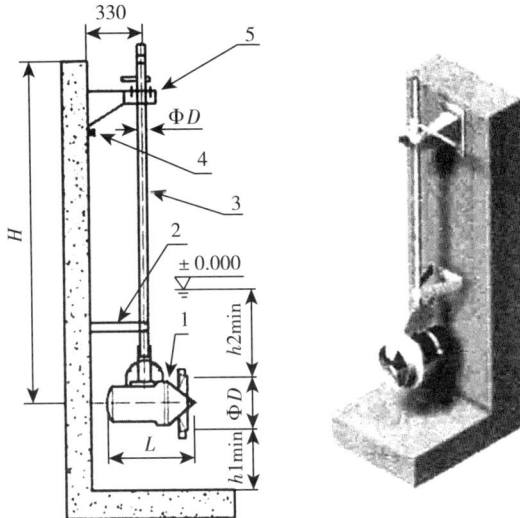

图 2-8　手提式潜水搅拌机安装示意图（单位：毫米）

1. 潜水搅拌机；2. 支撑架；3. 转向杆；4. 膨胀螺栓；5. 转向支架

②连体转动式潜水搅拌机安装。连体转动式（图 2-9）适用于料液的液面深度≥4 米，QJB 4.0 混合型下的机型，导杆可沿水平方向绕导杆轴（$Z-Z$ 轴）线旋转，每 15° 一分隔，最大转角为 ±60°。

③分体转动式潜水搅拌机安装。分体转动式（图 2-10）适用于料液的液面深度≥4 米，QJB 4.0 混合型以上的机型，导杆可沿水平方向绕导杆轴（$Z-Z$ 轴）线旋转，最大转角为 ±60°。

（3）安装细则

①支撑架和下托架与池壁、池底均用钢膨胀螺栓固定，无须预留孔，推荐

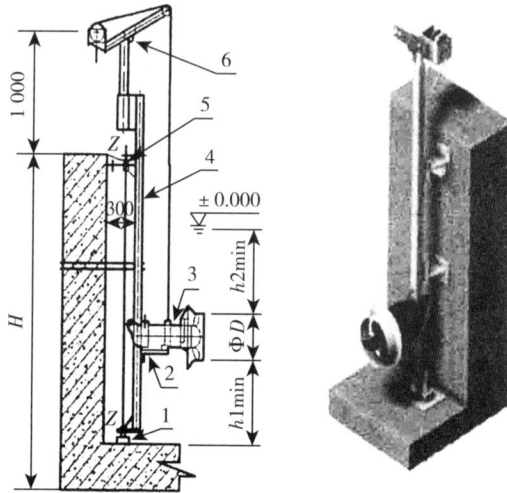

图 2-9 连体转动式潜水搅拌机安装示意图（单位：毫米）

1. 下托架；2. 限位架；3. 潜水搅拌机；4. 导杆；5. 支撑架；6. 起吊系统

设预埋件。

②根据池深及池型，确定导杆尺寸和支撑架数量。

③安装系统材质采用不锈钢和碳钢防腐。

④当 H（池深）>5 米，应在安装系统（连体转动式和分体转动式）导杆中间添加一支撑架。

⑤多台搅拌机可共用一套移动起吊系统。

（4）搅拌机安装结果检查

①检查叶轮旋转方向。逆时针为正确旋转方向，若旋转方向不对，将两条相线交换。

②检查安装结果。整机安装完毕后，为确保安装质量，应进行 2～3 次搅拌机的上下起吊试验（严禁通电）保证主机上下灵活，定位准确，无卡死现象。同时，检查底板与支撑架定位是否牢固。清理池中的建筑垃圾后方可进料。

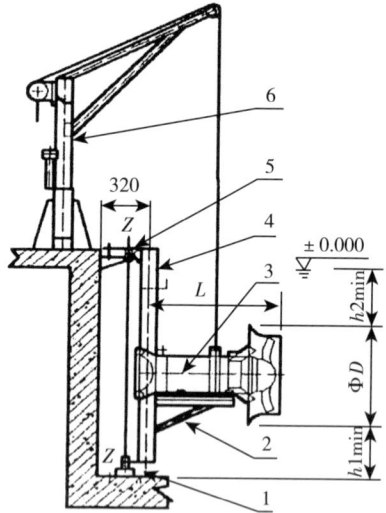

图 2-10 分体转动式潜水搅拌机安装示意图（单位：毫米）

1. 下托架；2. 限位架；3. 潜水搅拌机；4. 导杆；5. 支撑架；6. 起吊系统

（二）相关知识

1. 搅拌机械的设备部件一般由托运公司承运，所以设备开箱应有专人负责，应在有关方的共同参与下进行开箱检查，并依照装箱单清点数量。开箱前应查明设备位号，防止错开。精密零部件应放于洁净的指定地点并妥善保管，以防污染。按装箱清单清点零件、部件、工具、附件、备件、附属材料及出厂合格证和其他技术文件是否齐全并作记录。开箱后应按照装箱清单检查设备零部件是否完整、有无损坏，如有损坏，请及时联系搅拌机械厂家，必要时应进行检修、清洗和涂油。

2. 为了保证搅拌轴的垂直度，容器安装时必须以顶法兰找水平为原则，对容器进行找正。搅拌机安装前必须复查所在容器的顶法兰水平度，其允许偏差为 0.05 毫米，如果容器已经安装妥当，并且尺寸有些许歪斜，可以在法兰底加垫片，以保证法兰为水平。

3. 机械搅拌适合于发酵料液浓度较高的情况，混合效果好，特别是破除顶部结壳的作用明显。机械搅拌机根据安装位置又分为：顶搅拌机、斜搅拌机和侧搅拌机（图 2-11、图 2-12 和图 2-13）。顶搅拌安装在发酵罐顶部，斜搅拌安装在中上部侧面，侧搅拌安装在下部侧面。

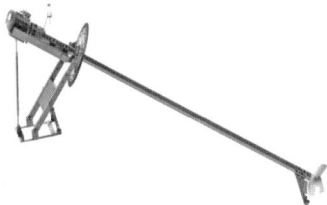

图 2-11　顶搅拌机　　　　图 2-12　斜搅拌机　　　　图 2-13　侧搅拌机

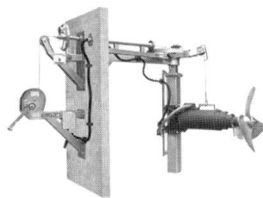

（三）注意事项

1. 安装时应注意主机体与安装短接的角度，这个角度在方案设计的时候就已经确定。

2. 安装后检查各部位紧固螺栓有无松动，如有松动全部紧固一遍，各部位设备部件应清点清楚。

3. 按设备的电机要求配置电源线和控制开关。

4. 初步安装完毕后进行细致检查，检查完毕后进行空负荷试车，试车正常即可进行生产。

5. 遵守所有健康与安全规则和操作现场规则及惯例。

6. 为了避免事故，必须在施工现场放置醒目警示标志，设备附近区域应予隔开。

7. 电缆线必须穿好并固定，电缆线末端应避免受潮，严禁将电缆线作为起吊链使用或用力拖拉，严格按照相关规程，避免触电危险。

8. 潜水搅拌机的最小潜入深度不得太浅，否则会损坏主机，最大潜水深度不得超过 20 米。

第三节　进料设备安装

学习目标：掌握中小型沼气工程搅拌装置结构和工作原理，能安装中小型沼气工程进料泵及定时调控装置。

一、中小型沼气工程进料泵安装

（一）进料泵安装

1. 进料泵的安装方法

（1）泵的开箱检查，应符合下列要求：

按照装箱清单清点泵的零件和部件、附件和专用工具，应无缺件；防锈包装应完好，无损坏和锈蚀；管口保护物和堵盖应完好；核对泵的主要安装尺寸，并应与工程设计相符；应核对输送特殊介质泵的主要零件、密封件以及垫片的品种和规格。

（2）基础的尺寸、位置、标高、地脚螺栓孔等应符合设计和设备安装要求。

（3）整体安装的泵，安装水平应在泵的进、出口法兰面或其他水平面上进行检测，纵向安装水平偏差不应大于 0.10/1 000，横向安装水平偏差不应大于 0.20/1 000；解体安装的泵的安装水平，应在水平中分面、轴的外露部分、底座和水平加工面上纵、横向放置水平仪进行检测，其偏差均不应大于 0.05/1 000。

2. 进料定时调控装置安装

中小型沼气工程进料定时调控装置安装应符合现行国家标准《GB 50275—2010 压缩机、风机、泵安装工程施工及验收规范》和《GB 50231—2009 机械设备安装工程施工及验收通用规范》的有关规定，安装可大致分为以下步骤：

（1）安装准备

①熟悉技术文件，安装设计书与施工详图。

②工具仪器准备，如螺丝刀、扳手、剪线钳、剥线钳、万用表。

③现场安装条件检查，为保证进料定时调控装置工作的可靠性，尽可能地延长其使用寿命，在安装时一定要注意周围的环境，其安装场合应该满足以下几点：

a. 环境温度在 0～55℃ 范围内，环境相对湿度应在 35%～85%。

b. 周围无易燃和腐蚀性气体，无过量的灰尘和金属微粒。

c. 避免过度的震动和冲击，不能受太阳光的直接照射或水的溅射。

（2）电路连接

①电路连接的原则是安全、可靠、规范。

②零线应确保连通，不能掉线、断路。

③接地线应尽量短和直，当电路连接完成后，要进行一次检查。

（3）使用方法

利用控制开关对进料泵、出料泵、加热循环泵等电机实行定时控制，能满足沼气发酵的工艺要求，实现无人值守自动作业，从而提高沼气工程的产气率，发挥沼气工程的最大效益。

（二）相关知识

1. 水泵的安装知识

（1）安装前，应检查其在运输过程中有无变形或损坏，紧固件有无松动或脱落。

（2）安装配置进出口水管，管路安装应尽可能减少管道流体阻力为原则。进水后管处应加过滤网，以防止硬质杂质或硬质固体颗粒进入泵腔内损伤轴封或水叶，导致水泵漏水或异常，进水口管处应加止回阀，以便于注水。

（3）接线：必须按铭牌要求正确接线，接线时，接线端必须牢固，不允许有松动，否则，会造成接触不良而导致缺相烧机。其接线线路上必须要用过载保护装置，并根据电机铭牌上电流要求调整保护装置设定值的大小。

2. 水泵突发问题处理方式

（1）水泵剧烈震动：出现这种情况的原因是水泵固定的不牢固，或者水泵的高度过高，还有一种可能是水泵轴承与电机轴承不在同一直线上，这样就会造成水泵的不平衡产生震动。

（2）流量小：当水泵突然出现流量变小时，可能是吸水管漏气，或者是底阀漏气，当水源不够的时候也会出现这种情况，如果水泵的密封环磨损了也会造成这样的情况。这时要检查水泵的吸水管是否漏气，如果漏气要堵住漏气；如果是淤泥进入了水泵则要把水泵里的淤泥都清理出来；如果是水泵轴承磨损太多就要更换新的轴承。

（3）水泵不出水：水泵不出水有可能是水泵坏掉，或者是水泵里没有引水，水源的水位低。这时就要检查整个水泵，向水泵里灌满引水，把水泵放在水位的下面，如果确定水泵坏掉那就要及时维修。

3. 中小型沼气工程进料泵

根据中小型沼气工程发酵原料的不同，进料设备可分为液体原料进料设备和固体原料进料设备。

中小型沼气工程通常采用转子泵作为高浓度物料的进料输送设备。转子泵由静止的泵壳和旋转的转子组成，它没有吸入阀和排出阀，靠泵体内的转子与液体接触的一侧将能量以静压力形式直接作用于液体，并借旋转转子的挤压作用排出液体，同时在另一侧留出空间，形成低压，使液体连续地吸入。转子泵的压头较高，流量通常较小，排液均匀，适用于输送黏度高，具有润滑性的物料。转子泵的类型有齿轮泵、螺杆泵、滑片泵、挠性叶轮泵、罗茨泵、旋转活塞泵等。其中螺杆泵和旋转活塞泵是最常见的转子泵。

（三）注意事项

1. 水泵安装注意事项

水泵安装的位置一定要适当，水泵的高度要能使水泵吸入足够的真空，水泵安装位置一定要水平及稳定，这样才能达到水泵的最大工作效率，如果水泵和动力机是采用轴连接，一定要保证轴心在同一直线上，这样可以避免水泵震动与轴承产生摩擦对单面的磨损。当采用皮带带动叶轮转动时要把皮带对正。

（1）安装高度应小于允许吸上真空高度减去进水管路损失；

（2）泵出水口法兰处应安装上压力表，以便观察和控制泵的运行工况，管路重量不得由泵承受；

（3）水泵应该安装在通风的地方，室外安装应加防护罩，避免太阳暴晒及雨淋；

（4）应经常检查泵在运行过程中是否平稳、有无机械密封磨损及泄漏情况，及时更换密封件，防止压力水进入电机；

（5）经常检查电机外壳的温度变化，其最高温度应不超过 85℃，如发现温度过高，应立即停机检查；

（6）泵长时间停用时，应排净积水，去除锈垢，涂上防锈油脂，以便下次再用。

2. 进料泵安装注意事项

（1）泵试运转前的检查，应符合下列要求：

①润滑、密封、冷却和液压等系统应清洗洁净并保持畅通，其受压部分应进行严密性试验；

②润滑部位加注的润滑剂的规格和数量应符合随机技术文件的规定，有预润滑、预热和预冷要求的泵应按随机技术文件的规定进行；

③泵的各附属系统应单独试验调整合格，并应运行正常；

④泵体、泵盖、连杆和其他连接螺栓与螺母应按规定的力矩拧紧，并应无松动；联轴器及其他外露的旋转部分均应有保护罩，并应固定牢固；

⑤泵的安全报警和停机连锁装置经模拟试验，其动作应灵敏、正确和可靠；

⑥经控制系统联合试验各种仪表显示、声讯和光电信号等，应灵敏、正

确、可靠，并应符合机组运行的要求；

⑦盘动转子，其转动应灵活、无摩擦和阻滞。

（2）泵的清洗和检查，应符合下列要求：

整体出厂的泵在防锈保证期内，应只清洗外表；出厂时已装配、调整完善的部分不得拆卸；当超过防锈保证期或有明显缺陷需拆卸时，其拆卸、清洗和检查应符合规定。主要零件、部件，附属设备、中分面和套装零件、部件，均不得有损伤和划痕；轴的表面不得有裂纹、损伤及其他缺陷；防锈包装应完好无损。清洗洁净后应去除水分，并应将零件、部件和设备表面涂上润滑油，同时按装配的顺序分类放置。

零部件防锈包装的清洗，应符合规定；无规定时，应符合现行国家标准《GB 50231—2009 机械设备安装工程施工及验收通用规范》的有关规定。

泵的清洁度的检测及其限值应符合规定；无规定时，应符合表 2-1 离心式、转子式泵的清洁度的规定；装配完成的旋转部件，其转动应均匀、无摩擦和卡滞。

表 2-1　离心式、转子式泵的清洁度

体积（立方米）	清洁度（毫克）	体积（立方米）	清洁度（毫克）
≤0.000 5	≤20	>0.2～0.5	≤1 600
>0.000 5～0.001	≤40	>0.5～1	≤2 000
>0.001～0.002 5	≤63	>1～2	≤3 150
>0.002 5～0.005	≤100	>2～4	≤4 000
>0.005～0.01	≤160	>4～6	≤5 000
>0.01～0.02	≤250	>6～8	≤6 300
>0.02～0.05	≤400	>8～10	≤8 000
>0.05～0.1	≤630	>10～15	≤10 000
>0.1～0.2	≤1 000	>15～20	≤12 500

二、物料粉碎机安装

（一）物料粉碎机安装

1. 粉碎机应安装在水平的混凝土基础上，用地脚螺栓固定。

2. 安装时应注意主机体与水平的垂直。

3. 安装时还应注意运送物料的皮带输送机应对准进料口和出料口。

4. 安装后检查各部位螺栓有无松动及主机舱门是否紧固，如有请进行紧固。

5. 按粉碎机的动力配置电源线和控制开关。

6. 检查完毕，进行空负荷试车，试车正常即可投入正常运行。

（二）相关知识

1. 物料粉碎机构造

按照粉碎机转子轴的布置位置可分为卧式和立式，通常锤片式粉碎机（图2-14）是卧式，主机由喂入机构、铡切机构、抛送机构、传动机构、行走机构、防护装置和机架等部分组成。按照物料进入粉碎室的方向，锤片粉碎机可以分为切向喂入式、轴向喂入式和径向喂入式三种（图2-15）。

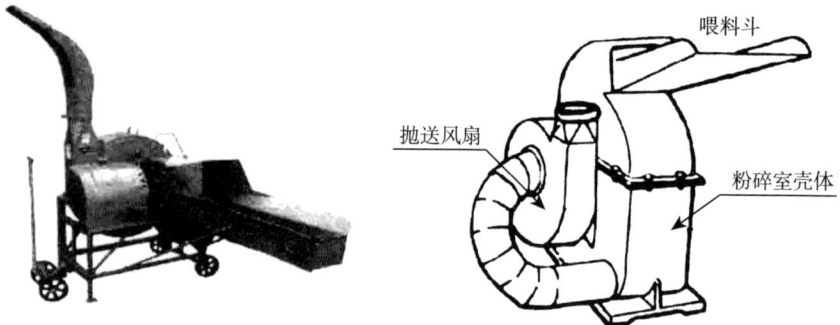

图2-14 锤片式粉碎机

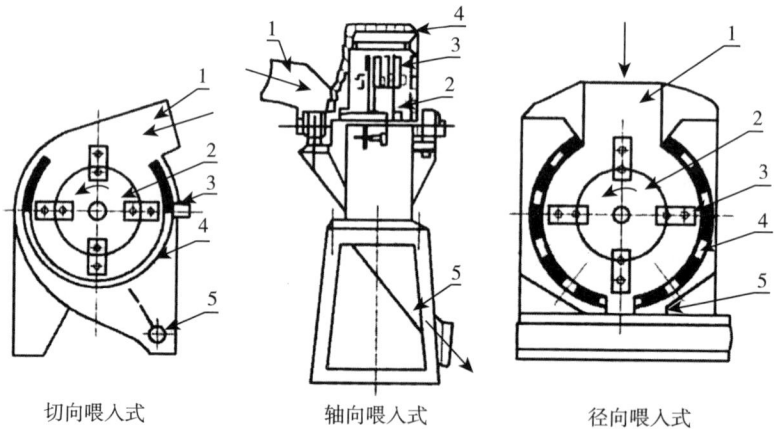

切向喂入式　　　　　轴向喂入式　　　　　径向喂入式

图2-15 锤片式粉碎机结构示意图

1. 进料口；2. 转子；3. 锤片；4. 饰片；5. 出料口

（1）切向喂入式

物料从粉碎室切向方向喂入，其通用性较好，既可粉碎稻草秸、玉米秸、麦，也可粉碎花生秧、花生壳、地瓜秧、青草茎秆等。

（2）轴向喂入式

物料从主轴方向进入粉碎室，其适于粉碎玉米芯、花生壳，但在喂入口安装切片后，又可粉碎农作物秸秆等。

（3）径向喂入式

物料从转子顶部进入粉碎室，转子可正反转使用，可少更换两次锤片，其主要适用于粉碎农作物的结壳等。

2. 工作原理

由于粉碎机的种类较多，仅以锤片式粉碎机为例，说明其工作原理。锤片式粉碎机工作时，被加工的物料从盛料滑板进入粉碎室内，受到高速旋转的锤片的反复冲击、摩擦和在齿板上的碰撞，从而被逐步粉碎至需要的粒度通过筛孔漏下，并在离心力和气流作用下，穿过底部出料口排出。

（三）注意事项

1. 工作时操作者要站在侧面，以防硬物从进料口弹出伤人。

2. 严禁将手伸入喂料口和用力送料，严禁用木棍等帮助送料，以防伤人损机。

3. 未满 18 周岁和老年人、头脑不清者不得开机操作；留长发的女同志操作时必须戴工作帽；操作者不得酒后作业。

4. 操作时不得随意提高主轴转速，以防高速旋转时损机伤人，造成不必要损失。

5. 物料粉碎机工作过程中，操作者不得离开工作岗位，急需离开时必须停机断电。

思考与练习题

1. 中小型沼气工程的加热方式有哪几种？增温管网安装时，如何确定加热系统方案？

2. 中小型沼气工程采用换热盘管进行加温时，换热盘管的安装形式有哪些？盘管的材料包括什么？各有什么优缺点？

3. 中小型沼气工程的罐内加热和罐外加热的优缺点分别是什么？

4. 沼气工程中常用的保温措施有哪些？

5. 中小型沼气工程罐保温层制作需要具备什么条件？

6. 中小型沼气工程搅拌装置的搅拌形式是什么？

7. 中小型沼气工程中搅拌装置在沼气发酵过程中起到的作用有哪些？

8. 如果水泵在使用过程中遇到突发问题，相应的处理方式有哪些？

9. 中小型沼气工程机械搅拌根据安装位置分为哪几种形式？

10. 中小型沼气工程进料定时调控装置安装的注意事项有哪些？

11. 中小型沼气工程发酵原料进料设备包括哪些？

第三章　管路及沼气利用设备安装

本章的知识点是学习中小型沼气工程工艺管道安装、沼气净化设备、贮气柜、自动控制设备及检测仪器的安装知识，重点是掌握工艺管道安装、沼气净化设备、贮气柜、自动控制设备及检测仪器安装要点和技能。

第一节　工艺管道安装

学习目标：根据沼气工程管道系统构成，完成管道系统安装。

一、工艺管道安装

中小型沼气工程工艺管道是沼气工程的动脉，为了确保沼气工程能安全、高效、长效运行，必须掌握沼气工程的管道安装工艺。

1. 管道安装工艺流程

管道安装工艺流程是指在建筑、工业设施或管道系统中安装管道的一系列步骤和流程。一般沼气工程管道安装工艺流程如图 3-1 所示。

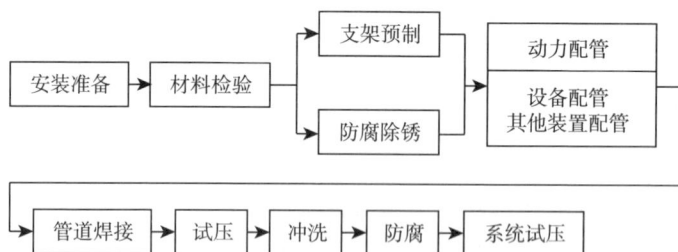

图 3-1　沼气工程管道安装工艺流程图

2. 质量控制点及控制措施

质量控制点是指在产品或服务生产过程中，需要进行监控和控制的关键环节或步骤。控制措施是指针对质量控制点所采取的具体措施和方法。沼气工程管道系统安装过程中质量控制点及控制措施见表 3-1。

表 3-1　沼气工程管道安装质量控制点及控制措施

分项工程	质量控制点	质量控制措施
孔洞预留	位置、标高准确	绘制管道留洞图、洞口检查表
套管安装	①套管类型正确	①套管类型根据使用部位进行明确
	②套管水平度、垂直度准确	②立管套管管道完成后再固定套管
管道安装	①位置、标高、坡度正确	①分系统编制专项施工方案
	②消除管道交叉和矛盾	②绘制综合图解决施工交叉问题
防腐处理	除锈、防腐处理彻底	认真检查
填堵孔洞	①根据工艺确定填堵方法	①套管调正后固定牢固
	②套管与管道的间隙均匀	②与土建协调地面做法
	③套管出地面高度不一	
水压试验	分层分区打压	编制水压试验单项方案
系统冲洗	冲洗彻底	

3. 沼气管道的连接

（1）钢管连接

埋地沼气管道不仅承受管内沼气压力，同时还要承受地下土层及地上行驶车辆的荷载，因此，接口的焊接应按受压容器要求施工，工程中以手工焊为主，并采用各种检测手段鉴定焊接接口的可靠性。有关钢管焊接前的选配、管子组装、管道焊接工艺、焊缝的质量要求等应遵照相应规范。

大型沼气工程中的设备与管道、室外沼气管道与阀门、凝水器之间的连接，常以法兰连接为主。为了保证法兰连接的气密性，应使用平焊法兰，密封面垂直于管道中心线，密封面间加石棉或橡胶垫片，然后用螺栓紧固。室内管道多采用三通、弯头、变径接头及活接头等螺纹连接管件进行安装。为了防止漏气，用管螺纹连接时，接头处必须缠绕适量的填料，通常采用聚四氟乙烯胶带。

（2）塑料管连接

塑料管的连接根据不同的材质采用不同的方法，一般来说有焊接、熔接及黏接等。聚丙烯管多采用热风对接焊，热风温度控制在 $240\sim280℃$，将两段管子加热到一定温度后对接在一起。黏接聚丙烯管的方法是将塑料表面处理，改变极性，然后用聚氨酯或环氧胶黏剂进行黏合。

聚乙烯管的连接主要采用热熔焊，它包括热熔对接、承插热熔及利用马鞍形管件进行侧壁热熔。另一种是电熔焊法，它是利用带有电热丝的管件，采用专门的焊接设备来完成的。

除了上述连接方法外，在农村地区施工，对同一直径的管子将一端在烧开的蓖麻油或棉籽油中均匀加热，然后用一根外径与管外径相等的尖头圆木，插入加热端使其扩大为承口（承口长度约为管外径的 1.5～2.5 倍），迅速将另一根管端涂有黏结剂的管子插入承口内，当温度降至环境温度时，承口收缩，接口连接牢固。

当采用成品塑料管件时，可在承口内涂上较薄的黏结剂，在塑料管端外缘涂以较厚的黏结剂，然后将管迅速插入承口管件，直至双方紧密接触为止。

聚乙烯管与金属管的热熔连接，熔接前先将聚乙烯管胀口，胀口内径比金属管外径小 0.2～0.3 毫米，并有锥度。连接时先将金属管（可带螺纹）表面清除污垢，然后将金属管插口加热至 210℃ 左右，将聚乙烯管承口套入，聚乙烯管在灼热金属管表面熔融，呈半透明状，冷却后即能牢固地熔合在一起，其接口具有气密性好、强度高等特点。此外，也可使用过渡接头，如图 3-2 所示。

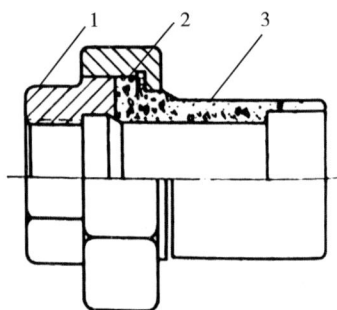

图 3-2　钢塑管道接头

1. 金属管；2. 密封圈；3. PE管

4. 沼气管道施工

（1）管线的施工测量

当施工前的准备工作基本就绪，具备开工条件的情况下，测量人员可以进入施工现场进行测量放线工作。管道工根据沼气工程进出料管道系统设计平面图、纵断图，了解管线的趋向、坡度、地下设备安装位置、管线高程、坐标等有关测量方面的知识是必不可少的，测量人员与管工密切配合，是沼气工程进出料管道系统施工顺利进行的因素之一。

（2）管道沟槽的开挖与回填

①管道沟槽的开挖。在开挖沟槽前，首先应认真学习施工图纸了解开挖地段的土壤性质及地下水情况，结合管径大小、埋管深度、施工季节、地下构筑物情况、施工现场大小及沟槽附近地上建筑物位置来选择施工方法，合理确定沟槽开挖断面。

沟槽开挖断面是由槽底宽度、槽深、槽层、各层槽帮坡度及槽层间留平台宽度等因素来决定的。正确地选择沟槽的开挖断面，可以减少土方量、便于施工、保证安全。

沟槽断面的形式有直槽、梯形槽和混合槽等，如图 3-3 所示。

当土壤为黏性土时，由于它的抗剪强度以及颗粒之间的黏结力都比较大，因而可开挖成直槽。直槽槽帮坡度一般取高：底比为 20：1。如果是梯形槽，槽帮坡度可以选得较陡。

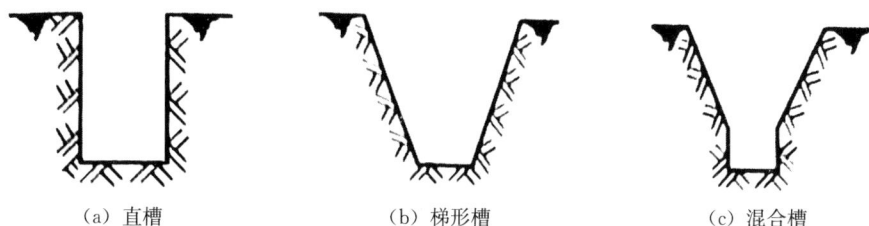

(a) 直槽　　　　　　　(b) 梯形槽　　　　　　　(c) 混合槽

图 3-3　各种管道沟槽横断面

砂性土壤由于颗粒之间的黏结能力较小，在不加支撑的情况下，只能采用梯形槽，槽帮坡度应较缓和。梯形槽的边坡见表 3-2。

表 3-2　梯形管道沟槽的边坡

土壤类型	槽帮坡度	
	槽深<3米	槽深 3~5米
砂土	1：0.75	1：1.00
亚砂土	1：0.50	1：0.67
亚黏土	1：0.33	1：0.50
黏土	1：0.25	1：0.33
干黄土	1：0.20	1：0.25

当沟槽深而土壤条件许可时，可以挖混合槽。沟槽槽底宽度的大小决定于管径、管材、施工方法等。根据施工经验，不同直径的金属管（在槽上做管道绝缘）所需槽底宽度如表 3-3。梯形槽上口宽度的确定如图 3-4 所示。

表 3-3　管道沟槽底宽度

管径（毫米）	50~75	100~200	250~350
槽底宽（a）（米）	0.7	0.8	0.9

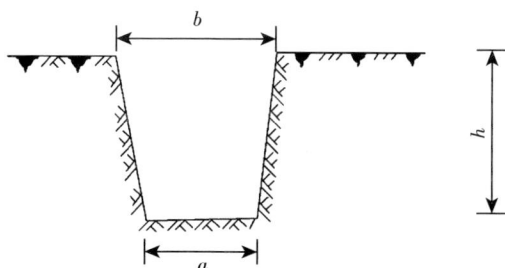

图 3-4　梯形管道沟槽尺寸

单管敷设：

$$b=a+2nh \tag{3-1}$$

式中，b——沟槽上口宽度（米）；

a——沟槽底宽度（米）；

n——沟槽边坡率；

h——沟槽深（米）。

双管敷设：

$$a=DH_1+DH_2+L+0.6 \tag{3-2}$$

式中，a——沟槽底宽度（米）；

DH_1、DH_2——第一条、第二条管外径（米）；

L——两条管之间设计净距（米）；

0.6——工作宽度（米）。

在天然湿度的土中开挖沟槽，如地下水位低于槽底，可开直槽，不支撑，但槽深不得超过：砂土和砂砾石 1.0 米，亚砂土和亚黏土 1.25 米，黏土 1.5 米。

较深的沟槽，宜分层开挖。每层槽的深度，人工挖槽一般 2 米左右。一层槽和多层槽的头槽，在条件许可时，一般采用梯形槽；人工开挖多层槽的中槽和下槽，一般采用直槽支撑。

人工开挖多层槽的层间留台宽度，梯形槽与直槽之间一般不小于 0.8 米；直槽与直槽之间宜留 0.3～0.5 米；安装井点时，槽台宽度不应小于 1 米。人工清挖槽底时，应认真控制槽底高程和宽度，并注意不使槽底土壤结构遭受扰动或破坏。挖槽见底后应随即进行下一工序，否则，槽底以上宜暂留 20 厘米不挖，作为保护层。冬季挖槽不论是否见底或对暴露出来的自来水管，均需采取防冻措施。

②管道沟槽土方回填。回填土施工包括还土、摊平、夯实、检查等工序。还土方法分人工和机械两种。

沟槽还土必须确保构筑物的安全，使管道接口和防腐绝缘层不受破坏，构筑物不发生位移等。沟槽还土各部位的密实度要求如图 3-5 所示。

沟槽应分层回填，分层压实，分段分层测定密实度：Ⅰ——胸腔还土部分 95%；Ⅱ——管顶以上 50 厘米范围内 85%；Ⅲ——管顶以上 50 厘米至地面部分，按下列各值：填土上方计划修路或在城镇厂区 95%，农田 90%，竣工后即修路者按道路标准要求。

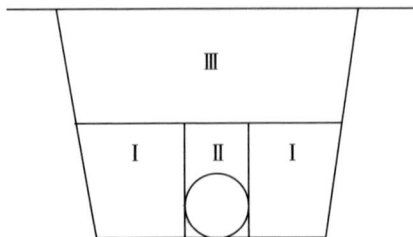

图 3-5 沟槽还土各部位密实度

管道两侧及管顶以上 0.5 米内的土方，在铺管后立即回填，留出接口部分。回填土内不得有碎石砖块，管道两侧应同时回填，以防管道中心线偏移。对有防腐绝缘层的管道，应用细土回填。管道强度试压合格后及时回填其余部分土方，若沟槽内积水，应排干后回填。管顶以上 50 厘米范围内的夯实，宜用木夯。

机械夯实时，分层厚度不大于 0.3 米；人工夯实分层厚度不大于 0.2 米，管顶以上填土夯实高度达 1.5 米以上，方可使用碾压机械。

穿过耕地的沟槽，管顶以上部分的回填土可不夯实，覆土高度应较原地面高出 400 毫米。

（3）管道附件的安装

①金属类连接附件的安装。金属螺纹管路附件的安装。螺纹连接是依靠螺纹把管子与管路附件连接在一起，连接方式主要有内牙管、长外牙管及活接头等。安装时，应用聚四氟乙烯生料带、石棉线或油麻丝等作为填料，缠绕方向正确和厚度要合适，螺纹与管件咬合时要对准、对正，拧紧用力要适中，以保证旋合装配后连接处严密不漏。

②金属焊接管路附件的安装。

a. 金属焊接作业人员，必须经过严格培训并获得钢制压力容器焊接证书后方能持证上岗，非电焊工严禁进行电焊作业。

b. 焊接前焊工必须了解所焊焊件的钢种、焊接材料、焊接工艺要点，做好焊接前的一切准备工作。

c. 电焊工焊接安装时必须严格遵守《电焊工安全操作规程》，始终坚持安全第一的原则。

d. 焊接后，焊缝和热影响区表面不得有裂纹、气孔、夹渣、未熔合、未焊透、弧坑和焊瘤等缺陷；焊缝上的熔渣和两侧的飞溅物必须清除干净；对接焊缝区应平滑过渡、无突变、角焊接缝区应圆滑过渡到母材。

e. 焊接结束后，焊工应对自己所焊的焊缝正反面进行检查，对不符合验收要求的焊缝，应作出明显标记，以便进行补修。

f. 自查合格后焊工在规定位置打上焊工钢印代号。

g. 按要求填写施焊记录，按规定进行焊缝标识。

h. 工作结束，应检查工作场地，灭绝火种、切断电源、整理设备、清理现场，方可离开。

③塑料管路附件的安装。塑料管路附件的安装采用黏合剂将不同型号、规格的管材、管件组装成管网系统。安装前必须清除管子和管路附件内外的污垢及杂物。管路系统安装间断或完工的敞口处，应及时封堵。涂抹胶黏剂时，必须先由里向外涂承口后再涂插口，涂抹后应在 20 秒内完成黏接。黏

接时应将插口轻轻插入承口中，对准轴线，迅速完成，黏接完毕应及时清理接头处多余的黏接剂。安装时管路立管和水平管的支撑间距不得大于表3-4的数值。

表3-4　管路支撑最大间距数值表

单位：毫米

外径	20	25	32	40	50	63	75
水平	500	550	650	800	900	1 100	1 200
立管	900	1 000	1 200	1 400	1 600	1 800	2 000

胶黏剂及清洁剂的封盖应随用随开，管道黏接操作场地严禁烟火，通风必须良好，黏接时，操作人员应站在上风口，佩戴防护手套、眼镜和口罩等。施工安装完毕的管路系统必须进行严格的水压试验或气密性检验。

PP-R管路附件的安装采用热熔连接施工法：热熔工具接通电源后，等到工作温度指示灯亮，方能开始操作。管材与管件的连接端面和熔接面必须清洁、干燥、无油污。熔接施工应严格按规定的技术参数操作，依据热熔连接技术（表3-5）组织施工。

表3-5　热熔连接技术

公称外径 （毫米）	热熔深度 （毫米）	加热时间 （分钟）	加工时间 （秒）	冷却时间 （分钟）
20	14	5	4	3
25	16	7	4	3
32	20	8	4	4
40	21	12	6	4
50	22.5	18	6	5
63	24	24	6	6
75	26	30	10	8
90	32	40	10	8
110	38.5	50	15	10

热熔连接安全施工注意事项：操作时手不能接触发热板及加热头，以防烫伤。使用热熔或电熔焊接机具时，应核对电源和电压，遵守电器工具安全操作规程，注意防潮，保持机具清洁。操作现场不得有明火，不得存放易燃液体，严禁对聚丙烯管材进行明火烘弯。熔接弯头或三通时，应注意管线的走向，宜先进行预装，校正好走向后，用笔画出轴向定位线。施工安装完毕后管路系统

必须进行严格的检验，经检验合格后方能使用。

④法兰的安装。

a. 法兰连接是常用的连接方法，安装法兰时，首先将法兰与管子对接，为了保证接头处的密封性，需在两法兰盘间加垫片，并用螺栓将其拧紧。

b. 安装前必须仔细核对阀门的标志、合格证是否符合使用要求和现行国家标准，安装前阀门内腔应清洁处理，并且必须对阀门进行外观检查。

c. 安装时要符合介质流动方向，阀体一般都标有箭头，按照箭头的指示方向安装。

d. 填料更换，有的填料已不好用，有的与使用介质不符，这就必须更换填料。

e. 安装法兰时应按对角线方向多次拧紧，不得单件一次拧紧，以防受力不均而造成法兰连接处泄漏，连接应牢固紧密。

f. 阀门安装位置、高度、进出口方向必须符合设计要求。

g. 在管线中不要使阀门承受重量，应独立支撑，使之不受管系产生的压力的影响。

h. 安装完成后应按管路设计要求对管道与阀门间的法兰结合面进行密封性能检查。

5. 沼气输气管网安装

（1）室外沼气管网布线原则

沼气输气管网系统确定后，需要具体布置沼气管线。沼气管线应能安全可靠地供给各类用户压力正常、数量足够的沼气，在布线时首先应满足使用上的要求，同时要尽量缩短线路，以节省材料和投资。

沼气集中供气管线的布置应根据全面规划，远近结合，以近期为主、分期建设的原则。在布置沼气管线时，应考虑沼气管道的压力状况，街道地下各种管道的性质及其布置情况，街道交通量及路面结构情况，街道地形变化及障碍物情况，土壤性质及冰冻线深度，以及与管道相接的用户情况。

（2）用户沼气管道安装

用户沼气管包括引入管和室内管。引入管是指从室外管网引入专供一幢楼房或一个用户而敷设的管道。

用户引入管的类型，各地根据各自具体情况，做法不完全相同，按管材种类可分为镀锌钢管如图 3-6 及图 3-7 所示，无缝钢管如图 3-8 所示。

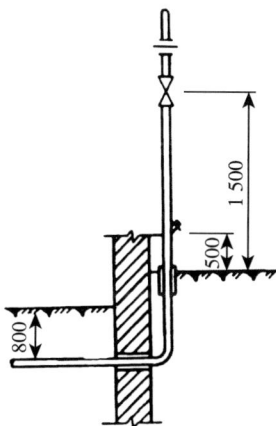

图 3-6　室外镀锌钢管地上引入（单位：毫米）

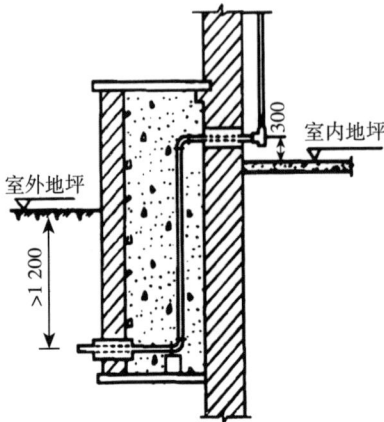

图 3-7　地下引入管（单位：毫米）　　图 3-8　室外无缝钢管地上引入（单位：毫米）

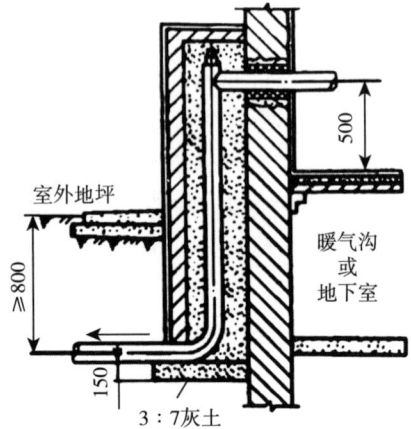

按引入方式可分为地下引入和地上引入。在采暖地区，输送湿燃气的引入管一般由地下引入室内，当采取防冻措施时，也可由地上引入。在非采暖地区或输送干燃气，且管径不大于 75 毫米时，可由地上直接引入室内。

按室外明立管的长短来分，有短立管如图 3-9 和长立管如图 3-10 所示。

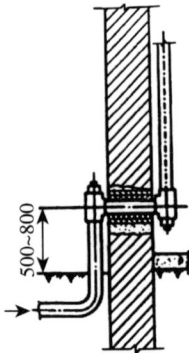

图 3-9　室外短立管（单位：毫米）　　图 3-10　室外长立管（单位：毫米）

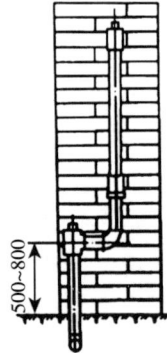

用户引入管与庭院燃气管的连接方法因使用的管材不同而不同。当庭院燃气管及引入管为钢管时，一般应为焊接或丝接；当庭院燃气管道为塑料管，引入管为镀锌管时应采用钢塑接头。

引入管接入室内后，立管从楼下直通上面各层，每层分出水平支管经沼气计量表再接至沼气灶，从沼气流量计向两侧的水平支管均应有不小于 0.2% 的坡度坡向立管。室内表灶的安装见图 3-11。

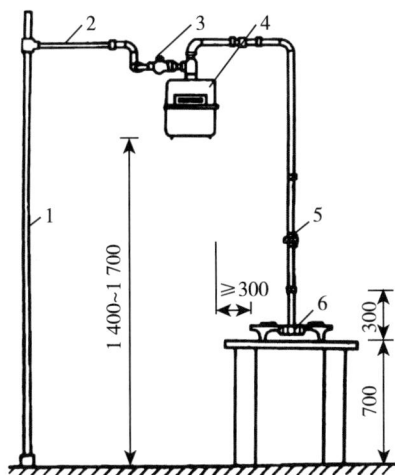

图3-11 室内表灶的安装图（单位：毫米）
1. 立管；2. 支管；3. 旋塞；4. 计量表；5. 活接头；6. 灶具

公称直径大于25毫米的管，当横向不能贴墙敷设时，应设置在角铁支架上，支架间距参照表3-6的规定。

表3-6 不同管径采用的支架间距

管径（毫米）	方向	15	20	25	32	40	50	75	100
间距（米）	横向	2.5	2.5	3.0	3.5	4.0	4.5	5.5	6.5
	竖向				按横向间距适当放大				

二、相关知识

管材及管件选择

（1）钢管

钢管是燃气输配工程中使用的主要管材，它具有强度大、严密性好、焊接技术成熟等优点，但它耐腐蚀性差，需进行防腐。钢管按制造方法分为无缝钢管及焊接钢管。在沼气输配中，常用直缝卷焊钢管，其中用得最多的是水煤气输送钢管。钢管按表面处理不同分为镀锌（白铁管）和不镀锌（黑铁管）；按壁厚不同分为普通钢管、加厚钢管及薄壁钢管三种。

小口径无缝钢管以镀锌管为主，通常用于室内，若用于室外埋地敷设时，也必须进行防腐处理。大于150毫米的无缝钢管为不镀锌的黑铁管。沼气管道输送压力不高，采用一般无缝管或由碳素软钢制造的水煤气输送钢管，但大口径燃气管通常采用对接焊缝和螺旋焊缝钢管。

（2）塑料管

沼气输送工程中主要采用聚乙烯管，其特点及几种常用塑料管在常温下的物理机械性能见初级工部分第二章第一节相关知识。

（3）沼气工程工艺管道颜色标识

对于一座沼气工程，其工艺管道内流动介质主要包括：原料液、自来水、热循环水、水蒸气、沼气、沼液、空气等。参考《GB 7231—2013 工业管道的基本识别色、识别符号和安全标识》，推荐采用五种基本识别色和相应的颜色标准编号及色样，详见表 3－7。

表 3－7　沼气工程工艺管道的基本识别色和颜色标准编号

物质种类	基本识别色	颜色标准编号
原料液	黑	
自来水	艳绿	G03
热循环水	暗红	
水蒸气	大红	R03
沼气	中黄	Y07
沼液、沼渣	黑	
空气	淡灰	B03

三、注意事项

布置沼气管线时具体注意事项如下：

（1）沼气干管的位置应靠近大型用户，为保证沼气供应的可行性，主要干线应逐步连成环状。

（2）沼气管道一般情况下为地下直埋敷设，在不影响交通情况下也可架空敷设。沼气埋地管道敷设时，应尽量避开主要交通干道，避免与铁路、河流交叉。如必须穿越河流时，可敷设在已建道路桥梁上或敷设在管桥上。

（3）沼气管道不得敷设在建筑物下面，也不准敷设在高压电线走廊，动力和照明电缆沟道和易燃、易爆材料及腐蚀性液体堆放场所。当沼气管道不得不穿越铁路或主要公路干道时，应敷设在地沟内。当沼气管道必须与污水管、上水管交叉时，沼气管应置于套管内。架空敷设的钢管穿越主要干道时，其高度不应低于 4.6 米。当用支架架空时，管底至人行道路路面的垂直净距，一般不小于 2.2 米。有条件的地区也可沿建筑物外墙或支柱敷设。

（4）地下沼气管道的地基宜为原土层，凡可能引起管道不均匀沉降的地段，对其地基应进行处理。沼气埋地管道与建筑物、构筑物基础或相邻管道之间的最小水平净距见表 3－8。沼气埋地管与其他地下构筑物相交时，其垂直净距见表 3-9。沼气管道应埋设在土壤冰冻线以下，其管顶覆土厚度应遵守下列规定：埋在车行道下不得小于 0.8 米；埋在非车行道下不得小于 0.6 米。地钢管应根据土壤腐蚀的性质，采取相应的防腐措施。

（5）沼气管道坡度不小于 0.003。在管道的最低处设置凝水器。一般每隔200～250 米设置一个。沼气支管坡向干管，小口径管坡向大口径管。

表 3-8　沼气管与其他管道的水平净距

单位：米

建筑物基础	热力管给水管排水管	电力电缆	通信电缆		钢路钢轨	电杆基础		通信照明电缆	树林中心
			直埋	在导管内		≤35 千伏	>5 千伏		
0.7	1.0	1.0	1.0	1.0	5.0	1.0	5.0	1.0	1.2

表 3-9　沼气管与其他管道的垂直净距

单位：米

给水、排水管	热力沟底或顶	电缆		铁路轨底
		直埋	在导管内	
0.15	0.15	1.0	1.0	1.2

第二节　沼气净化设备安装

学习目标：根据沼气脱水及凝水装置的构造和原理，完成其安装运行。根据沼气脱硫装置的构造和原理，完成其安装运行。

一、脱水器和凝水器安装

（一）脱水器和凝水器安装

沼气是一种高品质的清洁能源，在使用前必须经过净化，方能达到质量标准（沼气低热值＞18 兆焦/立方米，沼气中硫化氢质量浓度 ＜ 20 毫克/立方米，沼气温度＜35℃）。如果对沼气进行高值化利用，还需对沼气进行提纯，使其成为生物天然气。本节主要介绍沼气净化设备的安装知识。

沼气发酵装置中气相的沼气常处于水饱和状态，特别是在采用中温或高温发酵工艺时，沼气具有较高的湿度。沼气中水分的存在会产生如下不良影响：①水分与沼气中的硫化氢发生反应产生硫酸，可腐蚀管道和设备；②水分凝聚在检查阀、安全阀、流量计等设备的膜片上影响其准确性；③水蒸气的存在降低了沼气的热值；④沼气在管路中流动时，由于温度、压力的变化而露点降低，水蒸气冷凝增加了沼气在管路中流动的阻力；⑤水分会增加提纯沼气的露点。因此，需要对沼气中的冷凝水进行脱除。

脱水器和凝水器的安装需要确保正确连接沼气脱水器、凝水器与沼气发酵罐或沼气收集系统之间的管道。使用适当的密封材料和连接方式，以防止气体泄漏。

（二）相关知识

1. 沼气脱水器

沼气脱水器又称气水分离器，是在装置内安装水平及竖直滤网，且装入填料的装置，滤网或填料可选用不锈钢丝网、紫铜丝网、聚乙烯丝网、聚四氟乙烯丝网或陶瓷拉西环等。当沼气以一定的压力从装置下部以切线方式进入后，沼气在离心力作用下进行旋转，然后依次经过竖直滤网及平置滤网，沼气中的水蒸气与沼气得以分离，水蒸气冷凝后在气水分离器内形成水滴，沿内壁向下流动，积存于装置底部并定期排除。

设计沼气气水分离器时，应遵循以下设计原则：进入分离器的沼气量应按平均日产气量计算，气水分离器内的沼气压力应大于 2 000 帕，分离器的压力损失应小于 100 帕。沼气工程技术规范——供气设计（NY/T 1220.2—2006）推荐的气水分离器设计参数为气水分离器空塔流速宜为 0.21～0.23 米/秒。沼气进口管应设置在气水分离器筒体的切线方向，气水分离器下部应设有积液包和排污管。气水分离器的入口管内流速宜为 15 米/秒，出口管内流速宜为 10 米/秒。沼气气水分离器示意图见图 3-12。

图 3-12　沼气脱水器

1. 堵板；2. 出气管；3. 筒体；
4. 竖置滤网；5. 平置滤网；
6. 封头；7. 排气管；8. 进气管

2. 沼气凝水器

沼气管道的最低点必须设置沼气凝水器，以定期或自动排放管道中的冷凝水。沼气凝水器的直径宜为进气管的 3～5 倍，高度宜为直径的 1.5～2.0 倍。这种沼气凝水器按排水方式，可分为自动排水和人工手动排水两种。参考初级工第二章第三节。

常用沼气脱水器规格参数和凝水器规格分别如表 3-10 和表 3-11 所示。

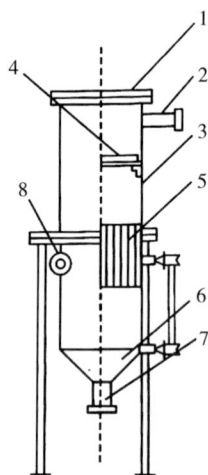

表 3-10　常用沼气脱水器规格参数

序号	高度 H（米）	直径 D（米）	有效容积 V（立方米）	处理沼气量（立方米/天）
1	0.487	0.301	0.035	50
2	0.614	0.379	0.069	100

（续）

序号	高度 H（米）	直径 D（米）	有效容积 V（立方米）	处理沼气量（立方米/天）
3	0.774	0.478	0.139	200
4	0.886	0.547	0.208	300
5	0.975	0.602	0.278	400
6	1.050	0.649	0.347	500
7	1.116	0.690	0.416	600
8	1.725	0.726	0.486	700
9	1.228	0.759	0.555	800
10	1.323	0.818	0.694	1 000

表 3-11 凝水器规格型号

序号	凝水器外径	进出口管径	适用情况
1	$\phi600$	DN150～200	沼气量≥1 000 立方米/天
2	$\phi500$	DN100～150	沼气量 500～1 000 立方米/天
3	$\phi400$	DN50～100	沼气量≤500 立方米/天

二、干式脱硫装置安装与调试

硫化氢是一种有毒气体，在湿热条件下对金属管道、贮气柜、燃烧器、其他金属设备及仪器仪表等有很强的腐蚀性，而且在燃烧时生成的二氧化硫遇水将生成硫酸，腐蚀周围环境并直接影响人的身体健康。因此，在利用沼气之前需要对硫化氢进行脱除。本节主要介绍干式脱硫装置的安装。

（一）脱硫装置安装

整套干式脱硫系统应设在单独房间内，并与压缩机、配电盘等设备分开设置。在脱硫装置的进出管路上，应留有用于空气再生的接口；在进出气管附近，应预留检测孔，以进行测温、测压或取气样之用。在脱硫装置及流量计上均应装有旁通管，以方便设备维修。脱硫间内应设排水管并与脱硫塔及气水分离器的泄水阀、排污阀相连。

正确连接干式脱硫塔与烟气排放口之间的管道。根据设备要求，使用合适的密封材料和连接方式，以防止气体泄漏。根据实际情况，调整干式脱硫塔的进气和出气口的位置和大小，确保良好的气流分布和均匀的烟气流通，以提高脱硫效果。

脱硫间应有足够的高度和面积，屋顶应为防爆型或有足够的泄压面积。北方脱硫间应设有采暖系统；南方应对脱硫系统进行保温。

（二）相关知识

1. 脱硫塔设计参数

根据当前中小型沼气工程的实际情况及 H_2S 的浓度范围，脱硫后 H_2S 的浓度范围为：一级脱硫：浓度 2 克/立方米以下；二级脱硫：2～5 克/立方米；三级脱硫：5 克/立方米以上。如果 H_2S 浓度在 10 克/立方米以上，最好先采用湿法粗脱，再用氧化铁进行精脱。干式脱硫塔构造示意图见图 3－13。

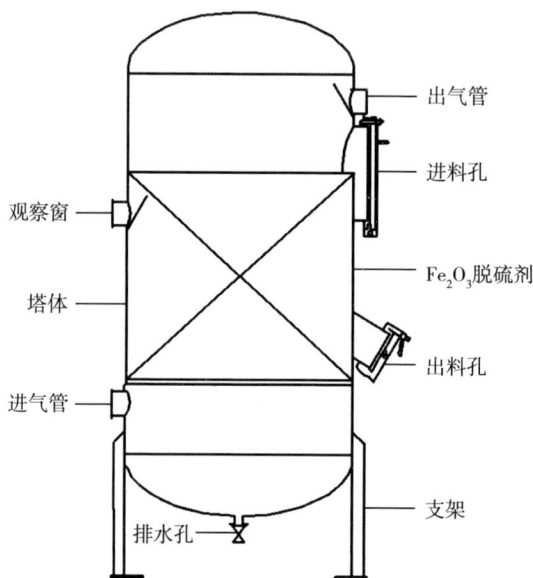

图 3－13　干式脱硫塔构造示意图

2. 空速的选择

空速是指单位体积脱硫剂每小时能处理沼气量的大小，单位为每小时。其表达式为：

$$V_{sp} = \frac{V_m}{V_t} \qquad (3-3)$$

式中，V_{sp}——沼气空速（每小时）；

　　　V_m——沼气小时流量（立方米/小时）；

　　　V_t——脱硫剂体积（立方米）。

从式（3－3）不难看出，空速是表示脱硫剂性能的重要参数之一。不同的脱硫剂因其活性不同，在选择空速时应根据沼气中 H_2S 的浓度、操作温度、脱硫工作区高度等因素进行综合考虑。

空速值选得越高，则沼气与脱硫剂的接触时间也越短，即接触时间 t_j 为空速的倒数：

$$t_j = \frac{1}{V_{sp}} \qquad (3-4)$$

式中，t_j——接触时间（秒）。

在常温常压下，氧化铁脱硫剂在处理沼气中的 H_2S 浓度小于 3 克/立方米时，取 t_j 为 100 秒，相当于空速为 36 每小时；若 H_2S 含量在 4～8 克/立方米，则 t 约为 450 秒，相当于空速为 8 每小时。若沼气中含少量氧气时，空速可适当提高，一般常温常压下取空速为 20～50 每小时。

3. 线速的选择

线速是指沼气通过脱硫剂床层时的速度，其值为床高与接触时间之比：

$$U_s = \frac{H_{ch}}{t_j} \qquad (3-5)$$

式中，U_s——线速度（毫米/秒）；

　　　H_{ch}——床高（毫米）；

　　　t_j——接触时间（秒）。

沼气通过脱硫塔的线速，是设计该装置尺寸的一个关键性参数。线速取得太低，沼气呈现滞流状态；随着线速的增加，气流进入湍流区，能在更大程度上减少气膜厚度，从而增加了脱硫剂的活性。当用 TTL 型脱硫剂时，可选线速为 10～40 毫米/秒。

4. 床层高度确定

床层高度与脱硫剂的利用率密切相关。短而粗的脱硫塔床层低，虽然阻力较小，但因脱硫剂的"饱和度"小，使脱硫剂利用率低。当采用分层装填时，有利于克服由于偏流或局部短路而引起的"早泄"现象，改善并提高脱硫效果。床层高度超过 1.5 米时，可采用双层。

5. 床层高度和塔径比的关系

氧化铁脱硫是一个化学吸附过程，在吸附的各个时期，脱硫床层可分为备用区、工作区和饱和区。工作区是指床层内执行脱硫功能的部位。工作区的高低与脱硫剂的活性、空速有关。根据 TTL 型脱硫剂的试验结果，在空速为 50 每小时以下，H_2S 浓度为 1～3 克/立方米时，脱硫剂床层高度为塔径的 3～4 倍。

6. 脱硫剂更换时间计算

脱硫剂的使用周期和更换时间是与脱硫剂的技术性能，即工作硫容及填装量成正比，与沼气中 H_2S 浓度及日处理气量成反比。对于中小型沼气工程，既要考虑脱硫设备的大小及所占场地，又要考虑到频繁地更换脱硫剂给运行带来的不便，一般取脱硫剂的更换期为 6 个月较适宜。通过式（3-6）可计算出脱硫剂的装填量。

$$G = t \times C \times V \div s \times 100 \qquad (3-6)$$

式中，G——脱硫剂装填量（千克）；

　　　t——脱硫剂使用时间（天）；

s——脱硫剂饱和硫容（％）；

C——沼气中 H_2S 含量（克/立方米）；

V——日处理沼气量（立方米/天）。

第三节　储气装置施工与检验

学习目标：掌握湿式储气装置的施工安装方法和气密性检验方法。根据沼气工程柔性贮气设备构成，完成柔性贮气设备安装和气密性检验。

本节主要介绍储气装置的施工方法与气密性检验方法，并掌握储气装置的结构。

一、湿式储气装置施工与气密性检验

（一）湿式储气装置

湿式储气装置应安装在通风良好、干燥、无腐蚀性气体和可燃物质的环境中。避免将其安装在易燃易爆区域或高温环境下。在平面布局上要求气柜与周围建筑物之间保持一定的防火距离，气柜之间的防火距离不应小于相邻较大柜直径的二分之一。在安装储气装置之前，确保所选的基础结构稳固可靠，能够承受储气装置的重量和运行时产生的振动。在连接储气装置与管道系统时，需使用合适的密封材料和适当的连接方式，确保管路的连接处能够达到良好的密封效果，防止气体泄漏。

安装过程中，应仔细检查储气装置上的阀门、安全装置和压力表等部件的安装情况，确保其完好无损，并按照相关规范正确安装。湿式储气柜由于蒸发和压力波动，会造成水槽内水的损失，需要及时补充，补水方式可以采用定期补水或连续注水。寒冷地区水槽应采取防冻措施。

1. 湿式储气装置施工

（1）水槽部分安装

①底板：根据排版图先从基础中心装配中幅板，并自该条板两侧循序向外铺设相邻的各条板；中幅板之间搭接部分尺寸为 40 毫米，最后以中心点为轴，用盘尺测定外圆后再铺设底板的边缘板。边缘板为加垫板对接，中幅板和边缘板搭接为 70 毫米。为了防止腐蚀，底板底面在铺设前应除锈涂沥青漆，焊缝 30 毫米以内不刷漆。

②壁板：安装水槽壁板，用履带吊车进行吊装。水槽壁板安装前，先在罐底边缘板上画出第一圈板的圆线，每隔 1~1.5 米交错焊接一块 L50×5，长 50毫米的角钢，以便作为第一圈壁板的定位。壁板装配要求每安装一块板即找正

一块，整圈安完后，要再次检查半径、标高和垂直度，然后用型钢临时支撑。焊接前，对接口立缝在内侧用弧形板控制焊接变形。

水槽第一圈壁板安完后，接着安装第二圈壁板，安装前，在下圈板外侧上部，每隔3～4米处焊接一"Ⅱ"形挂环，将三脚架挂在此挂环内。三脚架之间铺设木跳板，进行作业。

壁板全部安装后，进行水槽平台的安装。水槽平台安装前要测量水平度，使平台在同一水平面上。

（2）钟罩水封的安装

①划线：以水槽底板中心点为圆心，划出中节、钟罩的基准圆线。各基准圆线隔0.8～1米左右打上冲印，做出标记，作为安装测量基准。

②划出垫梁安装位置线，分别安装就位。垫铁对整个垫梁找平，测量全圆周的垫梁上部的水平，其最大高差不得超过2毫米，合格后将垫梁焊接到底板上。

③钟罩水封均是分段预组件。安装水封垫平、找正，水平允许误差在±5毫米范围内。水封安装后，要反复检查直径、垂直度，其与水槽间距要控制在±10毫米左右。

④立柱的安装，在水封安装焊接后进行。立柱的下端与水封用安装螺栓固定，上端用角钢临时与水槽内壁固定。立柱安装时，用经纬仪和线坠逐根测量其两个方向的垂直度。

⑤立柱检查合格后，进行安装上水封。上水封与立柱上端用安装螺栓连接；安装后，测量检查直径和由底板中心至上水封水平板的斜长。合格后，在上水封水平板与水槽平台之间用正反扣螺杆连接，发现偏差时，予以调整。

（3）钟罩顶架和顶板安装

顶架安装前，先在塔身中心立好金属管抱杆，吊起中心环梁至设计高度。为便于安装，先不要固定，待吊装径向梁时，可以调整环梁。

安装时，用履带吊把径向梁预组件吊起，其上端插入中心环梁槽钢内，下端与支座连接，径向预组件应对称吊装。待顶架全部安装完毕后，即进行安装每两榀径向梁间的连接角钢，最后施焊，同时，拆去金属管抱杆。

当顶架全部安装焊接后，即可进行顶板的安装，最后安装罐顶边缘板。

（4）导轮的安装

导轮安装前，要拆洗干净，按规定要求注入润滑油。安装时，要使导轮组与导轨滑行灵活，尺寸准确。

2. 湿式储气装置验收

（1）基础验收

①环梁基础的内径偏差小于±25毫米，环梁基础的宽度偏差小于±25

毫米；

　　②环梁基础的标高偏差不超过±5毫米以内；

　　③环梁基础表面用水泥砂浆找平后，其表面水平偏差在±5毫米以内；

　　④基础底板坡度应符合设计要求；

　　⑤圆形底板中心拱起高度不得大于水槽直径的1.5%；

　　⑥阀门井标高的偏差±10毫米以内，其他尺寸的偏差应在±20毫米以内；

　　⑦基础周围排水畅通，砂层必须有防潮措施。

（2）水槽注水试验

水槽进行充水试漏时，水温应在5℃以上，充水的最大高度为水槽溢流堰高。水槽注水试验检查的主要项目是：焊缝质量、水槽倾斜度、基础沉陷程度。注水前，沿水槽侧壁周围设8个对称测量点，用以观测水槽沉降情况。

　　①充水分12次进行，直至充满水量，如地基土质较好，可减少次数。

　　②第一次至第四次的加水量，每次为水槽高度的1/8。第五次至第12次的加水量，每次为水槽高度的1/16。

　　③每次充水时间不得小于8小时，两次充水的时间间隔为16小时。

　　④每次充水后应观测焊缝质量和沉降量，如在24小时内的沉降量大于5毫米，应放慢充水速度或暂停充水。在以后24小时内，沉降量减少到5毫米时，可继续充水。

　　⑤水槽充水到最高液位后，持续时间应不少于48小时，每天观测记录两次沉降量，如在规定的静置天数内，每24小时沉降量小于5毫米，则到静置限期时即可开始放水，放水也应分次放水，其程序与进水程序相反。

　　⑥水槽倾斜度以小于或等于水槽直径的千分之三为合格。否则，应采用高压泵向底板下面冲灌干砂，将水槽调平，重新充水实验。

　　⑦所有焊缝不得有渗水、漏水现象。

（3）升降试验

试升试验：

　　①试验介质为空气，用鼓风机吹入空气，使钟罩缓慢上升。

　　②上升试验速度为0.9米/分钟，或不低于运行时设计上升速度。

　　③上升过程中导轨与导轨轮之间应接触良好，运转平稳顺当为合格。

　　④钟罩上升时，罐顶U形压力计测得的罐内气体压力与计算压力相符为合格。

试降试验：

　　①所有塔节全部升到规定高度后，逐渐开启放散管阀门，使钟罩缓慢下降，下降速度以0.9米/分钟或等于实际运行设计下降速度为试验速度。

　　②下降时的导轨与导轨的接触要求与试升时相同。

③钟罩下降过程中，罐内气体压力应与设计要求相符。

升降试验连续进行两次并符合以上要求，则升降实验为合格。

（4）罐体气密性试验

罐体升降试验合格后，应重新鼓入空气，关闭出口阀门和罐顶放散阀门，并全部关闭进口阀门（进口阀门和放散阀门安装前应进行气密性试验，并经试验合格），使罐体稳定在稍低于升起最高高度的位置，开始进行气密性试验。

①充气量为全部容积储气量的90％。

②从充满气量的时刻起，静置7天，记录静置开始和结束时刻的大气压、气体容积、气体温度和罐内气体压力。

（二）相关知识

1. 混凝土结构水封池的构造

混凝土（钢筋砼）结构水封池主要是由池底、池壁、中心导向轴、导向架、导向轴下端固定件、垫块、溢流口等构成，详细构造如图3-14所示。

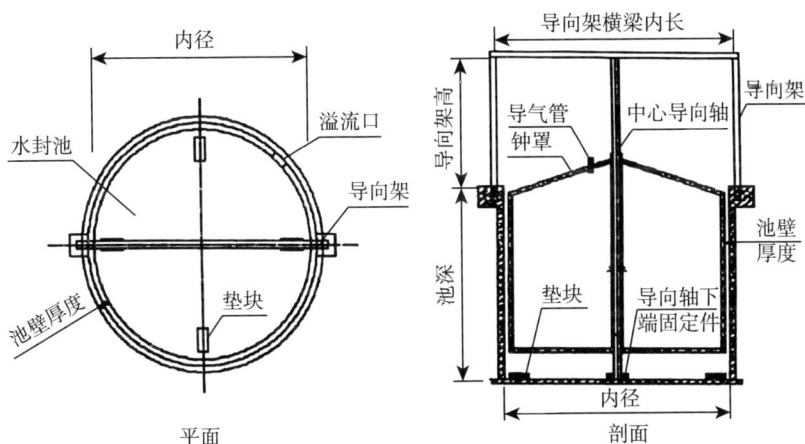

图3-14　混凝土结构水封池构造图

水封池通常做成地下式或半地下式，为圆柱形，一般采用混凝土或砖结构。为了使圆筒形钟罩均匀升降，应在水封池的一定位置设置轴对称导向柱2～4根，它们之间应有可靠的横梁固定，以增加其整体刚度。

水封池的尺寸，一般是由钟罩的大小确定。为了满足施工及检修的需要，水封池池壁和钟罩的间隙一般为40～50厘米。水封池一般比钟罩高10～30厘米。小型钟罩与水封池池壁的间隙一般为10厘米，水封池比钟罩高10～20厘米为宜。

2. 金属结构水封池的构造

金属结构水封池（图3-15）主要是由池底、池壁、导气管、轨道、进水管、溢流管、放空管、保温层等构造而成。水封池有地上式或地下式两种，一般中、小型储气柜和地基条件较好的地区，都采用地上式水封池，对经常有台风袭击的地区，常采用半地下式以降低气柜的高度，但对气柜的水封池施工要求较高；首先做好水封池的预制，应按设计要求的几何尺寸绘制排版图；预制前应根据排版图在板材上标出中心线、搭接线及安装顺序和方向；预制后的每块板的几何尺寸必须保证准确；在水封池的施工过程中应做好焊接质量检验（可选用煤油渗透试验）；水封池预制好后要进行注水试验，不漏为合格。

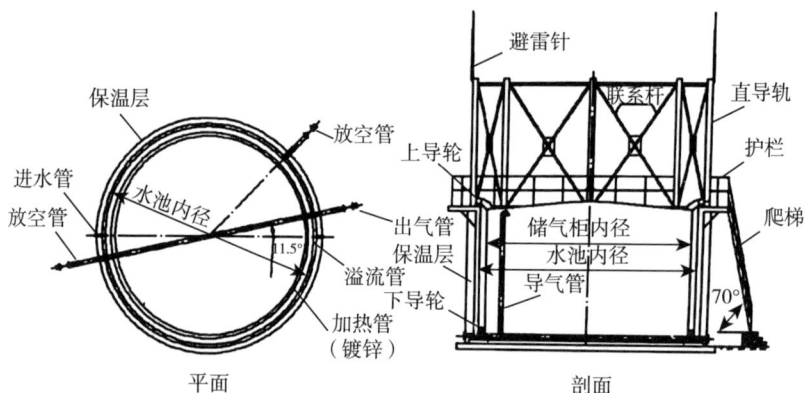

图 3-15　金属结构低压湿式储气柜水封池结构图

二、柔性储气装置施工与气密性检验

柔性结构干式贮气柜在沼气工程中最常用的形式是双膜贮气柜，源于欧洲，主体为特殊加工聚酯材料，主要成分为 PVDF（聚偏氟乙烯和特殊防腐配方），其重量轻，防腐性好，造价相对较低，施工和检修简单方便。

双膜储气柜材料为织物制造，当尖锐的物品微刺时很容易被损坏，所以一般需要专门的场地并且设置隔离警示装置。一般性的风雪不会对双膜气柜造成影响，气柜内压 1 千帕可承载 0.4 米雪载荷，3 千帕内压可承载积雪达 1 米厚，即使更大的雪量将气柜压塌，也只需要将积雪清除后重新充气即可使用；双膜储气柜理论上可以抵御 12 级大风，为了防止被大风携带的尖锐物品戳伤，建议 10 级以上大风的时候将气柜放气后停用。

（一）柔性气柜的安装与检验

1. 柔性气柜的安装

安装时沼气进气管、排气管和排水管在钢筋混凝土基础施工时预埋，气柜的气囊安装时将进气管、排气管和排水管与底膜相连，底膜固定在基础上表面；然后依次安装内膜、外膜和密封装置，即密封圈，密封圈可以使用化学锚栓固定在混凝土基础上；然后安装其他附属设备，进行调试。

2. 柔性气柜检验

（1）内气囊检验

①二次发酵池或拼装罐应先做密封检验，合格后方可安装柔性气柜。

②在沼气进出气管上应设有阀门，可在气囊做气密性检验期间关闭。

③气密性检验充气前，应关闭所有沼气进出气管阀门。

④气密性检验接入口在正负压保护器卸下，接阀后接风机，进行检测。

⑤一次充气：在观察进风管上压力表达 0.3 千帕压力后，停止充气，关闭进风管上阀门，观察气囊及压力表 2 小时，有无变化或明显泄漏。如无可继续充气。

⑥二次充气：在观察进风管上压力表达 0.5 千帕压力后，停止充气，关闭进风管上阀门，所有安装螺栓预紧一遍，严防螺栓松动。观察气囊及压力表 2 小时，有无变化或明显泄漏。如无可继续充气。

⑦三次充气：在观察进风管上压力表达 0.7 千帕压力后，停止充气，关闭进风管上阀门，观察气囊及压力表 2 小时，有无变化或明显泄漏。如无可继续充气。

⑧四次充气：在观察进风管上压力表达 1 千帕压力后，停止充气，关闭进风管上阀门，所有安装螺栓预紧一遍，严防螺栓松动。观察气囊及压力表 24 小时，有无明显下降。如有，找原因，并消除泄漏问题。

⑨停放 24 小时后，观察气压表下降情况，内气囊气压下降不超过 3%，视为合格。

（2）外气囊检验

①外气囊与内气囊不同，由于其一直有风机供风，因此无严格气密要求，允许轻微泄漏，并以此带出风机压缩空气带来的凝结水。

②一次充气：调节单向压阀配重，使单向调压阀上压力表示值达 0.5 千帕压力后，观察气囊 2 小时，有无变化或明显的大泄漏。如无，可继续充气并调高气柜压力。

③二次充气：调节单向压阀配重，使单向调压阀上压力表示值达 1 千帕压力后，观察气囊 2 小时，有无变化或明显的大泄漏。

（二）相关知识

柔性结构干式贮气柜各主要部分功能如下：内膜——贮气，外膜——保护内膜，充气风机控制气柜外气囊的压力；安全阀给予气柜正压保护，防止压力过大损坏内膜，同时防止外输沼气引起的火灾；气体泄漏报警器：沼气泄漏报警；干式调压阀用于限定外膜和内膜之间的最大压力，防止外膜承受压力过大受损（图 3-16）。

图 3-16　柔性贮气柜

沼气工程采用的双膜贮气柜外形通常是 3/4 球体，常用外形尺寸见表 3-12。

表 3-12　双膜贮气柜常用外形尺寸

序号	容积（立方米）	球体直径（D，米）	基础直径（米）	高（H，米）
1	100	6.58	5.40	4.45
2	200	7.79	6.95	5.65
3	300	9.11	8.49	6.21
4	500	10.83	9.00	7.80
5	800	12.48	10.66	9.10
6	1 000	13.55	11.91	9.61
7	1 500	15.00	13.00	11.28
8	2 000	17.00	15.02	12.10
9	3 000	19.80	18.69	13.16
10	5 000	22.80	19.50	16.82
11	10 000	28.29	24.50	21.22
12	20 000	37.70	35.31	24.70

柔性贮气设备为干式双膜气柜，双膜气柜的外形为球体，其钢轨固定在水泥基座上或者发酵罐顶部。双膜气柜的主体由特殊加工的 PVC 聚酯材料制成，柜体由外膜、内膜、底膜及附属设备组成。膜材料具有抗紫外、抗细菌、耐磨等特点，抗拉强度达到 1 000～1 400 牛/厘米。内膜与底膜或液面之间形成一个容量可变的气密空间用作贮存沼气，外膜与内膜通过鼓风机提供恒定的贮存压力。

柔性气柜特点：干式双膜气柜采用整体的膜封代替湿式钟罩气柜的水封，不怕结冰，适用温度达－30～70℃，在北方冬季寒冷地区可以使用，与传统的钢制气柜比无须防腐，无须导轨、活塞、配重等复杂的钢结构，并且结构简单、造价低、施工周期短，整体使用寿命 20 年以上。由于双膜气柜具有以上优点，目前在我国大中型沼气池上迅速得到推广和使用。但柔性膜式气柜需用充气风机控制气柜外气囊的压力和增压设备。

第四节　沼气利用设备安装

学习目标：根据沼气采暖装备构造和原理，掌握沼气采暖装备的构造与安装使用以及运行维护技能。根据沼气锅炉的构成原理，掌握沼气锅炉的安装使用及性能特点等。

一、沼气采暖设备与系统安装

沼气是一种高品质的清洁能源，其中甲烷占 50％～70％，燃烧热值较高。纯甲烷热值为 5 500 千焦/千克，1 立方米纯甲烷在标准状况下完全燃烧，可放出 35 822 千焦的热量，最高温度可达 1 400℃。沼气采暖装备是利用沼气在特制的燃烧器中燃烧放出热量，直接取暖、加热热水或产生蒸汽。常见沼气采暖装备有沼气取暖灯、沼气取暖炉、沼气采暖锅炉等。

（一）相关知识

1. 壁挂沼气锅炉的构造

壁挂沼气锅炉是由燃气系统、燃烧系统、采暖水系统、卫生水系统、主换热器、二次换热器及控制系统等组成，具体结构见图 3-17。

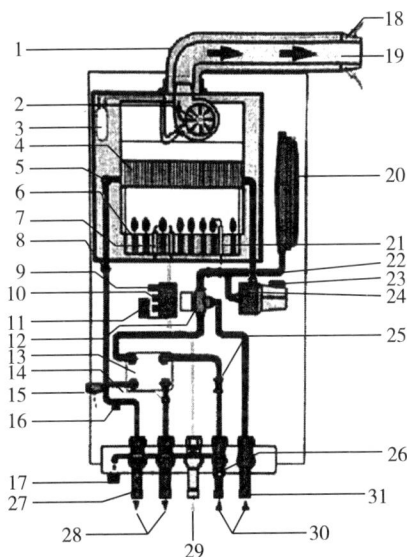

图 3-17　壁挂沼气锅炉构造及工作原理、产品图

1. 平衡式烟道；2. 风机；3. 风压开关；4. 主换热器；5. 过热保护；6. 燃气燃烧器；7. 点火电极；8. 采暖温度传感器；9. 燃气调节阀；10. 燃气安全电磁阀；11. 高压点火器；12. 三通阀；13. 生活热水热交换器；14. 生活热水温度传感器；15. 压力安全阀；16. 缺水保护；17. 泄水阀；18. 空气进口；19. 烟气出口；20. 闭式膨胀水箱；21. 火焰检测电极；22. 采暖水水流开关；23. 自动排气阀水；24. 循环泵；25. 生活热水水流开关；26. 补水阀；27. 采暖供水接口；28. 生活热水接口；29. 燃气接口；30. 冷水接口；31. 采暖回水接口

2. 壁挂沼气锅炉的工作原理

（1）当需要供暖时，三通阀切换至供暖位置，循环水泵和风机自动开启。燃气阀自动打开，锅炉进入正常工作阶段。此时采暖水的流向：采暖水回水

口→膨胀水箱→循环水泵→主换热器→三通阀→采暖水出口→散热设备→采暖水回水口。

（2）当需要卫生热水时，三通阀自动切换至卫生热水位置，炉停止供暖采暖，水只在炉内部循环，并通过板式换热器向卫生用水传递热量，加热卫生水。当不需要卫生热水时，三通阀又自动切换供暖位置。此时采暖水的流向：采暖水回水口→膨胀水箱→循环水泵→主换热器→三通阀→板式换热器→膨胀水箱。而卫生热水的流向：冷水入口→板式换热器→卫生热水出口。

（二）注意事项

壁挂锅炉的安装和维修服务必须由经过培训合格的专业人员完成。

1. 壁挂锅炉应该与性能和热负荷上都匹配的采暖网和热水输送管线相连接。

2. 必须要保证壁挂锅炉烟管的吸、排气通畅。

3. 壁挂锅炉的安全装置和自动调节装置在设备的整个使用期间都不得擅自改动。

4. 在冬季可能结冰的环境下，必须保持给壁挂锅炉通气和通电，并开通管路系统的阀门，以确保壁挂锅炉的防冻和防卡死功能起作用。

5. 如果长期不使用壁挂锅炉，请关闭气源、切断电源并将壁挂锅炉及管道内的水排干净。

6. 接入电源开关必须要有可靠的接地。清洁壁挂锅炉前，应关闭总电源。身体潮湿时或赤脚时，不得触摸壁挂锅炉。

7. 不要在壁挂锅炉房间里留下易燃物质，不要用棉布、纸堵塞排烟口及进气口。

8. 挂炉在工作时，底部的暖气、热水出水管、烟管温度较高，严禁触摸，以免烫伤。

9. 如果闻到沼气或未燃烧产物的气味时，不要使用电器设备，例如开关、电话等用具。这时立即关闭燃气总阀门、打开门窗给室内通气，然后查明原因并通知专业维修人员。

10. 定期检查壁挂锅炉的水压及工作情况，必须保证壁挂锅炉的水、电、气充足和畅通。

二、常压沼气锅炉安装

沼气锅炉是以燃烧沼气为燃料的一种新型锅炉，适用于屠宰厂、养殖场等，可以用沼气、煤气、天然气、液化气做原料。

1. 主要构成

常压沼气锅炉主要由锅炉主体、燃烧系统、中心点火系统、温控系统、电压调节与漏电保护系统组成。它通过沼气燃烧使沼气中的甲烷充分燃烧，使锅炉能够在小型沼气项目中使用；只需打开供电开关，整个供气、点火、温控过程可以自动运行。

2. 安装准备

（1）安装地点、锅炉安装单位必须有上级主管部门颁发的符合安装范围的锅炉安装资格证书。

（2）办理登记手续。

（3）组织工作人员学习安装技术措施、安全技术措施，并熟悉锅炉图纸及有关技术文件。

（4）安装前应对锅炉本体、燃烧设备、部件、辅机、附件按图纸进行检查验收，做好记录，如发现不符合有关标准应及时向厂方提出。

3. 锅炉及辅机吊装

（1）锅炉本体、辅机、附件包装箱、仪表包装箱请按厂方指定的吊装位置进行吊装。

（2）重车辆、起吊设备、绑扎所需的钢丝绳等都须有足够的载重能力，并应符合技术规范。

（3）起吊前按技术规范中标注的大小尺寸及大件重量选用起吊设备，并制定相应的安全防范措施。

4. 锅炉主机安装

（1）基础的确定应根据当地土质，参考提供的图由土建部门重新设计。

（2）基础达到强度后，应按锅炉图纸进行检查及验收，并画出锅炉整体的三条基准线：

①纵向基准线——锅筒中心。

②横向基准线——前面板位置线或面板位置线。

③标高基准线——可以在基础四周有关的若干地点分别作标记，各标记间的相应偏移不应超过1毫米。

（3）锅炉主机搬运到安装地点后，应先校核锅炉中心线，是否与基地上划出的中心线相符合；水位表的正常水位是否水平；然后检查底座和地基的接触是否严密，如有空隙，应加垫铁或涂水泥，保证风室不漏风。

（4）安装位置尺寸偏差和检验方法按相关规范执行。

5. 辅机安装

（1）燃烧器、给水泵的安装，安装前应按照供货清单进行开箱检查，当确认实物与供货清单相符且检查合格后方可安装。安装后检查有无卡住、漏风等。最后接通电源试车，检查电机转向是否正常，有无摩擦振动、电机温度是否正常。

（2）连接的烟风道，如果与设计图样不一致，长度、弯头、截面积变化较大时，应重新设计烟风阻力，校对鼓、引风机的流量、压头，满足锅炉实际需要。

6. 烟囱的安装

（1）烟囱安装时法兰间应垫嵌石棉绳，并用吊垂线的办法检查烟囱的垂直度。如有偏差可在法兰连接处垫平校正。

（2）拉线（钢丝绳）用法兰螺栓拉紧，注意三根钢丝绳的松紧程度应相同。

（3）根据环境和当地部门的要求，可以缩短或加高烟囱。

7. 锅炉管道仪表的安装

（1）水位表与锅筒正常水位线标高偏差为±2毫米。应准确标明最高安全水位、最低安全水位和正常水位的位置。

（2）水位表应有放水阀门（或放水旋塞）和接到安全地点的放水管。

（3）压力表应装在便于观察和吹洗的位置，并防止受到高温、冰冻和震动的影响。

（4）压力表应有存水弯管，压力表与存水弯管之间应装有旋塞，以便吹洗管路，卸换压力表。

（5）刻度盘面上应标有红线，表示锅炉工作压力正常范围上限。

（6）安全阀应在锅炉水压试验完成后安装，应在初次升火时进行安全阀工作压力的调整。安全阀应装设排气管，排气管应通往安全地点，并有足够的截面积，保证排气通畅。安全阀排气管底部应装有接地安全地点的疏水管，在排气管上和疏水管上不允许装设阀门。

（7）每台锅炉应装独立的排污管，排污管应尽量减少弯头，保证排污通畅并接到室外安全的地点，几台合用一个总排污管，必须有妥善的安全措施，采用有压力的排污膨胀箱时，排污箱上应装有安全阀。

（8）锅炉的排污阀，排水管不允许用螺纹连接。

8. 沼气管路安装要求

燃烧器上留有"进气"阀管接口，将锅炉房中相应供气管接上即可。

第五节　电气系统安装

电气工程主要施工项目包括钢管敷设，配电箱、控制箱安装，电缆敷设，管内穿线工程，器具安装，接地系统及防雷系统安装、调试等。

一、管路敷设与连接

（一）管路敷设

电线配管一般采用镀锌电线管。所有管材的规格必须符合图纸设计规定。

泵房、控制室和净化车间镀锌配管在初装过程中进行，管与管之间采用丝扣连接。暗配电线管的埋设应与土建专业配合施工，地下暗埋管用套管，待做完各种处理后，埋入地下。明配电线管的弯曲半径应大于 6 倍管径，暗配钢管弯曲半径应大于 10 倍管径，电缆保护管距地表面距离应大于 0.5 米，之后留好出口，并用阻燃材料封堵管口至水泵接线口的钢管应高出地面 0.5 米，并加装防水弯头，由防水弯头至水泵电机出线口用金属软管保护，保护管出口加螺栓固定。

（二）钢管与设备连接

应将钢管敷设到设备内。不能直接进入时，可采用金属软管连接。采用金属软管连接时，长度不宜超过 1 米，固定间距不应大于 1 米。另外不得利用金属软管接地。

二、管内穿线

穿线前要考虑导线（电缆）截面大小，根数多少，将导线（电缆）与带线进行绑扎，绑扎处应做成平滑锥形状，便于穿线。

穿线前应在管口加装护口，2 人配合协调，一拉一送。管路较长且转弯较多时，要在管内吹入滑石粉，截面大、长度长的线缆可考虑机械牵引。

穿线完毕后，应用摇表测线路，照明回路采用 500 伏摇表，其绝缘电阻值不小于 0.5 兆欧，动力线路采用 1 000 伏摇表，其绝缘电阻不小于 1 兆欧，并做好记录，作为技术资料存档。管内穿线后管内不得有积水及潮气侵入。

三、配电箱（盘）安装

首先配合土建，根据图纸测量放线，定位后，再做各种箱体的基础。基础与地面用地脚螺栓连接，基础应高出地面 100 毫米。基础型钢管安装其允许偏差应符合相关规定。在混凝土墙或砖墙上固定明装配电箱时，采用暗配管及暗分线盒和明配管 2 种方法。如果有分线盒先将盒内杂物清理干净，然后将导线理顺，分清支路和相序，按支路绑扎成束。等箱（盘）找准位置后将导线端头引至箱内或盘上，逐个剥出导线端头，再逐个压接在器具上，同时将保护地线压在明显的地方，并将箱（盘）调整平直后方可固定。暗装配电箱（盘）的固定应根据预留孔洞尺寸先将箱体找好标高及水平尺寸，并将箱体固定好，然后用水泥砂浆填实周边并抹平，待水泥砂浆凝固后再安装盘面和贴脸。箱底与外墙齐平时，应在外墙固定金属网再做墙面抹灰。安装盘面要求平整，周边间隙均匀对称。

全部安装完毕，要用 500 伏摇表对线路进行绝缘摇测。摇测项目包括相线与相线之间、相线与零线之间、相线与地线之间、零线与地线之间。绝缘电阻值不得小于 0.5 兆欧。2 人进行摇测，同时做好记录，作为技术资料存档。

四、器具安装

灯具、开关、插座的具体安装方式和接地方式必须严格按照产品使用说明以及规程规范进行。特别注意以下几点要求：

①安装灯具、开关、插座必须牢固端正，位置正确。

②安装开关、插座时必须将预埋盒内的填充物清理干净，再用湿布擦净。对于产生电磁干扰的设备施工时应注意保持它们之间的距离，或对温度传感器、压力传感器等弱电设备进行屏蔽保护。

③安装距地高度小于 2.4 米的灯具，其金属外壳必须连接保护地线。

第六节　监测仪表安装

学习目标：能根据温度监测仪表的构造，正确安装使用温度监测仪表；掌握流量监测仪表的选择与安装使用，并了解沼气流量计的构造和原理；能根据压力表的构造，正确使用、维护和检修压力表。

一、温度监测仪表安装

温度是影响微生物活性的主要因素之一，沼气发酵过程需要进行温度控制，因此，温度检测仪表不可或缺。温度传感器中，适用于监测沼气发酵料液温度的典型测温元件是热电阻，其测温电路采用不平衡电桥。

（一）温度监测仪表的安装

温度传感器直接安装在沼气发酵装置上，与变送器的距离可能较远，传感器与变送器的连接通常采用三线制接法，即用三根导线，其中一根串联在电源支路里，另两根分别接在两个相邻的桥壁上。三线制接法可基本消除连接导线造成的测量误差。与温度传感器配接的二次仪表主要包括温度变送器、数字温度显示仪和温度巡检仪。

（二）相关知识

1. 温度监测仪表构造

温度监测仪表主要是由温度测量探头（探棒）、温度传感器（置于探头内）、主机、显示器、电源、外壳等构成，其中温度传感器是温度监测仪表的核心部分。

2. 温度监测仪表原理

温度监测仪表利用温度传感器能感受物体的温度并转换成可用信号输出，

通过电缆线将信号传送至主机，主机对信号进行处理，最终通过显示器将测量的温度显示出来，从而完成整个测量过程。

（三）注意事项

1. 在测量沼气池料液的发酵温度时，应注意保护温度测量探头。温度测量探头的使用寿命远远低于整个测量系统的寿命。

2. 沼气发酵料液对金属的腐蚀性较强，最好用专用套管或塑料袋将探头包裹起来，以延长探头的使用寿命。

3. 若直接将温度测量探头从进料管或抽渣管放入沼气池内测量料液的发酵温度，当测量作业完成后，拉动电缆线将探头拖出时，容易将探头挂到进料管或抽渣管下端管口处，若用力过猛，可直接损坏探头。正确测量方法为：首先将探头固定在竹竿或木棍的一端，然后用竹竿或木棍将探头从进料管或抽渣管放进沼气池内，测温结束后，再拉动竹竿或木棍轻易将探头从池内安全取出。

二、沼气流量监测仪表安装

流量检测仪表包括测量单位时间流量的流量计和测量流体流过总量的积算仪，多数流量检测仪同时具备测量流量和总量的功能。

燃气流量计是一种专门用以测量燃气体积流量或质量流量的仪表。正确使用燃气仪表，保证仪表流量量值的准确和统一，对于节约能源，提高经济效益有着重要作用。流量计的失准，直接影响到国家和消费者的利益。沼气流量计安装步骤：

1. 安装地点的选择

选择水平直管段安装，安装点表前和表后的直管段要求为：安装点上游的节流元件距安装点必须大于5倍管道直径，安装点下游的节流元件距安装点必须大于3倍管道直径，有条件的情况我们建议尽量使表前表后直管段长些。

2. 打孔

经相关技术人员确认符合在线安装的场合，用专用的打孔器开孔，可以实现在线不停产开孔安装。停产打孔时可以采用多种方法，但要保证孔的轴心与底座的孔心同心，若不能保证同心建议可将管道上的孔大些，这样有一定间隙可以调整。在管道上用气焊开一个略小于 $\phi100$ 毫米的圆孔，并把圆孔周围毛刺清除干净，以保证测头旋转流利。

3. 安装底座

在管道圆孔处焊上厂家提供的法兰。底座根据安装方式不同，分为标准型和精简型，安装时应使底座位于管道截面方向的最顶端，要求法兰轴线与管道轴线垂直并使底座通孔的轴心垂直管道轴心。

4. 球阀安装

将不锈钢专用阀门与焊接管道上的底座紧固前，应在受压接触面使用密封垫（介质温度在100℃以下使用尼龙材料，100℃以上使用紫铜材质也可选用专用管螺纹胶进行密封）。

5. 调节丝杠

使插入深度符合要求（保证测头中心轴线和管道中心轴线重合），流体流向必须与方向标上的指示箭头保持一致。

6. 均匀拧紧压盖上的螺丝

压盖的松紧程度决定仪表的密封程度和丝杠能否旋动。

7. 检查各环节是否完成好

慢慢打开阀门观察是否有泄漏（需特别注意人身安全），若有泄漏，请重复步骤6、7。

三、压力监测仪表安装

压力表是观察沼气产气量、用气量及测量池压的简单仪表，也是检查沼气池系统是否漏气的工具。农村户用沼气系统常用低压盒式压力表和U形压力表来度量沼气产气量和用气量的多少，也用来检验气池和输气管道是否漏气，还可以在用气时根据其压力大小来调节流量，使灶具和灯具在最佳条件下工作。

（一）压力表的安装

压力监测仪表的安装可以从测量点的选测、引压管的敷设、仪表的安装这三个方面来考虑。

压力表和管路一般要通过缓冲弯管和节流阀连接，它们的组装顺序是压力表-节流阀-缓冲弯管。仪表应垂直于水平面安装，压力表的连接处应加装密封垫片，温度及压力更高时（50兆帕）用退火紫铜或铅垫。当常用的水系统温度和压力不高时一般用生料带密封。

1. 压力测量点的选择

应能反映被测压力的真实大小，维护、安装方便。

（1）要选在被测介质直线流动的管段部分，不要选在管路拐弯、分叉、死角或其他易形成漩涡的地方。

（2）测量流动介质的压力时，应使取压点与流动方向垂直，取压管内端面与生产设备连接处的内壁应保持平齐，不应有突出物或毛刺。

（3）测量液（气）体压力时，取压点应在管道下（上）部，使导压管内不积存气（液）体。

2. 导压管敷设

（1）导压管粗细要合适，一般内径为6～10毫米，长度应尽可能短，最长不得超过 50 米，以减少压力指示的迟缓。如超过 50 米，应选用能远距离传送的压力表。

（2）导压管水平安装时应保证有 1∶10～1∶20 的倾斜度，以利于积存于其中之液体（或气体）的排出。

（3）取压口到压力计之间应装有切断阀，以备检修压力计时使用。切断阀应装设在靠近取压口的地方。

3. 压力监测仪表的安装

（1）压力监测仪表应安装在易观察和检修的地方。

（2）安装地点应力求避免振动和高温影响，温度超过 60℃ 的介质就需要采取冷凝措施。

（3）测量蒸汽压力时，应加装凝液管；对于有腐蚀性介质的压力测量，应加装有中性介质的隔离罐，除此之外还应该注意防尘、防震等。

（4）压力表的连接处，应根据被测压力的高低和介质性质，选择适当的材料，作为密封垫片，以防泄漏。

（5）为安全起见，测量高压的压力表除选用有通气孔的外，安装时表壳应向墙壁或无人通过之处，以防发生意外。

（二）相关知识

压力表的材质有普通材质和不锈钢材质，普通材质适用于测量无爆炸危险、不结晶、不凝固对铜及其合金无腐蚀作用的液体、气体和蒸汽等介质的压力。不锈钢材质适用于湿度大、腐蚀性大、温度高、振动大等环境。我们常用的是普通材质的压力表。

压力表的最大量程（表盘上刻度极限值）应与设备和系统的工作压力相适应。压力表的量程一般为设备工作压力的 1.5～3 倍，最好取 2 倍。

（三）安装注意事项

1. 注意控制沼气压力，不得超过范围使用而损坏压力表。

2. 应垂直安装压力表，不得倒立使用以免压力表的误差过大。

3. 若表内胶膜破裂漏气，请停止使用，并立即购买新的胶膜更换。

4. 压力表的正常工作温度为 −25～＋5℃。

思考与练习题

1. 简述沼气工程工艺管道的工艺流程。

2. 简述钢管连接的方法。

3. 室外沼气管网的布线原则是什么？

4. 沼气脱水器主要包括哪几部分？原理是什么？

5. 干式脱硫塔主要结构有哪些？

6. 简述湿式储气装置的罐体气密性检验方法。

7. 简述干式双膜气柜的特点。

8. 简述柔性储气柜气密性检验方法。

9. 简述壁挂沼气锅炉的构造及工作原理。

10. 简述常压沼气锅炉的构成。

11. 温度监测仪表的构造及工作原理。

12. 压力监测仪表安装的注意事项是什么？

第四章　中小型沼气工程启动

无论是新建的户用沼气系统，还是换料后重新启动的户用沼气系统，从向沼气池内投入发酵原料、水和接种物起，到正常稳定地产生沼气，这个过程称为沼气池的发酵启动。即使是相同结构和工艺的沼气池，对发酵启动各个环节的处理也不同，其产气和使用效果的差异很大。因此，把握发酵启动的各个环节至关重要。本章主要介绍中小型沼气工程中沼气发酵原料的处理、调配启动的技术。

第一节　启动准备

学习目标：掌握发酵原料（主要包括畜禽粪污和农作物秸秆）的预处理方法。

本节主要介绍沼气发酵的基本条件，了解并掌握中小型沼气工程的启动准备工作。

一、启动准备

（一）调节原料碳氮比

原料的最佳碳氮比为 20～30∶1，因此有些原料可单独作为发酵原料，而有的原料不能单独作为发酵原料。否则，会造成产气效果不好甚至不产气，必须和其他原料搭配使用，才能顺利产气。沼气常见发酵原料碳氮比见中级工部分第二章第一节（表 2-2）。

根据各种原料的碳素和氮素百分含量，计算混合原料的碳氮比，其计算公式参考中级工部分第二章第一节。

（二）原料预处理

畜禽粪便、农作物秸秆等各种有机废弃物是中小型沼气工程的主要原料，要使各种原料通过厌氧发酵装置，产气快，产气多，就必须了解畜禽粪便、农作物秸秆等有机废弃物作为沼气原料的产气特性，进行科学的预处理，为厌氧发酵创造合适的条件，提高沼气工程的综合效益。

1. 畜禽养殖粪污原料预处理

一个完整的以畜禽养殖粪污为原料的沼气工程，无论其规模大小，粪污预处理系统大都包括如下几部分：粗细格栅、集水沉淀池、除渣池、储料池和酸化升温池。一般而言，规模化畜禽养殖粪污沼气工程原料预处理工作主要包含以下几个方面：

（1）格栅清杂

由于畜禽在养殖过程中大多采用人工清运粪便，并且室外堆放，在粪便的收集过程中，还会混入垫料、麻绳、塑料袋等大量杂物；另外鸡粪中的鸡毛、牛粪中的长草等杂物进入沼气发酵装置不易消化，如不经预处理，还会影响原料分解率及产气率，并且输料管路容易堵塞，所以必须根据畜禽粪便的性质及沼气发酵工艺对原料的要求，进行有效的预处理。在粪污排入口设置格栅，清除其中的垫料、麻绳、塑料袋、鸡毛、长草等杂物，以便后处理单元的正常运行。

（2）沉砂除渣

畜禽粪便在堆放、收集、运输的过程中难免会掺杂进土块、沙石等杂物；另外，鸡粪中含有较多贝壳粉和沙砾等，若直接进入沼气发酵装置进行发酵，它们会很快大量沉积于沼气发酵装置底部，不仅难以排除，而且会降低沼气发酵装置的有效容积。另外，还会导致后处理泵输送困难，甚至出现发酵故障，因此，在沼气发酵装置前应设置沉砂池，使畜禽粪便在进入沼气发酵装置前进行沉砂除渣预处理，将污物中物理、化学及生物性质不同的无机颗粒和有机颗粒进行分离，以便后处理单元的正常运行。

（3）浓度调节

目前畜禽粪便厌氧发酵大多采用湿式发酵，即原料浓度为 $8\%\sim12\%$，而畜禽粪便的含水率大多在 $70\%\sim80\%$，因此需要稀释。另外，由于厌氧发酵对碳氮比的要求，加料时需要添加适量的碳含量较高的农作物秸秆，因此，需要对发酵物料的浓度进行调节。原料浓度过高时，氨态氮和挥发酸容易积累，从而抑制产甲烷菌的生长和新陈代谢，甚至会导致干发酵过程的终止；反之，原料浓度过低，会造成细菌营养不足，发酵产气不旺，不能充分利用发酵罐容积，发酵效率低。

（4）温度调节

厌氧发酵过程受温度变化的影响很大，在一定的温度范围内，产气会随着温度的上升而加快，而当温度降低时，产气率则下降。在我国北方冬季寒冷的地区，厌氧发酵受到了很大程度的抑制，有些沼气池甚至不产气。由于投资限制，我国农村中小型沼气工程一般没有增温设施，发酵装置建在地下，发酵料液温度随季节的变化，受气温、地温的直接影响波动较大。因此，应根据发酵原料的性质、来源、数量以及厌氧发酵的目的、要求、用途和经济效益，在采用塑料大棚、太阳能温室对厌氧发酵装置进行整体保温的基础上，尽可能利用太阳能和生产、生活余热对发酵原料进行增温加热，以保证沼气池的正常发酵和产气。

（5）碳氮调节

畜禽粪便中的氮素含量较高，因此碳氮比较低，不适合厌氧发酵的要求。一般采取向发酵原料中加入碳含量较高的农作物秸秆的方法来降低氮的相对含量，调节碳氮比至适宜的范围，保证厌氧发酵过程正常运行。

2. 秸秆原料预处理

（1）对于中小型沼气工程的秸秆处理

如果畜禽粪便原料不足，需要搭配秸秆等纤维性原料时，在纤维性原料进池发酵之前，应进行预处理。常用的预处理方法是：

①秸秆粉碎。将秸秆粉碎或铡切成 30～60 毫米的小节。

②秸秆润湿。将粉碎后的秸秆加水或等量沼液、粪水进行润湿，边加水边翻料，充分拌匀，用塑料布覆盖，润湿 15～24 小时，使其充分吸水。

③原料拌制。每 400 千克秸秆与 1 千克秸秆预处理复合菌剂和 5 千克农用碳酸氢铵（含氮量≥17.1%）进行均匀拌和，一般需翻拌 2 次。再补充水量 320～400 千克，保证秸秆含水率在 65%～70%。经验判断标准：地面无积水，用于捏紧秸秆时，会有少量水滴出。

④秸秆收堆。对拌制后的秸秆原料进行自然收堆，堆宽为 1.2～1.5 米，堆高为 1～1.5 米（按季节不同而异，热天宜矮，冬天宜高），并在料堆四周及顶部每隔 30～50 厘米用尖木棒扎孔若干，以利通气。

⑤秸秆堆沤。用塑料布覆盖秸秆料堆，同时在料堆底部距地面留 10 厘米空隙，以便透气、通风。不同季节的堆沤时间分别为：夏季 3～4 天，春、秋季 4～5 天，冬季 6 天以上（冬天还应在料堆上加盖稻草进行保温）。料堆温度达到 50℃后还需维持 3 天，当堆垛内秸秆表面长满白色菌丝，秸秆变软、呈褐色时，即可入池。如图 4－1 所示。

图 4－1　秸秆堆沤

（2）对于大型沼气工程的秸秆处理

农作物秸秆是指在农业生产过程中，收获了稻谷、小麦、玉米等农作物以后，残留的不能食用的茎、叶等副产品。玉米秸秆、麦秆、稻草等均属木质纤维类生物质，具有质地稀疏、相对密度小的特点，主要成分为纤维素、木质素、半纤维素、果胶和蜡质等化合物。尽管纤维素单独存在时能被许多微生物分解，但在细胞壁中，纤维素是被木质素和半纤维素包裹着，而木质素有完整坚硬的外壳，不易被微生物降解，厌氧发酵产气量低，经济效益差，这是导致秸秆不能被大规模用于沼气生产的主要原因。一个简单有效的解决方法就是在厌氧发酵前，对秸秆进行物理、化学或生物预处理，把秸秆预先转化成易于消化的"食料"，以显著提高秸秆的生物消化性能、产气率和经济性。

因此，为了防止秸秆原料进入沼气池后出现漂浮结壳，提高厌氧发酵的利用率和产气率，在使用这种原料入池前需要采用适当的方法对其进行预处理。秸秆原料预处理工艺主要包括物理、化学和生物处理等方式。

①物理预处理。物理预处理主要是通过机械粉碎，降低秸秆尺寸，增大微生物与基质的接触面积，进而提高沼气微生物对秸秆原料的转化效率。

常用的机械粉碎预处理方法有切碎、粉碎、磨碎、高温球磨等，目的是降低秸秆尺寸，破坏内部结构，提高沼气微生物消化速率。在厌氧消化中，通过机械粉碎秸秆，减小其粒径，提高微生物与其的接触面积，加快消化速率，通常可以提高10%～20%的气体产量。

需要注意的是，在厌氧消化时，物料粒径并不是越小越好，当物料粒径在5～20毫米范围内时，减小物料粒径并不能使产气量显著提高。此外，秸秆的水分含量、成分以及最终粉碎的尺寸均影响机械加工能量的需要和后续的处理效率。原料的水分含量越高，粉碎的尺寸越小，需要消耗的能值越高。另外，粉碎处理过程可以提高秸秆中木质纤维素的水解效率。

机械粉碎预处理通常应在密闭条件较好的粉碎车间进行，利用粉碎机和切碎机，一般将干秸秆粉碎至粒径不大于10毫米，青贮秸秆粉碎至粒径20～30毫米。然后利用揉丝机对秸秆进行研磨，之后通过输送机将秸秆送至集料池。通过减小秸秆粒径，降低其结晶度，破坏半纤维素和木质素的结合层及秸秆表面的蜡质层，增大纤维素与降解微生物接触的表面积，同时软化秸秆原料，将部分半纤维素从生物质秸秆中分离、降解，从而增加了酶对纤维素的可触及性，提高了纤维素的酶解转化率，加快原料的分解速度，通常可以提高10%～20%的气体产量，同时，更便于厌氧反应器出料。

②化学预处理。秸秆为富碳原料，纤维素之间充满了无定形的环状化合物的聚合物——木质素。由于木质素本身很难降解，加之它环抱纤维素，严重阻碍了纤维素的降解，因此，纤维素的厌氧降解比碳水化合物和淀粉慢得多。化

学法是使用酸碱有机溶剂等作用于秸秆，破坏其细胞壁中木质素与半纤维素间的共价键，断裂纤维素分子内或分子间氢键，改变纤维素的结晶结构，增加纤维素与微生物或酶的接触概率，从而提高秸秆后续发酵产沼气的效率。常用的化学预处理方法主要有酸处理、碱处理、氨化技术、氧化剂预处理和有机溶剂处理。

a. 酸处理。酸处理有稀酸处理和浓酸处理两种。室温下浓酸处理就可以得到较高的糖产量，但是会产生抑制因子，影响后续反应，加上样品中较高浓度的酸对设备腐蚀等问题，极大地限制了其在实际生产中的应用。稀酸处理的优势是使一些木糖类等主要的半纤维素溶解，并且转化为可溶性的糖类。然而，在稀酸水解过程中，半纤维素在较低的温度下可以发生解聚，如果温度升高或反应时间增加，反应生成的单糖就被进一步水解生成其他复合物；稀酸的高温处理，通常会产生一些糖醛、酮和酚类等降解产物，抑制后续发酵过程中微生物的生长。因此，在稀酸的水解过程中最重要的是提高水解的效率，尽量避免单糖的水解，并减少抑制因子的生成。

b. 碱处理。碱处理就是用氢氧化钠、氢氧化钙或氢氧化钾等溶液浸泡秸秆或喷洒于秸秆表面，以打开纤维素、半纤维素和木质素之间的酯键，溶解纤维素、半纤维素和一部分木质素及硅酸盐，使纤维素膨胀，从而提高消化率。用氢氧化钠处理利用，是最合适的稻草、玉米秸秆等农业废弃物预处理方法。

c. 氨化技术。秸秆的氨化处理就是用氨水、无水氨或尿素对秸秆进行预处理。氨化处理具有三种作用：其一，氨为碱性，可起到与碱化处理方法同样的作用；其二，氨与秸秆中的有机物发生变化，生成铵盐，成为厌氧微生物的氮素来源，被微生物利用，并同碳、氧、硫等元素一起合成氨基酸，进一步合成菌体蛋白；其三，中和作用，氨呈碱性，可与秸秆沼气发酵中产生的有机酸反应，消除秸秆中潜在的酸性，提高微生物的活性，从而提高秸秆的消化率。试验表明，当用5％的氨或30％的氨水（相对干物质添加量）处理秸秆以提高秸秆的饲料价值时，其干物质消化率可以达到56.3％。国内外秸秆沼气工程大部分采用氨化、青贮的方式进行预处理。

③物理-化学预处理。秸秆的主要成分为木质纤维素，木质纤维素的降解与温度、pH和压力等各种因素有关，通常是物理化学因素综合作用的结果。许多的热处理都是物理化学综合处理，在热处理中，如温度升到150～180℃以上，在木质纤维素的成分中，半纤维素（主要包括木聚糖和葡甘露聚糖）是对热最敏感的成分，首先开始降解，然后是木质素开始溶解，一部分半纤维素被水解并形成酸性物质，这些酸进一步催化半纤维素的水解。热处理在降解半纤维素的同时，会降解一部分的木质素，产生的降解复合物通常包括酚类物质，这些物质在许多情况下是微生物生长的抑制因子。蒸汽爆破、液体热水处

理和酸碱的热处理是常用的物理-化学预处理方法。

3. 厨余垃圾预处理

对于厨余垃圾的预处理可采取高压挤压技术，挤压后可提高浆液的厌氧发酵速度和效率。高压挤压技术其工艺流程见图4-2。

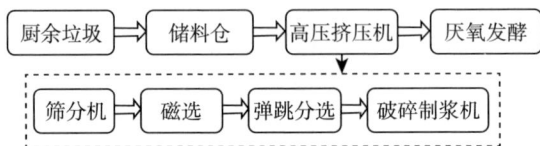

厨余垃圾 → 储料仓 → 高压挤压机 → 厌氧发酵

筛分机 → 磁选 → 弹跳分选 → 破碎制浆机

图4-2　厨余垃圾处理工艺路线

厨余垃圾的高压挤压系统由进料斗、挤压仓、预压系统、高压挤压系统、液压系统、闸门及干、湿料出口和电控系统组成，其工作流程为进料、预挤压、高压挤压和排料。

高压挤压以液压为动力，采用高压挤压原生垃圾，将干、湿组分离。原生垃圾经高压挤压处理后，干、湿组分比约为3∶7。其中，干组分的含水率在30%以下，热值为15 900千焦/千克，可用于焚烧发电或制作垃圾衍生燃料；湿组分中宜生化成分占80%～90%，含水率为65%～75%，可进行厌氧发酵、堆肥或填埋等后端处理。经高压挤压处理的原生垃圾，若干组分进行焚烧发电，湿组分做厌氧消化处理，假设中国厨余垃圾干湿组分比为4∶6，则每吨垃圾可产生800千瓦时的电能和180 000千卡的热能，这些热能和电能是传统焚烧处理的2倍。

二、相关知识

（一）原料的评估和计量

为了准确而有效地评价和计量发酵原料或有机废水中有机物的含量，以及各种发酵原料的沼气产量，常用如下方法对原料进行评价和计量。

1. 总固体（TS）

又称干物质。将定量原料在103～105℃的烘箱内，烘至恒重，就是总固体，它包括可溶性固体和不溶性固体，因而称为总固体。原料中的干物质含量常用百分率表示，其计算方法参见中级工部分第二章第一节。

2. 悬浮固体（SS）

是指水中不能通过过滤器的固体物。它既可以从总固体和溶解性固体之差得到，又可通过直接测定即用坩埚或定量滤纸过滤水样，再将滤渣于103～105℃烘干称重而得出。通过悬浮固体的测定可以查明水中不溶性固体的含量，通常用克/升或毫克/升来表示。

3. 挥发性固体（VS）及挥发性悬浮固体（VSS）

在总固体或悬浮固体中，除含有灰分外，还常夹杂有泥沙等无机物，可将测得的 TS 或 SS 进一步放入马弗炉内，于（550±50）℃的条件下灼烧 1 小时，此时 TS 或 SS 中所含的有机物全部分解而挥发，一般挥发掉的固体视为有机物，残留物称为灰分。碳酸盐和铵盐在灼烧时也会分解放出 CO_2 和 NH_3，所以实际上也有少量无机物挥发掉。VS 及 VSS 含量常用百分率表示［式（4-1）］：

$$VS(\%)=\frac{TS-灰分}{TS}\times100 \qquad (4-1)$$

水中的挥发性悬浮固体（VSS）含量常用来表示生物有机体的量，一般用克/升或毫克/升来表示（式 4-2）：

$$VSS=\frac{(W_2-W_3)\times1\,000}{水样体积(毫升)} \qquad (4-2)$$

式中：W_2——蒸发皿和悬浮固体重量（克）；

W_3——蒸发皿和悬浮固体灼烧后重量（克）。

农村常用沼气发酵原料的总固体含量和挥发性固体含量见表 4-1。

表 4-1 农村常用沼气原料的总固体和挥发性固体

原料名称	含水量（%）	总固体（%）	挥发性固体（%）
鲜牛粪	83.0	17.0	74.0
鲜马粪	78.0	22.0	83.8
鲜猪粪	82.0	18.0	83.9
鲜羊粪	25.0	75.0	81.5
鲜人粪	80.0	20.0	88.4
鸡 粪	70.0	30.0	82.2
干麦草	18.0	82.0	83.2
干稻草	17.0	83.0	84.0
玉米秆	20.0	80.0	89.0
树 叶	70.0	30.0	81.0
青 草	76.0	24.0	81.0

4. 总有机碳（TOC）

碳素是有机物构成的主要元素，也是微生物生长和形成沼气的主要物质。测定发酵原料中的碳素含量，不仅可以知道原料中有机物质的含量，并且可用作调整原料碳氮比（C∶N）值的根据。

5. 化学需氧量（COD）

COD 是指在一定条件下，水中有机物与强氧化剂重铬酸钾作用所消耗的氧的量。用重铬酸钾作为氧化剂时，水中的有机物几乎可以全部被氧化，这时所得到的耗氧量，即称为化学需氧量（Chemical Oxygen Demand），简称 COD。

化学需氧量可以较为准确地反映水中有机物的总量，特别是在水中的有机物浓度较低时更是如此。COD 常以每升水所消耗氧的量来表示，其单位为毫克/升。

6. 生化耗氧量（BOD）

在有氧的条件下，由于微生物的活动，将水中的有机物氧化分解所消耗的氧的量，称生化耗氧量（Biochemical Oxygen Demand），简称 BOD，通常是在 20℃下，经 5 天培养后所消耗的溶解氧的量，用 BOD_5 表示。BOD_5 常用来表示可被微生物分解的有机物的含量。

COD 和 BOD 是目前国际上普遍应用的用来间接表示水中有机物浓度的指标，它们都是用氧化有机物的原理对水中有机物含量进行测定。一般同一水样的 BOD 与 COD 的比值，可以反映水中有机物易被微生物分解的程度。由于微生物在代谢有机物时一部分有机物被氧化转换成能量，另一部分则作为营养物质合成微生物的细胞，所以 BOD_5/COD 的最大值也只有 0.58。用 BOD_5/COD 值来初步评价有机物的可生物降解性，可参考表 4-2 所列数据。

表 4-2　BOD_5/COD 值与可生物降解性参考依据

BOD_5/COD	生物分解速度	可生物降解性	举例
＞0.4	较快	较好	乙酸、甘油、丙酮
0.3～0.4	一般	可降解	城市生活污水
0.2～0.3	较慢	较难	丁香皂、丙烯醛
＜0.2	很慢	不宜生物降解	异戊二乙烯、丁苯

在应用 BOD_5/COD 值时，有些情况值得注意，如悬浮固体状有机物，在测 COD 时容易被氧化，而在测 BOD 时因其物理形态限制，数值较低，导致此比值减小。实际上有机悬浮固体颗粒可通过生物吸附作用去除相当一部分。

（二）秸秆收集

秸秆具有泡、松、软的特征，目前主要是采取机械捡拾打捆收集，打捆效率高、密度大、减少贮存占地面积、提高运输能力，减少火灾可能性。使用秸秆捡拾打捆机的优点：①可提高料地场的安全程度，草类打捆后，可大大减少火灾的可能性，不易发生自燃，外来火种也不易点燃；②易于储存，同样数量的草经打捆后，体积可缩小 2/3 以上，大大减少草场的占地面积；③装卸运输方便、可充分利用运输工具的运载能力，一般可提高运输能力 2～3 倍，可节约劳动力及运输费用 50% 以上，解决了运输过程中因超高、超宽带来的不安全因素等。目前秸秆打捆方式有圆捆和方捆两种，方捆方便码垛堆放（图4-3）。

（a）打圆捆　　　　　　　　　　　　（b）打方捆

图4-3　秸秆打捆方式

（三）畜禽粪便收集

充足而稳定的原料供应是厌氧发酵产沼气的基础，不少沼气工程因原料来源的变化被迫停止运转或报废的情况时有发生。原料的收集方式直接影响原料的质量，养猪场的粪便收集方式大致可分为水冲粪、水泡粪和人工干清粪。

1. 水冲粪工艺是20世纪80年代中国从国外引进规模化养猪技术和管理方法时采用的主要清粪模式。水冲粪的方法是粪尿污水混合进入漏缝地板下的粪沟，每天数次放水冲洗。粪水顺粪沟流入主干沟，进入地下储粪池或用泵抽吸到地面化粪池，后续的粪污处理工艺需将其进行固液分离。水冲粪方式可保持猪舍内的环境清洁，有利于动物健康。劳动强度小，劳动效率高，有利于养殖场工人的健康，在劳动力缺乏的地区较为适用。但其缺点是耗水量大，一个万头养猪场每天需消耗大量的水（200～250立方米）来冲洗猪舍的粪便。同时，水冲洗的猪舍一般湿度很大，容易造成病毒或细菌的滋生。

2. 水泡粪工艺是在水冲粪工艺的基础上改造而来的。在猪舍内的排粪沟中注入一定量的水，粪尿、冲洗和饲养管理用水一并排放到缝隙地板下的粪沟中，储存45～60天后，待粪沟装满后，打开出口的闸门，将沟中粪水排出，后续处理与水冲粪相同。优点是比水冲粪节水，缺点是粪便长时间在猪舍中停留，会形成厌氧发酵，产生大量有害气体恶化舍内空气环境，危及动物和饲养人员健康。

3. 干清粪工艺的主要方法是，粪便一经产生就分流，干粪由人工收集、清扫、运走，尿及冲洗水则从下水道流出，分别进行处理。人工干清粪的优点是节水，缺点是劳动量大，生产效率低，清理环境恶劣。在劳动力资源缺乏的地区，人工清粪方式推行较难。

如猪场采用水冲粪或水泡粪工艺，其粪污的总固体浓度一般只有1%～3%；若采用刮粪板刮出，则原料浓度可达5%～6%；如采用人工干清粪工艺，则浓度可达20%左右。因此，在养殖场设计时就应当根据当地条件合理安排废物的收集方式及集中地点，以便就近进行沼气发酵处理。收集到的原料一般要进入调节池储存，因为原料收集时间往往比较集中，沼气池的进料常需要按天均匀分配。所以调节池的大小一般要能储存24小时的废物量。在温暖季节，调节池常可兼有酸化作用，这对改善原料性能和加速厌氧消化有一定的作用。

粪便类原料首先应收集到养殖场（户）的临时贮存设施中，液态粪污可以贮存在集水池中，固态粪便则临时贮存在堆棚中。粪便类原料收集应设置粪便收集专用通道，避免交叉感染。此外，收集期间应做好防雨雪和防渗措施，防止原料的渗漏和遗撒。图4-4为养殖粪水储存装置。

图4-4 养殖粪水储存设施

粪便类原料应根据粪便物理形态特征、运输要求等因素确定运输设备，如果为固态（含水率<85%），可以使用自卸式卡车运输；如果是半固态或液体（含水率>85%），可以采用沟渠、管道或罐车输送。运输车辆应当采取密封、防水、防渗漏和防遗撒等措施。车辆厢体应与驾驶室分离，厢体内壁光滑平整、易于清洗消毒，厢体材料应防水、耐腐蚀，厢体底部应防液体渗漏并设清洗污水的排水收集装置。

三、注意事项

1. 粉碎处理前需检查秸秆原料内是否混有石块、金属等坚硬物质，避免粉碎处理时损坏粉碎设备，同时严防违禁物料进入沼气站。

2. 粉碎设备操作时必须严格遵守设备安全操作程序，定期检查粉碎设备的易损件以及紧固的螺钉是否松动，发现异常应立即维修或更换。

3. 秸秆粉碎场所应注意防尘、防火、防爆。

4. 秸秆青贮期间应做好防雨工作，并保证青贮的秸秆密度不小于 500 千克/立方米；青贮秸秆取用后应立即覆盖密封，避免空气侵入导致变质；青贮池应定期检查，发现下沉或有裂缝应立即修整。

5. 化学预处理时，应根据工艺要求确定化学添加剂浓度和处理时间，处理过程中应注意做好安全防护措施。

6. 生物预处理时，应根据工艺要求确定微生物复合菌剂的用量和处理时间。

7. 牛粪中的长草、鸡粪中的鸡毛都应去除，否则极易引起管道堵塞。

8. 采用绞龙除草机去除牛粪中的长草，可以收到较好的效果，再配用切割泵进一步切短残留的较长纤维和杂草，可有效地防止管路堵塞。

9. 鸡粪中含有较多贝壳粉和沙砾等，必须进行沉淀清除，否则会大量沉积于沼气发酵装置底部，不仅难以排除，而且会降低沼气发酵装置的有效容积。

第二节　启动调试

学习目标：掌握沼气工程接种物投配方法；了解启动的负荷（浓度）、温度与 pH 对发酵启动的影响并掌握其调控方法。

沼气发酵罐的启动是指一个发酵罐从投入接种物和原料开始，经过驯化和培养，使发酵罐中厌氧活性污泥的数量和活性逐步增加，直至发酵罐的运行效能稳定达到设计要求的全过程。本节主要介绍沼气工程配料启动相关知识和工作技术要点。

一、启动调试

（一）中小型沼气工程启动接种物投配

用于沼气发酵启动的厌氧活性污泥叫接种物。沼气发酵过程是多种类微生物共同作用的结果，要注意接种物的产甲烷活性，因为产酸菌繁殖快，而产甲烷菌繁殖很慢，如果接种物中产甲烷菌（活性污泥）数量太少，常常因为在启动过程中酸化与甲烷化速度的过分不平衡而导致启动的失败。

1. 接种物采集

沼气发酵过程是多种微生物共同作用的结果。在确定系统运行温度后，要选择同类工程的活性污泥作接种物（菌种）。是否为相同的菌种，或富集菌种的多少，决定了系统启动速度的快慢。由于各地具体条件差异，监测手段不同，启动时的操作方式也不会是一个模式，只能是类同。条件具备的地方，处理同类废水，接种同类污泥，以保持沼气微生物生态环境的一致；当地不具备这样的条件，需要在驯化上下功夫，启动的时间要长些，速度会慢些。

目前，还没有现成的纯产甲烷菌可以利用。在沼气制取过程中，一般采用自然界的活性污泥作接种物，如城市污水处理厂的污泥、池塘底部的污泥、粪坑底部的沉渣等，都含有大量的沼气微生物。屠宰场、食品加工厂和酿造厂的下水污泥等，由于有机物含量多，特别适于沼气微生物的生长，都是良好的接种物。在广大农村地区，来源较广、取用最方便的接种物是正常产气的沼气池的沼渣和沼液。

此外，如果接种物收集很少，可以进行扩大培养，其操作方法是：将所收集的接种物和大于接种物3倍的发酵原料均匀混合，放在预先挖好的、底面已铺上塑料膜的池坑内沤制几天，每天搅动一次，待能产气时，就可以和发酵液混合入池。如第一次扩大培养不够，还可以继续扩大培养，直到满足需要为止。沼气发酵器的启动一般需要较长时间，若能取得大量活性污泥作为接种物，在启动开始时投入发酵器内，可以缩短启动期。

2. 接种物处理

如果采集的接种物是正常产气的沼气池的沼渣或沼液，可不作处理，直接加入沼气池用于启动。如果采集的接种物是粪坑沉渣或者屠宰场、豆腐加工厂、食品加工厂和酿造厂的下水污泥，应将污泥加水搅拌均匀，经沉砂和过筛后，去掉上清液，使悬浮固体含量达到2%～5%，才可作为接种物。

当不具备相同发酵条件接种物时，就需要先对接种物中的菌种进行驯化。菌种的驯化富集可在新建成的发酵罐内进行，也可在其他的容器内进行。取来的活性污泥（菌种）越多越好，再加入适量的处理原料（数量小于菌种量10%），菌种和原料的混合液在装置内做好保温，再逐渐升温（如果是中温或高温运行，要逐渐升温到35℃或54℃），并调节使pH在6.8～7.2范围。每隔7～8天加入新料液一次，数量仍为装置内料液的5%～10%，依次继续下去即可。驯化富集过程，是为厌氧发酵创造必要的条件，首要条件是适宜的温度和pH，每次加入新料液的多少也是由驯化富集的菌种液pH高低所确定。

3. 接种物投配

接种量需按沼气池内料液体积来投加。如采用原有沼气池内的沼液作菌种，接种量应占总发酵液的30%（体积比）以上，如采用池底污泥作菌种，接种量占发酵液的10%。而实际工作中，由于所取污泥菌种浓度不一，含菌量也不同，因此投加后，往往会造成酸化现象，pH低，启动时间长，甚至失败。为了避免上述情况发生，工程实践中，沼气发酵启动时，接种物∶原料∶水以1∶2∶5的比例配料，其中，接种物一般需要添加10%以上，这样启动时间短，把握大。

接种后按正常运行状态封闭发酵罐，接通全系统，使富集的菌种逐步升温到系统的运行温度。中温运行的系统，升温到（35±1）℃；高温运行的系统，升温到（54±1）℃。目前，对菌种升温速度持有不同观点，一种观点是采用间断升温办法，每次升温2～3℃，接着稳定2～3天，然后重复进行，直至升温至35℃或54℃。另一种观点主张快速升温，每小时升温1℃。

4. 接种过程注意事项

①沼气发酵原料中不能含有农药、杀菌剂、消毒液等对沼气微生物有杀伤作用的有毒有害物质，也不应含有泥沙、塑料、无机物杂质。

②启动原料宜选用新鲜牛粪、马粪或猪粪等易降解的有机物质，不宜选用长时间堆放、陈旧或干化结块的牛粪、马粪或羊粪。

③用秸秆作启动原料时，应选择风干、未腐黑霉变、有营养价值的本色秸秆。

④用蔬菜残体和青草作启动原料时，应选择新鲜、未霉变的物料。

⑤接种物宜选用正常产气40天以上沼气池内的发酵剩余物或商品菌剂，接种物料数量不足时，应采用逐步培养法进行扩大培养。

⑥接种物应一次备足，畜禽粪便原料沼气池的接种物数量应大于沼气池容积的10%，秸秆原料沼气池的接种物数量应为沼气池容积的20%～30%。

⑦接种物应不含泥沙、塑料和无机物杂质，具备较好的厌氧发酵活性。

（二）启动的负荷（浓度）、温度与 pH 调控

启动时间的长短，除了取决于污泥菌种的质量和数量外，还与发酵温度、pH 和发酵原料的质量和浓度等因素息息相关。在启动过程中，最常见的障碍是负荷过高所引起的发酵液有机酸含量上升、pH 降低，这会引起污泥沉降性能变差而严重流失。

1. 负荷（浓度）调控

沼气工程的负荷常用容积有机负荷表示，即单位体积沼气装置每天所承受的有机物的数量，通常以 COD 千克/（立方米·天）为单位。沼气工程的负荷通常用发酵原料浓度来体现，适宜的干物质浓度有利于沼气微生物吸收养分、排泄废物和生存繁殖，一般为4%～10%。干物质浓度随温度的变化而变化，一般夏季为6%左右，冬季为8%～10%。冲洗污水量较大的养殖场沼气工程，宜对粪便及其污水采用清、浊分流处理，采用两套沼气生产系统：高浓度（TS 6%～10%）的原料采用中温厌氧消化；低浓度（1%～2%）的原料采用常温厌氧消化。

2. 温度调控

研究发现，在10～60℃范围内，沼气均能正常发酵产气。在这一温度范围内，一般温度愈高，微生物活动愈旺盛，产气量愈高。发酵温度低于10℃，微生物休眠，产气很少，达不到使用的目的。厌氧消化过程中，通常在两个温度下甲烷菌活性较高，即中温 37℃ 和高温 55℃，在这两个温度下易于获得高甲烷产量。

温度对沼气发酵的影响很大，发酵料液的温度受气温、地温的影响。冬天原料分解慢，产气率低，启动也慢，因此启动时间尽量安排在 6—10 月份，这样可大大缩短启动时间。此外，沼气工程运行中，可以采用太阳能、工厂余热或沼液回流来调节发酵原料的厌氧消化温度。

3. pH 调控

通常情况下，在沼气工程启动和运行过程中，一个正常启动的沼气池不需调节 pH，依靠其自动调节就可达到平衡。影响 pH 变化的因素主要有 3 点：①发酵原料中含有大量有机酸，如果在短时间内大量投入这类原料，就会引起发酵装置内 pH 的下降。②进料中混入大量强酸或强碱。③发酵装置启动时投料浓度过高，接种物中的产甲烷菌数量又不足时，以及在发酵装置运行阶段突然升高负荷，使产酸与产甲烷的速度失调而引起挥发酸的积累。

pH 调控方法见初级工部分第四章第一节部分。

二、相关知识

（一）沼气发酵的温度类型

沼气发酵可分为 3 个温度范围：46～60℃ 称高温发酵；25～45℃ 称中温发酵；10～25℃ 称低温发酵。此外，随自然温度变化而变化的发酵方式称常温发酵。

1. 高温发酵

在 46～60℃ 范围内，沼气发酵的产量随温度的升高而升高，实用温度多控制在 52～55℃。高温发酵的产气率比中温发酵高，但要维持消化器的高温运行能耗较大，如欲将水温提高 10℃，则每升水要消耗掉 6 000～8 000 毫克 COD 所产的沼气也就是说每吨水要消耗 3～4 立方米的沼气。所以，就净能产量来看高温发酵并不合算。户用沼气一般采用常温发酵。

2. 中温发酵

中温沼气发酵时，温度 40℃ 以下时，产气率随温度的上升而增加，最适温度为 35℃ 左右。如发酵温度从 35℃ 变为 25℃ 仍能获得 85％ 的产气率，即使降至 15℃ 也还有 63％ 的沼气产生。因此，在进行中温发酵时，不仅要考虑产能的多少，还应考虑为保持中温所消耗热能的多少，选择最佳净产能温度。一般认为 35℃ 左右温度的处理效率最高但对猪类消化的净能产量来说，若取近 30℃ 的操作温度，可以明显提高净能产，并且处理效率也不会有太大下降。

3. 常温发酵

农村户用沼气池一般都采用常温发酵工艺，其池温的变化直接受地温影响。试验表明，当池温在 15℃ 以上时，沼气发酵才能较好地进行。池温在 10℃ 以下时，无论是产酸或产甲烷菌都受到严重抑制，产气率仅 0.01 立方米/(立方米·天)。温度在 15℃ 以上时产甲烷菌的代谢活动才活跃起来，产气率明显升高，挥发酸含量迅速下降，产气率可达 0.15 立方米/(立方米·天) 以上。

(二) 温度变化对厌氧消化效率的影响

在同一温度类型条件下，温度发生波动会给发酵带来一定影响。在恒温发酵时，在 1 小时内温度上下波动不宜超过 ± (2～3℃)。短时间内温度升降 5℃，产气量明显下降，波动的幅度过大时，甚至停止产气。例如一个在 35℃ 下正常运行的厌氧消化装置，若温度突然下降到 20℃，产气几乎停止。然而，温度波动不会使厌氧消化系统受到不可逆转的破坏，即温度瞬时波动对发酵的不利影响只是暂时性的，温度一经恢复正常，发酵的效率也随之恢复。如温度波动时间较长时，效率的恢复所需时间也相应延长。

三、注意事项

调节过程中要注意，温度不能调得太高，温度越高产杂质气体也越多，在一定程度上抑制了厌氧微生物的代谢生长，进而影响沼气和甲烷的生产，同时热能损耗越大，发酵产沼气能源的经济性也降低。因此，温度调节时要兼顾消化效率和产能效益。

思考与练习题

1. 沼气发酵原料碳氮比如何计算？

2. 为什么有些原料可单独作为沼气发酵原料，而有的原料不能单独作为发酵原料？

3. 沼气工程的畜禽粪便类原料收集有哪几种方式？

4. 沼气工程的畜禽养殖类粪污原料预处理包含哪几个步骤？

5. 沼气工程的秸秆原料有哪几类预处理方式？

6. 厨余垃圾用于沼气发酵时其预处理技术和流程是什么？

7. 如果采集的接种物很少，可以进行扩大培养，其操作方法是什么？

8. 如何进行沼气发酵接种物的采集？

9. 沼气工程接种物投配时应注意哪几个方面？

10. 沼气工程合理启动的负荷 (浓度)、温度与 pH 分别是多少？

第五章 中小型沼气工程的运行维护

本章的知识点是学习中小型沼气工程输配装备和利用设备的维护知识，重点是掌握输气管路、储气装置、脱硫净化装置及在线监控设备的运行维护技能。并且学习与沼气工程相配套的沼气锅炉、采暖设备和附属的加热搅拌设备的维护、故障处理等知识，掌握相关设备的维护及故障处理关键技能。

第一节 沼气输配装备运行维护

本节主要介绍沼气工程输配管网的系统构成，重点介绍沼气输配装备运行维护的内容和方法。

一、输气管道维护

学习目标：根据沼气工程输气管网系统构成，完成输气管网系统维护。

（一）维护方法

运行中的沼气管道的检修和抢修作业，常是带气作业，因此，要严禁明火，戴好防毒面具。当在沼气管道中带气操作时，沼气压力应控制在 200～800 帕范围之内，带气操作时，必须两人以上，沟槽上留一人观察。对低压沼气管道每月至少两次巡视，对闸井、地下构筑物的定期预防检查应同时进行。主要检查闸井的完好程度、沿线凝水器定期排除以及其他地下设施被沼气污染的程度。在闸井打开时，禁止吸烟、点火、使用非防爆灯等。

沼气管道日常维护管理的主要工作之一是管道的检漏。可以根据沼气味的浓淡程度，初步确定出一个大致的漏气范围，可选用下列方法进行查找：

（1）钻孔查漏：沿着沼气管道的走向，在地面上每隔一定距离（2～6 米）钻一孔眼，用嗅觉或检漏仪进行检查。

（2）挖探坑：在管道位置或接头位置上挖坑，露出管道或接头，检查是否漏气。

（3）井室检查：在敷设沼气管道的道路下，可利用沿线下水井、上水阀门井、电缆井、雨水井等井室或其他地下设施的各种护罩或井盖，用嗅觉来判断是否有漏气。

（4）观察植物生长：地下管道漏出的燃气到土壤中将引起树林及植物的枝叶变黄和枯干。

（5）利用凝水器（抽水缸）判断是否漏气：在按周期有规律性地抽水时，如突然发现水量大幅度增多，有可能沼气管道产生缝隙，地下水渗入抽水缸，从而也可以预测到沼气的泄漏。

巡查检漏的周期、次数应根据管道的运行压力、管材、埋设年限、土质、地下水位、道路的交通量以及以往的漏气记录等全面考虑后决定。巡查检漏工作应有专人负责、常年坚持、形成制度，除平时的检漏外，每隔一定年限还应有重点地、彻底地检漏一次，检漏方法可结合管道的具体情况适当选定。

管道阻塞及排除方法如下：

（1）沼气中往往含有水蒸气，温度降低或压力升高，都会使其中的水蒸气凝结成水而流入抽水缸或管道最低处，如果凝结水达到一定数量，而不及时抽除，就会阻塞管道。为了防止积水堵管，每个抽水缸应建立位置卡片和抽水记录，将抽水日期和抽水量记录下来，作为确定抽水周期的重要依据，同时还可尽早发现地下水渗入等异常情况。

（2）当地下水压力比管道内燃气压力高时，对年久失修的管道，可能由管道接头不严处、腐蚀孔或裂缝等处渗入管内。当凝水器内水量急剧增加时，有可能是由于渗水所引起，可关断可疑管段，压入高于渗入压力的燃气，再用检漏方法，找出渗漏的地点。

（3）由于各种原因引起沼气管道发生不均匀沉降，冷凝水就会保存在管道下沉的部分，形成袋水。寻找袋水的方法是先在沼气管道上钻孔，将橡胶球胆塞于钻孔，充气后，检查钻孔充气侧是否有水波动的声音，找出袋水后，采用校正管道坡度或增设排水器的方法，以消除袋水。

（4）对无内壁涂层或内涂层处理不好的钢管，其腐蚀情况比较严重，产生的铁锈屑也更多，不但使管道有效流通断面减小，而且还常在支管的地方造成堵塞。

清除杂质的办法是对干管进行分段机械清洗，一般按 50 米左右作为一清洗管段；对于管道转变部分、阀门和排水器如有阻塞，可将它们拆下来清洗。

（二）注意事项

由于输气管路附件出现故障，从而导致沼气泄漏，此时应严禁明火，及时关闭泄漏点处管路上游的阀门，防止沼气泄漏而引起爆炸事故。

当液体管路附件发生故障时，应立刻采取应急措施，关闭阀门，避免料液或沼液泄漏，防止事故扩大。

二、储气装置维护

学习目标：根据沼气工程储气设备构成，完成贮气设备日常维护。

（一）沼气储气柜水封池维护

1. 运行维护

（1）日常维护

①保持水封地正常液位和溢流，根据水封池内水的蒸发量及时予以补充，冬季防冻结冰。

②当 pH 小于 6 时应及时换水，尽量减小污水对水槽及钟罩的腐蚀。

③消除跑、冒、滴、漏，并做好防冻保暖工作。

（2）定期维护

①要定期（6 个月）更换水封池内的水。

②水封池中水的温度不得低于 5℃，尤其在北方冬季应采取诸如加热装置、水槽保温层、保温墙等防冻措施，防止水封池被冻裂。

③一年对钢筋砼结构水封池池体内表面涂层检查一次，如发现涂层脱落或裂缝，应进行修补，涂刷密封漆（或涂料），确保水封池不漏水。

④每年对钢结构水封池进行一次全面检查，根据水封池内、外壁的防腐情况，进行修补或全面防腐。

2. 注意事项

（1）要定期检查水封池的密封状况，防止池体渗水或漏水。

（2）防止水封池中的水结冰，在冬季水温应保持在 5℃ 及以上。

（3）当水封池放水时，应先打开放空阀，以免造成钟罩内负压，钟罩塌陷。

（4）水封池在投入使用后，应由专人按照运行操作规程进行管理与维护。

（二）沼气储气柜维护

1. 维护方法

（1）日常维护

①在启用前必须将气柜内的空气置换为沼气，方可投入正常使用。在置换过程中，必须杜绝一切火源。

②为防止缺水要经常检查水封池中水位高度，特别是在蒸发量大的炎热夏季，如果水量不足，应立即补水，防止钟罩因缺水而导致漏气或泄气。

③钢筋砼的钟罩应在顶部位置设置蓄水圈，使顶部始终处于水的养护下，避免受太阳暴晒引起裂纹。

④加强对钟罩的维护，确保钟罩升降灵活、无漏气、卡住及钟罩无歪斜等不正常现象。

⑤防止负压，当水封池放水、沼气池大出料时，应先打开排气阀放气。

（2）定期维护

①在冬季当水封池的水温低于5℃时，应及时采取防冻措施，添加热水、加入防冻液、喷入蒸汽或使水循环起来等方法来防冻，以防结冰导致钟罩承受负压或超压。

②在炎热季节太阳暴晒钢结构钟罩导致高温，易使钟罩裂缝，因此必须采用措施防晒、防高温。

③防止雷击应在储气柜上安装避雷针，其接地电阻应小于10欧姆。另外在储气柜周围高层建筑物，如水塔、烟囱等，也应安装避雷针。

④定期给钟罩导轮添加润滑脂并保持安全水封水位。

⑤要定期对钢筋砼结构钟罩内表面涂刷密封漆（或涂料），确保浮罩不漏气。视钢结构钟罩脱漆程度，重新给钟罩刷漆防锈，保障气柜的有效使用年限。

2. 注意事项

（1）防止漏气，应定期检查钟罩、沼气管路及阀门是否漏气。

（2）防止火灾，在储气柜区域应建围墙，站内严禁火种。要经常检查钟罩顶部的安全排气阀，如发现问题及时维修，以免造成火灾。

（3）储气柜的维护及维修人员必须先经过严格的技术培训，取得相应的职业资格证书后方能上岗。

（4）在对钟罩进行维护时，一定要注意安全，现场作业必须有两人以上，攀高作业应系好安全带。

（5）对钟罩内部进行维护时，首先放掉水封池中的水，打开钟罩顶部人孔法兰，排空钟罩内的沼气，并放置2～3天后，方可进入钟罩内部进行维护作业。

（三）导向机构维护

1. 维护方法

（1）日常维护

①气柜导轮或中心导向轴要经常加油，确保润滑良好。

②巡回检查钟罩是否升降灵活，如发现钟罩被卡住、歪斜、道轨夹杂物等现象，应采取应急措施，及时排除故障。

③大风及夏天要适当降低气柜高度，防止钟罩脱轨而造成事故。

（2）定期维护

①每年至少应对导向机构进行一次外部检查，并视储气柜导向机构脱漆程度进行外部除锈防腐作业。

②每2～5年应随停工检修进行一次全面检查，主要检查导向机构的磨损程度、运行状况。

③每年应对钟罩顶部的配重块进行一次调整，调平钟罩，使钟罩垂直升降，尽量减小导轮与轨道之间的摩擦。

2. 注意事项

（1）气柜装置处理的是具有火灾爆炸和有毒性质的沼气，因此防火防爆和防止中毒是气柜装置安全生产的主要内容。

（2）上岗人员上岗后应立即检查各种安全设施是否完好。

（3）按规定巡查，严格交接班制度。

（4）保证气柜在规定范围升降。

（5）气柜导向机构一般位于高空，对其进行维护和检修时一定要注意安全，避免事故发生。

（四）减压调压设备维护

1. 维护方法

（1）调压器安装调试完后，应用沼气报警仪器（或皂液）检查调压器有无泄漏。

（2）检查调压器的关闭压力。缓慢关闭调压器出口端阀门，在调压器出口端检测口接压力计，并打开开关。三分钟后记录关闭压力值，检查是否在正常范围内。调压器关闭压力正常的情况下无须对调压器进行拆修。

（3）当气体介质中含有较重污物时，应定期对调压器内部进行维修清洁。根据气质和使用情况，每3~6个月，对易溶胀或老化的橡胶件如阀瓣密封垫、膜片、O形圈等应定期进行检查或更换，以保证供气的安全和正常使用。

（4）维修前应先将调压器前后的进口和出口阀门关闭，泄掉压力；重装时应小心，以免损坏零件；组装好后应检查各活动部件是否能正常活动。

2. 注意事项

（1）在调压器入口或出口处，应设置防止沼气出口压力过高的安全保护装置，当调压器本身带有安全保护装置时可不设。

（2）调压器的安全保护装置宜选用人工复位型，安全保护装置必须设定启动压力值，启动压力不应超过出口工作压力上限的50%，且应使与低压管道直接相连的沼气用具处于安全工作压力范围以内。

三、净化装置维护与脱硫剂更换

学习目标：根据沼气净化装置的构造和原理，完成其运行维护。

（一）沼气脱水装置维护

1. 维护方法

（1）要经常清除脱水器内的积水，防止因积水过多而影响正常用气。

（2）在冬季，若气温降至 0℃ 以下，要加强对脱水器的保温，防止因积水结冰而堵塞管道，影响用气。

2. 注意事项

（1）清除脱水器内的积水时，应先关闭沼气池顶部导气管的阀门，防止沼气泄漏，引发安全事故。

（2）若出现沼气燃烧不稳定，沼气灶火焰忽大忽小，沼气灯忽明忽暗，常常是因为沼气脱水器内积水过多所致，应及时清除脱水器内的积水，保证沼气管路输气通畅。

（二）沼气脱硫装置维护

1. 干法脱硫装置运行维护方法

（1）日常维护

①保持脱硫塔清洁，经常检查塔体的气密性，若发现有沼气泄漏，应及时处理。

②使用前应对脱硫塔进行系统检验，确认其安全好用，方能投入运行。

③脱硫塔在运行时，要经常查看塔前塔后的沼气压力，如发现塔后压力减小，应及时查明原因并予以排除。

（2）定期维护

①定时排放脱硫塔前水分离器和脱硫塔底部积水，严禁气体带液进入脱硫塔。

②脱硫系统投入运行后，应定期记录脱硫塔沼气进、出压力，以判断塔内脱硫剂是否粉化或结块，如超过规定值时，应及时检查并排除故障；若因脱硫剂失去活性造成阻力过大，则应对脱硫剂进行再生或更换。

③冬季运行时，应注意脱硫塔的保温，以免气体过冷，降低脱硫剂活性和床层上积水而恶化操作。

④根据设备要求及沼气硫化氢含量确定脱硫塔轮流作业周期。

⑤定期对脱硫塔进行安全检查及除锈防腐，从而保证脱硫塔正常运行。

（3）注意事项

①如果将脱硫塔露天安装，夏季应防止对脱硫塔的暴晒，在脱硫塔的上部添加遮挡物。

②脱硫塔需配置 2 个，并且要并联安装，这样可以对其中任意一个进行正常维护及维修，而不会影响正常生产。

③脱硫塔的维护要由专业技术人员来完成，并做好维护记录，建立设备维护及维修档案。

2. 湿式脱硫装置维护方法

（1）日常维护

①按照适宜配方，调配脱硫吸收液。适宜配方为：Na_2CO_3 为 2.5%，

磺酸钠（NQS）浓度为 1.2 摩尔/立方米，$FeCl_3$ 浓度为 1.0%，乙二胺四乙酸（EDTA）浓度为 0.15%，液箱 pH 为 8.5～8.8，吸收操作的液气比为 11～12。

②使用前应对湿式脱硫装置进行系统检验，确认脱硫装置质量合格、使用安全，方可投入运行。

③脱硫系统投入运行后，应定期记录脱硫塔沼气进、出压力，以判断塔内脱硫的效果，如超过规定值时，应及时检查并排除。

（2）定期维护

①用控制 pH 来保证脱硫效率，要定期更换脱硫吸收液。

②冬季运行时，应注意脱硫塔的保温，以保障脱硫效果。

③应定期对脱硫塔进行安全检查和除锈防腐，经常对设备进行保养，从而保证脱硫装置正常运行。

（3）注意事项

①由于湿式脱硫工艺路线比较复杂，必须专人值守。

②在运行中应随时监测脱硫液 pH，并按照适宜配方更换脱硫液。

③运行维护和更换脱硫液应注意安全。

（三）干法脱硫的脱硫剂装卸与再生

1. 干法脱硫的脱硫剂装卸

（1）采用成型脱硫剂时，如有破碎应过筛；采用粉状脱硫剂时，应与木屑或稻壳充分混匀，加一定的水和碱，保证其湿度和 pH。

（2）在脱硫塔底部，预先在托板上放层铁砂，在其上放层碎瓷环或豆石，而后均匀地放入脱硫剂，切勿在塔内壁留有缝隙，以防气体短路，影响脱硫效果。

（3）分层装填时，各床层之间要留有一定的空间。脱硫剂装好后，封好进料口，使其严密不漏气。

（4）脱硫剂失效后，在从塔内卸出前，先将脱硫塔的进气阀门关闭，打开放散阀，排放塔内沼气 24～48 小时，再打开塔底入口，将废脱硫剂卸出。为防止废剂自燃，可喷洒少量水。废剂出塔后，应放在指定地点，避免污染地下水。数量大时最好送回硫酸厂。

2. 干法脱硫的脱硫剂再生

（1）塔外再生是将失活的脱硫剂从塔内卸出，摊晒在空地上均匀铺平，在脱硫剂上喷洒少量稀氨水，利用空气中的氧进行自然再生。

（2）塔内自然再生是关闭塔上进气阀，打开放散阀，待沼气排除后，稍微打开空气阀，控制初期空速不宜过大，经 24～48 小时后，可将进气阀门全部打开。

（3）塔内强制再生是将塔内沼气排净后，在 20～40 每小时的低空速下，用气泵将空气打入塔内，进行强制再生。在强制再生时，应交替改变进气方向，有条件时应加入适量氨水，使 pH 达到 9～10。

（4）塔内连续再生是指在脱硫的同时，根据沼气流量及所含 H_2S 浓度投加空气，由反应式可知，1 立方米的 H_2S 完全反应需要消耗 0.5 立方米的 O_2，根据试验，脱硫剂吸收 O_2 的效率为 $50\%～67\%$，若按 60% 的吸收率计算，则脱除 1 立方米的 H_2S 需 0.83 立方米的 O_2（约 4 立方米的空气）。空气的加入量与沼气流量及 H_2S 的浓度成正比，目前国内已引进德国干法脱硫整套装置，其空气用于脱硫再生的投加量，可由自动控制系统自动定量投入。

（5）脱硫再生过程应随时注意塔壁温度变化，为防止塔内温度剧烈上升，造成脱硫剂失活，应控制塔内温度不超过 70℃，并通过玻璃视镜监视，脱硫剂床层颜色应由黑色变成棕色，若始终为黑色，则说明脱硫剂已失活。取样分析塔内进、出口气体中的含氧量基本相同时，说明再生反应基本结束。

3. 注意事项

（1）运输

①脱硫剂在运输时要轻装轻放、避免震动和碰撞，以免破损。

②脱硫剂在保管期间，要防止吸潮及化学污染。

（2）装填

脱硫剂装填好坏直接影响使用效果，必须引起足够重视，整个脱硫剂装填过程应有专人负责，并注意以下几点：

①在脱硫塔的格篦板上先铺设二层网孔小于 8～10 目的不锈钢网。

②由于运输、装卸过程中会产生粉尘，填装前需要过筛，去掉粉末。

③使用专门的装填工具，卸料管应能自由转动，使料能均匀装填反应器四周，严禁从中间倒入脱硫剂，防止装填不匀。

④脱硫剂在使用过程中随吸硫量的增大而强度递增，故在脱硫塔中应分层装填。每层按脱硫剂装填高度画线，保证装足、装平、装匀。

⑤装填过程中，严格禁止直接踩踏脱硫剂，以免产生新的粉末。

⑥填装好后将表面刮平。

（3）使用

①严禁水泡，脱硫剂属于多孔性吸附剂，所以在运输、储存及使用过程中都要绝对防止水浸，因水浸后，会因大量水充满活性孔隙而失去作用。

②脱硫剂可一次全部更换，也可按气流方向逐段更换。

③作用要稳定、使用要合理，以发挥其优良性能。

（4）储存

脱硫剂应储存于阴凉干燥处，防止包装内外破裂、与外界直接接触，吸附其他物质，从而降低吸附硫化氢的能力和使用效果。

四、监控设备维护

学习目标： 在沼气生产中利用监控设备对中小型沼气工程运行实施监控，为沼气安全、连续、高效生产运行提供坚实的基础。

（一）温度监测仪表维护

1. 安装地点应干燥、通风、无腐蚀性气体，避免阳光的强烈照射，附近应无磁场。

2. 一次仪表与二次仪表的分度号必须一致，补偿导线与热电偶的分度号也必须一致。交流供电电源的额定值必须与仪表要求的电源额定值一致。

3. 仪表安装好后，应用直径为 2～3 毫米的绝缘导线将仪表接地。同时应检查电源线以及一次仪表的连接线是否牢固可靠，仪表电源的相线、中线、地线的连接是否正确。用作温控的仪表应进行设定，并检查设定是否正确。

4. 应经常保持仪表周围环境及仪表自身的整洁。

5. 在现场应经常观察仪表的运行情况。如观察仪表指示灯是否亮，数码显示是否正常，如不正常，应检查仪表保险丝是否烧断，电源开关是否损坏；数显部分的直流供电是否正常，各接插件是否接触良好。如现场不能排除，应通知计量人员处理。

6. 检查仪表的显示是否有无规则的跳字和记录平衡失灵现象，如有此现象，应检查被测信号是否正常，极性是否接对，接地是否良好以及周围是否有强磁场干扰影响。

7. 如发现仪表电接点的控制或报警失灵，检查设定值是否正常，继电器及连接线是否良好。

8. 长期使用的仪表，应检查灵敏度的变化。

9. 仪表必须有专人负责维护、保养，严禁非管理人员乱动。

（二）流量监测仪表维护

流量监测仪表的常见故障一般有压力损失大、压力波动大、表慢、表快、漏气、小火失效、通气不走、不通气、表的计数器表面玻璃破碎或模糊不清、计数器指针不正、进出气管的丝口损坏、表壳撞坏或漆皮严重剥落等。

流量监测仪表的故障原因及其排除方法列于表 5-1。

表 5-1　流量监测仪表故障及排除方法

故障	产生原因	排除方法
压力损失大	1. 表内运动的零部件机械阻力大 2. 沼气气流流通不畅	1. 检查各运动的零部件的灵活性 2. 清除气流通道异物，使通气畅通
压力波动大	1. 皮膜材质过硬 2. 皮膜安装不匀或太小 3. 上牵动臂焊接不当 4. 气门盖和气门座相对位置不当	1. 调换皮膜 2. 重新安装皮膜 3. 重新焊接上牵动臂 4. 调整气门盖位置
表慢	1. 有内部漏气现象 (1) 出气管与隔板出气孔不密封 (2) 皮袋盒漏气 (3) 气门盖、气门座不吻合、平整 (4) 旗杆填料漏气 (5) 皮膜有针孔或打褶 (6) 大、小垫片未垫好 2. 气门盖黏着，机械阻力增大 3. 牵动臂或活动边杆磨损引起皮膜夹盘行程增大	1. 清除漏气现象 (1) 调整密封圈或放正位置，并涂密封脂 (2) 检查皮袋盒，修补或调换 (3) 重新研磨 (4) 调换密封圈，并涂密封脂 (5) 调换皮膜或重新装配 (6) 重新垫平 2. 清除气门盖和座油污 3. 调换磨损零件
漏气（指外壳）	1. 皮膜收缩或硬化，引起计量室体积缩小 2. 门框填料或指针轴填料漏气 3. 上、下壳结合处不平整或大密封圈不圆正	1. 重新锡焊或调换腐蚀件 2. 调换填料或密封圈 3. 平整上、下壳或调换大密封圈
漏气	1. 同上述内部漏气 2. 装配不良 (1) 气门盖、气门座开档位置不准 (2) 气门盖与座有黏着现象 (3) 运动零部件运转不灵活	1. 同上述内部漏气 2. 调整装配 (1) 重新调整气门盖与座运动间隙 (2) 消除气门盖与座油污 (3) 检查运动零部件不灵活处，并修整
计数器指针	计数器指针未拨准（对"0"位）	1. 重新拨准 2. 调换指针
其他	由于其他各种因素引起不同故障或损坏	针对各种故障、损坏情况进行相应的排除或修整

（三）压力监测仪表维护

1. 低压盒式压力表的维护要点

（1）经常保持压力表清洁。

（2）若发现压力表指示针不能回零，应将压力表盖打开，把指示针取下在零位重新装上。

（3）若压力表内漏气，可能原因是：压丝松动，可上紧螺丝；橡皮膜杯漏气，可购买一只橡皮膜杯进行更换，注意要把进气口与表体的插槽对好，并拧紧压丝。

（4）使用4～5年以后，若压力表压力不准，可能是弹簧劳损或膜片老化，需要更换弹簧或膜片。

（5）如果压力表有跳动、卡死的现象，需到购买处进行更换。

2. U形压力表的维护要点

若显示玻璃管内的刻度固定不动，液面上升后不能随气压升降而变动。可能原因是：平衡器上活塞内空气未排尽；因上活塞内液体太少而造成其压力不足，使活塞变形卡住。

维护方法：将平衡器内液体全部倒出，重新加注液体将上活塞内空气完全排除，使液面与玻璃管的零刻度一致即可。

第二节　沼气利用设备运行维护

学习目标：掌握常压沼气锅炉运行维护技能，了解常压沼气锅炉维护注意事项；根据沼气采暖装备构造和原理，掌握沼气采暖装备运行维护技能。

本节主要介绍常压沼气锅炉和沼气采暖设备的运行和维护技术。

一、常压沼气锅炉维护

（一）运行维护

定期对沼气锅炉进行维护，能延长锅炉的使用寿命，提高锅炉的作业频率，降低故障率，有利于锅炉正常安全运转。沼气锅炉的维护应该是全面对锅炉进行调查、清洗、调养，容纳水路、电路、气路燃烧部分及相关配件等范围，沼气锅炉的维护主要包括以下内容。

1. 月度维护项目

（1）供气管路检查

①轻油过滤器清洗；②点火沼气管路气密性检查；③检查管路是否通畅。

（2）仪表检查

①水位表冲洗；②压力表弯管冲洗；③安全阀试验。

（3）燃烧器检查

①火焰检测器清扫受光面；②检查油泵工作压力是否正常；③检查燃烧火焰是否正常；④检查燃烧时，燃烧器声音是否有异常；⑤清洗转杯盘；⑥清洗

点水棒。

（4）进水系统检查

①清洗过滤器；②水泵是否达到额定扬程和流程；③止回阀工作是否正常；④日用油箱排水及清扫杂物、水质化验、炉水化验；⑤检查沼气燃烧耗量是否正常。

2. 季度维护项目

在每月定期维护项目的基础上，应做好以下检测项目：

（1）电器部分

①线路是否有松动、老化、失灵；②检查电器元件是否可靠、过载；③电器保护装置是否正常。

（2）软水箱停用时打开低阀排放泥渣。

（3）检测锅炉再点联锁装置

①低水位；②超压；③熄火；④排烟温度超高。

（4）烟气检测

①烟气成分分析；②尾烟温度检测；③检查燃烧是否正常工作。

（5）清洗污迹

①清洗锅炉本体；②清洗燃烧器外表。

3. 年度维护项目

（1）主机部分

①全面清理烟道、水管、前后烟箱、炉膛部分及燃尽室及烟管积灰；②全面开盖检查手孔、人孔等检查孔的密封完好程度，并及时更换有缺陷的密封垫；③全面检测的整定仪表、阀门。

（2）燃烧器部分

①全面清理燃烧器转杯盘、点火装置、过滤器、油泵、电机及叶轮系统，对风门连杆机构加润滑剂；②对燃烧情况重新给予检测。

（3）控制部分

①检修及检测电器元件、检查控制线路；②清理控制箱积灰，每个控制点进行检测。

（4）给水系统

①检修水处理装置，检查树脂是否达标；②全面清理软水箱、止回阀阀芯等；③检查给水泵自动进水及扬程。

（二）相关知识

沼气锅炉是指利用沼气燃烧把水或其他热媒加热到一定参数烟气的燃气锅炉，由锅和炉组成，其中炉是放热部分，燃料在其蒸沟中燃烧，将化学能转化为热能；锅是吸热部分，高温烟气通过锅的受热面将热量传给锅内工质（水或汽），目前以沼气为燃料的锅炉多为燃煤锅炉改装。

1. 锅炉的基本结构

如图 5-1 所示为一台 CLSG 系列立式常压热水锅炉结构。锅炉的基本构造包括锅壳、炉胆、横向水管，它是一个封闭的汽水系统。炉则布置在炉胆内，它包括炉排、炉膛、除渣板和送料送风装置等，是燃烧设备。

此外，为了保证锅炉的正常工作和安全，锅炉中还必须安装安全阀、水位表、高低水位警报器、压力表、主汽阀、排污阀、止回阀等。

2. 锅炉分类

锅炉分类的方法很多，就沼气锅炉而言，它是利用沼气燃烧把水或其他热媒加热到一定参数的燃气

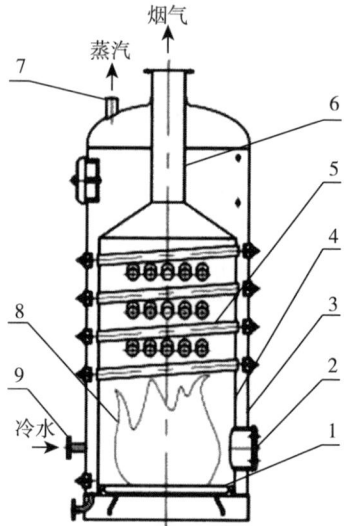

图 5-1 立式常压热水锅炉结构示意图

1. 炉排；2. 炉门；3. 锅壳；4. 内胆；5. 火管；6. 烟道；7. 蒸汽出口，水的传热过程和水的受热、汽化过程；8. 燃烧火焰；9. 冷水进口

锅炉，和其他燃气锅炉一样都是室燃锅炉，只是燃料不同而已。通常可按介质和用途等进行分类。沼气锅炉按照介质分为沼气开水锅炉、沼气热水锅炉、沼气蒸汽锅炉、沼气有机热载体锅炉。沼气锅炉按照用途分为沼气采暖锅炉、沼气洗浴锅炉、沼气蒸煮锅炉等。

（三）注意事项

1. 沼气管道要严防泄漏。炉前段管道，送沼气前应用蒸汽吹刷管道内的空气，然后送沼气。停沼气时，再用蒸汽吹刷管内沼气。

2. 点火之前先将风闸拉开，微开引风机，使炉膛内存气排出，并有一定负压。然后先点火，后开沼气，燃烧后逐渐调节沼气量。严禁先开气后点火。

3. 如果送沼气点不着或点着后又熄灭，找出原因、排净炉膛内混合气体后再点。

4. 停炉时要先关沼气再停风机。

5. 锅炉运行期间，应定期检查。如发现运行不良，应及时通知维修人员。

6. 为保证系统运行安全，可设置沼气火炬，燃烧余气。

二、沼气采暖装备维护

沼气采暖装备是利用沼气在特制的燃烧器中燃烧放出热量，直接取暖、加

热热水或产生蒸汽。常见沼气采暖装备有沼气取暖灯、沼气取暖炉、沼气采暖锅炉等。

（一）运行维护

沼气采暖装备的维护以家用壁挂沼气锅炉为例，说明对沼气采暖装备的一般维护方法。壁挂沼气锅炉的维护应是全面对锅炉进行检查、清洗、保养，包括水路、电路、气路、燃烧部分及相关配件等方面。锅炉的维护一般为一年一次，维护的主要项目有：

1. 清洁燃烧器及喷嘴。

2. 清洁热交换器如果必要，用清洁剂清理。

3. 清洁风机及文丘里管。

4. 清洁烟道及检查固定情况。

5. 检查及清理点火电极。

6. 清洁燃烧室灰尘和积垢。

7. 检查清洁自动旁通、温度传感器、安全阀等水利组件。

8. 清洗副板，检查卫生热水最小启动流量。

9. 清洗水系统中的垢质和污物（如果必要，用清洁剂清理）。

10. 检查清洁燃气阀。

11. 检查及调节二次燃气压力至正常值。

12. 检查安全装置，堵住烟道看火焰是否熄灭且有保护。

13. 检查膨胀水箱压力（若不足，则冲至正常）。

14. 全面检查测试锅炉燃烧情况。

15. 检查清理锅炉的外部，并告知用户锅炉目前的状况。

（二）注意事项

1. 处理沼气采暖装备故障时，首先应关闭进气阀和进水阀。

2. 处理沼气采暖装备故障时，一定要按规范操作。

3. 沼气进气接驳和排烟管道、烟道的安装必须安全、规范，做到万无一失。

4. 壁挂炉水容量小，循环动力小，要求出水回水温差不能大（最大不能超过30℃）。这就要求系统水阻力要小，水流速要快，即使末端不热，很快连续循环热水马上过来，所以要求安装管道尽量大（6分管以上），拐弯和起落尽量少。

5. 温控均衡性必须是并联或串并联安装各个末端，每个末端能同时热也可以分别调节不同的温度，体现壁挂炉采暖自主调节，个性化温控。

6. 应定期检查沼气采暖装备输气管路系统的密闭性，防止沼气泄漏。

7. 应定期检查沼气采暖装备水循环系统的渗漏性，防止管路渗水。

第三节　附属设施运行维护

本节介绍的是与中小型沼气工程相配套的保温加热装置、搅拌装置、进出料装置、后处理装置的构造、原理、安装、维护等常识，重点是能对大型沼气工程配套装置进行正常维护。

一、保温加热装置维护

学习目标：根据沼气工程保温加热装置的构造和原理，完成其运行维护。

（一）发酵罐保温层维护

沼气发酵罐的保温层通过运用保温材料以减少热量的传导，减少热量对流传递等方式，有效地隔离内外温度差异，降低热量损失，维持发酵罐内的温度稳定。同时，保温层还能够防止外部的湿气和雨水渗透进入发酵罐，保护发酵物质不受影响，提高发酵过程中的温度稳定性和效率。太阳能加热装置的日常维护包括以下几个方面：

1. 清洁保温层

定期清洁发酵罐的保温层，可以去除附着在表面的污垢和灰尘，确保保温层的正常工作。清洁时要注意不要破坏保温层的完整性。

2. 检查破损和漏洞

定期检查保温层是否有破损或漏洞。如果发现问题，及时修补或更换。避免破损或漏洞导致热量散失，影响发酵罐的保温效果。

3. 维护保温层的良好状态

保持发酵罐的保温层干燥，避免由于潮湿导致保温层的热阻性能下降。在需要的时候，可以采取一些措施，如加热或增加外部保温材料，提高保温效果。

4. 预防火灾安全

保温层是发酵罐防火的关键部分。确保保温层不会接触到高温或明火，避免火灾风险。同时，定期进行消防设施的检查和维护，以确保安全性。

5. 定期检查保温效果

定期检查发酵罐的保温效果，例如测量发酵罐表面温度，评估保温层是否存在问题。如发现保温效果下降，应及时采取措施修复或更换保温层。

（二）太阳能加热系统维护

1. 太阳能加热系统维护

（1）集热器的维护

①定期清除集热器热管内的水垢和集热器外表的灰尘。

②如发现集热器漏水应查明原因并及时排除故障。

③对于破损的太阳能真空管应及时更换，确保集热效率。

④入冬季节，应检查集热器的防冻情况，做好保温防冻工作。

⑤如果集热器长期不使用，可启用几次电加热功能，防止长期不用造成的故障或损坏。

（2）热交换器的维护

①太阳能加热系统应每年进行一次全面检查、检测、维护和保养工作。

②安装在调节池和厌氧沼气池内的热交换器由于长期受到发酵原料或料液的腐蚀，因此每年要对热交换器进行一次除锈防腐的维护作业，如果加热盘管腐蚀严重，则应更换加热盘管。

2. 太阳能加热管网维护

太阳能加热管网的维护应符合下列要求：

（1）加强对管网的巡检检漏

巡检检漏是一项日常工作，也是管网维护抢修的一项基础工作。若发现管道、阀门有问题，应及时处理。

（2）定期检查阀门的运行状况

阀门是管网中的主要设备，阀门的启闭可以控制管网的流量及流向，管网中的阀门要求经常处于良好状态，随时都能启闭。定期对管网中的阀门进行启动、加油、更换填料及配件的维护工作。

（3）定期对管网中的管道、阀门进行除锈防腐维护工作

根据管道、阀门的材质及腐蚀状况，采取积极有效的措施，对管网做好防腐维护工作，保证管网始终处于良好的运行状态。

（4）定期对管网进行保温防冻的维护保养工作

对管网进行保温处理，可以减少管网的热损耗，提高太阳能加热系统的热效率。定期对管网进行保温设施的维护保养，若发现保温材质老化或损坏，应及时进行保温处理，防止因管道受冻而破裂。

（5）定期打开管网排气阀进行排气

管道中若存在气体，会影响循环水的流通性，严重时会导致管网停止运行，因此必须定期打开排气阀进行排气，保证水循环系统正常运行。

（6）建立管网维护档案

维护档案的建立可大大提高管网维护保养的效率，对于管网的每段在何时需进行维护保养提供了科学的依据，同时根据档案记录，制订出中长期管网维护方案或计划。

（三）注意事项

1. 首先必须认真阅读太阳能加热装置的产品使用说明书，并根据产品使

用说明书的具体要求对装置进行维护。

2. 太阳能加热装置的维护要有专业技术人员负责，定期对加热装置进行系统维护与保养。

3. 用户单位可选派技术人员到太阳能加热装置的生产企业接受培训，学习太阳能加热装置的维修、维护及保养知识。用户技术员经过培训后，能够排除一般故障，用户技术员不能排除的故障应及时通知太阳能加热装置生产厂家派技术员解决。

4. 太阳能加热管网维护宜每年进行一次全面检查、检测、检修、维护及保养工作。

二、搅拌装置维护

学习目标：根据潜水搅拌机和机械搅拌机的构造和原理，完成潜水搅拌机和机械搅拌机的运行维护。

静态发酵不利于沼气生产，利用潜水搅拌或机械搅拌机对发酵料液进行搅拌，可实现持续动态发酵，提高产气率。因此，对搅拌设备进行日常维护能发挥搅拌设备的最大功效，并为大型沼气工程的长效、高效运行创造有利条件。

（一）潜水搅拌机维护

1. 运行维护

（1）定期将搅拌机吊起清理叶轮和泵体上的缠绕物，检查叶轮是否松动损坏，及时维修。

（2）搅拌机运行时观察液面的运行轨迹，如果非正常应及时调整。

（3）观察搅拌机的固定装置的振动状况，振动过大需吊起检查。

（4）搅拌机正常运行必须全部没过液面，运行时搅拌机上方应无涡流。

（5）"过载指示"灯亮时，必须停机检查，排除机械故障后再在配电室将抽屉开关内的热保护继电器复位，开关合闸后重新开始运行。

（6）"高温指示、泄漏指示"灯亮时，必须停机检查并排除机械故障，按下"故障复位"按钮，"高温指示"、"泄漏指示"灯熄灭合闸后搅拌机重新运行。

（7）换油：一般每半年需要更换一次润滑油，换油时，小心拧开油塞，放进其内存油，注意油塞内可能会有剩余的内压，以防油喷射。

（8）更换轴承润滑脂，一般大修时更换一次，润滑脂量为轴承腔间隙的 $1/3 \sim 1/2$。

（9）带电检查潜水搅拌机的转动方向，严禁反方向旋转，以免造成潜水搅拌机的叶轮脱落，并损坏搅拌机。在潜水搅拌机初次启动或每次重新安装后都应检查旋转方向。

（10）定期检查设备的密封状况，密封不良及时联系厂家检修。

2. 轨道维护

（1）定期清除搅拌机轨道上的缠绕物及杂物，始终保持潜水搅拌机升降自如。

（2）经常检查搅拌机轨道固定状况，发现轨道松动应及时维修。

（3）每年宜对轨道进行一次大检修，并根据轨道的腐蚀程度确定是否更换。

（4）建立轨道维护保养档案，制订轨道中、长期维护、维修计划。

3. 潜水搅拌机使用注意事项

（1）潜水搅拌机必须完全潜入料液中工作，不能在易燃易爆的环境下或有强腐蚀性液体的环境中工作。

（2）安全预防措施：开始进行设备维护前，务必保证潜水搅拌机与电源切断并且无法被意外启动；保证潜水搅拌机或其部件的稳定性，确保其不会滚动或倒下，以免造成人员伤害或物品的损坏。

（二）机械搅拌装置维护

1. 维护方法

（1）机械搅拌的故障或动作不良，90%是由于对工作介质的管理不善所造成的，因此必须充分注意对工作介质的保养管理。

（2）机械搅拌装置初次使用一个月后，应进行全面更换或过滤油液，以后每半年更换或过滤一次油液，以延长元件使用寿命。

（3）油箱须每年清理一次，清洗油箱时要卸油，打开人孔盖，同时扭下吸油过滤器网进行表面清理。

（4）油管路过滤器每隔三个月要清洗一次，清洗滤芯时，只需旋开顶盖取出滤芯清洗即可。

（5）平时注意观察液位计，当液位低于1/2时及时加注润滑油。

（6）注意查看是否有外泄漏，维持油箱中正常的油位。

（7）维持设备表面清洁，做好防潮防雨。

（8）电机运转是否有较大的噪声，有较大噪声时需修理或更换。

（9）压力应保持稳定，若压力不能保持或剧烈变化，需检修。

（10）注意各元件是否漏油，漏油时需更换合适的密封圈。

（11）用户应根据设备系统的运转情况和环境等因素，制订出详细的保养、检查细则；机械搅拌装置检查时间如表 5-2 所示。

表5-2　机械搅拌装置检查时间

检查周期 检查部位	日	周	月	季	半年	一年
减速机油位	√					
轴承盒声音	√					
轴承盒漏油情况	√					
电机的声音	√					
电机的温度	√					
各连接螺钉松弛情况		√				
配电箱清洁状态			√			
减速机漏油情况				√		
油箱清洁情况					√	
更换新油						√

2. 机械搅拌装置维护注意事项

（1）机械搅拌机应实施二级漏电保护，电源接通后，必须仔细检查。

（2）安全预防措施：开始进行设备维护前，务必保证机械搅拌机电源切断并且无法被意外启动。

（3）开始进行设备维护前，务必保证搅拌装置与电源切断并且无法被意外启动；保证搅拌装置或其部件的稳定性，确保其不会滚动或倒下，以免造成人员伤害或物品的损坏。

（三）机械搅拌装置调控器维护

1. 日常维护方法

（1）检查测试后再使用，新开关应打开盒盖，检查固定螺钉是否牢固，灭弧罩是否完好，触点接触是否良好，脱扣机构是否可靠，绝缘壳是否完整。接线时，电源线应与接线端子面接触良好牢固。

（2）建立每日巡检制度，检查开关的有关部位是否过热变色，可以发现问题：

①接点过热。由于震动或材料原因造成电源线与接线端子压接螺钉松动，应紧固螺钉。

②开关本身过热。可能是负载容量超过开关容量，超载使用造成的，应更换开关。

③触点过热。由于触点接触面小或触点松动造成的，应及时处理，避免发生断电事故。

（3）开关故障跳闸。当发现开关因故障跳闸时，应立即停机检修，查明故障原因，在排除故障后方可重新合闸。

（4）操作机构的开关出现合不上或断不开的问题，遇到这种情况时，可检查操作机构各部件有无卡涩、磨损，持勾和弹簧有无损坏，各部件间隙是否符合规定的数值。

（5）清污检修启动。开关要由专业技术人员负责，确保开关各部件清洁，应保持控制室与各工序的联系畅通。检修时应挂检修牌明示，每次检修之后，应做几次传动试验，观察是否正常。

2. 定期维护方法

（1）触点的检修。空气开关的故障主要发生在触点上，由于电源供电量是通过触点开关实现的，开关时会产生电弧，造成触点氧化和灼伤，使触点接触不好。氧化变色可以用砂纸打亮磨光；灼伤造成凹凸现象以致接触面减少，一般可用锉刀修复；大电流严重灼伤时，锉刀难以控制触点平面，应在机床上削平修复。

（2）更换灭弧介质。一般自动空气开关的灭弧介质为空气，而防爆自动空气开关的灭弧介质一般为油。为了确保防爆自动空气开关安全运行，要定期更换灭弧介质（油）。

三、进出料设备维护

学习目标：掌握物料粉碎机、固液分离机、固定式电动潜污泵和燃油式潜污泵和沼液沼渣抽排运输车的维护方法。

利用物料粉碎机（主要选用秸秆粉碎机）对稻草秸、玉米秸、玉米芯、麦秸、花生秧、花生壳、地瓜秧、青草等进行粉碎、揉搓后作为沼气发酵原料，可补充农村沼气发酵原料不足，解决因农村养殖户养殖量下降导致沼气发酵原料缺乏的问题。

对物料粉碎机进行日常维护与保养是保证沼气工程安全、长效运行的基础。固液分离机能将沼肥分离为沼渣和沼液，满足沼肥加工高质化利用工艺路线的要求。

（一）物料粉碎机维护

1. 物料粉碎机维护方法

（1）每天工作结束，应让主机空转一段时间，吹净机内的灰尘和杂草，然后切断动力，再清除机具内部及外部的碎草和灰尘，以防锈蚀。

（2）经常给油嘴处注加优质黄油，以保护轴承正常运转，延长轴承的使用寿命；主轴轴承每年清洗并加注一次锂基润滑脂。

（3）粉碎机作业300小时后，须清洗轴承，更换机油；装机油时，以装满轴承座空隙的1/3为好，最多不得超过1/2。长时间停机时，应卸下传动带。

（4）定期检查粉碎机定、动刀片固定状况，锁紧定动刀片的螺栓必须紧固，不得松动；定期检查定、动刀片咬合的间隙是否合适，必须达到平行咬合（间隙 2～3 毫米）。

（5）定期检查螺栓、螺母是否紧固，尤其是新机器第一次作业后，如有松动，立即拧紧，特别要注意每班检查动、定刀的紧固螺栓。

（6）定期检查动、定刀的锋利程度，钝后要及时更换或刃磨，刃磨时动刀应磨斜面，定刀应磨上面；动刀如有损坏，必须全部更换，不允许新旧搭配使用；动刀安装时必须按照出厂方式对称安装，动、定刀片的紧固件不得用普通紧固件代替。

（7）更换锤片时，应严格按照锤片的排列顺序安装，且相对应两组的锤片重量之差不大于 5 克，否则将产生震动，加速各部件的磨损。

（8）用水冲刷机器上的泥垢，但要特别注意不能直接向轴承部件喷射，如必要可以使用脱脂剂，但不得用酸性或碱性的清洗剂。

（9）定期检查皮带的松紧度，过松或过紧都会使电机和机器发热，减少皮带寿命。

（10）粉碎机必须停放在干燥通风的库房内，防止日晒雨淋。

2. 相关知识

（1）建立、健全物料粉碎机维修、维护及养护档案。

（2）在正式工作前，物料粉碎机的风机装置一定要经过动平衡实验。

（3）对粉碎机的维护要由责任心强、技术过硬并经过专业培训的技术员来承担。

（4）对粉碎机进行维护之后，必须经过反复地启动、运行，确认物料粉碎机一切运行正常之后方可投入生产作业。

（5）工作中发现秸秆粉碎机运转不正常或有异声，应立即停机切断电源，待机器完全停稳后再打开机盖检查，严禁机器转动时检查，查明原因、排除故障后再工作

3. 注意事项

（1）工作时操作者要站在侧面，以防硬物从进料口弹出伤人。

（2）严禁将手伸入喂料口和用力送料，严禁用木棍等帮助送料以防伤人损机。

（3）未满 18 周岁和老年人、头脑不清者不得开机操作；留长发的女同志操作时必须戴工作帽；操作者不得酒后作业。

（4）操作时不得随意提高主轴转速，以防高速旋转时损机伤人造成不必要损失。

（5）物料粉碎机工作过程中，操作者不得离开工作岗位，急须离开时必须

停机断电。

（二）固液分离机维护

1. 固液分离机维护方法

（1）清洗维护方法

螺旋挤压式固液分离机使用每 15 天需清洗一次，以保证滤网的滤液效果和挤出固料的低含水率。如果在工作运行中发现出液口的排出液体减少或查看排出固体含水分高，可单独做几次停、开机操作。

清洗操作：停泵、让主机螺旋运转，排尽主机内的固体后，将翻渣板所属部件从主轴箱拆卸下来。取下螺旋轴、拆下筛网；用钢丝刷将筛网清洗干净，重新组装，运行即可。

（2）保养维护方法

为了保证固液分离机的使用寿命，需要进行定期检查保养维护，并在机器活动处每周施加润滑油；主件配用的减速机出厂时已经加满油脂。每 12 个月应更换一次，加油时可用黄油枪将油脂通过加油枪或简易自制的加油器具通过加油孔注入，旋放开油塞，即可放出减速机废油。如果发现有色油类混合物从检查孔流出，则表明此连接法兰内的 O 形圈已损坏，需更换，否则减速机会遭到破坏。

2. 相关知识

螺旋挤压式固液分离机主要由主机、无堵塞泵、控制柜、管道等设备组成。主机有机体、网筛、挤压绞龙、振动电机、减速电机、配重、卸料装置等部分组成。其结构示意图见图 5-2。

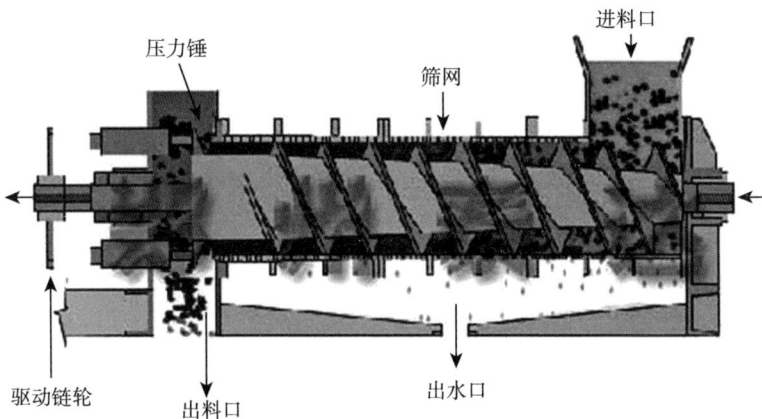

图 5-2　螺旋挤压固液分离机结构图

固液分离机的工作是连续的，其物料不断泵入机体，前缘的压力不断增大，当大到一定程度时，就将卸料口顶开，挤出挤压口，达到挤压出料的目的。

为了掌握出料的速度与含水量，可以调节主机下方的配重块，以达到满意适当的出料状态。使用螺旋挤压式固液分离机，其自动化水平高、操作简单、易维修、日处理量大、动力消耗低、适合连续作业。

3. 注意事项

（1）由于固液分离机尾部为了防止堵塞，出料方便，特采用了开放式出料，即出料部位没有安装安全防护网，故在设备运行过程中不要将手伸入固体出料口。

（2）固液分离机的动力均使用 380 伏动力电源，在操作过程中注意安全，防止触电。

（3）在使用固液分离机前将其放置在平稳、坚固的地面。

（4）严禁在还未停转的状态下和开机运转的状态下打开机盖。

（5）接通电源，轻推工作，注意滚动方向是否正确。空转 10 分钟，检查滚动件是否有异常现象和声音，工作是否稳定。

（6）固液分离机使用中，如发现声音不正常，应立即关机，并进行检查维修。

（7）固液分离机不得超负荷运行；电器控制柜一旦跳闸时，应排除故障后方可重新合闸。

（三）固定式潜污泵的维护

1. 固定式潜污泵的维护方法

（1）在启用排污泵时应安排专人管理和使用，监控电泵运行状态，定期检查电泵绕组与机壳之间的绝缘电阻是否正常，不得低于 0.5 兆欧，否则必须将定子拆下烘干，绝缘电阻升高后方可使用。

（2）运输较为黏稠的浆料类介质后，应及时放在清水池中运行几分钟，清洗完毕后再存放。

（3）每使用 400 小时左右后应更换填料、润滑油、润滑脂，确保机械密封始终保持良好的润滑状态。

（4）运行中如发现水泵震动、水量减少、喷射无力，应立即检查水泵是否反转并调整。

（5）应及时清除泵叶轮堵塞物。

（6）出现异常运行状态时及时停泵检查，如出现开机后不转、保护器跳闸、保险丝烧断等异常情况，及时断开电源进入检修程序。

2. 相关知识

（1）电动式潜污泵的构造特点

与一般卧式泵或立式污水泵相比，出料潜污泵如图 5-3 所示，具有以下几个方面的优点：

①结构紧凑，占地面积小。由于潜污泵潜
入液下工作，因此，可直接安装于污水池内，
无须建造专门的泵房用来安装泵及电机，可以
节省土地及基建费用。

②安装维修方便。小型的潜污泵可以自由
安装，大型的潜污泵一般都配有自动耦合装
置，可以进行自动安装，安装及维修相当
方便。

③连续运转时间长。由于潜污泵和电机同
轴，且轴短、转动部件重量轻，因此，轴承上
承受的载荷（径向）相对较小，寿命比一般泵
要长得多。

图 5-3　潜污泵

④不存在汽蚀破坏及灌引水等问题，特别是后者给操作人员带来了很大的
方便。

⑤振动噪声小，电机温升低，对环境无污染。

（2）燃油式沼气抽渣泵性能特点

燃油式（汽油、柴油）沼气抽渣泵用于
农村沼气池的出料、换料，也可用于农村农
田灌溉和污水排放，如图 5-4 所示。

主要性能特点：

①抽渣方式。采用自吸式的方式抽取沼
气池沼渣和沼液。使用时，泵与动力均在池
外，将进料管放入沼气池中，可将沼气池中
的沼渣和沼液抽出来。

②启动方式。采用手拉启动和电启动双

图 5-4　燃油式沼气抽渣泵

启动模式。在南方温度较高地区，可采用手拉启动；在北方温度低，不易启动
时，可采用电启动方式。在操作人员不太熟悉或力量不够，启动不了时，可使
用电启动，使用方便、快捷。

③启动时间。启动时间短，仅 1 秒启动率达 100%。

④移动方式。底座安装移动轮，方便运输和移动。

⑤抽渣效率。抽排时间短，采用较大功率柴油机，采用 φ75 毫米进料管，
采用 φ50 毫米或 φ65 毫米出料管，采用 PVC 钢丝螺旋增强软管，抽排流量
大，换料时间短，效率高。以 TP178FA 发动机型号为例，其主要技术指标
见表 5-3。

表5-3 燃油式沼气抽渣泵主要技术指标

指标	参数	指标	参数
进水口径（毫米）	75	耗油率［克燃油/（千瓦·时）］	≤623
出水口径（毫米）	50	净重（千克）	43
额定流量（立方米/小时）	25	发动机型号	TP178FA
额定扬程（米）	1	发动机功率（千瓦）	4.41
自吸时间（秒）	120	发动机转速（转/分钟）	3 600
最大吸程（米）	7	外形尺寸（毫米）	575×455×570
临界气蚀余量（米）	≤3		

3. 注意事项

（1）泵的电源线必须与配套电控盒或匹配热继电保护相连，不得直接与总电源相连。无论使用自动耦合安装系统还是配用胶管，提泵链索和电缆自由垂落最多为10～20厘米，否则将被泵吸进、切断。

（2）底泥浆过稠或硬石过多时，应将水泵上提到离池底30厘米以上。

（3）泵的排水管应按说明选用，不得变径、缩小。

（4）若两台泵并接时，不得将闸阀及止回阀安置在主管处，以致泥沙反冲至备用泵上端，造成不能双启。如可能，应在主管处设干井，安装止回阀及闸阀。

（5）接通电源后，点动开关，如正常运行，可将泵缓缓送入池。若是反转，应立即将三相电源中的任意两相倒换。

（6）维修、更换水泵前，必须切断电源。

（7）长时间使用出料潜污泵时，无论自动启动，还是手动启动，都不得频繁启动，一般每小时不超过6次为宜。

（四）沼液沼渣抽排运输车的使用与维护

1. 沼液沼渣抽排运输车的使用与维护方法

（1）沼液沼渣抽排运输车的使用

①使用前准备。检查各处紧固情况，特别注意制动、车轮及牵引装置等连接件，检查制动是否可靠，管路有没有漏气现象，检查轮胎是否符合要求，检查转向指示灯、尾灯及刹车灯工作是否正常。

②吸污作业。将四通阀转换手柄杆置于吸入位置，启动运输车，结合动力输出轴，检查真空泵运转有无异常。从渣液箱上卸下吸污胶管，放入沼气池内，并使吸污管尽量少打弯。将运输车油门置于大油门位置，开始吸污作业。当沼渣达到规定液位时，立即将吸污管从沼气池中抽出，同时分离运输车转动轴，使真空泵停止工作，并将四通阀手柄置于排气位置，最后收起吸污胶管。

③排污作业。将机器停到预定排污位置，打开排污阀，依靠渣液自身的流动性进行排放。排污结束后，清理干净排污口，关闭排污阀，最后将四通阀手柄置于吸入位置。

（2）沼液沼渣抽排运输车的日常保养

①动力传动轴的保养：传动轴每工作 40 小时，要加注一次润滑油，并检查工作过程中有无异常，如有异常应立即排除。

②液位观察装置的保养：拧下设在有机玻璃管两端的塑料螺母，取出 40 毫米的有机玻璃管，清洗干净后重新安装并保证紧固密封。每次卸下玻璃管时，要检查其下端的弯头是否被污染和堵塞，若堵塞应立即清理。

③水气分离器的保养：水气分离器是当渣液箱装满时，为防止污水进入真空泵而自动工作的装置。吸入含油量较多的污泥，易对水气分离器部件起侵蚀作用，应定期更换。另外，水气分离器作业时容易积存污水，结束后要排水和清理污秽。

④油气分离器的保养：分离出的机油可重新作为真空泵的润滑油使用，但分离出的水会贮存在箱底，因此，作业后必须排水，否则会吸入泵内引起烧结等故障。机油使用时间过长，会降低润滑性和气密性。因此，应定期清扫内部，每月更换一次机油。

（3）沼液沼渣抽排运输车真空泵的维护

①泵头漏水是因为胶件没有压好，应重新装配或压紧。泵漏油是因油位太高，应降低油位；或因胶件失效，应更换胶件；或因装配有问题，应调整装配。机械密封泄漏是因摩擦损坏，应更换机械密封。填料寿命短是因填料材质不好，应更换好的填料；或因没有轴封水，应增加轴封水。

②轴承发热是因未开启冷却水，应开启冷却水；或因润滑不好，应按说明书调整油量；或因润滑油不清洁，应清洗轴承，换油；或因推力轴承方向不对，应针对进口压力情况，调整推力轴承方向；或因轴承问题，应更换轴承。

③泵振动是因泵发生汽蚀，应调小出水阀门，降低安装高度，减少进口阻力；或因叶轮单叶道堵塞，应清理叶轮；或因泵轴与电机轴不同心，应重新找正；或因紧固件或地基松动，应拧紧螺栓，加固地基。

④泵内部声音反常、泵不出水可能是因吸入管阻力过大，应清理吸入管路及闸阀；或因吸上高度过高，应降低吸上高度；或因发生汽蚀，应调节出水阀门，使之在规定范围内运行；或因吸入口有空气进入，应堵塞漏气处；或因所抽送液体温度过高，应降低液体温度。

⑤泵的电机超负荷是因泵的扬程大于工况所需扬程，运行工况点向大流量偏移，应关小出水阀门，切割叶轮或降低转速；或因运用电机时，没有考虑浆体相对密度，应重新选配电机；或因填料压得过紧，应调整填料压盖螺母。

⑥流量不足是因叶轮或进、出水管路阻塞，应清洗叶轮或管路；或因叶轮磨损严重，应更换叶轮；或因转速低于规定值，应调高泵的转速；或因泵的安装不合理或进水管路接头漏气，应重新安装或减少阻力；或因输送高度过高，管内阻力损失过大，应降低输送高度或减小阻力；或因进水阀开得过小或有障碍，应开大阀门；或因填料口漏气，应压紧填料；或因泵的选型不合理，应重新选型。

⑦泵不转是因蜗壳内被固硬沉积物淤塞，应清除淤塞物；或因泵出口阀门关闭不严，应关紧出口阀门。泵腔漏入浆液沉淀，应检修或更换出口阀门，清除沉渣。

⑧泵不出水、压力表有显示是因出水管路阻力太大，应检查调整出水管路；或因叶轮堵塞，应清理叶轮；或因转速不够，应提高泵转速。

泵不出水、真空表显示高度真空是因进口阀门没有打开或已淤塞，应开启阀门或清淤；或因吸水管路阻力太大或已堵塞，应改进设计吸水管或清淤；或因吸水高度太高，应降低安装高度。

泵不出水、压力表及真空表的指针剧烈跳动是因吸水管路内没有注满水，应向泵内注满水；或因吸入管路堵塞或阀门开启不足，应开启进口门，清理管路堵塞部位；或因泵的进水管路、仪表处严重漏气，应堵塞漏气部位。

2. 相关知识

沼液沼渣抽排运输车的车体部分由柴油机、偏盘式方向机、后桥、变速箱、轮胎和电启动6处组成。沼液沼渣抽排运输车真空泵主要由泵体、转子和轴组件前后泵盖、旋片、滑环、轴承盖及密封装置等零件组成，并且转子回旋中心偏心于泵体中心，泵体拆卸修理方便。

在抽运渣液时，车体通过发动机驱动真空泵，将罐体内部形成真空，利用罐体内外压力差将沼液和沼渣等吸入罐内，然后再利用压力差，真空泵向罐体内加压，将罐体内液体物质排入指定容器或指定地点的沼液储存池，如图5-5所示。

3. 注意事项

（1）使用沼液沼渣抽排运输车时的注意事项

①保证真空泵的清洁，防止杂物进入泵内。

②吸收渣液时，一定确保沼气池内的渣液混合均匀，不断搅拌使其尽量稀释。搅拌时

图5-5 沼液沼渣抽排运输车

若遇到较大的不可稀释的固体块时，要不断清除。

③保持油位。

④水分或其他挥发性物质进入泵内，影响极限真空时，可开气镇阀净化。观察极限真空回升情况，数小时后若无效，应更换泵油，必要时可再次更换。换油方法：先开泵运转约半小时，使油变稀。停泵，从放油孔放油，再敞开进气口运转 10～20 秒，此期间可从吸气口缓缓加入少量清洁泵油，以更换泵腔内存油。如果出来的油很脏，后者可重复进行。

⑤当渣液黏度较高时，使吸管偶尔吸入空气和水，可提高吸污效率。

⑥在吸入过程中，要经常观察设在渣液箱前端的渣液观察装置。当液位高度达到红色警戒线时，立即从沼气池中拔出吸污管，并分离动力输出轴。

⑦保持真空泵适宜转速，真空泵转速太高，转子发热加剧；转速太低，会引起拖拉机的爆震，底部件引起附加冲击，影响寿命。

⑧不可混入柴油、汽油等其他饱和蒸汽压较大的油类，以免降低极限真空。拆洗泵内零件时，一般用纱布擦拭即可。有金属碎屑、砂泥或其他有害物质时，必须清洗，可用汽油等擦洗，干燥后方可装配，切忌用汽油浸泡。

⑨倘若泵需要拆开清洗或检修，必须注意拆装步骤，以免损坏机件。

⑩大部分抽渣车的渣液箱内没有防波板，因此，拖拉机在行驶过程中不得急转弯或急刹车。

（2）装配真空泵时的注意事项

装配时，摩擦面涂上清洁真空泵油；记住零件原装配位置，可减少跑合时间；紧固件应无松动；应检查并酌情修正或调换磨损零件。装配后，应观察运转情况和在泵口测量极限真空，不合要求时，应加以调整；在检修泵的同时，应对系统管道、阀门和电动处等加以清理、检修。

思考与练习题

1. 如何维护沼气输气管道？

2. 维护沼气储气柜时应当注意什么？

3. 沼气脱水装置应如何维护？

4. 简述脱硫剂的装卸与再生操作步骤。

5. 简述分别采用低压盒式压力表和 U 形压力表时，其相应的维护要点。

6. 简述常压沼气锅炉的日常维护。

7. 太阳能加热系统维护应有哪些要求？

8. 机械搅拌装置维护应注意什么？

9. 简述机械搅拌装置调控器的定期维护。

10. 简述物料粉碎机维护要点和操作时注意事项。

11. 固液分离机的维护和保养要点是什么？

12. 简述固定式抽排泵的维护方法。

13. 如何维护潜污泵？应注意哪些事项？

14. 如何维护沼液沼渣抽排运输车？应注意哪些事项？

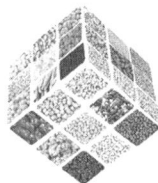

第六章　沼液沼渣利用

本章主要介绍中小型沼气工程的沼液沼渣的综合利用。

第一节　沼液利用

学习目标：能够利用沼液进行无土栽培及农田灌溉。

一、沼液利用

（一）无土栽培

无土栽培是用人工创造的根系环境取代土壤环境，并能对这种根系进行调控以满足植物生长的需要。它具有产量高、质量好、无污染，省水、省肥、省地，不受地域限制等优点。目前国内外均采用化学合成液作营养液，配制程序比较复杂，不易被群众掌握。利用沼气发酵液作无土栽培营养液栽培蔬菜，效果好，技术简单，易于推广。其技术方法如下：经沉淀过滤后的沼气发酵液通过供液管自动流入栽培槽再进入贮液池，再通过水位控制器连接的微型水泵将贮液池里的沼气发酵液抽回供液池，从而完成营养液的循环过程（图6-1）。

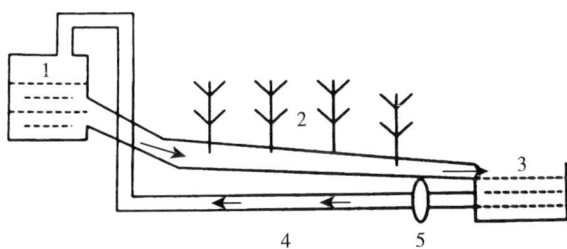

| (a) 沼液无土栽培蔬菜示意图 | (b) 沼液无土栽培蔬菜案例 |

图6-1　沼液无土栽培
1. 供液池；2. 栽培槽；3. 贮液池；4. 输液管；5. 微型水泵

将育好的蔬菜苗按宽行60厘米、窄行30厘米移栽入栽培槽内，株距均为33厘米。对沼气发酵液的要求是：沼液必须取自正常产气一个月以上的沼气池出料间的中层清液，无粪臭，呈深褐色，根据蔬菜品质不同或对微量元素的需要，可适当添加微量元素，并调节pH为5.5～6.0。在蔬菜培植过程中，要定期更换沼气发酵液。

　　沼液的营养成分齐全，经沼气发酵腐熟后，各种养分的可吸收态含量提高，是一种营养丰富的液体肥料，用作无土栽培的营养液具有明显的增产效果（表6-1、表6-2）。

表6-1　沼液与无土栽培专用营养液成分比较

单位：毫克/升

项目	硝态氮	氨态氮	磷	钾	钙	镁	硫	锰	锌	硼	钼	铜	铁
专用营养液	189	7	45	360	186	43	120	0.55	0.33	0.27	0.048	0.05	0.88
原沼液	0	984	247	500	590	161	68	11.00	1.20	0.91	0.200	0.19	4.50
稀释5倍沼液	0	197	49	100	118	35	13	2.20	0.24	0.18	0.040	0.04	0.90

表6-2　沼液与营养液无土栽培番茄产量比较

处理	株高（厘米）	茎粗（厘米）	果数（个）	果重（克）	株果重（克）	亩产（千克）	增产（千克）	增产（％）
沼液	252	0.86	19	108	2 033	5 940	1 082	22.3
营养液	222	0.83	19.9	86	1 658	4 858		

　　从表6-1可见，沼液的营养成分除钾和硫外，其他营养元素均高于专用营养液4～5倍，稀释后可替代专用营养液。

　　沼液中的氮均以氨态氮的形式存在，这对于优先吸收硝态氮或对硝态氮与氨态氮并行吸收的蔬菜作物来说，不能直接利用，必须先经过硝化细菌的作用，将氨态氮转化成硝态氮。

　　采用毛细管孔隙度的煤渣、谷壳灰和泥炭作为沼液无土栽培的基质，有利于硝化细菌的富集和培养，适宜于番茄、黄瓜、生菜以及香石竹、唐菖蒲等蔬菜花卉的无土栽培。

　　经大棚对比试验结果，沼液用作无土栽培营养液增产效果十分显著，番茄产量比专用营养液每亩增产1 082千克，增产22.3%。番茄不仅产量高，而且品质优，果实味道鲜，是无公害的绿色食品。沼液无土栽培的花卉，花期长，颜色鲜艳。

（二）农田灌溉

　　作为肥料还田是沼液重要的农业资源化利用方法。《NY/T 2065—2011沼肥施用技术规范》针对沼液肥提出了总养分含量高于0.2%的要求，当沼液养分含量超过这一水平时可通过清水稀释降低其有害物质含量水平。

1. 沼液无害化处理与利用工程

　　沼气工程产生的沼液经管渠进入无害化处理池，经监测存在有害重金属超标的应进行无害化处理，并将生成的沼渣、化学淤泥与沼液分离。沼渣、化学淤泥收集在暂存池中；经无害化处理的沼液进入储液池储存，使用时启动灌溉首部，沼液进入防爆抗堵管网系统，经手浇灌到园，实现有效利用，农用沼液无害化处理与利用工程工艺流程如图 6-2 所示，沼液施肥可与清水灌溉相结合，按肥水一体的要求进行设计。

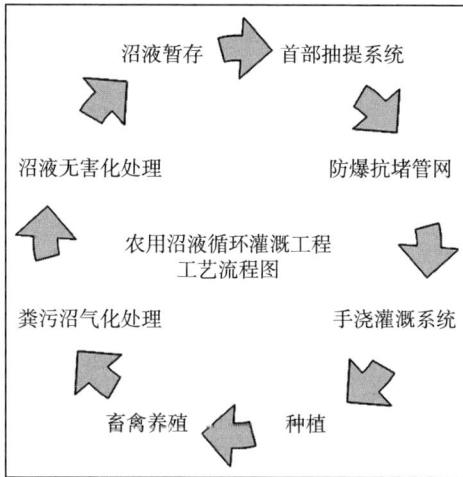

图 6-2　农用沼液无害化处理与利用工程工艺流程图

（1）无害化处理池

沼液无害化处理池按圆形设计，单池一般以 50～200 立方米为宜，可根据沼液日产量，采用单池设计或多池并联设计。池内应设计和建设沼液搅拌和无害化处理以及沼渣、化学淤泥排除装置。沼液质量监测及无害化处理的滞留时间为 3 天以上；应配套建设容积为 3～5 立方米的沼渣和化学淤泥暂存池。

（2）灌溉首部

灌溉首部包括：动力系统、沼液泵、管道安全装置、电器保护装置。

泵站设计应充分考虑灌区的覆盖面积、扬程。沼液泵必须满足可抽提含有纤维或其他悬浮物的高黏稠液体的要求，泵、管网及管件应具抗腐蚀性。应根据抽提扬程、出液量，设计安装管道安全装置、电器保护装置，实现管道自动调压抗爆、排堵防蚀和过载保护，满足普通 UPVC 等廉价管材在沼液提灌中不堵塞、不爆管，接口不拉裂、不滴漏的需要，降低建造和运行成本。大型养殖场可配套自动控制系统，自动控制系统应适用、可靠，并满足设施安全、经济运行要求。

（3）防爆抗堵管网

沼液肥水一体灌溉管网必须具有自动防爆抗堵等安全功能，具有防止管道沼液二次产气爆管，沼渣、厌氧菌落群生长和化学沉淀物、鸟粪石等堵管的处置设计和工艺装置，具有迅速发现和确定管道堵塞位置的监测装置。安装的防爆裂、防堵塞安全装置能够保证 UPVC、PVC、PE 等塑料管材在沼液管道灌溉中不出现堵塞、爆裂，接口拉裂、漏水等质量安全问题，保证沼液肥水一体灌溉管网的长期使用和安全运行。

各种管线应全面安排，用不同颜色加以区别，要避免迂回曲折和相互干扰，沼液输送管道与管件必须具备防腐性，管线布置应尽量减少管道弯头，减少能量损耗和便于清通。主要管网宜采用埋设，距管顶深度≥40 厘米，裸露部分应选用抗老化材料或进行防老化处理。长距离直线管道要设计防止热胀冷缩的构造。沼液灌溉管网应布设排水、泄空装置，高寒山区应考虑防冻装置。

（4）储液池

沼液储液池设计要因地制宜，尽可能利用自然落差和现有粪池或坑塘等条件，降低建造和运行成本。储液池应采取防雨水措施，进行防渗漏处理，防止污染地下水。

（5）手浇灌溉系统

田间按 40 米左右配置一个 $\phi25\sim32$ 毫米出水桩的标准，设计安装手浇灌施肥管网。

（6）田间防盐渍

在制定沼液循环工程规划时，应对长期或超量使用沼液可能出现的盐分滞留和盐渍化问题提出治理措施和方案。对地下水位较浅、涨水或排水不畅的种植园区，应制定以降低地下水位为主的排水规划，排水规划要符合种植作物的要求，蔬菜、茶叶和葡萄等浅根性作物排水沟深 $40\sim60$ 厘米，柑橘、枇杷、梨等深根性作物，排水沟深度 80 厘米以上，以利于雨水冲盐防渍。长期使用沼液肥的作物，应每年进行土壤或果树叶片营养检测，监测土壤养分重金属含量以及叶片必需营养元素的丰缺状况，指导矫治施肥。

2. 水肥一体化灌溉主要技术模式

根据不同地区气候特点、水资源现状、农业种植方式及水肥耦合技术要求，确保水分养分均匀、准确、定时定量地供应，为作物生长创造良好的水、肥、气、热环境，具有明显的节水、节肥、增产、增效作用。水肥一体化在全国分区域、分作物大概推广以下 4 种水肥一体化技术模式。

（1）西北、东北西部玉米、马铃薯、棉花膜下滴灌水肥一体化技术模式

膜下滴灌水肥一体化技术是集地膜覆盖、微灌、施肥为一体的灌溉施肥模式。借助新型微灌系统，在灌溉的同时将肥料兑成肥液一起输送到作物根部土壤。可根据实际情况确定是否覆盖地膜。与常规相比，采用膜下滴灌水肥一体化技术，平均增产粮食 $200\sim300$ 千克/亩，节水 150 立方米/亩。该技术适

用于水资源紧缺，有一定灌溉条件且蒸发量较大的干旱半干旱地区，重点是西北和东北西部，主要优势作物为玉米、马铃薯、棉花和果蔬等。

（2）华北、长江中下游小麦、玉米微喷水肥一体化技术模式

通过定期监测土壤墒情，建立灌溉指标体系，根据作物需水规律、土壤墒情和降水状况确定灌水时间、灌水周期和灌水量。在灌溉时，采用管道输水，用微喷带进行灌溉，结合水溶性肥料的应用，满足作物对水分养分的需求。试验示范表明，采用微喷水肥一体化技术，小麦、玉米平均增产 10%～20%，一年两季节水 110 立方米/亩以上。该技术适用于水资源紧缺，有灌溉条件但地下水超采严重的半干旱、半湿润地区，以及季节性干旱严重的湿润地区，主要优势作物是小麦、玉米等，适宜面积超过 0.13 亿公顷。

（3）设施农业蔬菜、水果滴灌水肥一体化技术模式

设施农业水肥一体化技术是利用机井或地表水为水源，借助滴灌进行灌溉和施肥，集微灌和施肥为一体，通过建立新型微灌系统，在灌溉的同时将肥料配兑成肥液一起输送到作物根部土壤。设施蔬菜水果平均节水 100 立方米/亩，节本增收 800 元/亩以上。该技术模式适用于全国范围内的设施农业应用，主要优势作物是蔬菜、瓜果和花卉等经济作物。

（4）果园滴灌、微喷灌水肥一体化技术模式

果园滴灌、微喷灌水肥一体化技术是集微灌和施肥为一体的灌溉施肥模式，每行果树沿树行布置一条灌溉支管，借助微灌系统，在灌溉的同时将肥料配兑成肥液一起输送到作物根部土壤。果树平均节水 80～100 立方米/亩，节本增收 800 元/亩以上。该技术适用于全国有水源条件的果园，主要优势作物是苹果、葡萄、香蕉、菠萝等水果。在没有水源的地区需要在配备集雨设施设备的基础上，实现滴灌、微喷灌水肥一体化。

二、相关知识

（一）沼液水培相关知识

水培是一种新型环保的现代化蔬菜栽培技术，与土壤栽培相比，水培作物不受土壤条件的限制，有效解决了蔬菜等农作物生产受土壤资源短缺和自然条件的制约，能够人为控制作物根系生长环境，给作物提供充足的养分。水培蔬菜生长周期短，无污染，省肥，产量高，品质好，具有很好的经济价值。营养液作为蔬菜生长所需的各种营养元素的直接来源，其原料和各营养元素的配比尤为重要。随着国家大力推进农业发展与资源可循环利用，沼液作为一种可再生资源在水培蔬菜技术中被广泛应用。沼液作为水培蔬菜有机营养液的重要成分，对于改善品质、提高产量具有重要作用，也是对有机农业的有益补充，并且突破了无土栽培必须使用化学营养液的传统观念，但并不是直接采用沼液进

行水培蔬菜就必然获得优质高产；另一方面，水培蔬菜作为一种农业高新技术生产形式，具有生产过程可以精准控制的优点，如何实现科学管理沼液添加的营养液需要进行系统的科学研究，为推广应用提供理论和技术基础。因此，以沼液代替或部分取代无机营养液进行蔬菜栽培，对于提高蔬菜产量和品质具有重要意义。

（二）沼液农田灌溉相关知识

沼液农田灌溉可通过增加土壤氮磷钾与有机质养分含量、疏松土壤等途径改良土壤，提升土壤肥力，提高农产品的产量与品质。但大量施用沼液对周边土壤与水体环境也存在着一定的污染风险。在沼液农田灌溉相关研究中，氮素往往以硝态氮的形式淋失。沼液可增强土壤硝化作用，用量过高会导致大量硝态氮产生；与施用传统化肥相比，施用等氮量的沼液可降低对浅层地下水态氮和硝态氮的污染；施用过后地下水中含磷量略有增加。沼液作液体肥料施用是当前沼液资源利用的主要方式，规模化养殖场粪便污染最好的防治方式是还田利用，规模化养殖场产生的粪便量和农田承载负荷与消纳量还有很大距离，进行还田利用是具有一定可行性的。因此，沼液通过还田资源化综合利用不仅可以避免二次污染，而且作为有机肥还可满足作物营养需求，采用沼液进行农田灌溉时，还需根据作物、生育期及土壤类型等因素，综合确定适宜用量。

三、注意事项

（一）盐渍化防控

长期施用沼液或排水不畅，易出现土壤盐渍化的问题，应对盐分滞留和盐渍化问题预先提出治理方案。长期使用沼液的种植基地，应结合涝渍伴生的自然特点，建设好田间排水设施，根据土壤墒情和防治盐渍的要求，降低地下水位并利用雨水径流和清水灌溉冲刷淋溶盐分。

地下水位较浅，涨水或排水不畅的种植园区，应开挖排水沟渠降低地下水位，排水要求应符合种植作物的需要。蔬菜、葡萄等浅根性作物排水沟深40～60厘米，柑橘、苹果等深根性作物，排水沟深度≥80厘米。

（二）脱水烧苗防控

为避免发生作物果实和叶片的药害损伤以及根系的反渗透脱水烧苗，沼液中总盐含量超标时，不得直接用于作物叶面喷施和土壤还田，可添加清水稀释至适宜浓度后施用。每批次农用沼液使用前，应检测总盐浓度和pH，若实测有困难，则可用速测仪或波美计进行检测。总盐浓度超过限量指标的应加清水稀释至适宜值以下。

第二节　沼渣利用

学习目标：能够利用沼渣培养食用菌和配制营养土。

有机物质在厌氧发酵过程中，除了碳、氢、氧等元素逐步分解转化，最后生成甲烷、二氧化碳等气体外，其余各种养分元素基本保留在发酵后的剩余物中，其中一部分水溶性物质保留在沼液中，另一部分不溶解或难分解的有机、无机固形物则保留在沼渣中，在沼渣的表面还吸附了大量的可溶性有效养分。所以，沼渣含有较全面的养分元素和丰富的有机物质，具有速缓兼备的肥效特点。

沼渣含有机质 30%～50%、腐殖酸 10%～20%、粗蛋白质 5%～9%、全氮 1%～2%、全磷 0.4%～1.2%、全钾 0.6%～2.0% 和多种微量元素，与食用菌栽培料养分含量相近，且杂菌少，十分适合食用菌的生长，利用沼渣栽培食用菌具有取材广泛、方便、技术简单、省工省时省料、成本低、品质好、产量高等优点。

一、沼渣利用

（一）沼渣培养食用菌

1. 沼渣栽培蘑菇

（1）培养料的准备和堆制

①沼渣的选择。一般来说，沼渣都能栽培蘑菇，但优质沼渣更能促进蘑菇的增产。所谓优质沼渣，是指在正常产气的沼气池中停留 3 个月以上，出池后无粪臭味的沼渣。

②栽培料的配备。蘑菇栽培料的碳氮比要求在 30：1 左右，所以每 100 立方米栽培料需要 5 000 千克沼渣、1 500 千克麦秆或稻草、15 千克棉籽皮、60 千克石膏、25 千克石灰。含碳量高的沼渣可直接用于栽培蘑菇。

③栽培料的堆制。栽培料按长 8 米，宽 2.3 米，高 1.5 米堆制，顶部呈龟背形。堆料时，先将麦草铡成 30 厘米长的小段，并用水浸透铺在地上，厚 16 厘米；然后将发酵 3 个月以上的沼渣晒干、打碎、过筛后均匀铺撒在麦草上，厚约 3 厘米。照此方法，在第一层料堆上再继续铺放第二层、第三层。铺完第三层时，向堆料均匀泼洒沼液，每层 160～200 千克，第四至第七层都分别泼洒相同数量的沼液，使料堆充分吸湿浸透。堆料 7 天左右，用细竹竿从料堆顶部朝下插一个孔，把温度计从孔中放入料堆内部测温。当温度达到 70℃时，进行第一次翻料。如果温度低于 70℃，应适当延长堆料时间，使温度上升到 70℃时再翻料；并注意控制温度不要高过 80℃以上，否则原料腐熟过度，会

导致养分消耗过多。第一次翻料时，加入 25 千克碳酸氢铵、20 千克钙镁磷肥、4 千克棉籽皮、14 千克石膏粉。加入适量化肥可补充养分和改变培养料的理化性状；石膏可改变培养料的黏性而使其松散，并增加硫、钙矿质元素。拌和均匀后，继续堆料。堆肥 5～6 天，测得料堆温度达 70℃时，进行第二次翻料。此次用 40％的甲醛液 1 千克兑水 40 千克，在翻料时喷入料堆消毒，边喷边拌。如料堆变干，应适当泼洒沼液，以手捏滴水为宜，如料堆偏酸，可适当加入石灰，使料堆的酸碱度 pH 7～7.5 为宜。然后继续堆料 3～4 天，当温度达到 70℃时，进行第三次翻料。在此之后，堆料 2～3 天即可移入菌床使用。整个堆料和 3 次翻料共需 18 天左右。

（2）菇房和菇床的设置

蘑菇是一种好气性菌类，需要充足的氧气，属中温型菌类，其菌丝体生长的最适宜温度是 22～25℃；子实体的形成和发育需要较高的湿度，但两者对光线要求不严格。因此，设置菇房时，要求菇房坐北朝南，保温、保湿和通风换气良好。菇房的栽培面积不宜过大。床架与菇房要垂直排列，菇床四周不要靠墙，靠墙的走道 50 厘米，床架与床架之间的走道 67 厘米。床架每层距离 67 厘米，底层离地 17 厘米以上。床架层数视菇房高低而定，一般 4～6 层，床宽 1.3～1.5 米。床架要牢固，可用竹、木搭成，也可以用钢筋混凝土床架，每条走道的两端墙上各开上、下窗一对，五层床架以上的菇房还要开一对中窗。上窗的上沿一般略低于屋檐，下窗高出地面 10 厘米左右，大小以 40 厘米宽、50 厘米高为宜。

（3）接种

①菇房消毒。16 平方米的菇房用 500 克甲醛液兑水 20 千克喷在菇房内面和菌架、菌床上，喷完后随即将敲碎的 150 克硫黄晶体装在碗内，碗上盖少量柏树叶和乱草，点燃后，封闭门窗熏蒸 1～2 小时。3 天后，喷高锰酸钾水溶液（20 粒高锰酸钾晶体兑水 7.5 千克），次日进行装床接种。

②装床接种。生产证明，最适宜的接种时间是 9 月 10 日左右，过早或过迟接种都会影响蘑菇的产量和质量。把培养料搬运到菌床上摊铺 15 厘米厚，即可接种，每瓶菌种可播 0.3 平方米左右。穴播，行株距 10 厘米。接种时，菌种要稍露出培养料的表面。气候干燥、培养料草多粪少或偏干，接种稍深些；气候潮湿、料偏湿或粪多草少的接种可浅些。

（4）管理

①覆土。接种后，菇房通风要由小到大，逐渐增加。接种后 3 天左右以保湿为主，初次通风，一般只开个别的下窗。7 天以后，进行大通风，并且在床架反面料内戳洞或撬松培养料，以使料中间的菌丝繁殖生长。播种后 18 天左右，当培养料内的蘑菇菌丝基本长到料底时进行覆土。

覆土应选团粒结构好、吸水保湿能力强、遇水不散的表层 15 厘米以下的壤土。覆土分粗细两种，粗土以蚕豆大小为宜，每平方米 27 千克左右。细土大于黄豆，粒径约 6 毫米，每平方米 22 千克左右。覆土前 5 天左右，每 110平方米栽培面积的土粒，用甲醛 1 千克兑水喷洒后，用塑料薄膜覆盖熏蒸消毒12 小时。再用敌敌畏 1 千克兑水喷洒，盖上薄膜 12 小时，待药味散发后进行覆土。先用粗土覆盖培养料。3 天后进行调水，接连调水 3 天，每平方米用水9 千克左右，调至粗土无白心、捏得扁。覆粗土后 8 天左右，当菌丝爬到与粗土基本相平时，覆盖细土。一般覆细土后的第二天开始调水，连调 2 天，调到细土捏得扁，其边缘有裂口即可，每平方米用水 12 千克左右。覆土能改变培养料中氧和二氧化碳的比例与菌丝体生长的环境，促进子实体的形成。覆土层下部土粒大，缝隙多，通气良好，利于菌丝体生长。上层土粒小，能保持和稳定土层中的湿度。

②温度湿度调控。20～25℃是菌丝生长的最适宜温度。低于 15℃，菌丝体生长缓慢；高于 30℃，菌丝体生长稀疏、瘦弱，甚至受害。调节温度的方法是：温度高时，打开门窗通风降温；温度低时，关门或暂时关闭 1～2 个空气对流窗。培养料的湿度为 60％～65％，空气相对湿度为 80％～90％。调节湿度的办法是：每天给菌床适量喷水 1～2 次；湿度高时，暂停喷水并打开门窗通风排湿。

③补充营养。当最初菌丝长得稀少时，用浓度为 0.25～1 毫克的三十烷醇（植物生长调节剂）10 毫升兑水 10 千克喷洒菌床。

④检查。加强检查，经常保持空气流通，避免光线直射菌床。每采摘完一次成熟蘑菇后，要把菇窝处的泥土填平，以保持下一批菇的良好生长环境（图 6-3）。

图 6-3　沼渣栽培蘑菇示意图

2. 沼渣栽培平菇

平菇是一种生命力旺盛、适应性强、产量高的食用菌，沼渣栽培平菇的技术要点如下：

（1）沼渣的处理

选用经充分发酵腐熟的沼渣，将其从沼气池中取出后，堆放在地势较高的地方，盖上塑料薄膜沥水 24 小时，其水分含量为 60%～70% 时就可作培养料使用。注意不要打捞池底沉渣，以免带入未死亡的寄生虫卵。在沥水过程中，一定要盖上塑料薄膜，防止蝇虫产卵污染菇床。

（2）拌和填充物

由于沼渣是经长期厌氧发酵的残留物，通气性差。因此，用沼渣作培养料，需添加棉籽壳、谷壳、碎秸秆等疏松的填充物，以增大床料的空隙，有利于空气流通，满足菌丝生长发育的需要。沼渣与填充料的比例以 3：2 为宜。填充料先加适量的水拌匀，再与沥水后的沼渣拌和即可放入菇床。如果用棉籽壳作填充料，必须保证无霉变，使用前要晾晒。

（3）菇床的选择

平菇在菌丝生长阶段，最适温度为 25～27℃，空气相对湿度为 70%；长菇阶段，最适温度为 12～18℃，培养料表面湿度和空气相对湿度为 90% 左右。平菇对光线要求不高，有漫射光即可。菇床一般选择通风的室内。如果菇床设在楼上的地面，则需用塑料薄膜垫底保湿。菇床面宽为 0.8～1.0 米，长度视场地而定，培养料的厚度为 6.5～8 厘米。

（4）掌握播种期

平菇培养时间是 9 月下旬至翌年 1 月底，这 120 天之内均可播种。每 100 千克培养料点播菌种 4 千克。菌种要求菌丝体丰满，无杂菌，菌龄最好不超过 1 个月。播种按株、行距 6.5 厘米点播，点播深度 3.3 厘米，每穴点蚕豆大小的一块，播后用塑料薄膜覆盖，以保温、保湿。

（5）日常管理

平菇的菌丝体生长阶段是积累养分的阶段，水分和氧气需要量不大。因此，需用薄膜盖好，以保湿、保温和防止杂菌污染，一般每隔 7 天揭膜换气一次。当子实体形成后，需水量和需氧量增大，这时要注意通风和补充水分。当菌株开始出现，菌床表面湿润，薄膜内有大量水珠时，应将薄膜支起通风。通风后如菌床表面干燥，可进行喷水管理。喷水的原则是天气干燥时勤喷、少喷，雨天不喷。

（6）适时采收

在适宜条件下，从出菇到长成子实体（供食用部分），需经过 7 天左右，子实体长到八成熟即可采收。采收要适时，过早会影响产量，过迟会影响品质。第一批采收后，经过 15～20 天又可采收下一批。培养料接种后，一般可采收 3～4 茬平菇。

（7）追施营养液

收获一茬平菇后需追施营养液，以促进下批平菇早发高产。追施的方法是：用木棒在培养料表面打 2 厘米深的孔，用 0.1％的尿素溶液或 0.1％的尿素溶液加 0.1％的糖水灌注。

（8）病虫害的防治

在高温、高湿的条件下，培养料容易生虫、长杂菌，发现杂菌生长，应及时挖净；若发现虫害，可用 0.2％～0.3％的敌敌畏喷雾或用敌敌畏棉球熏杀，但要注意防止药害。

3. 瓶栽灵芝

灵芝的生长以碳水化合物和含碳化合物如葡萄糖、蔗糖、淀粉、纤维素、半纤维素、木质素等为营养基础，同时也需要钾、镁、钙、磷等矿质元素。沼气发酵残留物中所含的营养和元素能够满足灵芝生长的需要。利用沼渣瓶栽灵芝的技术方法和要点如下：

（1）沼渣处理

选用正常产气 3 个月以上的沼气池中的沼渣，其中应无完整的秸秆，有稠密的小孔，无粪臭。将沼渣烘至含水量 60％左右备用。

（2）培养料配制

由于沼渣有一定的黏性，弹性较差，通气性不好，不利于菌丝下扎。因此，需要在沼渣中加 50％的棉籽壳，以克服弹性差和透气性差的缺点。另外可加少量玉米粉和糖，配制时将各种配料放在塑料薄膜上拌匀即可。

（3）装瓶及消毒

用 750 毫升透明广口瓶装料，培养料装瓶至瓶高的 3/4 处，要边装边拍，使瓶中的培养料松紧适度，装完后将料面刮平。然后用木棍在料面中央打一个孔洞至料高的 2/3 处，旋转退出木棍。装瓶后，将瓶倒立于盛有清水的容器中，洗净瓶的外壁，再将瓶提起并倾斜成 45°角左右，让水进入瓶内空处，转动瓶子以清洗内壁。然后取出，擦干瓶口，塞上棉塞，蒸煮 6 小时，再消毒，蒸后在蒸笼里自然冷却。

（4）接种

接种前，接种箱和其他用具需先用高锰酸钾溶液消毒。接种时，将菌种瓶放入接种箱内，先将菌种表面的菌皮扒掉，再用镊子取一块菌种，经酒精灯火焰迅速移入待接种的培养瓶内，放在培养料的洞口表面，塞上棉塞，一瓶就接种完毕。

（5）培养管理

接种后的培养瓶放在培养室里培养，温度控制在 24～30℃（菌丝最适温度为 27℃），相对湿度控制在 80％～90％。发现有杂菌的培养瓶应予以淘汰。灵芝的菌丝体在黑暗环境中也能生长，但在子实体生长过程中需要较多的漫射散光，并要有足够的新鲜空气（图 6-4）。

图 6-4　沼渣栽培灵芝示意图

（二）沼渣配制营养土

1. 配制营养土

沼渣含有 30%～50%的有机质、10%～20%的腐殖酸、0.8%～2.0%的全氮、0.4%～1.2%的全磷、0.6%～2.0%的全钾和多种微量元素等，是配制营养土和营养钵的优质营养原料。用沼渣配制营养土和营养钵，应采用腐熟度好、质地细腻的沼渣，其用量占混合物总量的 20%～30%，再掺入 50%～60%的泥土、5%～10%的锯末、0.1%～0.2%的氮、磷、钾复合肥及微量元素、农药等拌匀即可。如果要压制成营养钵等，则配料时要调节黏土、沙土、锯末的比例，使其具有适当的黏结性，以便于压制成形。

2. 配制树苗容器营养土

将沼气发酵残留物晒干、打散，用孔眼 17 毫米×17 毫米的大筛筛除渣草。营养土配方为每 10 000 株苗用沼气发酵残留物粉 30 千克，土 3 500 千克（其中森林表土占 40%、苗根土 40%、肥土 20%），过磷酸钙 7.2 千克，氯化钾 4.3 千克。将其混合拌匀，然后装入特制的塑料袋中。此种配方基肥充足，可减少追肥次数和用量。

二、相关知识

沼渣作为有机废弃物沼气发酵的残留物，其原料中的蛋白质、脂肪及糖类物质基本上被分解利用；纤维素、半纤维素只有 30%左右被分解利用，通过微生物的繁殖转化为菌体蛋白，因此沼渣中的粗蛋白成分含量较高。而木质素则基本没有被分解利用。

未被利用的物质保留在沼渣中，但不同原料发酵的沼渣营养成分相差较大，如牛粪、猪粪、玉米酒糟等进行沼气发酵后其粗蛋白含量为14.33%～46.09%，实际应用时还需要根据具体沼渣原料调整用量。

三、注意事项

1. 用沼渣制作基料时，要沥去沼气发酵残留物中过量的水分。刚出池的沼气发酵残留物要堆放在地势较高的地方，并用塑料薄膜盖好，让其自然沥水，至含水量为60%～70%时（即手捏指缝里有水但滴不下）就可作栽培料。用沼气发酵残留物作培养料时，注意不要打捞池底的沼气沉渣。在沼气发酵残留物沥水过程中，要注意塑料薄膜封严，防止蝇虫在上面产卵。

2. 沼气发酵残留物必须拌和适量填充物。由于沼气发酵残留物是沼气发酵原料经长时间厌氧分解后的残留物，大都呈无定形状态，通透性能差，因此，沼气发酵残留物用作培养料需添加棉籽壳、谷壳、碎秸秆等疏松的填充物，以增加料床空隙，有利于空气流通，满足菌丝体生长发育对氧气的需要，从而促进菌丝发育，吃料充分，增加产菇量。根据试验，沼气发酵残留物与填充物的混合比例以6∶4为宜。

3. 掌握适宜播种期。沼气发酵残留物栽培平菇的要求比较严格，一定要掌握在9月下旬开始播种，切勿过早播种，否则会因气温高，寄生虫大量繁殖，致使菌丝无法生长。

思考与练习题

1. 沼液无土栽培蔬菜的技术要点是什么？

2. 沼液中的氮以什么样的形式存在？对蔬菜作物来说，能否直接利用？如果不能，需要经过怎样的转化过程？

3. 沼液无土栽培的注意事项是什么？

4. 农用沼液无害化处理与利用工程工艺的流程是什么？

5. 水肥一体化灌溉主要技术模式有哪些？请简要描述。

6. 简述沼液使用时的盐渍化防控和脱水烧苗防控的注意事项。

7. 如何用沼渣栽培蘑菇？应掌握哪些关键技术？

8. 如何用沼渣栽培平菇？应掌握哪些关键技术？

9. 如何用沼渣瓶栽灵芝？应掌握哪些关键技术？

10. 如何用沼渣配制营养土？沼渣配制营养土的优势是什么？

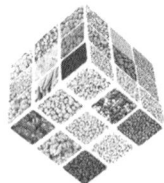

第七章　技术培训指导

随着中小型沼气工程的应用和普及，加强沼气后续服务能力建设，强化服务功能，提升沼气高级工的职业技能和综合素质，是加强中小型沼气工程日常维护的技术保障。本章从沼气工的角度，重点介绍中小型沼气工程日常巡检应做的工作及经营好后续服务网点的有关知识。

第一节　技术培训

学习目标：熟悉户用沼气相关知识；能从事沼气中级工、沼气初级工培训工作。

一、沼气施工技术培训

沼气高级工应掌握小型沼气工程的工艺特点，熟悉职业技能培训流程，能够编写沼气培训教案和用户管理指南。

（一）教案编写

1. 理论课培训教案的编写

（1）钻研培训教材

要钻研吃透培训教材内容，对所授内容做到融会贯通。明确培训目的，根据培训教材的要求确定培训的重点及难点，以便在培训中能突出重点、突破难点，深入浅出。依据培训教材，了解要求受训学员掌握的各项技能、能力的侧重面。掌握教材的科学性、实践性及系统性，明确各章节的衔接关系，使教材循序而学便于接受。

（2）明确培训目的

培训目的是培训过程结束时所要达到的结果，或培训活动预期达到的结果，是编写培训教案的灵魂。因此，在编写培训教案时，首先要明确培训目的，并紧紧围绕培训目的。让学员了解沼气装备的原理与结构，其目的就是使学员能对沼气装备进行正常使用及维护。

（3）突出培训重点

培训重点是依据培训目的，在对培训教材进行科学分析的基础上而确定的最基本、最核心的培训内容，是理论培训中需要解决的主要矛盾，是培训的重心所在。突出培训重点是教师进行培训设计（备课）时必须面对和进行的工作，而能否突出重点是高效培训的前提，是提高理论培训质量的重要保障和关键。

（4）突破培训难点

培训难点是指那些太抽象、离受训学员生活实际太远、过程太复杂、学员难于理解和掌握的知识、技能与方法。难点具有暂时性和相对性。难点内容一旦经过培训被学员理解和解决了，难点就不复存在了，这就是难点的暂时性。同一知识与技能对一部分学员可能是难点，而对另一部分学员就可能不是难点，这就是难点的相对性。所以，教师在编写培训教案时要深入了解受训学员的接受能力，因材施教，突破难点。

（5）采用启发式培训

启发式培训，就是根据培训目的、内容、受训学员的知识水平和知识规律，运用各种教学手段，采用启发诱导办法传授知识、培养技能，使学员积极主动地学习。认真贯彻启发式培训原则是增强培训效果的有效途径。

（6）采用多媒体培训

多媒体培训技术作为辅助培训手段，具有贮存信息量大、画面丰富、多媒体综合运用等特点，在培训过程中为受训学员建立了一个音形并茂、图文兼顾、动静结合的培训环境，开阔学员的视野，丰富学员的想象力，调动学员的学习兴趣，从而大大提高培训效率。因此要求教师平时注意多学一些电脑操作方法，或在计算机专业人员的配合下共同完成课件的制作。

（7）精心设计板书

随着科学技术的发展，许多现代化的教学手段已经走入课堂，但是板书在教学中仍起着不可替代的作用，板书内容构成直接影响板书质量和教学效果。因此，教师应对板书内容进行精心设计，使其达到科学、精练、易懂、易记的效果。

（8）设计培训过程

精心设计培训过程是对培训进行整体优化，是在一定的培训条件下寻求合理的培训方案，使教师和学员花最少的时间和精力获得最好的培训效果，使学员获得更多的知识及技能。

（9）反复修改教案

培训教案编写完成后应反复修改，广泛征集多方建议，并通过实际培训，发现问题，不断修改，日臻完善。

2. 实训课的培训教案编写

实训课教案的基本内容，一般包括课题名称、实训目的、实训重点和难点、实训组织形式、实训进程（含讲述内容、示范内容、操作内容、学员实训场地和实训任务分配、培训方法运用、板书设计）、实训器材和技术资料准备等内容。

（1）课题名称

实训课的题目，一般与培训教材上所列相一致。当实训内容较多，需用的课时也较多时，每个所涉及的实训内容可由培训教师自己总结，归纳出一个题目。

（2）实训目的

实训目的一般要从四个方面考虑：其一，考虑教给学员哪些实际知识，培训哪方面的实际操作能力和技能、技巧；其二，考虑让学员能运用知识分析实际问题，掌握解决实际问题的能力；其三，考虑让学员在实训过程中完成哪些操作任务；其四，考虑对学员进行哪一方面的安全教育。

（3）实训重点

实训的重点是为了达到确定的实训目的而必须着重讲解、示范和训练的内容，就是要求学员需要重点掌握的技能或技巧，在编写教案时重点准确，才能在实训中突出重点，解决好实训的主要矛盾。

（4）实训难点

实训的难点是就学员的接受情况而言的，学员难以理解，难以掌握的操作知识、技能和技巧，即可确定为实训的难点，实训时就能恰当地处理教材，从而更好地克服难点，就能扫除学员掌握技能、技巧的障碍。

（5）组织形成

实训课教学过程一般分为练习操作、辅导操作、独立操作三个训练阶段。沼气技术培训的组织形式应因地制宜，根据实训场地、设备、仪器、仪表等多种因素而确定实训课的组织形式。条件较好时应尽量采用在培训教师的指导下进行独立操作的实训组织形式，有利于学员的训练和对知识、技能的掌握。

（6）实训进程

实训进程的设计是编写教案的主体，实训课指导教师在编写教案时应当精心设计实训方法和板书。设计实训进程要做到围绕实训的目的和要求，兼顾学员情况。在实训准备阶段深入钻研教材，掌握并精通教材内容及实训课具体训练内容，恰当安排好每个实训环节。实训方法（讲授法、演示法、操作练习法、讨论法、参观法和多媒体教学法等）的运用要因地制宜，在编写实训教案时，应充分考虑好运用哪种或哪几种教学方法。

（7）安全教育

在编写实训课培训教案时，千万不可忽视安全教育。在实训课教学中，要对学员进行安全教育，其中包括安全使用沼气、安全用电、安全使用沼气装备、安全操作等。

3. 注意事项

（1）在编写理论课培训教案时注重理论联系实际，突出能力和技能培养。

（2）在编写沼气培训教案时应采取因材施教的培训原则，从实际出发，从培训对象的年龄、文化程度、能力结构及思想状况出发，才能收到良好的培训效果。

（3）在编写实训课培训教案时应因地制宜，采用灵活多变的培训原则，将项目实施与培训、专家面授与多媒体、典型示范与现场参观相结合，充分聚集培训的正能量，提高培训效益。

（4）编写培训教案要详略得当，对重点内容要写得详细一些，对非重点内容和具有提示性的内容可稍简略地写。

（5）加强培训组织管理，重视安全教育，避免受训人员发生意外事故。

4. 培训原则

（1）启发式培训

教师在编写培训教案过程时，要注意设疑启发，以激发学员兴趣。教师要科学设计问题，组织学员展开讨论，让学员成为课堂的主人，教师要始终以导学为主，以学员为主体，注重培养学员的兴趣和自主学习的能力。

（2）理论联系实际

组织培训要突出培训的实效性，强调理论培训与现场培训相结合，理论内容与动手操作相结合，学以致用，才能真正达到培训的目的。

（3）因材施教

教师在编写培训教案时，要根据学员的实际接受能力而展开教学，深入浅出。

（4）项目实施与培训相结合

争取利用国家或地方的农村能源、畜禽粪污处理、绿色种养循环、农村环境治理等各类项目支持，开展沼气工程建设及安全生产等培训项目，通过开展沼气技术培训既能推动项目的完成，又能实现沼气培训的目的。

（5）典型示范与现场参观相结合

现场参观具有形象、生动、印象深刻等特点，对于一些听不明白的较难问题，通过参观可以立刻取得成效，在条件允许的情况下要多利用这种培训方式。

（二）用户管理指南编写

1. 用户管理指南的编写

中小型沼气工程的运行管理需要多工种的配合，为了加强用户管理，建立健全沼气工程运行管理规章制度，实现科学、合理、规范的运行管理体系，以保证沼气工程的安全、稳定、高效运行，而编写用户管理指南。由于沼气工程的运行都要因地制宜建立各自相应的管理制度，同时运行管理人员必须严格按照管理制度进行工作，才能确保沼气工程安全、长效运行。因此，编写用户管理指南显得尤为重要。用户管理指南主要涵盖以下内容：

（1）安全及消防要求的规定及规范。

（2）前处理系统运行操作规范。

（3）厌氧消化系统运行操作规范。

（4）沼气净化系统操作规范。

（5）输、储气系统运行操作规范。

（6）沼气安全利用操作规范。

（7）沼肥安全生产技术规范。

（8）操作工、分析工、电工、维修工、管理员等工种操作技术规范。

2. 注意事项

（1）编写用户管理指南首先应突出"安全第一"的主导思想，并把安全教育、管理、操作、警示写入相应的规范及岗位责任制之中。

（2）编写用户管理指南时，要以国家或地方沼气工程管理规范为依据，因地制宜，制定各自的管理规章制度。

（3）管理规章制度不可全部照搬照抄，要根据各类沼气工程的特点及管理、操作人员的水平编写相应的用户管理指南。

二、沼气站维护管理培训

（一）沼气工程设备维护管理

1. 沼气站设备操作规程

操作者必须经培训熟悉沼气站设备的一般性能和结构，才能持证上岗。

（1）保持设备清洁

①必须保持设备与设施的清洁整齐，在粉碎机、搅拌机、泵、净化器、配电箱、控制柜、开关等设备上没有尘埃、油污或其他残余物滞留。

②经常打扫设备室卫生，清除地面积水及油污，保持设备房通风、干燥，防止设备被腐蚀。

③配电箱、控制柜、空气开关门应紧闭不能敞开。

（2）设备启动前应检查以下情况

①了解前一班设备运转记录情况。

②检查有无妨碍设备启动的障碍物。

③各种设备是否完好，导线敞露部分有无破损。

④沼气有无泄漏，是否有相应的足够的灭火器材，电器设备及其导线附近有无易燃物品，以及其他能损害设备和引起火灾的物品。

（3）设备启动时的注意事项

①检查各部传动装置和运转装置是否正常。

②检查设备启动初运行是否正常。

③按下按钮后设备不工作或有其他异样，应立即停机、切断电源，待故障排除后重新启动。

（4）设备运行中应注意的问题

①设备有无异常振动和不正常音响或发热现象。

②搅拌机、粉碎机、泵等设备在运行中有无被缠绕或堵塞现象。

③检查电机与导线、开关与导线接触处有无启弧现象。

（5）设备停止时应注意事项

①停机应在设备无负荷的情况下进行。

②检查设备设施有无异常现象。

③所有电机停止运转后要切断电源。

2. 沼气站安全运行操作规程

（1）沼气站必须对新进站的人员进行系统的安全教育，并建立定期的安全学习制度。

（2）沼气站应在明显位置配备消防器材和防护救生器具及用品。

（3）应制定火警、易燃及有害气体泄漏、爆炸、自然灾害等意外突发事件的紧急预案，应在主要设施醒目位置设立禁火标志，严禁烟火。

（4）运行管理人员和安全监督人员必须熟悉沼气站存在的各种危险、有害因素和由于操作不当所带来的危害。

（5）各岗位操作人员上岗时必须穿戴相应的劳保用品，做好安全卫生工作。

（6）对产生、输送、储存沼气的设施应做好安全防护，严禁沼气泄漏或空气进入厌氧沼气池及沼气储气、配气系统；严禁违章明火作业；储气柜蓄水池内的水严禁随意排放；冬季防冻，以防罐内产生负压损坏罐体；当水封的水pH 小于 6 时及时换水；外表注意防锈。

（7）厌氧沼气池溢流管必须保持通畅，应保证厌氧沼气池水封高度，冬季应每日检查。环境温度低于 0℃时，应防止水封池结冰。

（8）凡在对具有有害气体或可燃气体的构筑物或容器进行放空清理和维修时，应打开人孔与顶盖，采用强制通风措施 48 小时，采用活体小动物进行有害气体检测无误后检修人员方可进入，维修过程中连续通风至维修结束，且池外必须有人进行安全保护，防止意外发生。

（9）电源电压波幅大于额定电压 5% 时，不宜启动电机。电器设备必须可靠接地。操作电器开关，应按电工安全用电操作规程进行。信号电源必须采用

36 伏安全电压以下。

（10）沼气站严禁烟火，并在醒目位置设置"严禁烟火"标志；严禁违章明火作业，动火操作必须采取安全防护措施，并经过安全部门审批；禁止石器、铁器过激碰撞。操作人员应熟练掌握，并会使用灭火器。

（11）各种设备维修时必须断电，并应在开关处悬挂维修标牌后，方可操作。

（12）上下爬梯，在构筑物上及敞开池、井边巡视和操作时，应注意安全，防止滑倒或堕落，雨天或冰雪天气应特别注意防滑。

（13）清理机电设备及周围环境卫生时，严禁开机擦拭设备运转，冲洗水不得溅到电缆头和电机带电部位及润滑部位。

（14）严禁非专业人员启闭有关的机电设备。

（15）设备、设施的维护保养按设备说明书进行。

（16）避雷针每年应在雷雨季节前保养一次。

（17）沼气发电时间严格按现场调试获得的数据执行，不得超时发电。

3. 沼气厌氧消化池安全操作规程

（1）运行管理规范

①启动调试厌氧消化池应符合下列规定：

a. 厌氧消化池、管道、阀门及设备应试水、试压合格，底部沉砂应完全清除。

b. 沼气装置启动应按照菌种：原料：水＝1：2：5 的比例进行配料。

c. 沼气启动菌种应采用其他厌氧消化池的沼渣或商品菌剂进行接种，接种量应不低于厌氧消化池有效容积的 10％，接种物料不足时应采用逐步培养法进行扩大培养。

d. 启动料液的 pH 应调节在 6.8～7.4。

②厌氧消化池进料应按设计工艺要求进行，禁止含有毒物质的原料进入消化池。

③中小型厌氧消化池宜采用热交换器加热，定期测量热交换器进、出口的水温和水量，使厌氧消化池料液温度维持在中温或近中温范围内。

④厌氧消化池宜每天早晚各进料一次，每天至少回流搅拌 2 次，每次 1 小时。

⑤应每天监测和记录厌氧消化池内料液的 pH、温度、产气量和沼气成分，并根据监测数据，及时调整运行工况，维持其正常运行。

⑥应定期排出厌氧消化池的沼渣，排渣量由双置排渣阀控制，里侧为常开阀门，常开阀应每周开闭一次，以保证阀门始终处于良好的工作状态。

⑦应保持厌氧消化池溢流管畅通和水封高度。环境温度低于 0℃时，应防

止水封水结冰。

⑧厌氧消化池放空清理时，应停止进料，关闭厌氧消化池与储气柜的连接阀门，打开厌氧消化池顶部检修人孔，排空发酵物料。

⑨工作人员进入厌氧消化池清理时，应按相关标准的规定进行操作。

⑩厌氧消化池长时间停用时，应保持消化池内水位不低于池体高度的 $1/2$。

（2）维护保养制度

①厌氧消化池的池体、各种管道及阀门应每年进行一次检查和维修；厌氧消化池的各种加热设施应经常除垢、清通。

②沼气管道的冷凝水应按设计规定定期排放。

③厌氧消化池运行 3～4 年，应彻底清理、检修一次。

（3）安全操作准则

①厌氧消化池运行中，应确保沼气和料液管路畅通，严禁超压或负压运行。

②应定期检查厌氧消化池和沼气管道是否泄漏，保证安全。

③厌氧消化池放空清理和维修时，应首先关闭通往沼气储气柜的阀门，停止进料，打开顶部的人孔，排料清池，待液面降至下部检修人孔以下，再打开下部检修人孔。

④进入厌氧消化池内维修时，应采取安全措施，并应有其他人员在池外协作与监护，照明灯应采用安全防爆型灯具。

⑤厌氧消化池排渣时，应保证厌氧消化池与储气柜联通，防止气压突变，导致装置损坏。

⑥操作人员在厌氧消化池与储气柜上巡回检查时，应注意防滑及高空坠落造成人身伤害。

⑦对利用不完的沼气或需要放空的沼气应通过沼气应急燃烧器燃烧后排放。

4. 沼气输配系统安全操作规范

（1）运行管理

沼气气水分离器、凝水器中及沼气管道的冷凝水应定期排放，排水时应防止沼气泄漏。气应尽可能地充分利用，多余沼气用火炬燃烧；检修沼气净化装置或更换脱硫剂时，应依靠旁通阀维持沼气输配系统正常运行。

应经常观察输出沼气压力是否为设定压力，通过调节减压阀，达到所需压力，三天一次打开底部排水阀进行排水，排水结束关闭阀门。应保持供气管道通畅和管道内沼气的正常压力。

（2）维护保养

每周应检查输气管道、阀门是否泄漏，检查输气系统设备及装置有无异常声响和泄漏，检查仪表读数是否正确。检查安全阀是否正常卸压，并排放冷凝水。

寒冷地区冬季应做好输气管网的保温、防冻工作。定期对沼气输配系统的管道运行除锈、防腐和保温作业。维修及更换进气阀时切记防止任何杂物落入管道。

（3）安全操作

操作人员巡视或操作维修时，不得穿带铁钉的鞋子。保养、维修时应断电、关闭前端阀门，并在关闭的电源闸门、阀门上悬挂明显警示标志，严禁违章明火带电作业。在沼气供气输配系统 30 米范围内严禁烟火。

5. 注意事项

（1）根据沼气集中供气站的设计规模设置工作岗位，并建立健全各项管理规章制度。

（2）在制定沼气集中供气站的安全运行操作规程时，应注重其科学性、实用性及可操作性。

（3）沼气为易燃易爆、有毒性气体，因此在制定操作规程中，始终应突出"安全第一，预防为主"方针，从源头上杜绝事故的发生。

（4）安全操作规程经过实施一段时间后，如有不妥之处，应及时修改，使其日臻完善。

（二）沼气工程安全管理技术知识培训

1. 沼气站安全技术措施

沼气工程安全技术措施主要有消除、控制危险源，防止危险源导致事故、造成人员伤害及财务损害、减少设备或设施故障及安全设计等技术手段。

（1）其中防止事故发生的安全技术主要有：

①消除危险源；

②降低危险物质的数量，从而降低其危险性；

③分离或隔离。

（2）避免或减少事故损失的安全技术主要有：

①隔离、分离、远离、封闭或缓冲；

②个体防护；

③设置泄漏区域；

④避难撤离；

⑤申请救援。

（3）减少故障的安全技术主要有：

①提高设备或设施的安全系数；

②提高设备或设施的安全可靠性；

③建立安全监控系统，实现预防的效果。

2. 沼气站管理岗前培训主要内容

为保证沼气工程长期稳定运行，负责沼气工程运营的管理和技术人员应参与工程前期建设，熟悉各项建（构）筑物的施工，各项设备设施的安装及操作流程，各预埋管件的布局、埋深和用材情况，同时，接受沼气工程安全生产和专业知识培训，沼气生产系统涉及物理、化学及生物等多学科的知识，而且在沼气生产过程中还会使用到许多机械设备和自动控制装置等。因此每个操作人员除具备一定的文化知识外，还应在物理、化学、微生物学等方面具有一定的专业知识。了解掌握各项标准设备和非标设备的性能和操作流程，并在运行调试过程中接受指导进行实际操作。

（1）沼气发酵基础理论

有关沼气工程基础理论主要有发酵基础知识、设备基础知识、安全基础知识和材料基础知识。

①沼气发酵基础知识，主要包括沼气发酵的概念与特性、沼气发酵基本条件、沼气的主要组分和含量、沼气发酵常见工艺类型等。

②沼气设备基础知识，主要包括各类沼气工程发酵工艺的装置特点、搅拌装置、贮存前的脱硫除水等净化装置、进出料的搅拌和输送等电器设备、增温保温设备、各项指标检测设备、在线监控装备及阀门管件、阻火器和应急燃烧器等。

③沼气安全基础知识，主要包括对沼气毒性、可燃性和腐蚀性的认识，防火、防爆、防雷知识，沼气各组分危害性引起的窒息和中毒的预防知识，沼气爆炸和火灾预防及消防基础知识。

④材料基础知识，主要包括各种厌氧消化装置的特性、各种钢型材的使用特点及一般建材水泥、石子和砂子的特性等基础知识。

（2）沼气工程专业技术知识

沼气工程专业技术知识主要包括厌氧消化系统、净化贮存系统、输配或发电等使用系统、发酵剩余物贮存利用系统及其他辅助工作系统等的专业技术知识。

①厌氧消化系统的专业技术知识，主要包括物料预处理工艺技术、配料进料、系统启动等技术知识。

②净化贮存系统的专业技术知识，主要包括脱硫、除水等净化技术，不同贮存工艺技术，相关的管道阀门维护技术等。

③沼气使用系统的专业技术知识，主要包括集中供气管网铺设、发电机组、提纯罐装工艺以及各种工艺管道、管件和阀门等运行维护技术等。

④配套装置系统的专业技术知识，主要包括加热系统运行维护技术、搅拌

设备运行维护技术、进出料设备运行维护技术等。

⑤剩余物贮存利用系统的专业技术知识，主要包括固液分离技术工艺、剩余物贮存技术、加工利用技术等专业知识。

⑥化验指标测试方法，主要包括工程稳定运行的各项指标检测方法，诸如厌氧消化装置常用的工艺进料浓度、料液在发酵装置中的液位高度、装置的压力和温度、料液的酸碱度、产气率、产气量、气体组分浓度等运行指标参数；沼气净化贮存装置有关的含水率、脱硫率、贮存压力、贮存量等指标；进入沼气输配装置的沼气甲烷含量、含水率、含硫率、压力等指标；进入发电系统的沼气甲烷含量、硅氧烷含量、其他成分等指标。

3. 沼气站技能操作要求

沼气工程技能操作要求主要包括厌氧消化装置运行维护、输配装置运行维护、使用装备运行维护、配套装备运行维护、发酵剩余物综合利用以及系统安全运行与故障排除等操作技能。

①厌氧消化装置运行维护操作技能，主要包括不同物料的碳氮比、进料浓度配比调节，厌氧消化装置的运行监测等。

②输配装备运行维护操作技能，主要包括输气系统维护保养、脱硫除水系统维护、各类贮气柜设备的维护、调压设备维护及控制系统的维护等技能。

③使用装备运行维护操作技能，主要包括沼气发电机组维护、沼气换热装置、集中供气管网系统等的维护技能。

④配套装置运行维护操作技能，主要包括工程增温保温装置、机械搅拌装置、进出料装置、固液分离装置等的维护技能。

⑤发酵剩余物综合利用技能，主要包括固、液发酵剩余物的肥料使用方法，高值附加产品生产方法，指导使用者开展综合利用的技能和方法等。

⑥沼气发酵系统启动调试操作技能，主要包括沼气发酵系统试压试水、选取接种物并驯化富集、发酵原料预处理及投料、沼气发酵系统启动、故障检查并放气试火等技能。

⑦沼气发酵系统安全运行与故障排除操作技能，主要包括沼气发酵系统运行维护管理关键技术、沼气发酵系统故障排除技术、沼气发酵工艺管路、管件和阀门等易损件的更换技术、指导用户开展沼液沼渣综合利用的技术等。

⑧沼气站运行管理与安全技术知识，主要包括沼气站运营及管理规范、常用沼气发酵指标测试方法、沼气站消防安全基础措施等。

第二节 技术指导

学习目标：掌握农村沼气系统运行特点，掌握沼气后续服务体系建立、机构设置、职责分工、村级网点的经营管理等知识，合理开展户用沼气池维护管理培训。

一、指导本级以下人员进行服务网点经营管理

户用沼气服务网点在为沼气持续、健康运行方面发挥了举足轻重的作用。加强农村沼气后续服务网点管理，建立健全农村沼气后续服务网点管理制度，是保证农村沼气安全、长效运行的基础。沼气工高级工必须具备和掌握建设农村沼气后续服务管理机构的建设原则、建设目标、机构设置和人员配备等。

（一）服务网点的服务内容

1. 沼气池病、险排查

沼气池的病、险出现的原因主要在于后续管理没跟上，需要通过预防才能解决，由此，要保证沼气建成后长久可持续运行，必须进行日常的专业维护，及时排查可能出现的病情、险情。

在农村能源服务中，沼气池的病、险排查是基础性的一环。

2. 提高沼气利用效率

一些农户的沼气系统不稳定，或者产气量不够，连做饭的要求都达不到，沼气只能用于烧水，做饭还得煤气甚至靠柴火，更谈不上供水洗澡和照明。

在能源服务中，提高沼气的利用效率是完善能源工程的需要，是老百姓的迫切要求。

3. 配件更换、维修

有些地方的农户很难买到专用配件，不是买到水货配件就是要花很长时间才能找到卖管件的地方；有些农户的配件坏了，本来修修就能用，但找不到专门的修理师傅导致浪费。配件更换、维修是能源服务的重要环节。

4. "三沼"综合利用

大多数沼气户不懂综合利用技术，沼渣沼液不能充分发挥作用，效益打了折扣。"三沼"综合利用是个系统工程，不但要有完善的基础设施，还要和当地的农业产业发展联系起来，单个的农户很难实现这一技术含量高、多学科综合运用的工程。通过专业的技术队伍设计、研究、推广。

"三沼"综合利用是提升农村能源技术含量和发挥经济、社会、生态效益的终端环节。

5. 出料、除渣

出料、除渣和沼肥运输是农村能源服务中市场化增值服务的重要一环。缺乏劳动力的户用沼气池出料，以及大田种植、果园、鱼塘等种植养殖园区的用肥需求都需要由专业人员提供出料、除渣和沼肥运输等服务。

6. 技术推广宣传

农村可再生能源应用的技术必须让千家万户的农民普遍接受，通过专业组织的推广宣传活动可以加快可再生能源的普及，避免农户由于缺乏安全知识而造成危险，降低服务成本。

技术推广宣传是农村可再生能源普及和发展可持续性的重要推动力量。

（二）沼气服务网点＋沼气综合利用产业化

1. 村级服务网点＋产业体系的发展模式

"网点＋产业"是一个灵活多样的组合模式，是以"服务网点"为平台，结合"沼气综合利用产业"，为"网点"建设规模化的沼气池、贮液池、稀释池和沼气利用设施等，使网点服务能力提升；为"沼气综合利用产业"配套建设集中供气、滴灌、增压等，提高产业管理效率和促进收益。

"网点＋产业"的运营，首先，通过"全托服务"等方式，管理、维护现有户用、联户和养殖小区的沼气池，收集沼液，解决服务深度和现有沼气池无人维护管理问题；其次，对没有沼气池的养殖场，采用"粪污集中处理"，收集原料，解决沼气池同养殖场命运捆绑的问题，使中、小型沼气池摆脱养殖场制约，释放发展空间；再次，通过沼气发电、集中供气或沼液沼肥等服务创收增收，解决网点收入不足的问题。最后，促进网点更新维护设备，完善自身服务体系（图 7-1）。

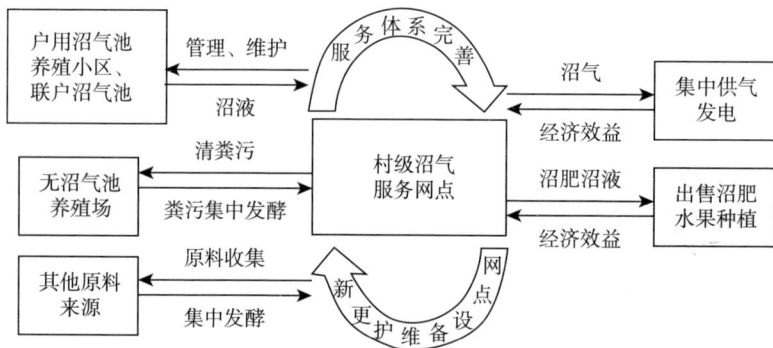

图 7-1 村级沼气服务网点＋产业体系

2. 完善服务网点基本措施

"网点＋产业"的发展，不应把网点和产业捆绑致死，要各自独立，相互协调，共同发展。因此，完善建设好沼气服务网点，是"网点＋产业"的成败关键。在完善沼气服务网点建设中，需要明确沼气服务网点建设宗旨，落实沼气服务网点规范化建设、完善沼气服务网点的沼气服务模式，建设沼气服务网点信息共享平台等。

服务网点要为该县沼气事业服务，维护现有沼气池正常运行，优化农村生活用能结构；提高沼液沼渣利用率，引导农业施用有机肥，减少滥用农药化肥，发展绿色优质农产品，充分发挥沼气池的综合效益，促进农业增效、农民增收。

二、指导本级以下人员处理户用沼气池常见故障

沼气工高级工必须具备和掌握农村户用沼气建设以及运行维护相关知识，能够指导沼气工中级工、初级工对常见故障进行辨识和排除。户用沼气常见故障的排除必须做到望、闻、问、验。

沼气工相当于"沼气医生"，在户用沼气系统日常入户服务中，要做到"望、闻、问、验"，即查看、闻味、询问、检验。

（一）查看

"一看"净化器，"二看"沼气灶，"三看"抽渣管，"四看"水压间，"五看"集水瓶，"六看"天窗口，"七看"输气管路，"八看"沼气池。

1. "一看"净化器

净化器是农户每天必须应用与检查的部件，它的正常运行对于农户的安全用气、清洁用气至关重要。主要应查看净化器的安装位置是否合理，控制开关是否完好，气压表运行是否正常，压力表水柱的变化情况，盛装脱硫剂的容器周围接头、软管是否漏气，调控净化器内部软管是否有开裂、破损等。

（1）查看净化器安装位置

进入厨房，先查看净化器的安装位置，发现净化器安装在灶具的正上方时，应立即提醒农户，这是一种错误的安装，因为沼气灶具点火后或正在烧水、做饭时，火焰向上串起，容易使净化器的塑料外壳烧软变形，甚至引起火灾。净化器正确的安装位置在灶具正上方横向偏右50厘米，距灶面70厘米的位置。

（2）查看净化器的控制开关

①进入厨房，轻轻扭动净化器开关，检查它是否完好。如果发现开关旋钮手柄已经扭坏，或能扭动旋钮手柄，但开关无法旋转，致使开关失灵时，应及时更换新的净化器开关，或在净化器开关前面的管道上另外安装一个铜质小开关。

②由于净化器上沼气输气的控制开关每天要开关数次，又是用硬质塑料制成的，用的时间长了，很容易拧坏，并且，相当一部分农户有长期不关净化器开关的习惯，这会使管道内的气体与脱硫剂长期接触，一直发生脱硫反应，易使脱硫剂失效。检查意见：在净化器前安装一个替代的铜开关；要求农户养成不用气时关上开关的习惯。

（3）查看压力表，指针不动

①将压力表盖打开，把指示针取下，在零位重新装上即可（如按此法仍不

能恢复正常，可能是指针连接卡轮出轨，发生此类故障只能返厂维修）。

②关上输气管道总开关，打开净化器外壳，发现水柱式压力表内平衡器的活塞内空气未排尽，或压力表的显示玻璃管内的液体太少，而造成其压力不足，使活塞变形卡住，不能正常显示压力。

（4）查看压力表，指针波动

关上输气管道的总开关，卸开总开关与灶具后的这段输气软管，一端折住，另一端用打气筒充气，输气管道内有积水排出。检查表明，输气管道内有积水。

（5）压力表水柱很高，点火使用急剧下降，关上开关，气压又回到原处

揭开水压间盖板，用一根长木棍伸到水压间二台处，然后提出木棍，看到木棍上被料液湿润的长度远超过 20 厘米，这说明只进料、不出料，或大量的发酵原料或雨水进入沼气池内，导致沼气池内料液总量太多，气室太小，致使池内压力增大，压力表上的水柱很快上升，但实际存气量很少，当用气时，池内的沼气迅速减少，池内压力减小，水柱很快下降。

（6）压力表玻璃管内没有水柱

揭开水压间盖板，发现水压间内发酵料液的液面在水压间边沿以下 40～50 厘米，表明沼气池内的发酵料液太少。此时需通过询问农户以了解是否存在最近大出料或出料太多，且出料时没有关上总开关，从而造成池内液面迅速下降，导致池内出现负压，把压力表内的水柱吸入输气管中，故压力表玻璃管内没有水柱。

（7）净化器的外壳某些部分已经变黑

关上室外总开关，卸开净化器外壳，发现装脱硫剂的脱硫瓶已经烧黑变形，可能是脱硫瓶内进水或进入空气量太多，造成调控净化器内脱硫剂发生剧烈的再生反应，发热，烧坏净化器。然后，蘸取洗衣粉水，涂抹在连接脱硫瓶周围的软管接头，发现有气泡产生，说明脱硫瓶周围的软管接头处漏气。如果没有气泡产生时，先关掉输气管道总开关，从集水瓶后面、室外总开关前面处卸下软管，再卸开净化器后面的某处接头软管，采用排气法，用打气筒充气，管道内流出大量的水，说明输气管道内的水有可能进入脱硫瓶内，脱硫剂遇水释放出大量的热，烧黑脱硫瓶及净化器外壳。

2. "二看"沼气灶

沼气灶由于使用时间过长，没有得到定期的清理或者在使用过程中操作不当，都会引起一些小故障的出现，影响使用，减少灶具寿命。常见现象与解决办法如下：

（1）电子打火打不着

首先，看气压表上气压的高低，如果气压很大时，扭动净化器开关，可调小输气管道内的供气量，再电子打火，一打就着。说明造成电子打火打不着的

原因是：输气管道的供气孔输气量足，沼气冲力大，电子枪虽有火花，仍不能将沼气点燃。其次，若气压表上的气压不大，这时拆下灶具上的电子枪后部供气孔部分，发现供气孔被杂物堵塞，虽有火星，但不能将沼气点燃。说明造成电子打火打不着的原因是供气孔被堵塞。

（2）火焰不稳，忽高忽低

首先，向前移动灶具，检查灶后软管有无折弯现象，如果有，表明输气管道折弯，通气不畅。然后，将灶具翻转过来，倒出灶具里面的积水，并对燃烧器进行检查，取下燃烧头背面的销钉，卸下燃烧头，看燃烧头腔内和引射器管是否堵塞，如果有堵塞，清除堵塞物，修整好燃烧器重新安装好即可。

（3）火焰摆动，有红、黄闪光或冒黑烟

先关上净化器开关，将灶具翻转过来，检查喷嘴里面有无堵塞物，然后调节喷嘴和燃烧器之间的距离，调整二次通风器即可。

（4）火焰脱离燃烧器

先关上净化器开关，将灶具翻转过来，清除喷嘴里的堵塞物，接着将灶具重新翻转过来，摆正灶具，关小调风板，提高灶前压力。然后，用pH试纸测量沼气发酵料液的pH，如果pH在6.8以下或7.4以上，说明发酵料液偏酸或偏碱，就应向沼气池内投入一定量的碱性或酸性物质，以调节料液的pH至适宜，同时进适量易发酵产气的新料，来调节料液的碳氮比，达到提高沼气中甲烷含量的目的。

（5）火焰长而无力，颜色发黄

抬起灶具前端，调大风门，使火焰的颜色变成蓝色。如果这种方法仍不奏效，就打开水压间盖板，用一根木棍插到水压间二台处，检查料液的总量，若太多，说明气室偏小，内存沼气量偏少，气压小，输气不足，用甲烷测量仪检测甲烷含量，结果发现甲烷含量低；如果检查料液总量适宜，而料液太稠，然后用pH试纸测量料液的pH，结果发现料液偏酸，结合火焰呈黄色，说明沼气池产气不好，料液碳氮比失调。

（6）电子打火，电子不冒火花

卸下电子脉冲点火器，更换电池，安装好后，重新打火，电子脉冲点火器冒出火花。

（7）灶具外圈火焰脱火

仔细检查灶具炉盘火盖，发现火盖上的火孔被汤汁之类的东西堵塞，并用细铁丝穿通被堵塞的火孔，然后重新盖好火盖即可。如果此法仍不能奏效，应更换火盖。

（8）外圈火焰正常，内圈无火或太小

先检查火盖内圈火孔是否被堵塞，如果堵塞，用细铁丝穿通被堵塞的火孔，然后打火，火焰恢复正常。如果此法仍不能奏效，稍微抬起灶具前端，发现右风门开得太大，这时关小右风门，内圈火焰恢复。

（9）炉具旋钮开关扭不动

关上净化器的开关，翻转灶具，对开关进行拆解，更换开关内的弹簧，并清洗、打油，重新装回即可。

（10）电子点火困难

①看农户打火方式对不对：正确的是："一拧、二压、慢慢放"。连续不间断打火，因供气不足，难以打火成功。

②关上净化器开关，翻转灶具，检查喷嘴、火孔内有无被杂物、水等堵塞的现象，有杂物堵塞时，可用细钢丝疏通引火喷嘴，并打开开关，瞬时放气，冲出喷嘴、火孔内的积水，然后马上关上开关即可。

③顺次调节点火针与支架间的相对位置至 4 毫米左右。

3. "三看"抽渣管

首先，查看抽渣管口是否有破损。然后，通过用抽渣器在抽渣管内来回抽动 40～50 次，大约 5 分钟，观察抽出来的料液的发泡情况，判断料液的稠稀（即料液浓度），检查活塞式抽渣杆的橡皮软垫是否完好。

（1）查看抽渣管是否破损

仔细观察抽渣管口的 PVC 管有无裂缝或大破损处。如果有裂缝或大破损时，在破损处涂抹洗衣粉水或伸进活塞式抽渣杆，上下抽动几次，然后观察裂缝或大破损处有无气泡产生，如果有气泡产生，说明管口裂缝或破损处有漏气现象，而且漏气的部位可能较深，一定要提醒农户及时维修。

（2）抽渣管露出出渣口地面的高度太短

目测抽渣管露出出渣口地面的高度超过 10 厘米以上即可。如果抽渣管露出出渣口地面的高度只有 2～3 厘米，通过抽渣可以看到，每次抽渣杆抽出料液后，向抽渣管内伸进抽渣杆时，有大量的料液倒流流入抽渣管内，影响抽渣回流的效率或出料量。

（3）查看有无活塞式抽渣杆

如果没有，说明农户没有做到勤搅拌，应要求农户进行购买或自己制作活塞式抽渣杆，以养成日常管理中勤搅拌沼气池的习惯，提高产气率，同时可防止池料的结壳。

（4）查看活塞式抽渣杆的橡皮软垫是否完好

要求活塞式抽渣杆的橡皮软垫没有破损，柔软、弹性好，并且橡皮软垫的大小与抽渣管内径一样或稍大些，垫片的边缘整齐。检查时按照此要求一一比照，如果垫片破损、垫片过小或过大、垫片弹性不好，均影响抽渣搅拌的效果，应及时更换垫片。

（5）从抽渣管口查看沼气池内料液量

判断的依据：以 10 立方米沼气池为例，装料启动后，池内料液的总量在 8.5 立方米左右，气室体积大约为 1.5 立方米为最适宜，这时抽渣管料液的液面距离抽渣管处地面 70 厘米左右。

检查方法：拿一根长木棍，上端做一标记，下端伸入抽渣管内料液中，当木棍上的标记点与抽渣管口处处于平行位置时，抽出木棍，量出木棍上标记点到料液湿润线的距离。

①如果这个距离为 60 厘米以内，说明沼气池内料液总量偏多，尤其是 30 厘米以内，目测可看到抽渣管内的料液快满了，表明沼气池内料液总量太多，应出料，调整料液总量。

②如果这个距离为 80 厘米以上，说明沼气池内料液总量偏少，尤其是 1.2 米以上，表明沼气池内的料液太少，原因可能是大出料或长期不进料、只出料不进料。

4. "四看"水压间

主要查看水压间有无盖板，水压间盖板是否破裂，有无观察孔；揭开水压间盖板，观察料液液面的发酵情况；根据水压间发酵料液总量的多少，判断沼气池是否结壳。

（1）查看水压间有无盖板

走到水压间附近，先看水压间是否有盖板及是否盖好。如果盖板没有盖好，应立即提醒农户盖好盖板，防止人畜掉入水压间。如果发现水压间没有盖板，责成农户尽快预制水泥盖板，防止出现人畜掉入水压间的伤亡事故。

（2）查看水压间盖板是否破裂、牢固

站在水压间附近，先看水压间盖板是否破裂。如果盖板破裂，应及早更换新的盖板，以防发生人、畜掉入水压间的伤亡事件。若盖板完好，应询问农户预制水压间盖板时，是否加入钢筋，是否牢固；如果农户预制水压间盖板时未加钢筋，质量差，不牢固，则建议农户重新预制加钢筋的优质盖板。盖板最好分成 3 片，易于农户揭开盖板，提取沼液或大换料。

（3）检查盖板有无观察孔

若无，应用切割机在盖板上选一位置，切开一个长 30 厘米、宽 20 厘米的观察孔，配置一个观察盖。发现盖板上有观察孔时，应使农户明白观察孔的好处：

①揭开观察盖，提取沼液方便。

②借助于手电筒，便于观看水压间内料液的发酵情况。

③便于从水压间测量、判断沼气池内料液总量的多少。

④避免揭开大盖板，省时省力，易于管理。

（4）检查水压间料液的发酵情况

气温高的季节，如果看到水压间料液液面上漂浮的气泡很少，甚至没有气泡，并有浆水一样的白花状漂浮、布满液面表面，说明沼气池内发酵情况不良，可能很长时间没有进行搅拌。再取一根长2.5米左右的木棍伸入水压间内不停地搅动，或通过拉动抽渣管内的抽渣活塞，进行回流搅拌50次左右，闻到抽出料液酸味，看到水压间内料液液面上出现沼气气泡陆续涌出的情况，并且可以看到涌上的料液较稠（以生料为主），白花状漂浮物散开现象，表明沼气池发酵料液的浓度过高，池内已酸化，当然也可用pH试纸或pH测试仪进一步确定酸化的具体程度。

（5）检查水压间内料液液面的高度

揭开水压间的盖板，拿一根长1.5米左右的干木棍或抽渣杆，插到水压间二台处，然后提出木棍，目测木棍湿润部分的高度。如果沼气池发酵料液的总量远大于20厘米以上，说明沼气池内料液的总量在9立方米以上，料液总量太多，气室体积变小，贮存气体气室小，表明日常管理上应该立即多出旧料，少量进新鲜原料，调节料液总量与存气的气室空间。

如果水压间料液液面在水压间二台以下，说明沼气池内出料太多，料液总量偏少，急需补充新鲜发酵原料，以保证沼气池内发酵细菌正常的发酵原料需求。

（6）检查沼气池是否结壳

首先，检查净化器气压是否在1个气压以内，若在1个气压内，则点火灶具，此时，若输气管道无气或几分钟很快没气而灶具自动熄火，则检查管道气密性，若发现管道不漏气、不堵塞，则揭开水压间盖板，若检查发现料液发酵正常，不断冒出气泡，抽渣管抽出来的料液偏稠，pH试纸检测料液pH正常，则询问农户进出料、搅拌管理情况，若发现农户长期不搅拌，这说明沼气池发酵正常，是个产气池，初步判断沼气池结壳。

选取一根2.5米的长木棍，在木棍的一端绑上一条尿素袋，并在袋子下部剪上7～8个拳头大小的洞，然后伸入水压间液面以下，用力上下拉伸，带动料液上下剧烈波动，与此同时，打开输气管道的开关（灶具开关除外）。如果此时净化器气压表水柱仍没有波动，说明沼气池结壳。

5. "五看"集水瓶

集水瓶是安装在沼气池与灶具之间输气管线上最低位置上的一个用来收集管道内冷凝水的塑料瓶。当沼气中的水蒸气遇冷而凝结成水珠时，会逐渐汇聚流入集水瓶内，一段时间后，要观察集水瓶内集水情况，如集水太多，就要取下集水瓶把水倒掉，重新安上集水瓶。主要查看农户是否安装集水瓶，位置是否合适，集水瓶是否漏水、漏气，集水瓶内有无积水，集水瓶与输气主管道直接相连的软管、接头处有无漏气、漏水等。

（1）是否安装集水瓶

揭开安装集水瓶的坑，发现个别技工怕安装麻烦或农户怕漏气而未安装集水瓶。这时一定要让项目户明白集水瓶的作用是收集管道冷凝的水、保证管道畅通的重要部件，要求他们必须安装集水瓶。

（2）安装集水瓶的坑太浅

安装坑太浅不利于收集管道内的冷凝水。到了冬季，集水瓶内有水时易结冰而冻裂集水瓶，会造成漏水、漏气。生产上要求：集水瓶应安装在长 30 厘米、宽 30 厘米、深 60 厘米的坑内。冬季，安装集水瓶的坑必须盖上盖板，并有保暖措施。

（3）集水瓶连接软管折叠

揭开安装集水瓶的坑，发现集水瓶连接软管折叠。这是一种不规范的安装，应立即责成农户疏通集水瓶连接软管折叠处，保证气路畅通。

（4）集水瓶安装位置太高

仔细查看沼气池、集水瓶、厨房灶具三者的位置，发现集水瓶没有安装在管道的最低处同时易于避雨保暖的地方，造成集水瓶安装位置太高，同时，揭开安装集水瓶的坑，用手摇集水瓶，集水瓶内有积水。生产上要求：沼气池运行一段时间，集水瓶会积存大量的水，如果积水不倒出，水就进入管道，引起管道水堵，进入冬季将冻破集水瓶和管道，影响沼气正常使用。日常管理上要经常检查集水瓶积水情况，水多时，应及时倒掉。同时，冬季，集水瓶坑上要加盖，注意保暖。

（5）室外管路上没有安装总开关

如果室外输气管路不安装总开关，易发生检修人员安全事故。因此，一定要在管路上安装总开关，以便应急之需和检修方便。

6."六看"天窗口

户用沼气池的天窗口是一个可以按需开启或关闭的装配式部件。其主要作用有 5 个方面：①施工时，天窗口是便于施工人员进出工作的通道。②便于大进料、大出料，沼气池第一次投料或大换料时，从活动盖口进出料，既方便，又能保证所装原料充足。③便于安全维修，当沼气池漏水漏气，需要进入内部维修时，首先打开活动盖，便于通风，排出池内有害气体后，抽出发酵料液，然后入池进行维修，操作安全、方便。④便于搅拌破壳的部位，当池内发酵料液表面结壳、影响产气时，可以打开活动盖，通过搅动料液来破碎浮渣层，使产气恢复正常。⑤天窗口是沼气池气室贮气、向外输气的部位。

沼气池主池一般设置在猪圈或牛圈内，天窗口要用密封盖与黏性非常好的红胶泥土来封口，再在密封圈内浇水养护红胶泥土，使它保持良好的黏性，这样才能保证密封盖板具有良好的密封性，有利于沼气池内甲烷气体的储存与输送。天窗口上面用一个大盖板盖住，防止圈内养殖的猪、牛等饮用密封圈内的水或践踏破坏导气管，防止密封圈内的水很快蒸发，致使红胶泥干裂而漏气。

由于圈内养殖的猪、牛等粪便排在天窗口大盖板上面，又脏又臭，因此，一般沼气用户很少进入圈内检查与维修，成为日常管理中的盲点。一般要求至少每隔2个月检查一次，查看天窗口有无大盖板，盖板是否完好，密封圈内是否有水，密封圈内的水面有无气泡，盖板密封周围的红胶泥土是否开裂，密封圈内的输气管道周围有无气泡等。以下为天窗口常见问题类型及其处理方法：

（1）天窗口未盖大盖板

进入暖圈，找到沼气池的天窗口，查看天窗口有无大盖板。若无，易产生以下结果：

①天窗口密封圈内的水很容易蒸发，密封盖周围的红胶泥干裂，造成天窗口漏气。

②暖圈内的猪、牛等践踏天窗口内的输气管，造成管道漏气、沼气中毒事件。

③暖圈内的猪、牛等喝掉天窗口密封圈内水，密封盖周围的红胶泥干裂，造成天窗口漏气。

（2）天窗口大盖板破裂

进入暖圈，找到沼气池的天窗口，发现天窗口大盖板破裂。应重新用水泥预制新的盖板，并在盖板上留有直径10厘米的小圆孔。

（3）天窗口大盖板上没有小圆孔

进入暖圈，发现天窗口上有大盖板，但大盖板上没有小圆孔。应在盖板上切割或钻一个小圆孔，便于农户日常方便查看密封圈内的水是否蒸发。这样做的原因是：由于大盖板又大又重，且圈内养殖的猪、牛等粪便排在天窗口大盖板上面，又脏又臭，故一般用户很少揭开盖板查看密封圈的水是否蒸发。

（4）密封圈内水面上有气泡冒出

揭开天窗口大盖板，密封盖周围的红胶泥周围水面上有气泡不断冒出，说明密封盖密封不严、漏气。

（5）密封圈内无水，密封胶泥干裂

揭开天窗口大盖板，发现密封圈内无水，红胶泥干裂。这时向密封圈内倒入一桶水，有大量气泡产生，表明天窗口密封不严、漏气，应重新封池。

（6）天窗口密封圈上用湿土密封

揭开天窗口大盖板，发现密封圈上用湿土密封或盖上塑料纸保湿密封。这时向密封圈内倒入一桶水，有大量气泡产生，表明天窗口密封不严、漏气，应重新封池。

7. "七看"输气管路

在输气管道系统的运行过程中，由于人、畜、鼠及自然原因（如地震）造成输气管道、阀门、直通、弯头、大小头等接口处漏气，遇热或明火容易造成火灾或人畜禽中毒事故。因此，必须经常检查输气管道、开关、阀门、直通、弯头、大小头等接口处是否漏气。

（1）查看管道附件是否漏气

把一勺洗衣粉置于洗脸盆内，用温水搅匀，装入矿泉水瓶内，逐一涂抹在阀门、直通、弯头、大小头等接头处，观察接头处有无气泡产生。如果无气泡产生，说明不漏气；如果有气泡产生，说明漏气。应重新用手拧紧接头处，注意不要用手钳拧，以防损毁接头。接好后重新用洗衣粉水验证接头处是否有气泡产生，若无气泡产生，说明不漏气；如果仍有气泡产生，说明仍然漏气，应更换新的接头，再用洗衣粉水试验直至不漏气为止。检查过程中也可以用肥皂水代替洗衣粉水检验管线气密性。

（2）查看输气管道是否漏气

将沼气池到灶具的输气管道的室外总开关关闭，再将连接灶具一端的输气管拔下，把输气管接灶具的一端用手堵严，然后将沼气池导气管一端的输气管拔开，用打气筒向输气管内打气，当 U 形压力表水柱达 30 厘米以下时，迅速关闭沼气池到灶具的输送管路的开关，观察压力表是否下降，3 分钟后不下降，表明输气管不漏气。如果压力表下降，表明输气管漏气。若判断哪些地方漏气，可以再向管内吹气，使 U 形压力表水柱达 30 厘米以上，然后用小毛笔蘸肥皂水，向管路上刷，冒气泡的地方，即是漏气的地方，应进行检修。

（3）做饭时听到软管中发出吸水烟的"呼呼"声

这时怀疑灶前软管内有积水。关上净化器开关，拿一杯开水浇在灶具后软管处，待软管变软，用力一拔，从灶具上拔掉软管，用手折弯软管，再打开净化器的开关，软管口朝下，瞬时放开软管折弯处，保持管道通气，看到有水从软管冲出，连续重复以上操作，彻底排出管内积水。操作时注意：不要点烟火或明火，每次操作完毕，马上关掉开关。

（4）沼气池正常产气，但压力指示很低，点不着火

先检查净化器集水瓶处的总开关是否打开，管道的软管处是否有折叠、严重弯曲现象，若有，应及时打开开关或更换软管，压力指示升高，点火很容易。如果仍然压力指示很低，应怀疑管道堵塞。这时先关掉输气管道总开关，从集水瓶后面、总开关前面卸下软管，再卸下净化器后面的接头软管，一端用高压打气筒打气，另一端用手折住软管口，感觉气压很大时，瞬时松开折住的软管口放气，发现有水或其他异物冲出，连续重复以上操作，彻底排出管内积水或异物。

（5）排出输气管线积水

首先关掉输气管道室外总开关，从集水瓶后面、总开关前面卸下软管，再卸下净化器后面的接头软管，把高压打气筒的出气口前面的夹子卸下，头部用湿布条包裹，插入刚卸下的输气管道的软管内，一个人按住固定好，不能松劲，以防漏气，另一个人用打气筒打气，与此同时，第三个人用手指按住输气管道的另一端，待输气管道压力足够大时，第三个人的手指立即撤去，可将管道内的积水冲出，采用同样的方法，重复几次，最后将管道内的积水完全排出。

（6）检查输气管道是否堵塞

沼气池内发酵原料正常产气，气体中含有一定量的水蒸气，随管道输气到达灶前的过程中遇冷而冷凝，就有可能是在输气管道低的部位形成水柱而堵塞输气管道，低温季节还会结冰，造成输气不畅。因此，必须每隔一段时间卸下某段管道，用排水法或排气法，定期检查输气管道是否有水或异物。

（7）输气管道固体物质堵塞的排除方法

先关上输气管道的总开关，可采用排气法排除管道内积水的办法，来排除堵塞输气管道内的固体物质。如果此办法不奏效，可事先在卸下的输气管道内灌少量水，再采取重复排除管道内积水的办法，利用高压充气排水的冲刷作用，除去堵塞输气管道内的固体物质。

（8）检查输气管道是否有折叠

依次检查输气管道的软管，尤其是灶具、净化器、集水瓶连接处的软管是否有折叠或输气管道某处外力压扁折住现象。一经发现，应采取的方法：首先，理顺这些有折叠或外力压扁折住处的管道；其次，如果该处管道变形、老化，则应立即更换软管，保持输气通畅。

（9）检查管路时发现输气管路太长

沼气池与灶具的输气管路要求不超过 25 米。用 50 米大卷尺检查，发现沼气池与灶具相距超过 25 米，超过了户用沼气池气室压力向灶具输气的设计范围，这时会造成沼气池输气量不足而影响农户的使用。

（10）蘸取洗衣粉水查看集水瓶

揭开集水坑盖，蘸取洗衣粉水，涂抹在集水瓶与输气管道连接处接头上，有气泡产生，表明此处漏气。应及早维修。

（11）沼气池产气正常，但灶前没气

首先，关掉输气管道室外总开关，再卸开净化器后面的接头到总开关前面这一段输气管道，将一端软管折住，用打气筒在该段管道另一端打气，蘸取洗衣粉水，涂抹在该段输气管道的接头、弯管处，若无气泡产生，说明管道不漏气；然后，在折住一端的软管处瞬时放气，管内没有水或异物排出，说明管道内没有堵塞；此时应怀疑导气管堵塞，打开室外总开关，放掉气室内的沼气，卸开集水瓶与总开关之间的软管接头，用高压打气筒在总开关前端的软管处向沼气池内打气几分钟，然后停止打气，向总开关前端的软管口伸入一个装满水的矿泉水瓶，有大量气泡吹出，说明导气管堵塞是灶前没气的原因。

8. "八看"沼气池

查看沼气池建设的场所、沼气池的采光情况、沼气池的配套设施、自然因素对沼气池的影响等。

（1）沼气池建在房内

沼气池、厕所、猪圈建在一整座房内，阳光一年四季太阳照射不到沼气池，沼气池的池温受地温的变化而变化，池内料液的温度变化受外界气温影响变化不大，严重影响沼气池的发酵产气。建议把一座房改成暖圈形式。

（2）沼气池建在庭院主房后的阴面

沼气池建在庭院主房后的阴面，地温低，加之一年四季中太阳照射时间短，沼气池的池温主要受地温的变化而变化，池内料液的温度变化受外界气温影响变化不大，严重影响沼气池的发酵产气。

（3）沼气池建在庭院的大树底下

沼气池周围树木茂盛，致沼气池采光不好，故沼气池的池温主要受地温变化的影响，池内料液的温度变化受外界气温影响变化不大，严重影响沼气池的发酵产气。建议砍伐沼气池周围的树木，改善采光条件。

（4）沼气池建在水位高的地方

高水位处地温低，而且变化不大，沼气池池温受外界气温影响小，池温不易升高，对沼气池的发酵产气影响较大，这种地方不是沼气池建设的最佳位置。

（5）沼气池内一直没有进料或发酵原料不足

农户的沼气气压很小，检查沼气池内料液明显偏少，询问农户的进出料及养殖情况，发现自沼气池启动以来，一直未进料，致使沼气池处于"饥饿"状态而产气不正常。建议：农户尽快进出料，并及时养殖，以保证沼气池发酵原料的供应充分。

（二）闻味

1. 沼气灶打火，闻到臭鸡蛋气味

先关上室外输气管道总开关，打开净化器外壳，卸下脱硫瓶，从瓶内倒出脱硫剂，发现脱硫剂的颜色由土黄色变成黑色，说明脱硫剂已经失效，失去除臭的作用，应及早更换脱硫剂。

2. 查看脱硫瓶时，闻到臭鸡蛋气味

打开净化器外壳，在脱硫瓶周围的软管接头处涂抹洗衣粉水，有气泡冒出，说明脱硫瓶周围的软管接头处漏气。然后，关上室外输气管道总开关，从瓶内倒出脱硫剂，发现脱硫剂的颜色由土黄色变成黑色，说明脱硫剂已经失效，失去除臭的作用，应及早更换脱硫剂。

3. 揭开集水坑盖，闻到臭鸡蛋气味

蘸取洗衣粉水，涂抹在集水瓶与输气管道连接处，有气泡产生，表明此处漏气，应及早维修；如果无气泡产生，表明集水瓶与输气管道连接处不漏气。接着，向室外总开关处涂抹洗衣粉水，有气泡产生，说明总开关处漏气，应及早维修；如果无气泡产生，说明总开关处不漏气。最后，用塑料袋包裹集水瓶，并向袋内装满水，有气泡产生，说明集水瓶漏气，有破损的地方，应及时更换集水瓶。

4. 走进安装灶具的厨房，闻到臭鸡蛋气味

这表明厨房内某处沼气输气管道漏气。先打开厨房门窗，然后蘸取洗衣粉水，分别涂抹在灶具、净化器内部脱硫瓶周围的软管接头、厨房内的输气管道的弯管接头处，观察哪处有气泡产生，有气泡产生处应及早维修。

（三）询问

根据检查的部位，向农户了解沼气池的装料、进料、出料、搅拌、输气管道、天窗口及养殖量等方面的管理及使用情况，为发现沼气池运行中存在的问题提供依据与佐证，为进一步检查提供方向、方法，提高效率。

1. 看到气压表气压很低

通过"问"农户气压表的变化情况，得知："开始产气很好，气压很高，三四个月后明显下降"，进一步询问有许多类似情况的农户平常的进出料情况，得知：

①"装料启动后再也没有进料"。根据新的发酵原料入池后第 1 个月是产气最旺盛的时期，第 2 个月产气量有所下降，第 3 个月产气量有明显下降的经验，诊断的结果是：沼气池内的原料已经发酵分解完，故产气明显下降。气压表气压很低是沼气池内缺新的发酵原料的问题。管理建议：出一部分旧料液，及时进新鲜原料。

②"进出料及时，就是一直没有搅拌过"。利用判断沼气池结壳的办法检查。诊断结果是：沼气池结壳。管理建议：应破壳，经常进行强回流搅拌。

2. 平时产气正常，突然不产气，气压为零

通过"问"有类似情况的农户最近日常进出料管理情况，得知：

①"进出料、搅拌及时，最近刚把一只农药瓶扔进沼气池"，明确断定是沼气池中毒，这时看抽渣管抽出的料液，会发现料液发泡很少。

②"进出料、搅拌及时"。这时先揭开天窗口大盖板，若发现密封盖被冲开或天窗口密封圈内有大量气泡冒出，说明天窗口漏气。如果检查发现天窗口

密封圈密封完好，则用洗衣粉水涂抹开关或管路、压力表或接头处，哪个部位有大量气泡冒出，说明哪处漏气，应及早维修。

3. 产气正常一段时间后，气压表水柱迅速下降

通过"问"农户最近日常进出料管理情况，得知：

① "最近一次性进豆腐渣原料过多"。因为豆腐渣原料是典型的酸性原料，用 pH 试纸检验料液，显酸性，说明池内料液酸化，产气减少。

② "池内刚装进喷药防治无效而拔掉的黄瓜秧"。进一步询问农户，了解到农户为了防治黄瓜霜霉病，向植株喷了两次杀菌剂，终因防治太晚，植株全部大量染病，拔掉黄瓜秧，铡碎入池，说明沼气池中毒。

4. 沼气池装料启动 1 个月，仍不产气

详细询问农户备料、装料启动的全过程，得知："发酵原料、接种物都是质优量足，经过堆沤处理的，最后用井水装料，启动沼气池"；接着，检查抽渣管抽出的料仍是生料，说明沼气池内料液温度太低，沼气池无法启动。因此，井水装料是沼气池不产气的原因。建议提高料液温度。

5. 勤进料、勤出料、勤搅拌，气压表压力始终保持 2～3 千帕

询问农户，在日常管理中，已做到勤进料、勤出料、勤搅拌，但气压始终很低，只能做一顿饭或烧水。检查从进料管抽出的料液浓度又偏低，水压间料液也很清，这似乎与农户的日常管理相矛盾。又问农户装料启动的情况得知：农户装料时，发酵原料都被一层一层夯实，10 立方米沼气池装料 5～6 立方米。打开天窗口密封盖检查，发现池内压实的发酵原料已膨胀至天窗口，把水逼至水压间和抽渣管附近。检查结果：装料不按照科学比例和步骤，应重新科学装料。

6. 大换料前产气好，出料后重新装料，气压低，产气不好

查看抽渣管抽出的料液浓度与发酵情况，池内料液发酵良好，料液浓度适宜，询问农户沼气池进出料、搅拌的日常管护情况，得知："大换料前产气好，出料后重新装料，气压低，产气不好"；接着，用洗衣粉水检查输气管道各处的弯管、接头、开关、净化器、集水瓶等部位，没有气泡产生，表明输气管道完好；接着，又问农户大出料的情况，得知："急急忙忙从沼气池水压间连续向蔬菜棚内大出料两车"，于是怀疑天窗口或沼气池漏气，然后揭开天窗口大盖板，发现密封圈内水面不断冒出气泡，检查的结果：主要是出料速度太快，破坏了天窗口的顶口圈，造成天窗口密封盖周围漏气。

(四) 检验

1. 判断发酵料液 pH 的依据

沼气池发酵料液适宜的 pH 为 6.8～7.5，料液显中性；当 pH 大于 7.5 时，表明沼气池内发酵料液显碱性；当 pH 小于 6.8 时，表明沼气池内发酵料液显酸性。

2. 用 pH 试纸测定料液 pH 的方法

发酵原料是否酸化，必须用 pH 试纸检测。具体操作方法：撕下一条或一段试纸，将试纸在沼气池料液中浸一下，取出后迅速与试纸盒内附带的标准纸条比较，当试纸条上的颜色与标准纸条上的颜色一致或最接近时，对应数值便是沼气池池内料液的 pH。

3. pH 测试仪检测

沼气发酵的适宜 pH 为 6.8～7.5，最好控制在 7.1 左右。请沼气站的专业技术人员携带 pH 测试仪，按照仪器的操作说明和操作规程，进行准确测量。根据发酵料液的酸碱性，采取相应的料液处理方法，调节料液的 pH 至适宜的范围即可。

思考与练习题

1. 如何编写沼气施工技术实训课的培训教案？
2. 中小型沼气用户管理指南编写应包含哪些内容？
3. 沼气站负责人和岗位管理人员的岗位职责有哪些？
4. 如何指导本级以下人员进行服务网点管理，大致分为几点？
5. 沼气站设备操作规程的具体内容是什么？
6. 沼气站安全运行操作规程的具体内容是什么？
7. 沼气站管理的岗前培训包括哪些主要内容？
8. 沼气服务网点的服务内容具体是什么？
9. 如何理解户用沼气系统日常入户服务中的"望、闻、问、验"？

参 考 文 献

樊京春，赵勇强，秦世平，等．中国畜禽养殖场与轻工业沼气技术指南［M］．北京：化学
　　工业出版社，2009.

付翠莲．农村与区域发展案例评析［M］．上海：上海交通大学出版社，2016.

甘福丁．规模化畜禽养殖场沼气工程［M］．南宁：广西科学技术出版社，2016.

高丁石．沼气与生态农业综合利用技术［M］．北京：中国农业出版社，2004.

胡海良，卢家翔．南方沼气池综合利用新技术［M］．南宁：广西科学技术出版社，2005.

胡明阁．农村沼气工使用手册［M］．北京：中国农业科学技术出版社，2011.

胡明阁．农村沼气生产与综合利用实用技术［M］．北京：中国农业科学技术出版
　　社，2015.

李长生．农家沼气实用技术［M］．北京：金盾出版社，2005.

梁文俊，等．农作物秸秆处理处置与资源化［M］．北京：化学工业出版社，2018.

辽宁省科学技术协会．沼气与生态农业实用技术［M］．沈阳：辽宁科学技术出版
　　社，2010.

林斌．生物质能源沼气工程发展的理论与实践［M］．北京：中国农业科学技术出版
　　社，2010.

林聪，周孟津，张榕林，等．养殖场沼气工程实用技术［M］．北京：化学工业出版
　　社，2010.

林聪．沼气技术理论与工程［M］．北京：化学工业出版社，2007.

刘培君．沼气池建设与安全利用［M］．济南：山东科学技术出版社，2010.

刘彦昌，刘敏，左士平．沼气建设与利用［M］．郑州：中原农民出版社，2007.

罗力川．关于"村级沼气服务网点＋产业"的建设思考［J］．绿色科技，2017（12）.

宁夏农村能源工作站．以沼气为纽带的生态循环农业技术读本［M］．银川：阳光出版
　　社，2016.

农业部人力资源开发中心．沼气生产技术职业技能培训鉴定指南［M］．北京：中国农业出
　　版社，2007.

农业部人事劳动司，农业职业技能培训教材编审委员会．沼气生产工：上册［M］．北京：
　　中国农业出版社，2004.

农业部人事劳动司，农业职业技能培训教材编审委员会．沼气生产工：下册［M］．北京：
　　中国农业出版社，2004.

齐岳，郭宪章．沼气工程系统设计与施工运行［M］．北京：人民邮电出版社，2011.

齐岳．沼气工程建设手册［M］．北京：化学工业出版社，2013.

邱凌，王久成．沼气物管员：技师［M］．北京：中国农业出版社，2014.

邱凌.沼气生产工［M］.北京：中国农业出版社，2014.

冉毅，王超，陈子爱，等.农村户用沼气服务网点模式综合分类探讨［J］.中国沼气，
　2010，28（5）.

宋洪川.农村沼气实用技术［M］.北京：化学工业出版社，2011.

唐艳芬，王宇欣.大中型沼气工程设计与应用［M］.北京：化学工业出版社，2013.

陶学军，左昕，方宏发.砖混组合沼气池建造［J］.农技服务，2007（5）.

田宜水.生物质发电［M］.北京：化学工业出版社，2009.

魏群勇，方伟超.农村沼气工实用技术［M］.北京：中国人口出版社，2010.

谢祖崎，屈峰，梅自立.农村户用沼气技术图解［M］.北京：中国农业出版社，2006.

袁振宏，等.能源微生物学［M］.北京：化学工业出版社，2012.

张全国.沼气技术及其应用［M］.北京：化学工业出版社，2013.

赵立欣，董保成，田宜水.大中型沼气工程技术［M］.北京：化学工业出版社，2008.

中华人民共和国国家标准 GB 7636—87.农村家用沼气管路设计规程［M］.北京：中国标
　准出版社，1987.

中华人民共和国国家标准 GB/T 4750—2016.户用沼气池设计规范［M］.北京：中国标准
　出版社，2016.

中华人民共和国国家标准 GB/T 4751—2016.户用沼气池质量检查验收规范［M］.北京：
　中国标准出版社，2016.

中华人民共和国国家标准 GB/T GB/T 4752—2016.户用沼气池施工操作规程［M］.北京：
　中国标准出版社，2016.

中华人民共和国国家标准 NY/T 1639—2008.农村沼气"一池三改"技术规范［M］.北
　京：中国标准出版社，2008.

中华人民共和国国家标准 NY/T 1702—2009.生活污水净化沼气池技术规范［M］.北京：
　中国标准出版社，2009.

中华人民共和国国家标准 NY/T 1912—2010.沼气物管员［M］.北京：中国标准出版
　社，2010.

中华人民共和国农业部行业标准 NY/T 1638—2021.沼气饭锅［M］.北京：中国标准出版
　社，2021.

中华人民共和国农业部行业标准 NY/T 2065—2011.沼肥施用技术规范［M］.北京：中国
　标准出版社，2021.

中华人民共和国农业部行业标准 NY/T 344—2014.家用沼气灯［M］.北京：中国标准出
　版社，2014.

中华人民共和国农业部行业标准 NY/T 3897—2021.农村沼气安全处置技术规程［M］.北
　京：中国标准出版社，2021.

中华人民共和国农业部行业标准 NY/T 465—2001.户用农村能源生态工程南方模式设计施
　工与使用规范［M］.北京：中国标准出版社，2001.

中华人民共和国农业部行业标准 NY/T 466—2001.户用农村能源生态工程北方模式设计施
　工与使用规范［M］.北京：中国标准出版社，2001.

中华人民共和国农业部行业标准 NY/T 667—2022. 沼气工程规模分类［M］. 北京：中国
　　标准出版社，2022.
中华人民共和国农业部 . 农村可再生能源 100 问［M］. 北京：中国农业出版社，2009.
周孟津，张榕林，蔺金印 . 沼气实用技术［M］. 北京：化学工业出版社，2004.

图书在版编目（CIP）数据

沼气工 / 艾平，万小春，王媛媛主编；农业农村部农业生态与资源环境保护总站组编. —北京：中国农业出版社，2023.12

ISBN 978-7-109-31664-5

Ⅰ.①沼…　Ⅱ.①艾…②万…③王…④农…　Ⅲ.①沼气工程－技术培训－教材　Ⅳ.①S216.4

中国国家版本馆 CIP 数据核字（2024）第 011683 号

中国农业出版社出版

地址：北京市朝阳区麦子店街 18 号楼
邮编：100125
责任编辑：闫保荣
版式设计：王　晨　责任校对：吴丽婷
印刷：北京通州皇家印刷厂
版次：2023 年 12 月第 1 版
印次：2023 年 12 月北京第 1 次印刷
发行：新华书店北京发行所
开本：700mm×1000mm　1/16
印张：25.5
字数：486 千字
定价：88.00 元